普通高等学校“十二五”规划精品教材

材料力学

主　编　孟凡深
副主编　郭　磊　王嘉扬　王永伟
赵荣飞　原胜利

黄河水利出版社
·郑州·

内 容 提 要

材料力学是土木工程等专业的学科基础课，它以高等数学、理论力学、大学物理等课程为基础，同时又为结构力学以及一系列专业课打下重要基础；根据教学改革的要求，尽量满足多专业的使用。

本书依据材料力学课程教学的基本要求编写，重视对材料力学基本理论和基本概念的阐述，培养学生掌握基本技能和技巧，精选内容，体现少而精的原则。本书涵盖了材料力学课程的基本内容，包括轴向拉伸(压缩)、扭转与剪切及连接、弯曲、组合变形等变形形式的强度和刚度计算，以及应力状态和强度理论、压杆稳定等内容。本教材针对应力状态理论进行了较深入的分析，突出针对性、适用性和实用性，简化理论推导，力求深入浅出，通俗易懂，便于学习。主要章节后均编写有小结、思考题、习题和参考答案。

本书可作为高等院校中、少课时的土木工程、机械工程、机电工程、材料工程等本、专科专业的材料力学教材，也可作为相关工程技术人员的参考用书。

图书在版编目(CIP)数据

材料力学/孟凡深主编. —郑州：黄河水利出版社，2011.7 (2013.8 重印)
普通高等学校“十二五”规划精品教材
ISBN 978-7-5509-0054-7

Ⅰ.①材… Ⅱ.①孟… Ⅲ.①材料力学-高等学校-教材 Ⅳ.①TB 301

中国版本图书馆 CIP 数据核字(2011)第 125608 号

策划编辑：李洪良　电话：0371-66024331　邮箱：hongliang0013@163.com

出 版 社：黄河水利出版社
地址：河南省郑州市顺河路黄委会综合楼 14 层　邮政编码：450003
发行单位：黄河水利出版社
发行部电话：0371-66026940、66020550、66028024、66022620(传真)
E-mail：hhslcbs@126.com
承印单位：河南地质彩色印刷厂
开本：787 mm×1 092 mm 1/16
印张：17.5
字数：405 千字　印数：4 101—7 100
版次：2011 年 7 月第 1 版　印次：2013 年 8 月第 2 次印刷

定价：35.00 元

前　言

本教材是根据高等教育有关材料力学教学内容和课程体系的改革计划而编写的，针对普通工科院校本、专科学生的特点，结合多年的教学实践，兼顾土木工程、机械工程、材料工程、机电工程等本、专科有关专业对材料力学课程的教学要求，适合作为中、少课时的材料力学课程的教材，也可作为有关工程技术人员的参考用书。

本教材编写的内容以必需、够用为原则，着重阐述材料力学的基本概念、基本原理，重视引导学生对基本技能和技巧的掌握，重点培养学生分析问题和解决实际问题的能力。

本教材涵盖了材料力学课程的基本内容，突出针对性、适用性和实用性，简化理论推导，力求深入浅出，通俗易懂，便于学习。本教材针对应力状态理论进行了较深入的分析。主要章节后均编写有小结、思考题、习题和参考答案。

全书共分九章，编写分工如下：洛阳理工学院孟凡深编写第一、三、四章，新乡学院原胜利编写第二章、附录一，黄河科技学院王永伟编写第五章，洛阳理工学院王嘉扬编写第六、八章，华北水利水电学院郭磊编写第七章，沈阳农业大学赵荣飞编写第九章、附录二及习题参考答案。全书由孟凡深任主编并统稿，由郭磊、王嘉扬、王永伟、赵荣飞、原胜利任副主编。

本教材在编写过程中参考了许多文献和一些优秀的教材，在此对其相关作者表示衷心的谢意。

由于编者水平有限，书中缺点和错误之处在所难免，殷切希望读者和专家批评指正。

编　者

2011 年 5 月

目 录

第一章　绪　论

第一节　材料力学的任务

工程中的机械、设备、结构的零部件称为构件。建筑物中承受荷载而起骨架作用的部分称为结构,组成结构的元件(如梁、柱等)称为构件。材料力学主要研究构件,有时也涉及一些简单的结构。结构的力学计算问题是结构力学的主要内容。

构件在工作时要承受荷载作用,并会产生变形。当结构或机械承受荷载或传递运动时,为保证整个结构或机械的正常工作,每一构件均应保证其能正常工作。为使构件在确定的外力作用下正常工作而不失效,构件应当满足一定的要求。材料力学主要研究物体在外力作用下的内力和变形的情况。其主要目的是保证构件在使用过程中有足够的强度、刚度及稳定性,保证构件及结构的安全。

(1)强度要求。所谓强度,是指构件承受荷载或抵抗破坏的能力,保证构件不破坏。

(2)刚度要求。所谓刚度,是指构件抵抗变形的能力,保证在正常情况下,构件受外力产生的变形不超过其相应的允许值。

(3)稳定性要求。所谓稳定性,是指构件保持原有平衡形态的能力。

如果构件的材料选用不当,或构件横截面的形状不合理,或横截面的尺寸不足,将不能满足上述三方面的要求,就不能保证构件的正常工作。相反,如果不恰当地采用更优质的材料或加大横截面的尺寸,虽然能够满足上述要求,但势必造成浪费,增加了成本。必须切实解决构件的承载能力与经济合理性之间的矛盾,保证构件在使用过程中既安全,又节约。材料力学的主要内容就是研究构件在外力等因素作用下的受力、变形规律及材料的力学性能,建立保证构件正常工作所需要的强度条件、刚度条件及稳定性条件,为构件设计提供理论基础和计算方法。这就是材料力学的任务。

构件的强度、刚度和稳定性问题均与材料的力学性能有关,这些力学性能均需通过材料试验来测定。因此,力学试验也是完成材料力学的任务所必须的。

第二节　材料力学的发展简述

材料力学与社会的生产实践紧密相关。人类利用材料力学的相关知识来解决生产实践问题的历史可以追溯到非常久远的年代。从古代人类开始建筑房屋起,就有意识地总结材料强度方面的知识,以寻求确定构件安全尺寸的法则。

古希腊人发展了静力学,如阿基米德(公元前 287 ~ 前 212 年)提出了杠杆平衡原理及物体重心的求法等,奠定了材料力学的基础。我国东汉经学家郑玄(公元 127 ~ 200 年)曾提出"假令弓力胜三石……每加一石,则张一尺。"被认为是最早的有关弹性定律的描述。建于隋代(公元581~618年)的河北赵州桥,历经1 400余年,仍昂然挺立,是历史最悠久的石拱桥,说明在古代我们的祖先就已明白充分发挥石料的压缩强度。

中世纪文艺复兴时期,材料力学得到了迅速的发展。著名的艺术家达·芬奇(1452~1519年)在手稿里描述了测定材料强度的试验过程。他是最早用试验方法测定材料强度的倡导者,其同时代的工匠们仍然是凭经验确定构件的尺寸。

17世纪,伽利略(1564~1642年)首先尝试用解析法求解构件的尺寸;他于1638年发表的《关于两门新学科的谈话和数学证明》被认为是材料力学学科的开端。

17世纪的70年代,人们开始系统地研究材料力学。当时的虎克(1635~1703年)和马略特(1620~1684年)分别于1678年和1680年提出了虎克定律。之后,随着微积分的快速发展,为材料力学的研究奠定了重要的数学基础。如欧拉(1707~1783年)和伯努利(1700~1782年)所建立的梁的弯曲理论、压杆稳定理论等,直到今天还依然在应用。同时,一些重要的材料力学研究成果不断涌现。

到18世纪末19世纪初,才真正形成了材料力学这门学科比较完整的体系。库仑(1736~1806年)系统地研究了脆性材料的破坏问题,提出了判断材料强度的重要指标。纳维(1785~1838年)提出了应力、应变的概念,给出了各向同性和各向异性弹性体的广义虎克定律,研究了梁的超静定问题及曲梁的弯曲问题。圣维南(1797~1886年)研究了柱体的扭转和一般梁的弯曲问题,提出了著名的圣维南原理,为材料力学应用于工程实际奠定了重要的基础。

19世纪以来,随着工业化进程的高速发展和新型材料的不断出现,材料力学也得到了快速的发展和完善,尤其是建筑、机械、航空航天、核能等行业的发展为材料力学带来很多新的问题,并得到较好的解决。同时,断裂力学作为材料力学的一个分支得到了发展。

20世纪60年代,电子计算机技术的飞跃发展使材料力学进入了近代力学时代。为材料力学等力学学科解决大量复杂、困难力学问题带来了极大的促进。

近年来,新技术、新材料的不断出现,如超轻多孔金属材料、纳米材料、功能梯度材料等新型材料的相继问世,不仅丰富和发展了材料力学的研究领域,同时,促进了材料力学在工程领域的应用和发展。

材料力学与现代生活、生产息息相关。材料力学是一门应用基础学科,也是自然科学中运用定量分析工具——数学最多最深的一门学科。20世纪工程技术的迅猛发展极大地推动了材料力学的发展,使材料力学成为工程技术的基础,直接为工程技术服务。航天、航空、建筑、机械、交通、能源、材料、环境、生物医学等领域都需要材料力学。因此,材料力学的发展必将为工程技术的应用和进步发挥更大的作用。

第三节 材料力学的基本假设

材料力学所研究的问题都是工程实际中经常遇到的问题。而工程实际中,结构或构件的构造是复杂的,完全按照实际情况进行受力分析、计算有较大的难度,有时甚至不可能实现。需要从工程实际中观察各种现象,找出主要因素,结合实际情况略去次要因素,经过抽象和简化建立便于分析和计算的力学模型。对于同一个工程案例,为了不同的研究目的,所得的力学模型一般是不同的。但所简化的力学模型应该尽可能地反映构件的真实受力情况,并能够使计算尽可能简化,以便用简单的模型解决复杂的工程问题。

材料力学研究外力与变形间的关系,以变形体为研究对象。变形体是指在荷载作用下,尺寸和形状发生改变的物体。受外力作用的变形体,当外力在一定范围时,卸去外力后其变形会完全消失,这种变形为弹性变形。当外力超过一定范围后,卸去外力变形只能部分消失,还残留一部分变形不能消失,这种不能消失的变形称为塑性变形。

变形固体的性质是复杂的,材料力学对变形固体作出了几个基本假设,作为理论分析的一般基础。材料力学中根据研究对象和研究目的不同,作以下基本假设:

(1)连续性假设。假设变形固体内部充满了物质,处处密实无空隙,在整个体积中各点是连续的,而且在正常工作条件下,变形后的固体仍应保持连续性。根据这一假设,就可在受力构件内任意一点处截取一个体积单元来进行研究。实际上,组成固体的粒子之间存在着空隙,但这种空隙与构件尺寸相比极其微小,可以忽略。

(2)均匀性假设。认为变形固体内任一部分的力学性质是完全相同的,不考虑材料各处实际上存在的缺陷和微观晶粒的不同。也就是说,从物体内任意一点处取出的体积单元,其力学性能都能代表整个物体的力学性能。

(3)各向同性假设。认为材料的各个方向都有相同的力学性能,具有这种属性的材料称为各向同性材料,一般把钢铁、混凝土等看做各向同性材料。沿不同方向力学性能不同的材料,称为各向异性材料,典型的各向异性材料有木材、胶合板等。

(4)小变形假设。认为构件的变形量远小于其外形尺寸。在研究构件的平衡问题时就采用构件变形前的尺寸进行分析,对计算变形的高次方项也可以忽略。

一般构件在正常工作中要求材料只发生弹性变形。材料力学所研究的对象主要限于线弹性范围内的小变形问题。

第四节 内力与截面法

一、外力

外力是外部物体对构件的作用力,包括外加荷载和约束力。

按外力作用方式的不同可分为体积力和表面力。体积力是连续分布于物体内部各处的力,如物体的重力、惯性力等。表面力是作用于物体表面上的力,可分为分布力和集中力。分布力是连续作用于物体表面上的力,如水压力、风荷载等。如果作用面积相对于物体的表面积较小,分布力可以简化为作用于一点的力,就是集中力。

二、内力

在外力作用下,构件发生变形。这时其内部各质点间的相对位置将发生变化。相应地,各质点间的相互作用力也将发生变化。构件内部各质点间由外力引起的相互作用力的改变量,就是材料力学所研究的内力。也可理解为构件内部各部分之间产生抵抗这种变形的作用力,这种作用力称为内力。内力具有力图保持物体原来的形状、抵抗变形的性质,所以也称为抗力。内力是由于外力而引起的,伴随着变形的产生而产生。

由于材料力学有均匀连续性假设,这种物体内部相邻部分间的相互作用力实际上是分布于截面上的连续分布的内力系。这个分布力系的合成就是内力。

构件的强度、刚度及稳定性与内力的大小及其在构件内的分布情况密切相关。所以,内力分析是解决构件强度、刚度及稳定性的基础。

三、截面法

内力是构件内部相邻部分之间的相互作用力,为显示内力,一般应用截面法。截面法是分析构件内力的一种常用方法。以图 1-1(a)为例来说明。要分析杆件 *AB* 的横截面 *m*—*m* 上的内力,则假想用一平面从该处将杆截开,分成 *A*、*B* 两部分。根据牛顿第三定理,作用在 *A* 部分截面上的内力与作用在 *B* 部分同一截面上的内力在对应点上,大小相等,方向相反。

现取 *B* 部分为研究对象,称为隔离体 *B*。因原构件在外力作用下处于平衡状态,则在 *B* 部分的 *m*—*m* 上分布内力系与外力隔离体 *B* 部分受的外力相平衡,如图 1-1(c)所示。将 *m*—*m* 截面上内力系向截面上某一点简化,可得到如图 1-1(b)所示的主矢和主矩,就是隔离体 *B* 在 *m*—*m* 截面上的内力。对所取的隔离体 *B* 利用静力平衡方程可以求出内力的大小。

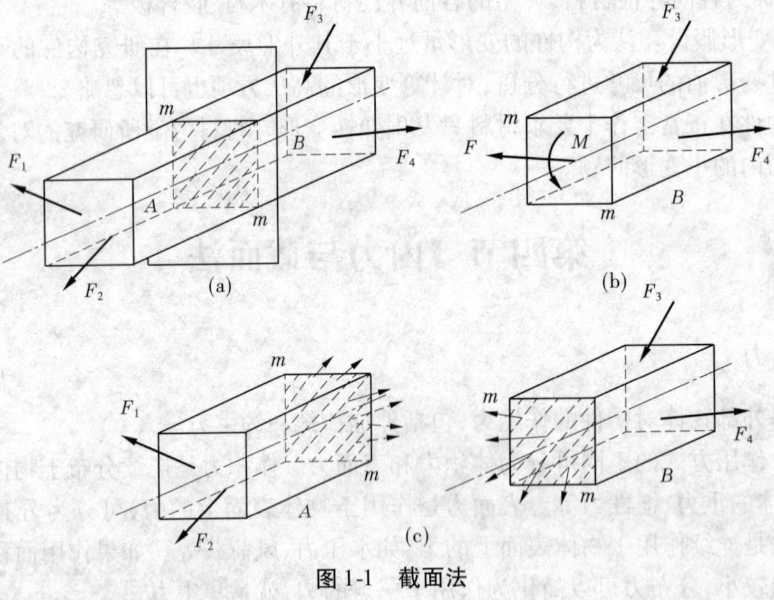

图 1-1　截面法

上述求内力的方法就是截面法。

截面法可以归纳为以下三步完成:

(1)截开。用假想的平面将构件在所求内力的截面处截开。

(2)取隔离体。取截开后构件的一部分为隔离体。把截开截面上的内力也作为一种力,画隔离体的受力图。

(3)平衡。建立隔离体的平衡方程,求解未知内力。

第五节　应力与应变

一、应力

为描述截面上每一点的内力情况，引入应力的概念。应力是受力构件某截面上一点处的内力集度。如图 1-2(a)所示是一个隔离体，若分析这个隔离体截面 $m—m$ 上 O 点的应力，在 O 点处划分出一个小面积 ΔA，ΔA 面积上分布内力的合力假设为 ΔF，那么 ΔF 在面积 ΔA 上的内力平均集度就是

$$p_{\mathrm{m}} = \frac{\Delta F}{\Delta A} \tag{1-1}$$

一般情况下，截面上的内力分布是不均匀的，当面积取的很小时，其极限值为

$$p = \lim_{\Delta A \to 0} \frac{\Delta F}{\Delta A} = \frac{\mathrm{d}F}{\mathrm{d}A} \tag{1-2}$$

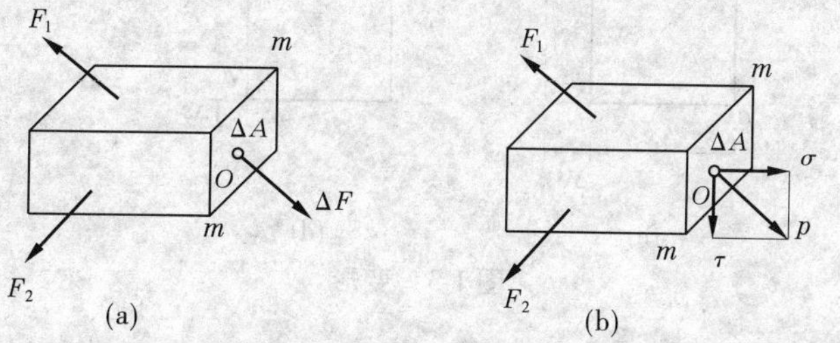

图 1-2　应力分析

式(1-2)中 p 就是点 O 处的内力集度，称为截面上 O 点处的总应力。如图 1-2(b)所示，点 O 处的总应力 p 往往与截面成一个角度，将 p 沿截面的法向与切向分解，可得到截面上该点法向应力分量 σ 和截面上该点切向应力分量 τ。法向应力分量 σ 称为这个截面上 O 点处的正应力，切向应力分量 τ 称为这个截面上 O 点处的切应力。

正应力 σ 和切应力 τ 是两个重要的概念，必须注意以下几点：

(1)必须明确正应力 σ 和切应力 τ 是指构件上某个截面的某一点处的正应力和切应力。

(2)因某一截面上一点处的应力是矢量，必须明确应力的正负号，也就是正应力 σ 和切应力 τ 的正负号。一般规定：正应力 σ 的指向离开截面时，正应力 σ 为正号；反之，为负号。切应力 τ 对所取的隔离体内任一点产生顺时针的力矩时，切应力 τ 为正号；反之，为负号。图 1-2(b)中的正应力 σ 和切应力 τ 均为正号。

(3)应力的单位为 Pa，$1\ \mathrm{Pa} = 1\ \mathrm{N/m^2}$。工程中常用 MPa 和 GPa。$1\ \mathrm{MPa} = 10^6\ \mathrm{Pa}$，$1\ \mathrm{GPa} = 10^9\ \mathrm{Pa}$。

(4)整个截面上各点处的应力与微面积 ΔA 的乘积，即为该截面上的内力。

二、应变

引入应变的概念，来研究固体的变形。所谓变形，是指在外力作用下，物体形状和尺

寸的改变。如图 1-3 所示，在构件上某点 A 处取一微小正六面单元体。当构件受外力作用时，微单元体发生变形。图 1-3(c) 中原长为 Δx 的 ab 边，变形后的长度为 $\Delta x+\Delta\delta x$，$\Delta\delta x$ 为线变形量。线变形量 $\Delta\delta x$ 与原长 Δx 的比值为

$$\bar{\varepsilon}_x=\frac{\Delta\delta x}{\Delta x}$$

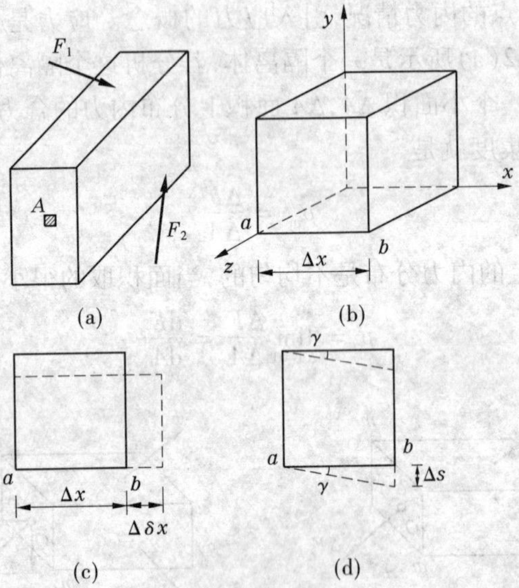

图 1-3　变形

$\bar{\varepsilon}_x$ 称为棱边 Δx 的平均线应变。取 Δx 趋于 0，$\dfrac{\Delta\delta x}{\Delta x}$的极限值为

$$\varepsilon_x=\lim_{\Delta x\to 0}\frac{\Delta\delta x}{\Delta x}=\frac{\mathrm{d}\delta x}{\mathrm{d}x}\tag{1-3}$$

ε_x 称为点 A 在 x 方向的线应变。变形体在同一点的不同方向，其线应变一般也不相同。某点在 x、y、z 三个坐标轴方向的线应变分别表示为 ε_x、ε_y、ε_z。

在图 1-3 所示单元体的变形过程中，有时单元体的两个面之间原有直角夹角也会发生改变，如图 1-3(d)所示的夹角改变量 γ 称为角变形，也称为该点处这两个方向的面之间的角应变或切应变。在小变形情况下，可近似地写为

$$\gamma=\frac{\Delta s}{\Delta x}\tag{1-4}$$

线应变 ε 和切应变 γ 是描述构件内一点处变形程度的两个基本量。它们的单位是为 1 的量。γ 也可用弧度(rad)来表示。

三、位移

物体发生变形后，物体上的各点、直线和面都可能发生空间位置的改变，这种改变称为位移。位移分为线位移和角位移两种。线位移是指构件上某一点在变形前后所在位置的连线。角位移是指角度，称为该线或该面的角位移。如图 1-4 所示一悬臂梁在均布载荷作用下，构件上 A 点移动到 A'点，从 A 到 A'的连线就是 A 的线位移。角 θ 就是 A 点所

在端面的角位移。

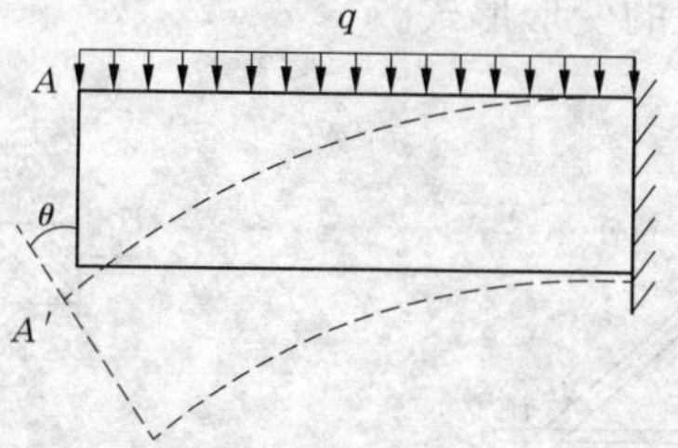

图 1-4　变形

第六节　杆件变形的基本形式

一、杆件

一般把长度尺寸远大于横向尺寸的构件称为杆件或简称为杆。杆件有直杆和曲杆。

直杆的横截面与杆长度方向相垂直。各横截面形心的连线为杆轴线,并是一条直线。各横截面相等的直杆称为等直杆。

曲杆的横截面是指垂直于其弧长方向的截面。曲杆的轴线同样是各横截面形心的连线,但曲杆的轴线是一条曲线。

直杆和曲杆的横截面都与其杆轴线相垂直,如图 1-5 所示。材料力学主要研究等直杆。

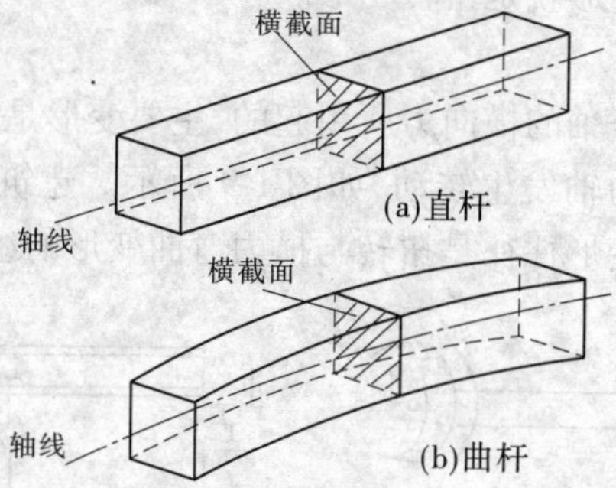

图 1-5　杆件

二、变形的基本形式

杆件的变形有多种形式,有时也比较复杂,但都无外乎以下四种基本变形或由这四种基本变形组合而成。

(一)轴向拉伸或压缩变形

这种变形所受的一对外力作用线与杆轴线相重合,引起的主要变形是杆件长度的伸长或缩短,相对应地,其横截面变细或变粗,如图 1-6 所示。这种变形形式称为轴向拉伸或压缩变形。简单桁架在荷载作用下,桁架的杆件就发生轴向拉伸或压缩变形。

(二)剪切变形

剪切变形是由一对相距很近且方向相反的横向外力引起的,其变形特点是横截面沿外力作用方向发生错动,如图 1-7 所示。这种变形形式就是剪切变形。一般在发生剪切变形的同时,构件还存在其他的变形形式。

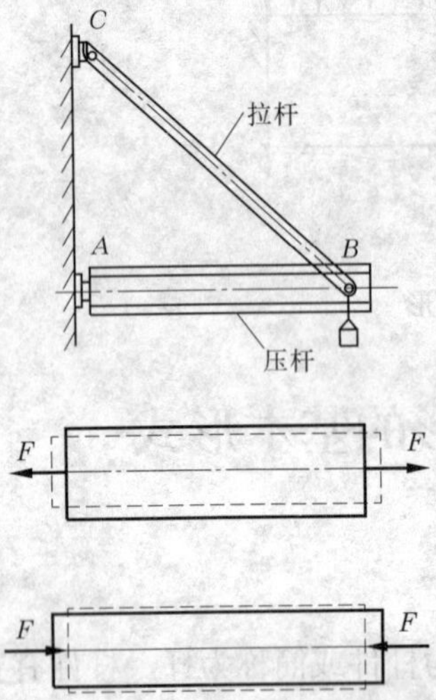

图 1-6　拉(压)变形

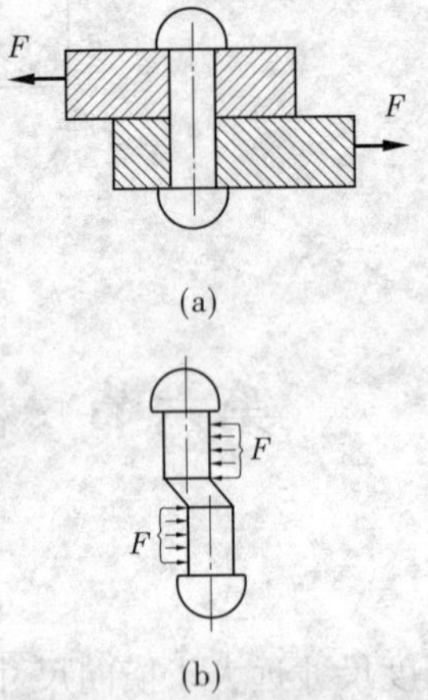

图 1-7　剪切变形

(三)扭转变形

扭转变形是由一对转向相反、作用面垂直于杆件轴线的两平面内的外力偶引起的,主要变形是杆件轴线保持直线,但杆件上相邻两个横截面绕轴线发生相对转动,如图 1-8 所示。机械中传动轴的主要变形就是扭转变形。

(四)弯曲变形

弯曲变形是由垂直于杆轴的横向力所引起的,主要变形是杆件轴线发生弯曲,杆件相邻两截面绕垂直于杆轴线的轴发生转动,如图 1-9 所示。建筑结构中梁的变形一般是弯曲变形。机械中传动轴的变形往往是扭转与横力弯曲变形的组合。

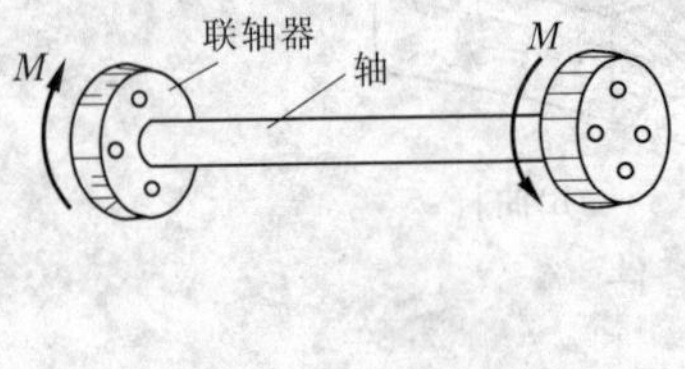

图 1-8　扭转变形

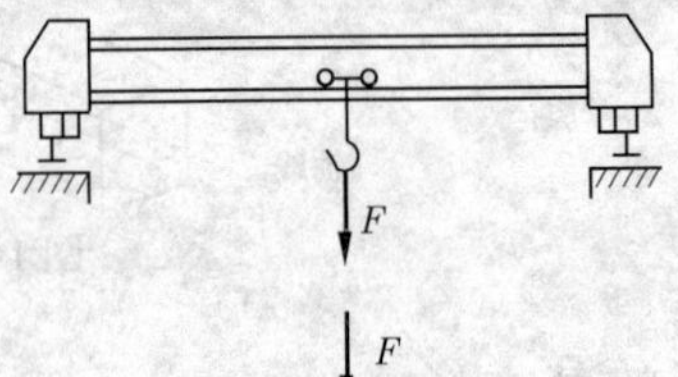

图 1-9　弯曲变形

工程中常用构件在荷载作用下的变形大多为上述几种基本变形的组合,单纯一种基本变形形式的构件较为少见。但若以某一种基本变形形式为主,其他属于次要变形的,则可按该种基本变形计算。若几种基本变形都是主要因素,就必须按组合变形形式进行计算。本书将对每一种基本变形形式进行分析,然后对几种常用的组合变形进行讨论。

第二章　轴向拉伸和压缩

第一节　轴向拉伸和压缩的概念

在工程实际中，经常见到这样一些构件，如图 2-1(a)所示的砖柱，图 2-1(b)所示的起重架中的杆 *AC* 和杆 *BC*，作用于杆上的外力或外力的合力的作用线与杆轴线重合。等直杆在这种受力情况下，其主要变形是纵向伸长或缩短。这种变形形式就是轴向拉伸或压缩，这类构件称为拉(压)杆。

实际拉(压)杆的端部可以有各种连接方式。如果不考虑其端部的具体连接情况，则其计算简图如图 2-2 所示。该计算简图从几何上讲是等直杆；就其受力情况而言，是杆在两端各受一集中力 *P*(见图 2-2(a))作用，两个力 *P* 大小相等、指向相反，且作用线与杆轴线重合。如果两个力 *P* 是一对离开端截面的力(见图 2-2(b)中 *AC* 杆)，则将使杆发生纵向伸长，这样的力称为轴向拉力；如果是一对指向端截面的力 *P*(见图 2-2(b)中 *BC* 杆)，则将使杆发生纵向缩短，称为轴向压力。由图 2-2 可见，这种轴心拉(压)杆，其受力的特点是：外力合力的作用线与杆件的轴线相重合。其变形的特点是：杆件主要是沿轴线方向伸长或缩短，同时横向尺寸也发生变化。

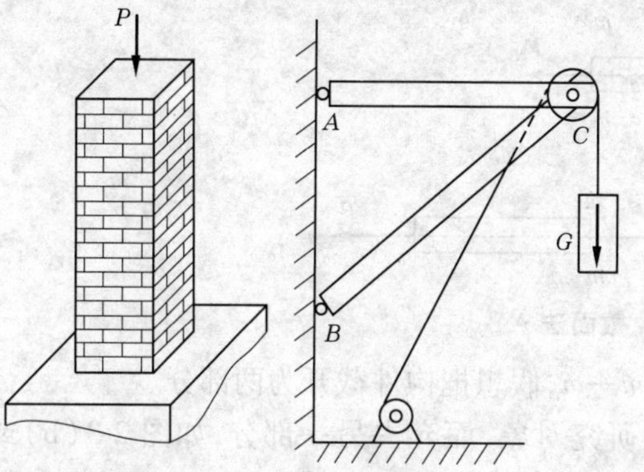

图 2-1　工程实例

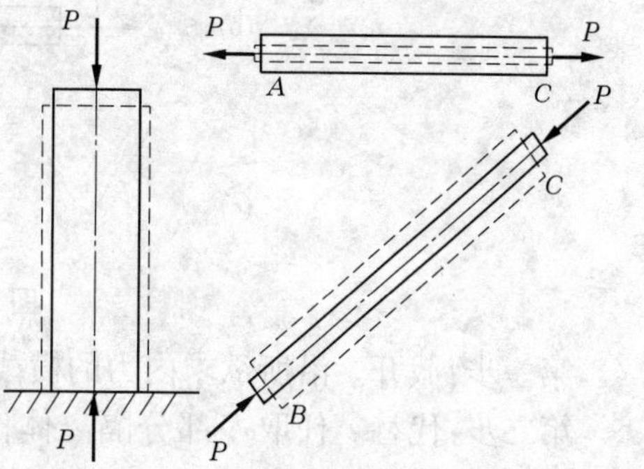

图 2-2　拉(压)杆件

下面将首先研究等直杆在两端受一对外力作用这一最简单的情况，然后在此基础上进一步研究其他较复杂的问题。

第二节　轴向拉伸和压缩的内力及内力图

本节首先介绍内力的一般概念，然后结合拉(压)杆内力的计算介绍求内力的一般方法，以及拉（压）杆的内力图。

一、轴向拉伸和压缩的内力

物体在受到外力作用而变形时，其内部各质点间的相对位置将发生变化。与此同时，各质点间相互作用的力也发生了改变。上述相互作用力由于物体受到外力作用而引起的改变量，就是材料力学所说的内力。严格地讲，内力是由于外力作用所引起的“附加内力”，而且由于假设了物体是均匀连续的，因此在物体内部相邻部分间的相互作用的内力实际上是一个连续分布的内力系，而将分布内力系的合成（力或力偶）简称内力。内力是由外力作用所引起的、物体内相邻部分之间分布内力系的合成。

二、截面法和轴力

内力的计算是分析构件强度、刚度和稳定性等问题的基础。下面首先讨论拉杆的内力计算，并介绍求内力的一般方法——截面法。

内力是物体内部相邻部分之间的相互作用力，为了显示内力，可用截面法。截面法是求内力的基本方法。它不但在本节中用于求轴心拉（压）杆的内力，而且将在后面用于求其他各种变形形式杆件的内力。下面通过对图 2-3（a）所示轴心拉杆求 $m—m$ 截面的内力，来阐明截面法。

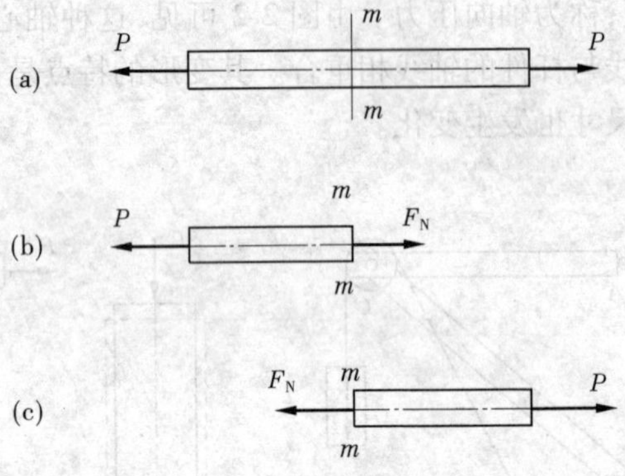

图 2-3　截面法

第一步：截开。沿所欲求内力的横截面 $m—m$，假想把构件截开为两部分。

第二步：代替。任取一部分隔离体作为研究对象，而弃去另一部分，如图 2-3（b）或图 2-3（c）所示。

在隔离体的截开面上加上原有的内力，使隔离体得以像未截开之前一样处于平衡状态。这里由隔离体的平衡条件可知，轴心拉（压）杆横截面上的内力只能是与轴向重合的力，即垂直于横截面并通过截面形心，这种力称为轴力。轴力用 F_N 表示。

为了便于由最后计算结果判定内力的实际指向，不论截面上内力的实际指向如何，一律应按正值的形式假设，这一点十分重要。规定：轴力以受拉为正，受压为负。不难理解，拉力的箭头是背离截面，而压力的箭头则是指向截面。在图 2-3（b）、（c）中，都是按预设为正的原则在 $m—m$ 面上加上了轴力 F_N，这就是隔离体受力图。

第三步：平衡。建立隔离体的平衡方程，并解出所欲求的内力，这里是轴力 F_N。由平

衡方程$\sum F_x=0$,有

$$F_N - P = 0$$

得

$$F_N = P$$

正号表明实际指向与所设指向相同,即横截面 $m—m$ 上的轴力 F_N 实际上是拉力。

三、轴心拉(压)杆的内力图

当杆受到多个轴向外力作用时,在杆的不同部分中横截面上的轴力将各不相同。对等直拉杆或压杆作强度计算时,都要以杆的最大轴力为依据,为此就必须求出各个横截面的轴力,以确定其最大轴力。为了表明横截面上的轴力沿横截面位置而变化的情况,按选定的比例尺用与杆件轴线平行的横坐标轴 x 表示各横截面位置,以纵坐标表示相应的内力值,绘出表示轴力与截面位置关系的图线,这样作出的图形称为内力图。内力图清楚、直观、完整地表示出了杆件各横截面上的内力,是进行应力、变形、强度、刚度等计算的依据。

【例 2-1】　轴心拉(压)杆受力如图 2-4(a)所示,$P_1=10$ kN,$P_2=4$ kN,$P_3=6$ kN。求图中 1—1、2—2 截面的内力值并绘制轴力图。

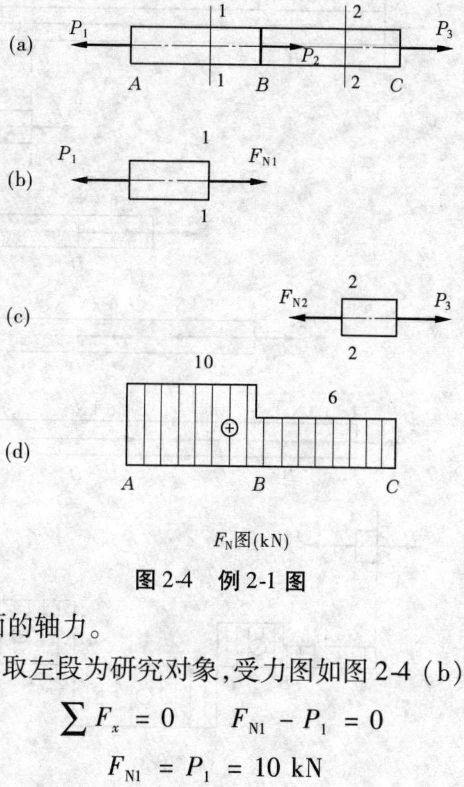

图 2-4　例 2-1 图

解　(1)求 1—1 截面的轴力。

从 1—1 截面处截开,取左段为研究对象,受力图如图 2-4 (b)所示。

由
$$\sum F_x = 0 \qquad F_{N1} - P_1 = 0$$

得
$$F_{N1} = P_1 = 10\ \text{kN}$$

(2)求 2—2 截面的轴力。

从 2—2 截面处截开,取右段为研究对象,受力图如图 2-4(c)所示。

由
$$\sum F_x = 0 \qquad P_3 - F_{N2} = 0$$

得 $$F_{N2} = P_3 = 6\ \text{kN}$$

用截面法可求出任意截面的轴力。很容易得到:AB 段内各横截面上的轴力均与 1—1 截面的轴力相等,BC 段内各截面的轴力同 2—2 截面的轴力相等。

(3)作轴力图。

作轴力图的具体方法是:用平行于杆轴线的坐标表示截面的位置,垂直于杆轴线的坐标表示轴力的大小。标明正负号,按一定比例绘出轴力图,如图 2-4(d)所示。

内力图一般都应与受力图对应。对 F_N 图以及后面几章内容中讨论的 T(扭矩)图和 F_S(剪力)图而言,当杆水平放置或倾斜放置时,正值的 F_N、T、F_S 应画在与杆件轴线平行的 x 横坐标轴的上方或斜上方,而负值则画在下方或斜下方,并必须标出符号"+"或"-"号,如图 2-4(d)所示。当杆件竖直放置时,正负值可分别画在一侧并标出"+"或"-"号。内力图上必须标全所有横截面的内力值及其单位时,还应适当地画出一些纵标线,纵标线必须画得垂直于横坐标轴。内力图旁应标明为何种内力图。横坐标轴名称 x 以不标出为好,F_N 等纵坐标轴以不画出为好。当熟练时,各隔离体图不应画出。

【例 2-2】 轴心拉(压)杆受力如图 2-5(a)所示,求作轴力图(不计杆的自重)。

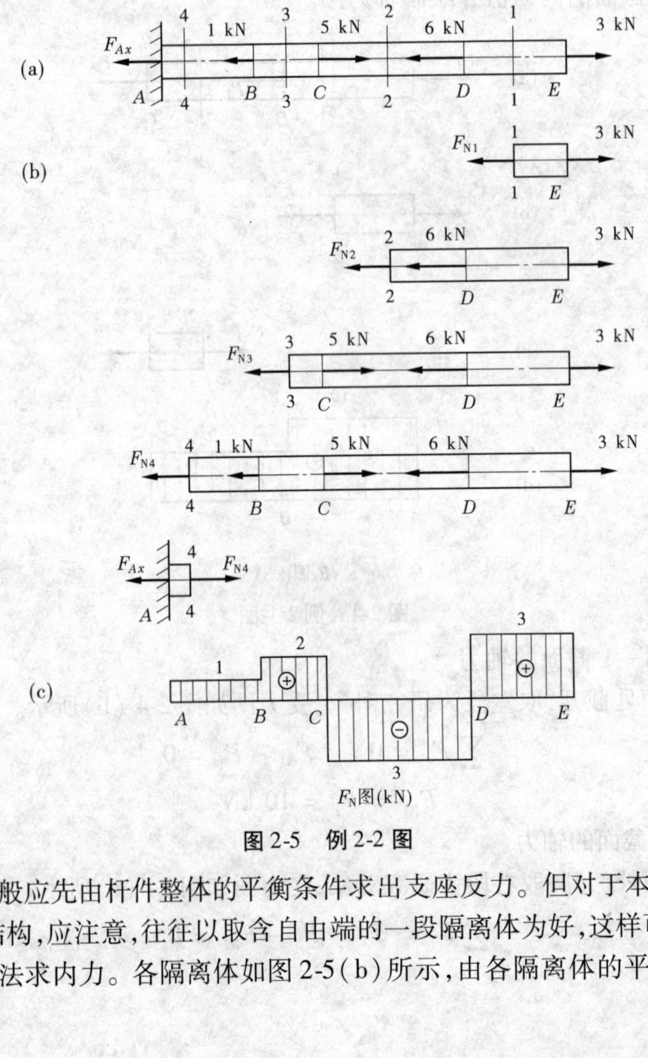

图 2-5 例 2-2 图

解 (1)一般应先由杆件整体的平衡条件求出支座反力。但对于本例题这类具有自由端的构件或结构,应注意,往往以取含自由端的一段隔离体为好,这样可免求支座反力。

(2)用截面法求内力。各隔离体如图 2-5(b)所示,由各隔离体的平衡条件求得各段中的轴力。

对于 ED 段,由

$$\sum F_x = 0 \quad 3 - F_{N1} = 0$$

得

$$F_{N1} = 3\ \mathrm{kN}$$

对于 DC 段,由

$$\sum F_x = 0 \quad -F_{N2} + 3 - 6 = 0$$

得

$$F_{N2} = -3\ \mathrm{kN}$$

对于 CB 段,由

$$\sum F_x = 0 \quad -F_{N3} - 6 + 5 + 3 = 0$$

得

$$F_{N3} = 2\ \mathrm{kN}$$

对于 BA 段,由

$$\sum F_x = 0 \quad -F_{N4} - 1 - 6 + 5 + 3 = 0$$

得

$$F_{N4} = 1\ \mathrm{kN}$$

如果已求得右端支座反力 $F_{Ax} = 3 + 5 - 6 - 1 = 1(\mathrm{kN})$,则也可取含支座端一段隔离体求解。如求 BA 段中的 F_{N4}(见图 2-5(b)),由

$$F_{N4} - F_{Ax} = 0$$

得

$$F_{N4} = F_{Ax} = 1\ \mathrm{kN}$$

(3)根据各 F_N 值作轴力图,如图 2-5(c)所示。

第三节　拉(压)杆的应力

在确定了拉(压)杆的轴力以后,还不能判断杆在外力作用下是否会因强度不足而破坏。例如,有两根材料相同的拉杆,一根较粗,一根较细,在相同的轴向拉力作用下,两杆横截面上的轴力是相等的,但细杆可能被拉断而粗杆不断。这是因为轴力只是杆横截面上分布内力系的合力,而要判断杆是否会因强度不足而破坏,还需要知道横截面上某一点处的应力,以及材料承受荷载的能力。

一、拉(压)杆横截面上的应力

由于拉(压)杆横截面的内力为轴力,其方向垂直于横截面,且通过截面的形心,而截面上各点处的应力与微面积 $\mathrm{d}A$ 的乘积的合成即为该截面上的内力。显然,横截面上各点处的剪应力不可能合成为一个垂直于截面的轴力,因此与轴力相应的只可能是垂直于截面的正应力。于是,由静力关系

$$F_N = \int_A \sigma \mathrm{d}A \tag{a}$$

要确定应力,必须了解内力在截面上的分布情况。内力是不能直接观测到的,但是构件在受力后引起内力的同时,总要发生变形,而变形是可以直接观测到的。由于内力和变形有关,因此可以通过观察变形来推测应力在截面上的分布规律,进而确定应力的计算

公式。

取一个橡皮(或其他易于变形的材料)的等直杆,在杆件表面画两条垂直于杆轴的横线 ac 和 bd,并在两横线之间画几条平行于杆轴的纵线,如图 2-6(a)所示。然后在杆两端加一对轴向的拉力,使其产生轴向拉伸变形,如图 2-6(b)所示。这时可以看到:横线 ac 和 bd 分别平移到了 $a'c'$和 $b'd'$,并仍垂直于杆的轴线;各纵向线仍平行于杆的轴线。

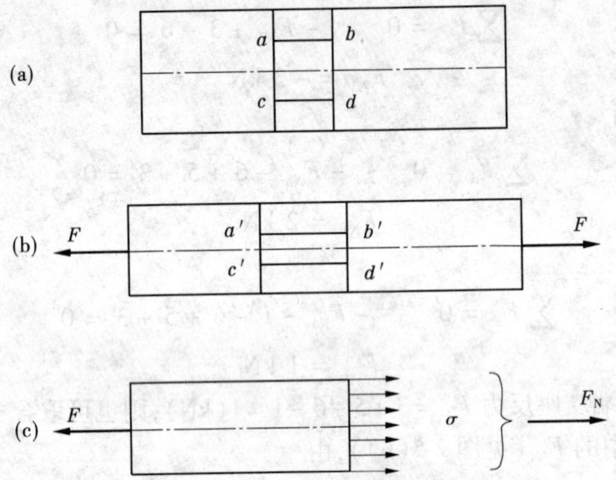

图 2-6 拉(压)杆件截面正应力

根据上述现象,可作如下假设:

(1)将 ac 和 bd 看做是横截面与杆件表面的交线,认为变形前杆件的横截面为平面,变形后仍然是平面,称为平面假设,也称为平截面假设。

(2)设想杆件由无数条平行于轴线的纵向纤维组成,变形后纵向线和横向线的夹角不变,说明只有线应变而没有剪应变。

由平截面假设可知,轴向受拉杆件各纵向纤维伸长量相等,由此可知每根纤维所受到的内力相等,即横截面上内力分布均匀。

根据应力的定义和横截面上内力均匀分布的规律,可以得到横截面上应力的计算公式为

$$F_N = \sigma \int_A \mathrm{d}A = \sigma A$$

$$\sigma = \frac{F_N}{A} \tag{2-1}$$

式中 σ——横截面上的正应力;

F_N——横截面上的轴力;

A——横截面面积。

对于轴向压缩杆件,正应力 σ 的正负号的规定与轴力 F_N 相同,即拉为正,压为负。当轴力为拉力时,称为拉应力;当轴力为压力时,称为压应力。不过,细长杆受压时容易被压弯,属于稳定性问题,将在以后的第九章中讨论。这里所指的是受压杆未被压弯的情况,关于正应力的符号,一般规定拉应力为正,压应力为负。

公式(2-1)要求外力合力与杆件轴线重合,这样才能保证各纵向纤维变形相同,横截

面上正应力均匀分布。若轴力沿轴线变化,可作出轴力图。再由公式(2-1)求出不同横截面上的应力。当截面的尺寸也沿轴线变化时(见图2-7),只要变化缓慢,外力合力与轴线重合,公式(2-1)仍可以使用,这时把它写成

$$\sigma(x) = \frac{F(x)}{A(x)}$$

式中:$\sigma(x)$、$F(x)$和$A(x)$表示这些量都是横截面位置(坐标x)的函数。

若以集中应力作用于杆件端截面上,则集中力作用点附近区域内的应力分布比较复杂,公式(2-1)只能计算这个区域内横截面上的平均应力,不能描述作用点附近的真实情况。这就引出,横截面上外力作用方式不同,将有多大影响的问题。实际上,在外力作用区域内,外力分布方式有各种可能。圣维南(Saint-Venant)原理指出:力作用于杆端方式的不同,只会使杆端距离不大于杆的横向尺寸的范围内受到影响。例如,在图2-8中,外部作用力F作用在截面n上。不过,如用与外力系静力等效的合力来代替原力系,则除在原力系作用区域内有明显差别外,在离外力作用区域略远处(例如,距离约等于截面尺寸处),上述代替的影响就非常微小,可以不计。这就是圣维南原理,它已被试验所证实。根据这个原理,图2-8所示杆件上虽然端外力作用方式不同,但可用其合力代替,这就简化成相同的计算简图。在距端截面略远处都可用公式(2-1)计算应力。

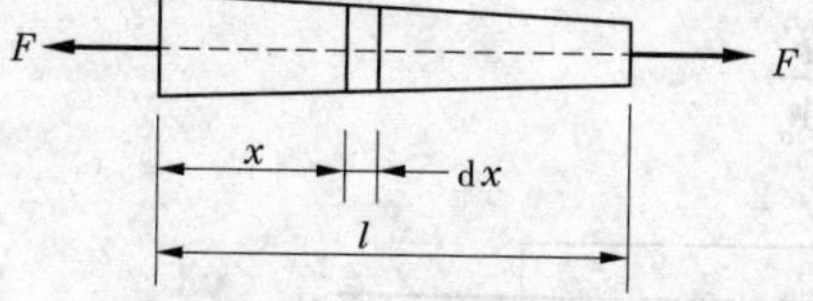

图2-7　变截面杆

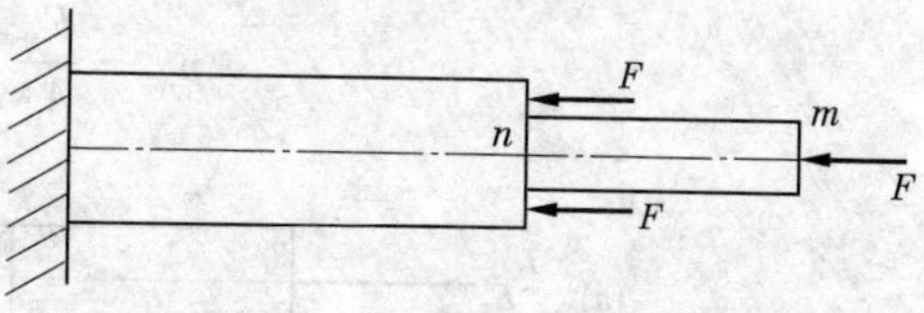

图2-8　静力等效计算简图

【例2-3】　试求图2-9(a)所示阶梯状直杆横截面1—1、截面2—2和截面3—3上的轴力,并作轴力图。若横截面面积$A_1 = 200\ \text{mm}^2$,$A_2 = 300\ \text{mm}^2$,$A_3 = 400\ \text{mm}^2$,求各横截面上的应力。

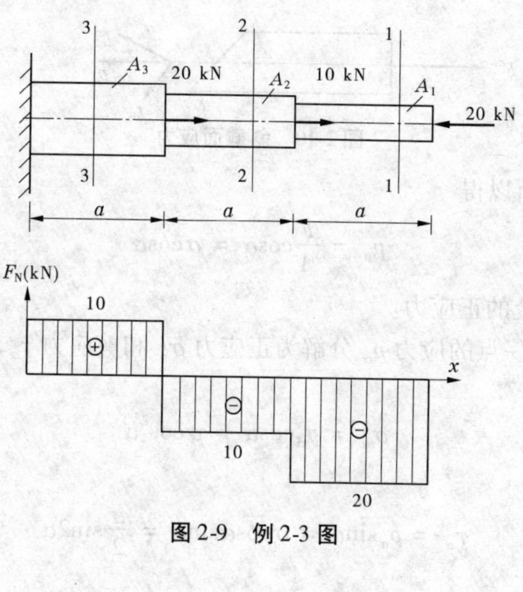

图2-9　例2-3图

解 用截面法求各截面轴力分别为

$$F_{N1} = -20\ \text{kN} \quad F_{N2} = -10\ \text{kN} \quad F_{N3} = 10\ \text{kN}$$

作轴力图如图 2-9(b)所示。

$$\sigma_1 = \frac{F_{N1}}{A_1} = \frac{-20\times10^3}{200} = -100(\text{MPa})$$

$$\sigma_2 = \frac{F_{N2}}{A_2} = \frac{-10\times10^3}{300} = -33.3(\text{MPa})$$

$$\sigma_3 = \frac{F_{N3}}{A_3} = \frac{10\times10^3}{400} = 25(\text{MPa})$$

二、直杆轴向拉伸(压缩)斜截面上的应力

如图 2-10(a)所示拉杆,设一斜截面 $k—k$ 与横截面夹角为 α,横截面面积为 A,斜截面面积为 A_α,则 A_α 与 A 的关系为 $A_\alpha = A/\cos\alpha$。

采用截面法,假设一截面沿斜截面 $k—k$ 处将杆件截开,取左半段为隔离体,由平衡条件,得该截面上的内力为 $F_\alpha = F$,方向与轴线重合且背离截面。依据分析横截面上正应力分布规律的过程,也可以得出斜截面上应力 p_α 也是均匀分布的,且平行于杆的轴线,如图 2-10(c)所示,则有

$$p_\alpha = \frac{F_N}{A_\alpha} = \frac{F}{A_\alpha}$$

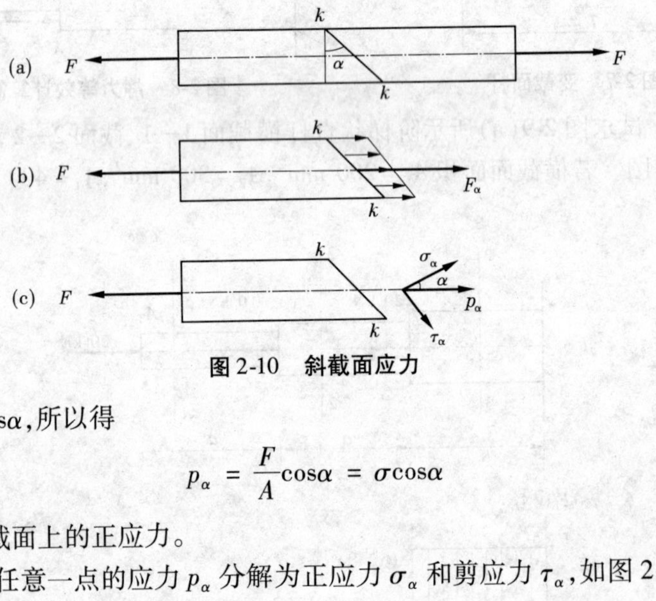

图 2-10 斜截面应力

又因为 $A_\alpha = A/\cos\alpha$,所以得

$$p_\alpha = \frac{F}{A}\cos\alpha = \sigma\cos\alpha$$

式中 σ——横截面上的正应力。

将斜截面上任意一点的应力 p_α 分解为正应力 σ_α 和剪应力 τ_α,如图 2-10(c)所示,由上式得

$$\sigma_\alpha = p_\alpha\cos\alpha = \sigma\cos^2\alpha \tag{2-2}$$

和

$$\tau_\alpha = p_\alpha\sin\alpha = \sigma\cos\alpha\sin\alpha = \frac{\sigma}{2}\sin2\alpha \tag{2-3}$$

式(2-2)和式(2-3)表示拉(压)杆斜截面上的正应力 σ_α 和切应力 τ_α 随 α 角的变化规律。可知,斜截面上的正应力与切应力是 α 的函数:

(1)当 $\alpha=0°$ 时,即截面为横截面,这时正应力 σ_α 最大,$\sigma_{\alpha\max}=\sigma$,$\tau_\alpha=0$;

(2)当 $\alpha=45°$ 时,切应力 τ_α 最大,$\tau_{\max}=\tau_{45°}=\dfrac{\sigma}{2}$;

(3)当 $\alpha=90°$ 时,$\sigma_\alpha=0$,$\tau_\alpha=0$,即与轴线平行的截面上无任何应力。

应注意以下几点:

(1)此处 α 的角度正负号规定。当从 x 轴正方向向斜截面上的外法线量去时,逆时针转动为正,顺时针为负。

(2)σ_α 的正负号规定。拉为正,压为负。

(3)τ_α 的正负号规定。绕截面内侧一点作顺时针转动的为正,反之为负。

【例 2-4】 如图 2-11 所示拉杆,在斜截面 m—m 上的应力为 $\sigma_\alpha=80$ MPa,$\tau_\alpha=30$ MPa。求横截面上的正应力 σ 和角度 α。

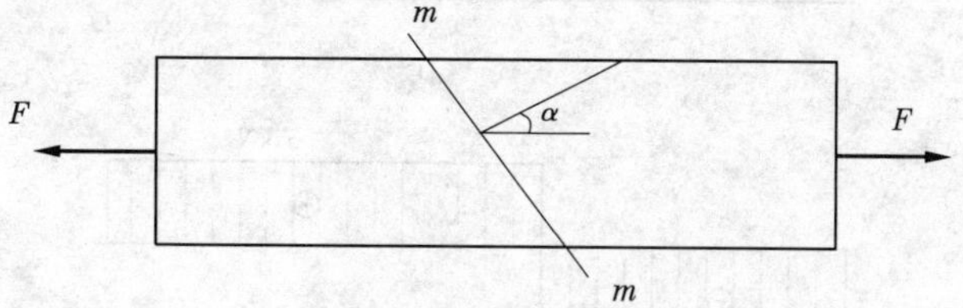

图 2-11　例 2-4 图

解　根据式(2-2)和式(2-3)可知

$$\sigma_\alpha=\sigma\cos^2\alpha \qquad \tau_\alpha=\sigma\cos\alpha\sin\alpha$$

则有

$$\frac{\tau_\alpha}{\sigma_\alpha}=\frac{\sigma\cos\alpha\sin\alpha}{\sigma\cos^2\alpha}=\tan\alpha$$

所以

$$\alpha=\arctan\frac{\tau_\alpha}{\sigma_\alpha}=\arctan\frac{30}{80}=20.56°$$

则横截面上的正应力为

$$\sigma=\frac{\sigma_\alpha}{\cos^2\alpha}=\frac{80}{\cos^2 20.56°}=91.25(\text{MPa})$$

三、危险截面及危险点

在构件强度计算中,无论是轴心拉(压)杆,或者是其他受力变形形式的构件,都需要以危险截面上的危险点的应力作为控制条件。

最大应力所在的横截面也就是可能最先破坏的横截面,称为危险截面。而危险截面上最大应力所在的点,称为危险点。危险截面是由内力和横截面尺寸来判断的。对于等截面杆来说,最大内力所在的截面就是危险截面。对于变截面杆来说,则取决于内力值和截面尺寸两个因素,应对若干个可能的危险截面进行计算并比较才能知道最大应力所在的截面。危险点则是由应力在截面上的分布规律来判断的。

对轴心拉(压)杆来说,横截面上的正应力是均匀分布的,因此危险截面上任一点都是危险点。其应力公式为

$$\sigma_{\max} = \frac{F_{\mathrm{Nmax}}}{A} \tag{2-4}$$

式中 $\sigma_{\max}$—— 危险点的应力,或称最大工作应力。

对于抗拉、抗压性能相同的材料(如低碳钢等),只需取绝对值最大的 $\sigma_{\max}$ 作为最大工作应力。对于抗拉、抗压性能不同的材料(如铸铁、混凝土等),则要把最大拉应力 σ_{tmax} 和最大压应力 σ_{cmax} 都作为最大工作应力。

【例 2-5】 如图 2-12 所示等截面杆,直径 $d = 10$ mm,杆件材料的抗拉、抗压性能不同。求该杆的最大工作应力。

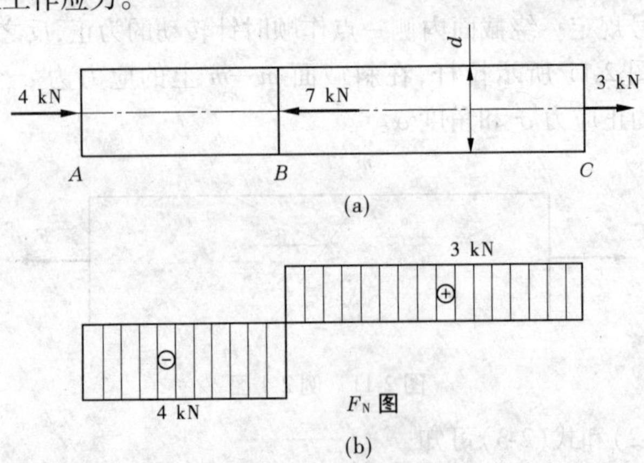

图 2-12　例 2-5 图

解　(1)由截面法求得 AB 段和 BC 段的轴力

$$F_{\mathrm{N}AB} = -4\ \mathrm{kN} \qquad F_{\mathrm{N}BC} = 3\ \mathrm{kN}$$

作轴力图如图 2-12(b)所示。

(2)判断危险截面及危险点。

由于材料的抗拉、抗压性能不同,则最大拉力和最大压力所在截面都应考虑,因此由轴力图判断:所有截面都是危险截面。根据轴心拉(压)杆横截面上的应力是均匀分布的,则可判断:危险截面上所有点都是危险点。

(3)计算最大工作应力。

$$\sigma_{\mathrm{cmax}} = \sigma_{AB} = \frac{F_{\mathrm{N}AB}}{A} = \frac{4F_{\mathrm{N}AB}}{\pi d^2} = \frac{4 \times (-4) \times 10^3}{3.14 \times 10^2 \times 10^{-6}} = -5.1 \times 10^7(\mathrm{Pa}) = -51\ \mathrm{MPa}(压)$$

$$\sigma_{\mathrm{tmax}} = \sigma_{BC} = \frac{F_{\mathrm{N}BC}}{A} = \frac{4F_{\mathrm{N}BC}}{\pi d^2} = \frac{4 \times 3 \times 10^3}{3.14 \times 10^2 \times 10^{-6}} = 3.82 \times 10^7(\mathrm{Pa}) = 38.2\ \mathrm{MPa}(拉)$$

【例 2-6】 如图 2-13 所示变截面杆,已知 $F = 20$ kN,横截面面积 AB 段 $A_1 = 2\,000$ mm^2,BD 段 $A_2 = 1\,000$ mm^2;杆件材料的抗拉、抗压性能相同。求该杆的最大工作应力。

解　(1)由截面法求得 AC 段和 CD 段的轴力为

$$F_{\mathrm{N}AC} = -40\ \mathrm{kN} \qquad F_{\mathrm{N}CD} = 20\ \mathrm{kN}$$

作轴力图如图 2-13(b)所示。

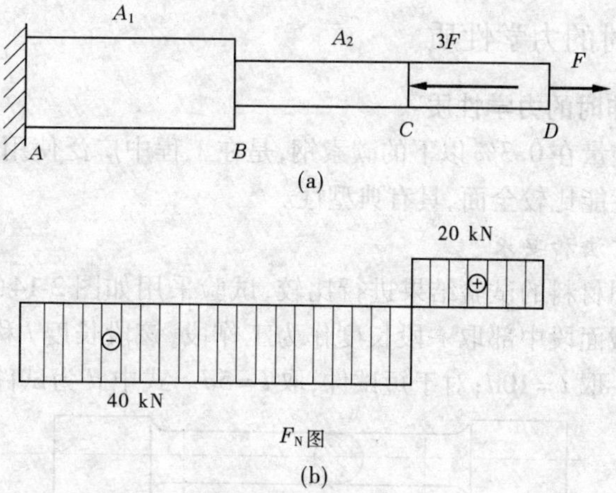

图 2-13　例 2-6 图

(2)判断危险截面及危险点。

由各段的内力值和相应的截面尺寸两个因素综合判断:*BC* 段和 *CD* 段上存在危险截面。由应力在横截面上的分布规律判断:危险截面上任一点是危险点。

(3)计算最大工作应力。

由公式得

$$\sigma_{\mathrm{cmax}} = \sigma_{BC} = \frac{F_{NBC}}{A_2} = \frac{-40 \times 10^3}{1\,000 \times 10^{-6}} = -4 \times 10^7(\mathrm{Pa}) = -40\ \mathrm{MPa}(压)$$

$$\sigma_{\mathrm{tmax}} = \sigma_{CD} = \frac{F_{NCD}}{A_2} = \frac{20 \times 10^3}{1\,000 \times 10^{-6}} = 2 \times 10^7(\mathrm{Pa}) = 20\ \mathrm{MPa}(拉)$$

比较绝对值得出结论:该杆的最大工作应力出现在 *BC* 段,其值为

$$|\sigma_{\mathrm{cmax}}| = 40\ \mathrm{MPa}$$

第四节　材料在拉伸与压缩时的力学性质

构件的强度和变形不仅与应力有关,还与材料本身的性质有关。材料的力学性质是指材料在受力作用下表现出的变形、破坏等方面的性能特征。它主要是由试验来测定的。

构件在荷载作用下将产生变形,如果将荷载完全卸除后,变形完全消失,这种变形称为弹性变形;若变形不能完全消失,遗留的变形称为塑性变形或残余变形。工程中对于常温下的材料,根据破坏前所发生的塑性变形的大小分为两类:塑性材料和脆性材料。前者是指断裂前产生较大塑性变形的材料,如低碳钢及铜、铝等金属;后者是指断裂前塑性变形很小的材料,如铸铁、混凝土、石料等。

低碳钢和铸铁是工程中广泛使用的两种典型材料,本节主要介绍这两种材料在常温、静载条件下拉伸和压缩时表现出的力学性质。所谓的常温,就是指室温;所谓的静载,就是指加载的速度要平稳缓慢。在室温下,以平稳缓慢的加载方式进行试验,称为常温静载试验,是测定材料力学性能的基本试验。拉伸试验和压缩试验方法见附录一。

一、材料拉伸时的力学性质

(一)低碳钢拉伸时的力学性质

低碳钢是指含碳量在 0.3% 以下的碳素钢,是在工程中广泛使用的材料,它在拉伸试验中所表现的力学性能比较全面,具有典型性。

1. 拉伸试验的方法和要求

为了便于对不同材料的试验结果进行比较,试验采用如图 2-14(a)所示的圆截面标准试件。在试件等截面段中部取一段长度作为工作段,该段长度 l 称为标距。标距长度有两种:对于长试件,取 $l=10d$;对于短试件,取 $l=5d$。式中 d 为试件的直径。

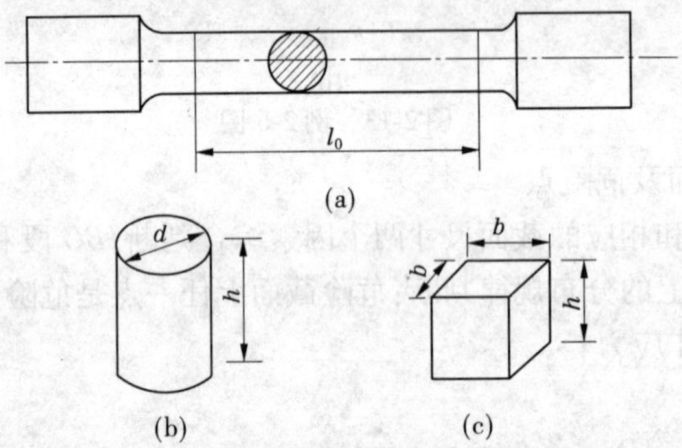

图 2-14　拉伸(压缩)试样

拉伸试验是在万能试验机上进行的。将试件两端装入试验机的夹头内,启动机器,缓慢加载,直至试件被拉断。在试验的过程中,观察试件的变形情况和出现的各种现象,记录有关的数据,便可看出材料受力后的某些特性和测出反映材料某种能力的性能指标。

2. 拉伸图和应力—应变曲线

通过低碳钢的拉伸试验可以看到,随着拉力 F 的增大,试件逐渐伸长,一般试验机上均有绘图装置,能自动的绘出拉力 F 和伸长量 Δl 间的关系曲线,称为拉伸图。低碳钢试件的拉伸图如图 2-15 所示。

拉伸图只反映了试件受力过程中的现象,还不能直接反映材料的力学性能,因为这一曲线与试件的尺寸有关。例如,如果试件做得粗一些,产生相同伸长量所需的拉力就大一些;如果试件的标距长一些,则在同样拉力作用下,伸长量也会大一些。为了消除试件尺寸的影响,使试验的结果能反映材料的性质,用应力 $\sigma=F/A$ 为纵坐标,用应变 $\varepsilon=\Delta l/l$ 为横坐标(A 与 l 分别为试件变形前的横截面面积和标距长度),这样得到的曲线称为应力—应变曲线或 $\sigma\sim\varepsilon$ 曲线。低碳钢的 $\sigma\sim\varepsilon$ 曲线如图 2-16 所示,这一曲线反映了材料在拉伸过程中所表现的力学性质。

3. 低碳钢 $\sigma\sim\varepsilon$ 曲线的四个特征阶段

根据低碳钢的 $\sigma\sim\varepsilon$ 曲线的特点,可将其分为弹性阶段、屈服阶段、强化阶段和颈缩阶段。

1)弹性阶段(OA'段)

在此阶段内,材料的变形是弹性变形。当应力增加到 A'点后,若将荷载降为零,则变形完全消失,应变也随之消失。应力超过 A'点后,材料开始产生塑性变形。A'点对应的应

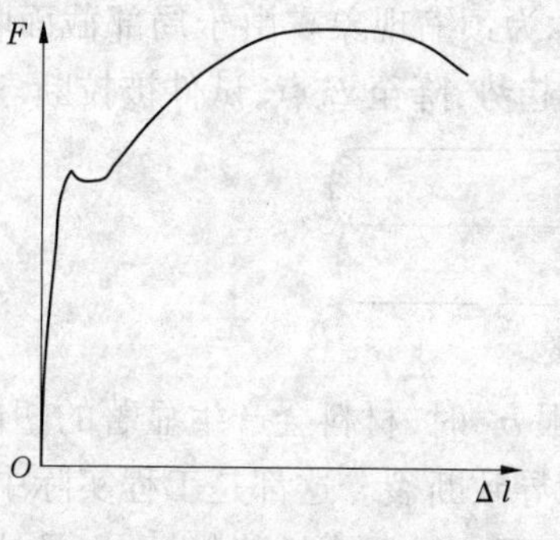

图 2-15　低碳钢拉伸曲线

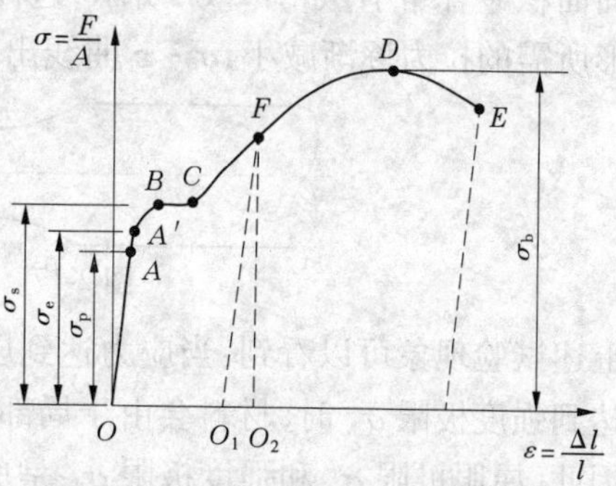

图 2-16　低碳钢的应力—应变曲线

力称为弹性极限,是材料不产生塑性变形的最高限,用 σ_e 表示。

在此阶段内,稍低于 A'点的 A 点是直线段的最高点,A 点对应的应力称为比例极限,是应力 σ 与应变 ε 保持线性关系的最高限,用 σ_p 表示。当应力 σ 不超过 σ_p 时,应力 σ 与应变 ε 成正比。其比例常数就是弹性模量 E。因此,虎克定律 $\sigma=E\varepsilon$ 的适用条件应限定在 $\sigma\leqslant\sigma_p$ 的范围内。低碳钢的比例极限 $\sigma_p\approx200$ MPa。由于比例极限与弹性极限非常接近,试验中很难加以区别,所以实际应用中常将两者视为相等。

2) 屈服阶段(BC 段)

应力超过比例极限 σ_p 后,不再显著增加,仅有些微小的波动;而应变却在应力几乎不变的情况下急剧增长,材料暂时失去抵抗变形的能力。这个现象一直延续到 C 点。如果试件经过抛光,这时可以看到试件表面有许多与试件轴线约成 45°角的条纹,称为滑移线。这种应力几乎不变,应变却不断增加,从而产生明显的塑性变形的现象称为屈服现象,这个阶段称为屈服阶段。在应力波动中,首次下降所达到的最低值称为下屈服点,由于下屈服点相对比较稳定,故规定下屈服点作为材料的屈服点,或称为屈服极限,用 σ_s 表示,σ_s 是衡量材料强度的重要指标。低碳钢的屈服极限 $\sigma_s=240$ MPa。

材料的屈服主要是晶体滑移的结果。金属是由无数的晶粒组成的,每一个晶粒又由许多原子按一定的几何规律排列而成。塑性变形的产生就是由于晶粒中原子与原子间沿着某一方向的结合面产生滑移的结果。单晶体的滑移就像一叠钱币发生错动一样。大批晶粒滑移积累的结果便造成了材料的屈服。在轴向拉伸的情况下,与轴线成 45°方向最易产生滑移,所以滑移线的方向与试件的轴线成 45°角。

材料在屈服阶段,其弹性变形基本不再增长,而塑性变形迅速增加,并且在总变形中塑性变形所占的比重越来越大。

3) 强化阶段(CD 段)

材料经过屈服阶段之后,因塑性变形使其内部组织结构得到调整,又恢复了抵抗变形的能力,$\sigma\sim\varepsilon$ 曲线又开始上升,这种现象称为材料的强化。曲线最高点 D 点所对应的应力称为强度极限(或抗拉强度),用 σ_b 表示。强度极限是材料所能承受的最大应力。一般低碳钢的强度极限 $\sigma_b\approx400$ MPa。

4) 颈缩阶段(DE 段)

应力达到强度极限 σ_b 以后,试件的变形开始集中在试件最薄弱的一小段内,使该段的横截面面积显著缩小，如图 2-17 所示，这种现象称为颈缩现象。由于局部截面收缩，使试件变形所需的拉力逐渐减小，$\sigma \sim \varepsilon$ 曲线出现下降趋势，降至 E 点，试件被拉断。

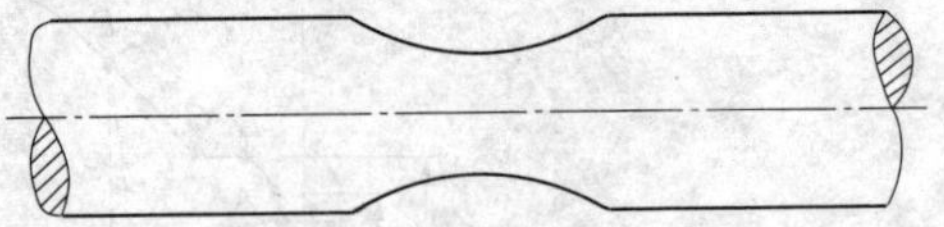

图 2-17　颈缩现象

由上述试验现象可以看到：当应力达到屈服极限 σ_s 时，材料会产生显著的塑性变形；当应力达到强度极限 σ_b 时，材料会由于局部变形而导致断裂。这都是工程实际中应当避免的。因此，屈服极限 σ_s 和强度极限 σ_b 是反映材料强度的两个性能指标，也是拉伸试验中需要测定的重要数据。

4. 材料延伸率和截面收缩率

试件拉断后，弹性变形消失，而塑性变形残留下来。工程中用试件拉断后的残余变形来表示材料的塑性性能。常用的塑性指标是延伸率 δ（或伸长率）和截面收缩率 ψ。

延伸率的计算公式为

$$\delta = \frac{l_1 - l}{l} \times 100\% \tag{2-5}$$

式中　l——原标距长度；

l_1——试件拉断后的标距长度。

断面收缩率的计算公式为

$$\psi = \frac{A - A_1}{A} \times 100\% \tag{2-6}$$

式中　A—— 试件原截面面积；

A_1——试件拉断后断口处的横截面面积。

延伸率 δ 和截面收缩率 ψ 是代表材料塑性的两个性能指标，δ 和 ψ 的值越大，说明材料的塑性越好。工程中将 $\delta \geqslant 5\%$ 的材料称为塑性材料，如低碳钢、铜和铝等；$\delta < 5\%$ 的材料称为脆性材料，如铸铁、混凝土和石料等。低碳钢的延伸率 $\delta = 20\% \sim 30\%$，截面收缩率 $\psi = 60\% \sim 70\%$。

5. 卸载定律和冷作硬化

若将在 $\sigma \sim \varepsilon$ 曲线的强化阶段内的任一点 F 处缓慢地卸去拉伸荷载，则此时的 $\sigma \sim \varepsilon$ 曲线将沿着与 OA 近于平行的直线 FO_1 回落到 O_1 点，如图 2-16 所示，斜直线 FO_1 近似地平行于 OA。这说明：在卸载过程中，应力和应变按直线规律变化。这就是卸载定律。拉力完全卸除后，在 $\sigma \sim \varepsilon$ 图中，O_2O_1 表示材料的弹性应变，OO_1 则表示材料的塑性应变。

若卸载后重新加载，应力与应变又大致上沿卸载时的斜直线 FO_1 直线上升到 F 点，到 F 点后沿着 FDE 曲线变化。可见，在再次加载时，直到 F 点以前材料的变形是弹性的，过 F 点后才开始出现塑性变形。比较图 2-16 中的 $OABCFDE$ 和 O_1FDE 两条曲线可见，在第二次加载时，其比例极限得到了提高，但塑性变形和伸长率却有所降低。这种现象称为冷作硬化。冷作硬化现象经退火后又可消除。

工程上经常利用冷作硬化来提高材料的弹性阶段。如起重机的钢索和建筑用的钢筋，通过冷拔工艺以提高强度。

（二）铸铁拉伸时的力学性能

铸铁试件拉伸时的 $\sigma \sim \varepsilon$ 曲线是一条微弯曲线，如图 2-18 所示中的实线。试件断裂前变形很小，断口处的横截面面积几乎没有变化，其延伸率 δ 只有 0.4% ~0.5%，可见铸铁是典型的脆性材料。

脆性材料的另一个特点是，没有屈服阶段，不存在屈服极限。所以，脆性材料以强度极限 σ_b 作为其强度指标。对于应力—应变不成直线关系的脆性材料，弹性模量 E 的数值随应力的大小而变。但在工程中铸铁的拉应力不能很高，而在很低的拉应力下，则可近似地认为服从虎克定律。通常取 $\sigma \sim \varepsilon$ 曲线的割线代替曲线的开始部分，并以割线的斜率作为弹性模量，称为割线弹性模量。

铸铁拉断时的最大应力即为其强度极限。因为没有屈服现象，强度极限 σ_b 是衡量强度的唯一指标。铸铁等脆性材料的抗拉强度很低，所以不宜作为抗拉构件的材料。

（三）其他材料拉伸时的力学性能

在工程实际中所使用的金属材料品种很多，它们的力学性能也各不相同，在这里作一些简单的介绍。

低合金高强度钢（合金元素总含量不大于 5% 的合金钢，简称低合金钢）在工程实际中被广泛应用。这些钢材具有优良的力学性能和很好的使用效果，16 锰（16Mn）钢就是其中的一种典型的钢种，它拉伸时的应力—应变曲线如图 2-19 所示，图中同时给出了低碳钢的应力—应变曲线。两条曲线很相似，但 16Mn 钢的屈服极限 σ_s 和强度极限 σ_b 比低碳钢显著提高。它的屈服极限为 $\sigma_s = 290 \sim 350$ MPa，强度极限为 $\sigma_b = 480 \sim 520$ MPa，并且塑性性能更好。由此可见，16Mn 钢的力学性能优于低碳钢。

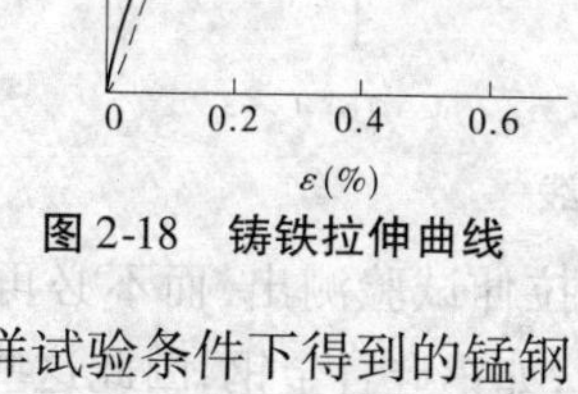

图 2-18　铸铁拉伸曲线

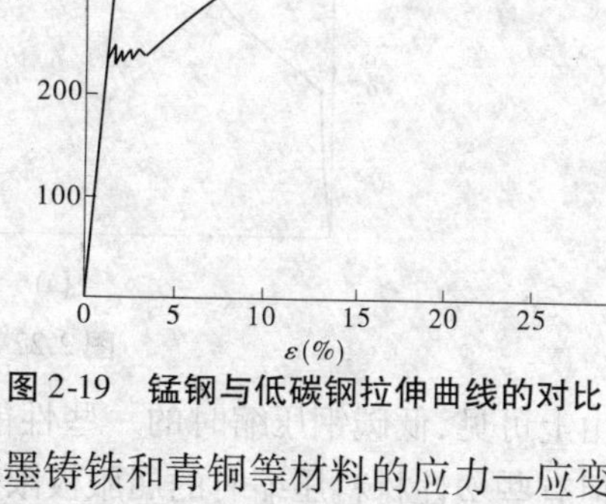

图 2-19　锰钢与低碳钢拉伸曲线的对比

在同样试验条件下得到的锰钢、硬铝、退火球墨铸铁和青铜等材料的应力—应变曲线如图 2-20 所示，由这些曲线可以看出，这些材料与低碳钢在断裂前具有较大的变形，属于塑性材料；但是，这些材料没有明显的屈服点。对于这些材料，国家标准规定，取对应于试件产生 0.2% 的塑性变形时的应力值为材料的屈服极限，用 $\sigma_{0.2}$ 表示，称为名义屈服极限，如图 2-21所示。工程中以此作为材料的强度指标。

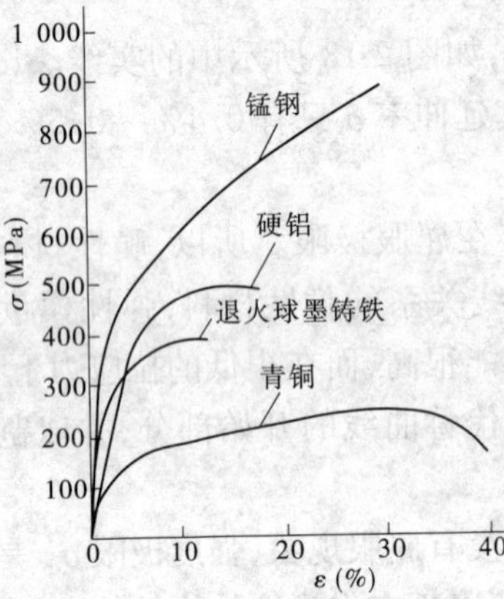

图 2-20　几种材料的拉伸曲线

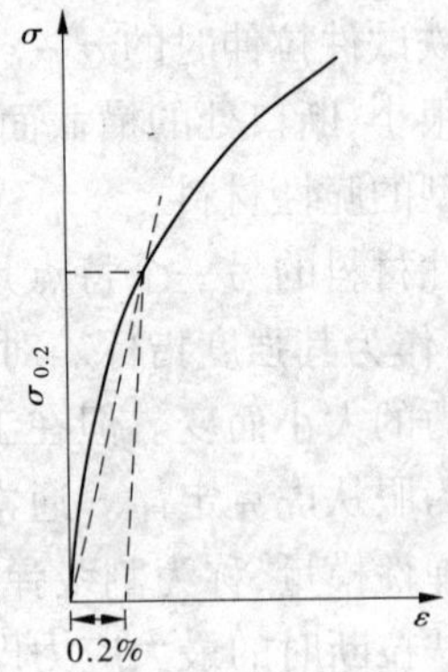

图 2-21　名义屈服极限

二、材料压缩时的力学性质

由于材料在受压时的力学性能与受拉时并不完全相同,因此除拉伸试验外,还必须做压缩试验。金属材料的压缩试件为圆柱形,高度为直径的 1.5 ~3.0 倍,如图 2-14(b)所示;混凝土、石料等的试件为立方体,如图 2-14(c)所示。

(一)低碳钢压缩时的力学性能

低碳钢在压缩时的应力—应变曲线如图 2-22(a)所示,图中虚线表示拉伸时的应力—应变曲线。可以看出,这两条曲线的主要部分基本重合,因此低碳钢在压缩时的弹性模量 E、屈服极限 σ_s 等都与拉伸试验的结果基本相同。当应力达到屈服极限以后,试件出现显著的变形,如继续增加压力,其长度明显缩短,试件变粗。由于试件两端面与压头间的摩擦力的影响,试件两端的横向变形受到阻碍,试件被压成鼓形,如图 2-22(b)所示。随着外力的增加,越压越扁,但并不破坏,因此测不出抗压强度。

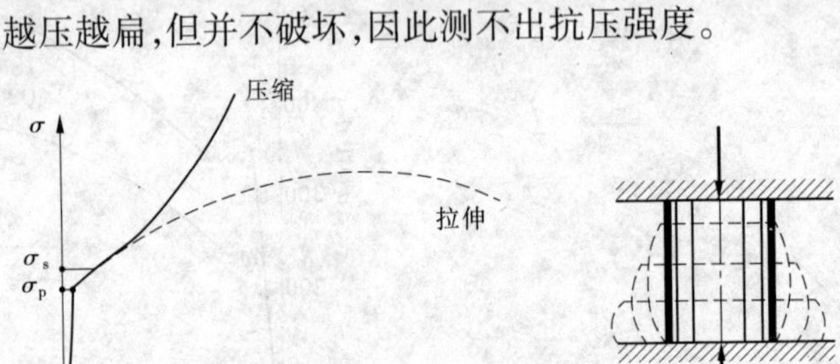

图 2-22　低碳钢压缩曲线

由上可见,低碳钢压缩时的一些性能指标可通过拉伸试验测出,而不必再做压缩试验。但有些塑性材料压缩时的屈服极限与拉伸时不同,如铝硅合金钢,因此这些材料还要测定其压缩时的屈服极限。

(二)铸铁压缩时的力学性能

与塑性材料相反,脆性材料压缩时的力学性质与拉伸时有很大的区别。铸铁压缩时

的 $\sigma \sim \varepsilon$ 曲线如图 2-23(a)所示。与其拉伸时的应力—应变曲线相比,其抗压强度 σ_c 远比强度极限 σ_b 要高,为强度极限的 2 ~5 倍。试件在压缩变形很小的情况下,沿与轴线大约成 45°的斜截面发生破裂,如图 2-23(b)所示。

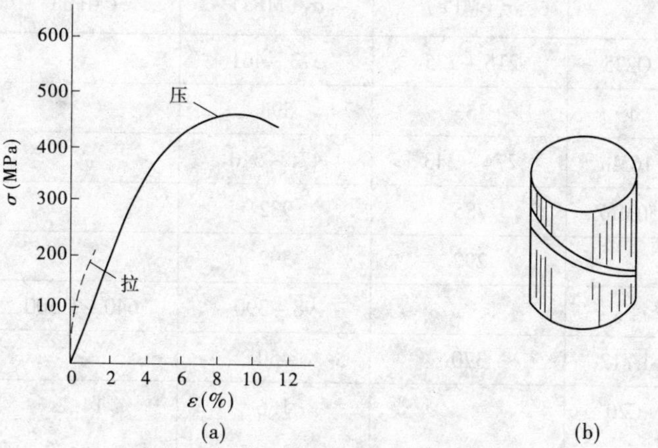

图 2-23　铸铁压缩曲线

(三)其他材料压缩时的力学性能

混凝土和石料的压缩试验表明,其抗压强度远大于抗拉强度。破坏时,由于试块两端面的横向变形受摩擦力的阻碍,因此试件由周围中部逐渐剥落而破坏,如图 2-24(a)所示。当加力板与试块端面之间加润滑剂时,试块将沿纵向面断裂,如图 2-24(b)所示。混凝土抗拉强度很小,一般是其抗压强度的 1/10 左右,计算时一般不考虑混凝土的抗拉强度。

木材属于各向异性材料,受力方向不同时,其力学性质也不同,木材拉伸和压缩时的 $\sigma \sim \varepsilon$ 曲线如图 2-25 所示。由木材的拉压试验可知,木材顺纹压缩强度比横纹压缩强度高得多,顺纹拉伸强度比顺纹压缩强度高得多。与木纹成斜向压缩的强度性质,则介于顺纹和横纹之间。

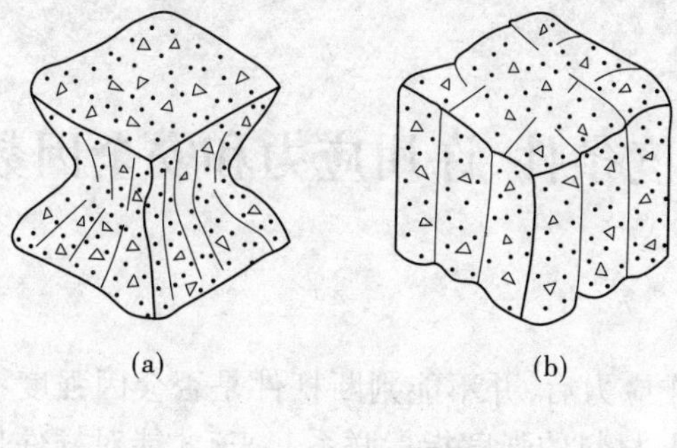

图 2-24　混凝土压缩试样

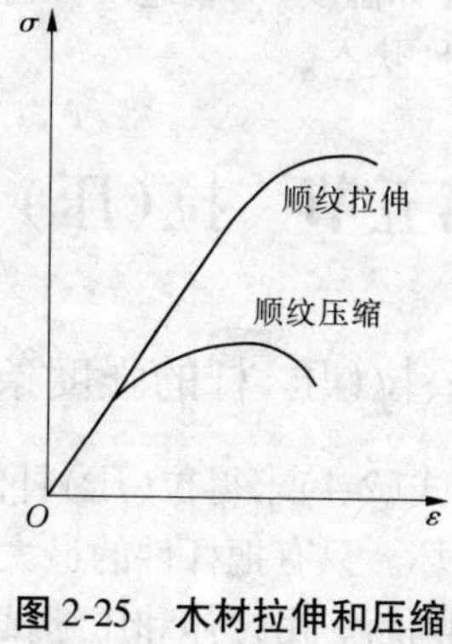

图 2-25　木材拉伸和压缩曲线

表 2-1 列出了部分常用材料的主要力学性质。

表 2-1 常用材料的主要力学性质

材料名称	牌号	强度指标			塑性指标
		屈服极限 σ_s(MPa)	抗拉强度极限 σ_b(MPa)	抗压强度极限 (MPa)	延神率 δ(%)
低碳钢	Q235	216~235	373~461		25~27
碳素结构钢	45	353	598		16
低合金钢	16Mn	274~343	471~510		19~21
合金结构钢	50MnZ	785	932		9
球墨铸铁		292	392		10
灰铸铁			98~390	640~1 300	<0.5
铝合金	LY12	370	450		15
混凝土	C20		1.6	14.2	
	C30		2.1	21	
红松(顺纹)			96	32.2	

通过上述试验,比较塑性材料和脆性材料的性质,也可看出两者有以下区别:

(1)塑性材料在断裂前有很大的塑性变形,脆性材料断裂前的变形则很小。因此,在工程实际中塑性材料适用于需要进行锻压、冷加工等加工过程的构件或承受冲击荷载的构件。

(2)脆性材料的抗压能力远比抗拉能力强,且其价格便宜,因此适用于受压或受拉很小的构件,如建筑物的基础、机器的基础与外壳等,而不适用于受拉的构件。塑性材料的抗压和抗拉能力相近,适用于受拉构件。

应该指出,习惯上所指的塑性材料和脆性材料是根据在常温、静载下由拉伸试验所得的延伸率 δ 的大小来判别的。实际上,材料的力学性质并不是固定不变的。因为在不同的条件(如温度、加载速度和荷载作用的时间等)下,材料既可表现为脆性状态,又可以表现为塑性状态。

第五节 拉(压)杆的强度条件、许用应力和安全因数

一、拉(压)杆的强度条件

由式(2-4)求得拉(压)杆的最大工作应力后,并不能判断杆件是否会因强度不足而发生破坏。只有把杆件的最大工作应力与材料的强度指标联系起来,才能对杆件是否安全作出判断。由拉伸和压缩试验知道,当脆性材料的应力达到抗拉强度极限 σ_b(或抗压强度极限)时,就会发生断裂;当塑性材料的应力达到屈服点 σ_s 时,就会产生显著的塑性变形。因此,将材料的两个强度指标 σ_s 和 σ_b 统称为极限应力,并用 σ_u 表示。

为了保证构件能安全地工作，还必须将工作应力限制在比极限应力更低的范围内，即将材料的极限应力 σ_u 除以一个大于 1 的系数 n 以后，作为构件工作不允许超过的数值。这个应力值称为材料的许用应力，用 $[\sigma]$ 表示，这个系数 n 称为安全因数，其数值通常由设计规范规定。关于安全因数的确定，将在下面进一步讨论。许用应力和安全因数之间的关系是

$$[\sigma] = \frac{\sigma_u}{n} \tag{2-7}$$

于是，为了确保拉（压）杆不致因强度不足而破坏的强度条件是

$$\sigma_{max} \leqslant [\sigma] \tag{2-8}$$

对于等截面直杆，拉伸（压缩）时的强度条件，根据式（2-4）写为

$$\frac{F_{Nmax}}{A} \leqslant [\sigma] \tag{2-9}$$

根据拉（压）杆的强度条件，可对杆件进行强度计算。通常强度计算有以下三种类型。

（一）强度校核

已知杆件的材料、截面尺寸和所承受的荷载，校核杆件是否满足强度条件式（2-9）。若能满足，说明杆件的强度足够；否则，说明杆件不安全。

（二）选择截面尺寸

根据杆件所承受的荷载和材料的许用应力，确定杆件所需的最小横截面面积和相应的尺寸。这时，杆件的强度条件可变换为以下的形式

$$A \geqslant \frac{F_{Nmax}}{[\sigma]} \tag{2-10}$$

由式（2-10）算出需要的横截面面积，然后确定截面尺寸。

（三）确定许用荷载

根据杆件的截面尺寸和许用应力，确定杆件或整个结构所能承受的最大荷载。这时可按下式计算杆件所允许的最大轴力

$$F_{Nmax} \leqslant [\sigma]A \tag{2-11}$$

再根据轴力和外力的关系计算出杆件的许用荷载。

【例 2-7】 如图 2-26 所示的支架中斜杆 AB 为圆截面的钢杆，直径 $d = 27$ mm，水平杆 CB 为正方形截面的木杆，边长 $a = 90$ mm。已知：钢杆的许用应力 $[\sigma] = 160$ MPa，木杆的许用压应力 $[\sigma_c] = 10$ MPa，荷载 $F = 50$ kN。试校核支架的强度。

解　(1) 取结点 B 为研究对象，受力图如图 2-26(b) 所示。

根据平衡条件列方程如下

$$\sum F_y = 0 \qquad F_{NBA}\sin\alpha - F = 0$$

$$\sum F_x = 0 \qquad F_{NBC} - F_{NBA}\cos\alpha = 0$$

由以上两式解得

$$F_{NBA} = \frac{F}{\sin\alpha} = 50 \times \frac{\sqrt{3^2 + 2^2}}{2} = 90.1(\text{kN})$$

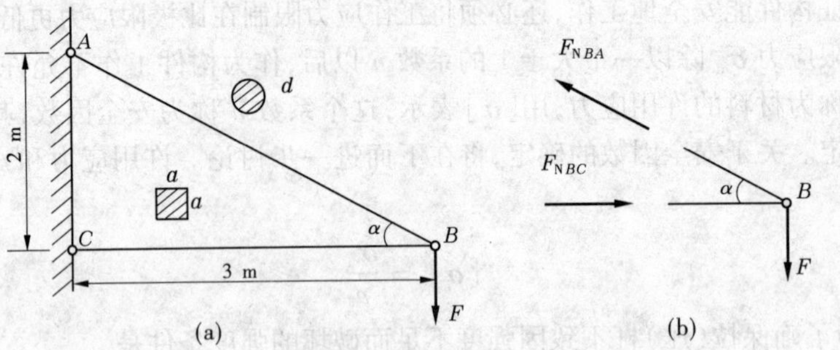

图 2-26　例 2-7 图

$$F_{NBC} = F_{NBA}\cos\alpha = \frac{F}{\tan\alpha} = 50 \times \frac{3}{2} = 75(\text{kN})$$

(2)强度校核。

由式(2-4),得

$$\sigma_{AB} = \frac{F_{NBA}}{\pi d^2/4} = \frac{4 \times 90.1 \times 10^3}{\pi \times 27^2 \times 10^{-6}} = 1.574 \times 10^8(\text{Pa}) = 157.4\ \text{MPa} < [\sigma] = 160\ \text{MPa}$$

$$\sigma_{BC} = \frac{F_{NBC}}{a^2} = \frac{75 \times 10^3}{90^2 \times 10^{-6}} = 9.26 \times 10^6(\text{Pa}) = 9.26\ \text{MPa} < [\sigma_c] = 10\ \text{MPa}$$

故钢杆和木杆均满足强度要求。

【例 2-8】　三角形吊架如图 2-27 所示,其中杆 AB 和 BC 均为圆截面钢杆。已知荷载 $F=100$ kN,许用应力$[\sigma]=160$ MPa,试确定钢杆的直径 d。

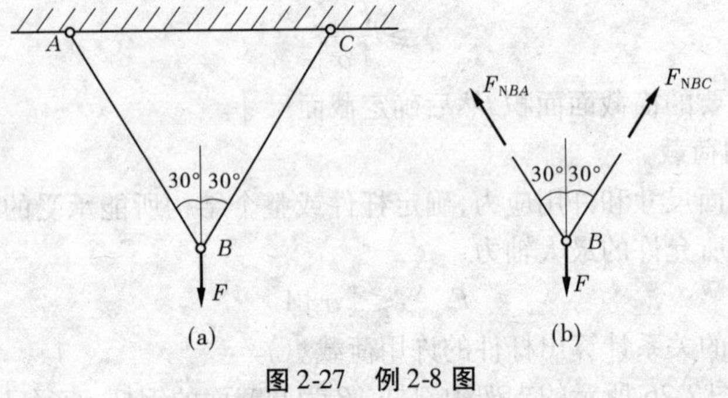

图 2-27　例 2-8 图

解　(1)取结点 B 为研究对象,受力图如图 2-27(b)所示。

根据平衡条件列方程如下

$$\sum F_x = 0 \qquad -F_{NBA}\sin30° + F_{NBC}\sin30° = 0 \qquad (a)$$

$$\sum F_y = 0 \qquad F_{NBA}\cos30° + F_{NBC}\cos30° - F = 0 \qquad (b)$$

由式(a)得 $F_{NBA}=F_{NBC}=F_N$,代入式(b)得

$$F_N = \frac{F}{2\cos30°} = \frac{100}{2 \times \frac{\sqrt{3}}{2}} = 57.74(\text{kN})$$

(2)根据强度条件确定截面尺寸。由式(2-10)得

$$A=\frac{\pi d^2}{4}\geqslant\frac{F_N}{[\sigma]}$$

则　$$d\geqslant\sqrt{\frac{4F_N}{\pi[\sigma]}}=\sqrt{\frac{4\times 57.74\times 10^3}{\pi\times 160\times 10^6}}=2.14\times 10^{-2}(\mathrm{m})=21.4\ \mathrm{mm}$$

故取钢杆的直径 $d=21.4$ mm。

【例 2-9】 如图 2-28 所示砖柱柱顶受轴心荷载 F 作用。已知砖柱的横截面面积 $A=0.3\ \mathrm{m}^2$，自重 $F_G=40$ kN，材料许用压应力$[\sigma_c]=1.05$ MPa。试按强度条件确定柱顶的许用荷载$[F]$。

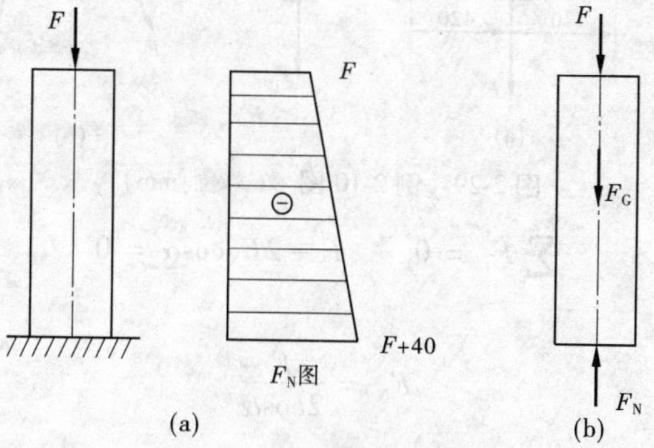

图 2-28　例 2-9 图

解　(1)取砖柱为研究对象，受力图如图 2-28(b)所示。

根据平衡条件列方程如下

$$\sum F_y=0\qquad F_N-F-F_G=0$$

得　$$F_N=F+F_G=F+40$$

(2)砖柱为轴心受压构件，轴力最大的截面就是危险截面，砖柱的轴力图如图 2-28(a)所示。由轴力图可知，柱底截面为危险截面，其上的任一点都是危险点。

(3)由强度条件

$$\frac{F_N}{A}\leqslant[\sigma_c]$$

得　$$F_N\leqslant[\sigma_c]A$$

即　$$F+40\leqslant[\sigma_c]A$$

则　$$F\leqslant[\sigma_c]A-40=1.05\times 10^6\times 0.3-40\times 10^3=275\ 000(\mathrm{N})=275\ \mathrm{kN}$$

故柱顶的许用荷载$[F]=275$ kN。

【例 2-10】 如图 2-29 所示为一起重吊环，其侧臂 AC 和 AB 各有两个横截面为矩形的锻钢杆构成，截面尺寸为 $h=120$ mm，$b=36$ mm，材料的许用应力为$[\sigma]=80$ MPa。为了发挥设备的最大作用，试按侧臂的强度求吊环的最大起重量。

解　(1)计算侧臂轴力。

截取结点 A 为研究对象，如图 2-29(b)所示，因对称关系，可设两杆轴力均为 F_N，再由平衡方程

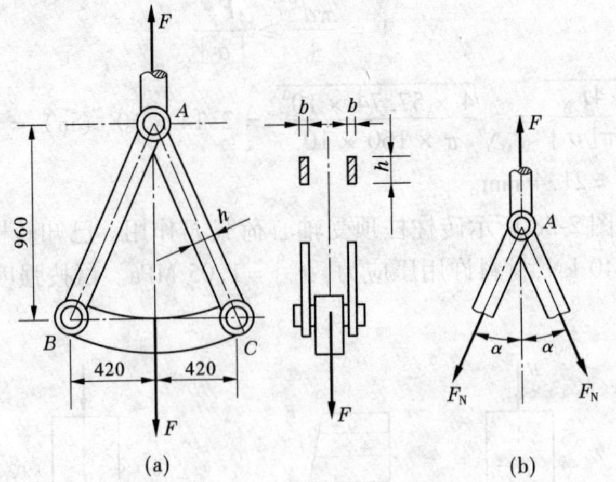

图 2-29　例 2-10 图　（单位:mm）

$$\sum F_y = 0 \qquad F - 2F_N\cos\alpha = 0$$

得

$$F_N = \frac{F}{2\cos\alpha}$$

式中

$$\cos\alpha = \frac{960}{\sqrt{960^2 + 420^2}} = 0.916$$

代入上式得

$$F_N = \frac{F}{2 \times 0.916} = 0.546F$$

（2）求许用荷载。

由式(2-11)

$$F_N \leqslant [\sigma]A$$

即
$$0.546F \leqslant 2 \times 120 \times 36 \times 10^{-6} \times 80 \times 10^6$$

则
$$F \leqslant \frac{2 \times 120 \times 36 \times 80}{0.546}$$

$$\leqslant 1\ 265\ 934(\text{N}) = 1.27 \times 10^3(\text{kN})$$

故按侧杆强度,吊环的最大起重量为 1.27×10^3 kN。

二、许用应力

在研究(式(2-7))中,对于每一种材料,极限应力 σ_u 应该选用一个强度指标。对于塑性材料制成的拉(压)杆,当它发生显著的塑性变形时,影响到杆件的正常工作,所以通常取屈服极限 σ_s(或 $\sigma_{0.2}$)为极限应力,其许用应力为

$$[\sigma] = \frac{\sigma_s}{n_s} \quad 或 \quad [\sigma] = \frac{\sigma_{0.2}}{n_s} \tag{2-12}$$

对于脆性材料,由于杆件直到破坏都不会产生明显的塑性变形,只有在真正断裂时才

丧失正常工作能力,所以其极限应力应取抗拉强度极限 σ_b(或抗压强度极限 σ_c),其许用应力为

$$[\sigma] = \frac{\sigma_b(\sigma_c)}{n_b} \tag{2-13}$$

由此可见,对于许用应力数值的规定实质上是如何选择适当的安全系数。安全系数实质上包括了两方面的考虑:一方面是在强度条件中有些量的本身就存在着主观认识与客观实际间的差异,另一方面是给杆件以必要的强度储备。

主观认识与客观实际间的差异主要表现在以下几个方面:

(1)极限应力的差异。材料的极限应力值是根据材料试验结果按统计方法得到的,材料产品的合格与否也只能凭抽样检查来确定,所以实际使用的材料的极限应力值存在个别低于给定值的可能。

(2)横截面尺寸的差异。个别构件在经过加工后,其实际横截面尺寸有可能比规定的尺寸小。

(3)荷载值的差异。实际荷载有可能超过在计算中所选用的数值。

(4)实际结构与其计算简图间的差异。将实际结构简化为计算简图,往往会忽略次要因素而带来不安全的后果。

强度储备的必要性主要是因为构件在使用期内可能遇到意外的事故或其他不利的工作条件。对这些因素的考虑,应该和构件的重要性以及当构件损坏时所引起的后果的严重性等联系起来。在意外因素相同的条件下,越重要的构件就应该有越大的强度储备。这种强度储备也是以安全系数的形式出现在强度条件中的。表 2-2 给出了几种常用材料的许用应力值。

表 2-2　几种常用材料的许用应力值　　(单位:MPa)

材料	$[\sigma_t]$	$[\sigma_c]$
低碳钢(Q235)	140 ~ 170	140 ~ 170
16 锰钢	215 ~ 240	215 ~ 240
灰口铸铁	35 ~ 55	160 ~ 200
木材(顺纹)	5.5 ~ 10	8 ~ 16
混凝土(C30)	0.6	10.3

三、安全因数

从以上的讨论可以看出,规定安全因数的数值并不是单纯的力学问题,还有工程上的考虑以及复杂的经济问题。在本教材中不对此作深入的研究。这里只给出安全系数的大致范围。例如,在静荷载条件下,n_s 一般可取 1.4 ~ 1.7;在对荷载的考虑较全面、材料质量较均匀的有利条件下,n_s 可取 1.25 ~ 1.35;与上述情况相反时 n_s 可取 1.5 ~ 2.5。同样,在静荷载作用下,n_b 一般取 2.5 ~ 3.0,有时可达到 4 ~ 14。n_b 的数值规定比 n_s 大,其主要原因是:脆性材料的破坏是以断裂为标志,而塑性材料的破坏则以开始发生一定程度

的塑性变形为标志，两者的危险性不同，且脆性材料的强度指标的分散度较大。因此，对脆性材料多给一些强度储备。

安全因数的选取直接影响许用应力的大小，也就影响使用材料的数量。安全因数取得过大必然造成材料的浪费，取得过小则可能发生工程事故。这是一个与整个国民经济密切相关的问题，因此在取安全因数时，必须坚持科学态度，要做到既节约，又保证安全。

第六节　拉(压)杆的变形和简单超静定问题

一、拉(压)杆的变形

杆件在轴向拉伸和压缩时，所产生的主要变形是沿轴线方向的伸长或缩短，称为纵向变形；与此同时，垂直于轴线方向的横向尺寸也有所缩小或增大，称为横向变形。设图 2-30 所示拉(压)杆的原长为 l，在轴向外力 F 的作用下，长度变为 l_1，杆的纵向变形为

$$\Delta l = l_1 - l \tag{a}$$

对于拉杆，Δl 为正值，表示纵向伸长(见图 2-30(a))；对于压杆，Δl 为负值，表示纵向缩短(见图 2-30(b))。

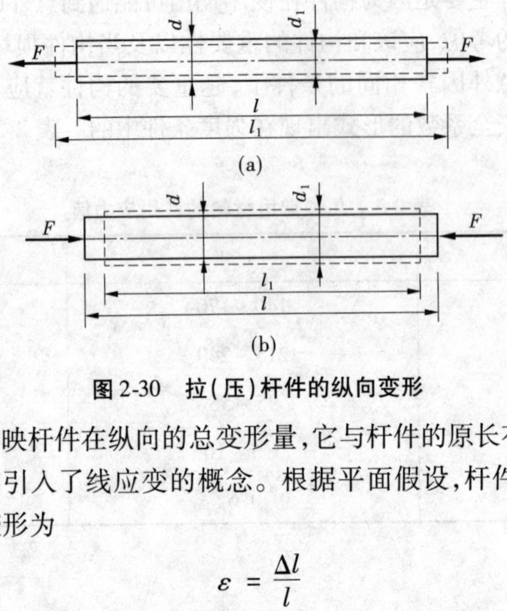

图 2-30　拉(压)杆件的纵向变形

纵向变形 Δl 只反映杆件在纵向的总变形量，它与杆件的原长有关。为了进一步描述杆件的变形程度，我们引入了线应变的概念。根据平面假设，杆件的各段都是均匀变形的，单位长度的纵向变形为

$$\varepsilon = \frac{\Delta l}{l} \tag{2-14}$$

式中　ε——纵向线应变。

显然，拉伸时，$\varepsilon > 0$，称为拉应变；压缩时，$\varepsilon < 0$，称为压应变。ε 是一个量纲为 1 的量。

大量试验表明，当杆件的变形为弹性变形时，杆件的纵向变形 Δl 与外力 F 及杆件的原长 l 成正比，而与杆件的横截面面积 A 成反比，即

$$\Delta l \propto \frac{Fl}{A} \tag{b}$$

引入比例常数 E,则有

$$\Delta l = \frac{Fl}{EA} \tag{c}$$

由于横截面上的轴力 $F = F_N$,故式(c)可以改为

$$\Delta l = \frac{F_N l}{EA} \tag{2-15}$$

式(2-15)称为虎克定律,式中的比例常数 E 称为弹性模量,它与材料的性质有关,是衡量材料抵抗弹性变形能力的一个指标。E 的数值可以由试验测定。E 的单位与应力的单位相同。一些常用材料的 E 值列于表 2-3 中,以便于参考。

表 2-3　常用材料的 E 和 υ 值

材料名称	E(GPa)	υ
低碳钢	196 ~ 216	0.24 ~ 0.28
中碳钢	205	0.24 ~ 0.28
16 锰钢	196 ~ 216	0.25 ~ 0.30
合金钢	186 ~ 216	0.25 ~ 0.30
铸铁	59 ~ 162	0.23 ~ 0.27
混凝土	15 ~ 35	0.16 ~ 0.18
石灰岩	41	0.16 ~ 0.34
木材(顺纹)	10 ~ 12	
橡胶	0.007 8	0.47

EA 称为杆件的拉压强度,它是单位长度的变形所需的力。所以,拉压强度 EA 代表了杆件抵抗拉伸(压缩)变形的能力。

因 $\sigma = \frac{F_N}{A}$,$\varepsilon = \frac{\Delta l}{l}$,故式(2-15) 变为

$$\sigma = E\varepsilon \tag{2-16}$$

式(2-16)是虎克定律的另外一种表达式。它表明,在弹性限度内,正应力与线应变成正比。

设图 2-30 所示拉(压)杆在变形前、后的横向尺寸分别为 d 和 d_1,则其横向变形 Δd 为

$$\Delta d = d_1 - d \tag{d}$$

则横向线应变 ε' 为

$$\varepsilon' = \frac{\Delta d}{d} \tag{2-17}$$

对于拉杆,Δd 与 ε'都为负;对于压杆,Δd 与 ε'都为正。

大量的试验表明,当杆件的变形为弹性变形时,横向线应变 ε'与纵向线应变 ε 的绝对值之比是一个常数。此比值称为泊松比或横向变形系数,用 υ 表示,即

$$\upsilon = \left|\frac{\varepsilon'}{\varepsilon}\right| \tag{e}$$

υ 是一个量纲为 1 的量,其数值经常随材料而异,也是通过试验来测定的。一些常用材料的 υ 值也列于表 2-3 中。弹性模量 E 和泊松比 υ 是材料固有的两个弹性常数,以后会经常用到。

考虑到 ε' 和 ε 的正负号恒相反,由式(e)和式(2-16)可以得

$$\varepsilon' = -\upsilon\varepsilon = -\upsilon\frac{\sigma}{E} \tag{2-18}$$

利用式(2-18),可以由纵向线应变或正应力求横向线应变,反之亦然。

【例 2-11】 一木柱如图 2-31 所示,受轴向荷载作用,横截面边长 $a=200$ mm,材料的弹性模量 $E=10$ GPa,杆件的自重不计。求各段柱的纵向线应变和柱的总变形。

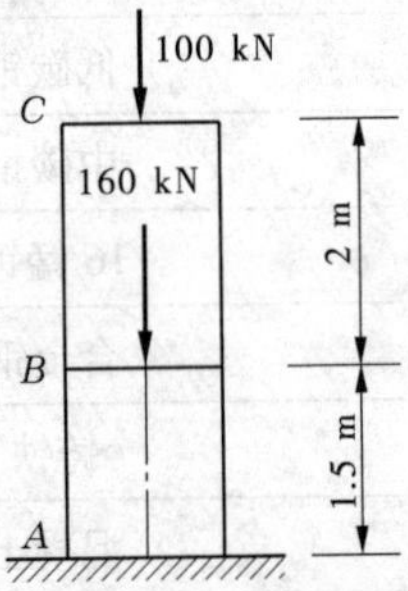

图 2-31 例 2-11 图

解 由于上下两段柱的轴力不相等,故两段柱的变形要分别计算。各段轴力为 $F_{NBC}=-100$ kN,$F_{NAB}=-260$ kN。各段柱的纵向变形为

$$\Delta l_{BC} = \frac{F_{NBC}}{EA}l_{BC} = -\frac{100\times10^3\times2}{10\times10^9\times0.2^2} = -0.5\times10^{-3}(\text{m}) = -0.5\ \text{mm}$$

$$\Delta l_{AB} = \frac{F_{NAB}}{EA}l_{AB} = -\frac{260\times10^3\times1.5}{10\times10^9\times0.2^2} = -0.975\times10^{-3}(\text{m}) = -0.975\ \text{mm}$$

各段柱的纵向线应变为

$$\varepsilon_{BC} = \frac{\Delta l_{BC}}{l_{BC}} = -\frac{0.5}{2\ 000} = = -2.5\times10^{-4}$$

$$\varepsilon_{AB} = \frac{\Delta l_{AB}}{l_{AB}} = -\frac{0.975}{1\ 500} = -6.5\times10^{-4}$$

全柱的总变形为两段柱的变形之和,即

$$\Delta l = \Delta l_{BC} + \Delta l_{AB} = -0.5 - 0.975 = -1.475(\text{mm})$$

二、拉伸、压缩超静定稳定

在以上所介绍的杆或杆系问题中,支座反力或轴力都能通过静力学的平衡方程求解。这类问题是静定问题。但在实际工程中,会遇到另一种情况。例如,在图 2-32 所示的结构体系中,杆 1、杆 2、杆 3 的轴力和外力 P 组成一个平面汇交力系,但是由静力学知识可知,平面汇交力系的平衡方程只能求解两个未知数,显然用静力学平衡方程不可能求出全部的未知杆件内力,这类不能单凭静力学平衡方程求解的结构,称为超静定结构。

在超静定问题中,都存在多余维持平衡所必需的支座或杆件,习惯上称为多余约束。由于多余约束的存在,未知数个数超过独立平衡方程的数目。未知力数超过独立平衡方程的数目,称为超静定的次数。与多余约束相应的支座反力或内力,习惯上称为多余未知力。因此,超静定的次数就等于多余约束或多余未知力的数目。

由于多余未知力的存在,仅由静力学平衡方程就不可能解出全部的未知力,从而称为超静定问题。但是,也正是因为有多余约束的存在,杆件或结构的变形受到了附加的限制,为求解超静定问题建立补充方程提供了条件。下面以图 2-32 所示的结构为例来说明求解超静定问题的方法。

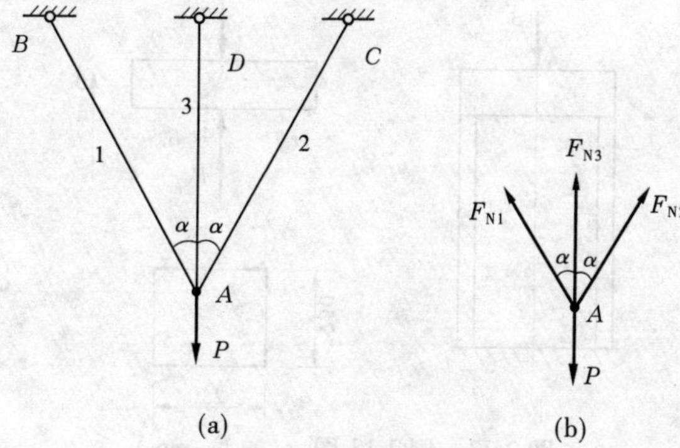

图 2-32　超静定结构实例

【例 2-12】　设 1、2、3 三杆用铰链连接，如图 2-32 所示，各杆长为 $l_1 = l_2 = l, l_3$；各杆面积为 $A_1 = A_2 = A, A_3$；各杆弹性模量为 $E_1 = E_2 = E, E_3$。求各杆在铅垂方向的外力 P 作用下各杆的内力。

解　(1)列平衡方程如下

$$\sum F_x = 0 \qquad -F_{N1}\sin\alpha + F_{N2}\sin\alpha = 0$$

$$\sum F_y = 0 \qquad F_{N1}\cos\alpha + F_{N2}\cos\alpha + F_{N3} - P = 0$$

(2)几何方程——变形协调方程为

$$\Delta l_1 = \Delta l_3 \cos\alpha$$

(3)物理方程。由弹性定律得

$$\Delta l_1 = \frac{F_{N1} l_1}{E_1 A_1} \qquad \Delta l_3 = \frac{F_{N3} l_3}{E_3 A_3}$$

(4)补充方程。由几何方程和物理方程得

$$\frac{F_{N1} l_1}{E_1 A_1} = \frac{F_{N3} l_3}{E_3 A_3}\cos\alpha$$

(5)解由平衡方程和补充方程组成的方程组，得

$$F_{N1} = F_{N2} = \frac{E_1 A_1 P \cos^2\alpha}{2E_1 A_1 \cos^3\alpha + E_3 A_3} \qquad F_{N3} = \frac{E_3 A_3 P}{2E_1 A_1 \cos^3\alpha + E_3 A_3}$$

从例 2-12 中可以看到求解超静定问题的处理方法和步骤，现总结如下：

(1)平衡方程；

(2)几何方程——变形协调方程；

(3)物理方程——弹性定律；

(4)补充方程，由几何方程和物理方程得；

(5)解由平衡方程和补充方程组成的方程组。

【例 2-13】　如图 2-33 所示，木制短柱的 4 个角用 4 个 40×40×4 的等边角钢加固，角钢和木材的许用应力分别为 $[\sigma_1] = 160$ MPa 和 $[\sigma_2] = 12$ MPa，弹性模量分别为 $E_1 = 200$ GPa 和 $E_2 = 10$ GPa。求许用荷载 $[P]$。

解　(1)列平衡方程如下

$$\sum F_y = 4F_{N1} + F_{N2} - P = 0$$

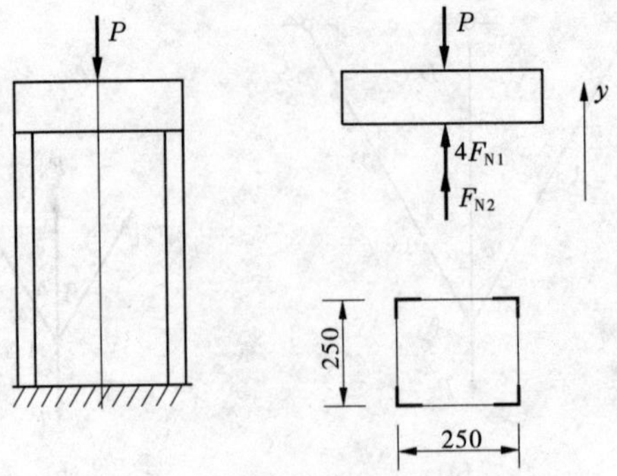

图 2-33　例 2-13 图　（单位：mm）

(2)几何方程为

$$\Delta l_1 = \Delta l_2$$

(3)物理方程及补充方程为

$$\Delta l_1 = \frac{F_{N1} l_1}{E_1 A_1} = \frac{F_{N2} l_2}{E_2 A_2} = \Delta l_2$$

(4)解平衡方程和补充方程，得

$$F_{N1} = 0.07P \qquad F_{N2} = 0.72P$$

(5)结构的许用荷载。

方法 1：角钢截面面积由型钢表查得 $A_1 = 3.086\ \text{cm}^2$，则

$$[P_1] = A_1[\sigma_1]/0.07 = 308.6 \times 160/0.07 = 705.4 \times 10^3(\text{N}) = 705.4\ \text{kN}$$

$$[P_2] = A_2[\sigma_2]/0.72 = 250^2 \times 12/0.72 = 1\ 042 \times 10^3(\text{N}) = 1\ 042\ \text{kN}$$

方法 2

$$[\Delta l_1] = l[\sigma_1]/E_1 = 0.8 \times 10^{-3} l$$

$$[\Delta l_2] = l[\sigma_2]/E_2 = 1.2 \times 10^{-3} l$$

所以，在 $\Delta l_1 = \Delta l_2$ 的前提下，角钢将先达到极限状态，即角钢决定最大荷载，则

$$[P] = \frac{F_{N1}}{0.07} = \frac{[\sigma_1]A_1}{0.07} = \frac{160 \times 308.6}{0.07} = 705.4 \times 10^3(\text{N}) = 705.4\ \text{kN}$$

第七节　应力集中的概念

等截面直杆受轴向拉伸或压缩时，横截面上的应力是均匀分布的。在实际工程中，由于结构或工艺上的要求，往往会碰到一些截面有骤然改变的杆件，如阶梯轴（轴肩）、切槽、切口、油孔、销钉孔、螺纹等。已有大量试验结果和理论分析表明：在构件外形突然改变处的截面，应力并非均匀分布，而是出现局部的应力骤增现象。

例如，开有圆孔或切口的板条受拉时，在圆孔或切口附近的局部区域，应力将剧烈增大而出现峰值（见图 2-34(a)）。但在距离圆孔或切口稍远处，则应力沿截面分布的变化迅速减缓而趋于均匀。这种因构件外形突然变化，而引起局部应力急剧增大出现峰值的现象，称为应力集中。工程实践和大量试验表明：有上述应力集中的构件或零件，断裂往往首先在应力集中截面上发生，且破坏突然，危害性很大。

应力集中的程度，用理论应力集中因数来反映

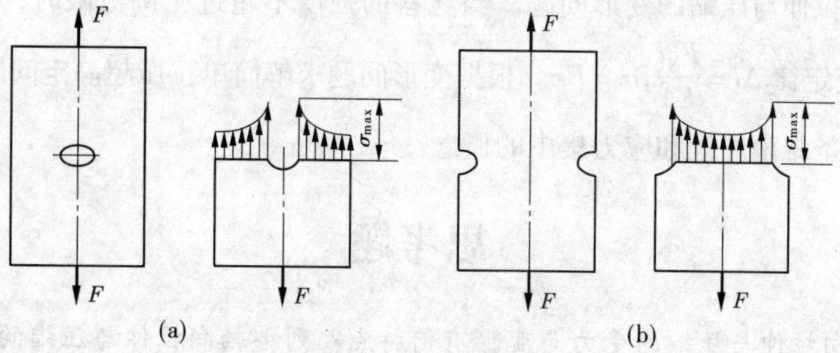

图 2-34　应力集中

$$k = \frac{\sigma_{max}}{\sigma} \tag{2-19}$$

式中　σ_{max}——应力集中截面上应力最大值；

σ——同截面上应力平均值。

截面外形变化得越剧烈、越陡峭，应力集中的程度就越严重。因此，构件应尽可能避免截面的形状轮廓、尺寸骤然改变，尽可能避免拐角、孔和沟槽带尖角，阶梯轴的轴肩处宜用圆弧或斜坡过渡，且弧度或坡度宜平缓光滑（见图 2-34(b)）。

此外，各种材料对应力集中的反映程度并不相同。塑性材料由于有屈服阶段，当局部应力最大值 σ_{max} 达到材料的 σ_s 时，该处材料变形将继续增长而应力却不再增大。截面上后继增加的内力将由截面中尚未屈服处的其余材料来承担。此过程将使该截面上其他点的应力相继依次增大到屈服极限。这个过程限制了最大应力 σ_{max} 的数值，从而使该截面应力逐渐趋于均匀，即所谓的应力重分布。因此，应力集中对静荷载下塑性材料破坏的影响并不十分明显。脆性材料无屈服阶段，随荷载的增大，应力集中处的最大应力 σ_{max} 将一直处于峰值，率先达到强度极限 σ_b 而导致从该处开裂。所以，应力集中对脆性材料的危害性显得尤为严重。即使在静荷载下，也应考虑应力集中对杆件承载能力的削弱。至于灰铸铁，其内部的不均匀性和缺陷性经常是产生应力集中的主要因素，而构件外形改变所引起的应力集中就可能成为次要因素，对构件的承载能力不一定造成明显的影响。

对于承受冲击、振动及其他周期性变化的动荷载的构件，应力集中的危害尤为剧烈。不论材料的塑性性能好坏，应力集中对此类构件的强度都有严重影响，往往是造成构件破坏的根源。在动荷载作用下，不论是塑性材料，还是脆性材料制成的杆件，都应考虑应力集中的影响。

小　结

(1)本章主要讲解轴向拉伸与压缩杆的内力计算，掌握内力计算公式和轴力图的绘制。

(2)轴向拉伸与压缩杆的应力计算。横截面上正应力和斜截面上正应力计算，建立强度条件，根据强度条件进行三个方面的应用。

(3)材料在拉伸和压缩时的力学性质。根据拉伸和压缩试验确定不同种类材料的强度极限、安全系数和许用应力。

(4)轴向拉伸与压缩的变形问题。当材料的强度不超过比例极限时,力与变形之间的关系是虎克定律 $\Delta l=\frac{F_N l}{EA}$,$\sigma=E\varepsilon$。根据变形问题求解简单拉压超静定问题。

(5)了解圣维南原理和应力集中的概念。

思考题

2-1　轴向拉伸与压缩的受力与变形有何特点？列举轴向拉伸与压缩的实例。

2-2　什么是轴力？轴力的正负号是如何规定的？如何计算轴力？

2-3　拉(压)杆横截面上的正应力公式是如何建立的？该公式的应用条件是什么？何谓圣维南原理？

2-4　拉(压)杆斜截面上的应力公式是如何建立的？最大正应力与最大剪应力各位于何截面？其值为多少？正应力、剪应力与方位角的正负号是如何规定的？

2-5　低碳钢在拉伸过程中分为哪几个阶段？各有什么特点？什么是比例极限、屈服应力与强度极限？

2-6　什么是塑性材料与脆性材料？如何衡量材料的塑性？试比较塑性材料与脆性材料力学性能的特点。

2-7　何谓许用应力？安全系数的确定原则是什么？何谓强度条件？利用强度条件可以解决哪些形式的强度问题？

2-8　试指出下列概念的区别:比例极限与弹性极限,弹性变形与塑性变形,强度极限与极限应力,工作应力与许用应力。

2-9　何谓超静定问题？如何求解？

2-10　何谓应力集中？

习　题

2-1　求图 2-35 所示各杆 1—1、2—2、3—3 截面上的轴力,并作轴力图。

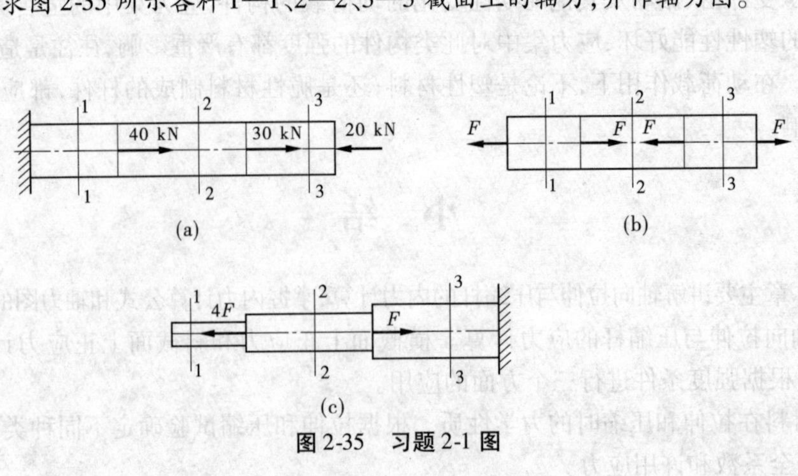

图 2-35　习题 2-1 图

2-2　求图 2-36 所示阶梯状直杆横截面 1—1、2—2、3—3 上的轴力，并作轴力图。如横截面上的面积分别为 $A_1=200\ \text{mm}^2$，$A_2=300\ \text{mm}^2$，$A_3=400\ \text{mm}^2$，求各横截面上的应力。

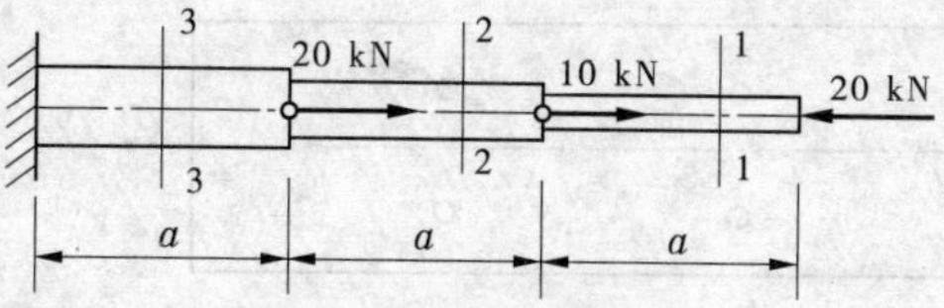

图 2-36　习题 2-2 图

2-3　如图 2-37 所示拉杆承受轴向拉力 $P=10$ kN，杆的横截面面积 $A=100\ \text{mm}^2$。如以 α 表示斜截面与横截面的夹角，试求当 $\alpha=0°$、30°、45°、60°、90°时各斜截面上正应力和剪应力，并用图表示。

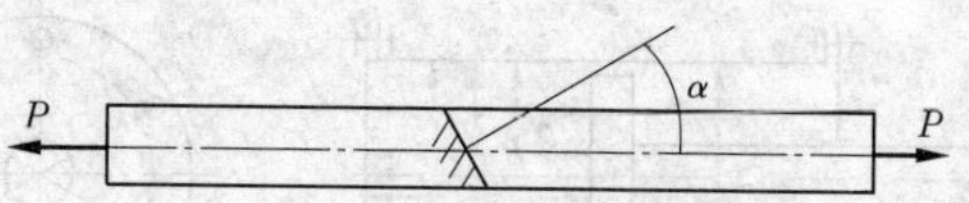

图 2-37　习题 2-3 图

2-4　作用于图 2-38 所示零件上的拉力 $F=38$ kN，问零件内最大拉应力发生在哪个截面上？并求其值。

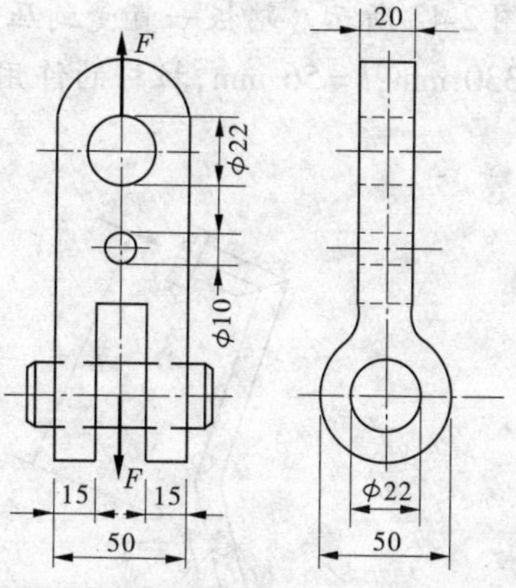

图 2-38　习题 2-4 图　（单位：mm）

2-5　在图 2-39 所示结构中，若钢拉杆 BC 的横截面直径为 10 mm，求拉杆的应力。设由 BC 连接的 1 和 2 两部分均为刚体。

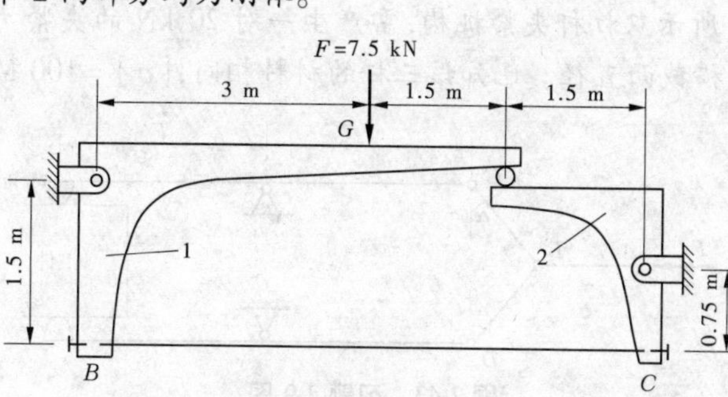

图 2-39　习题 2-5 图

2-6　一块厚 10 mm、宽 200 mm 的旧钢板，其截面被直径 $d=20$ mm 的圆孔削弱，圆孔的排列对称于杆的轴线，如图 2-40 所示。现用此钢板承受轴向拉力 $P=200$ kN。如材料的许用应力$[\sigma]=170$ MPa，试校核该钢板的强度。

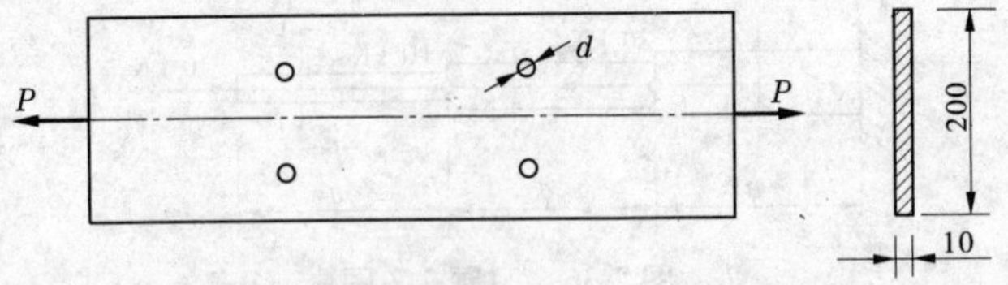

图 2-40　习题 2-6 图　（单位：mm）

2-7　如图 2-41 所示油缸盖与缸体分别采用 6 个螺栓连接。一油缸内径 $D=350$ mm，油压 $p=1$ MPa。若螺栓材料的许用应力$[\sigma]=40$ MPa，求螺栓的内径。

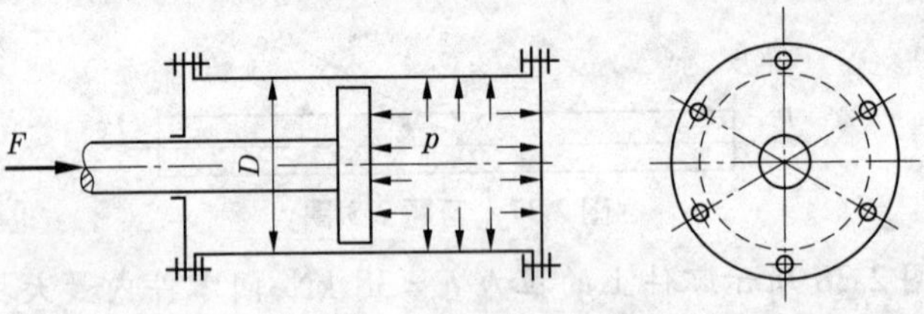

图 2-41　习题 2-7 图

2-8　汽车离合器踏板如图 2-42 所示。踏板一直受到压力 $F_1=400$ N 作用，拉杆 1 的直径 $D=9$ mm，杠杆臂长 $L=330$ mm，$l=56$ mm，拉杆的许用应力$[\sigma]=50$ MPa。试校核拉杆 1 的强度。

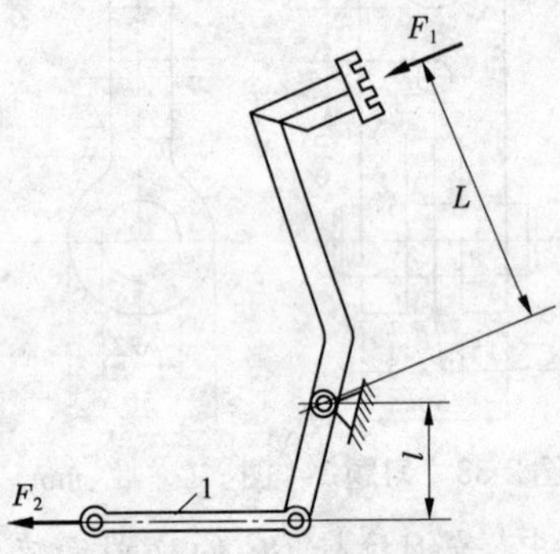

图 2-42　习题 2-8 图

2-9　如图 2-43 所示双杠杆夹紧机构，需产生一对 20 kN 的夹紧力，求水平杆 AB 及二斜杆 BC 和 BD 的横截面直径。已知该三杆的材料相同，$[\sigma]=100$ MPa，$\alpha=30°$。

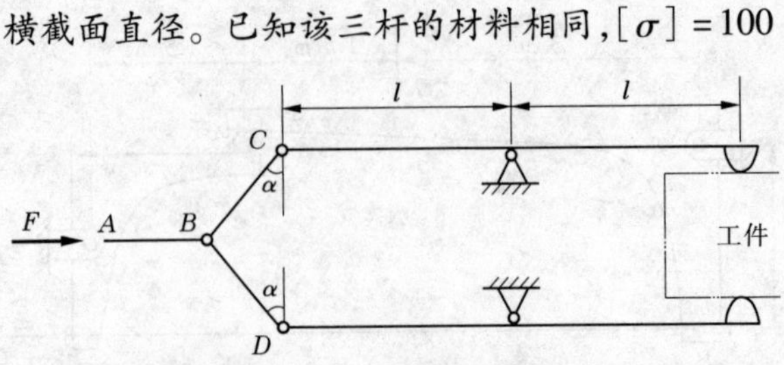

图 2-43　习题 2-9 图

2-10　在图 2-44 所示简易吊车中，BC 为钢杆，AB 为木杆。木杆 AB 的横截面面积

$A_1=100\ cm^2$，许用应力$[\sigma_1]=7\ MPa$；钢杆 BC 的横截面面积 $A_2=6\ cm^2$，许用拉应力$[\sigma_2]=160\ MPa$。求许用吊重$[F]$。

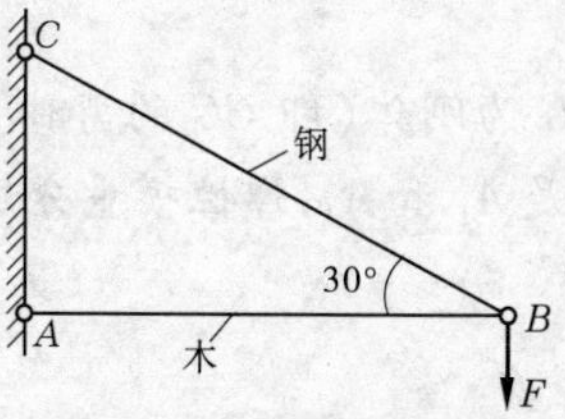

图 2-44　习题 2-10 图

2-11　一结构的受力如图 2-45 所示，杆件 AB、AD 均由两根等边角钢组成。已知材料的许用应力$[\sigma]=170\ MPa$，试选择 AB 杆、AD 杆的截面型号。

2-12　一结构的受力如图 2-46 所示，各杆均由两根等边角钢组成。已知材料的许用应力$[\sigma]=170\ MPa$，试选择 AC 和 CD 杆的截面型号。

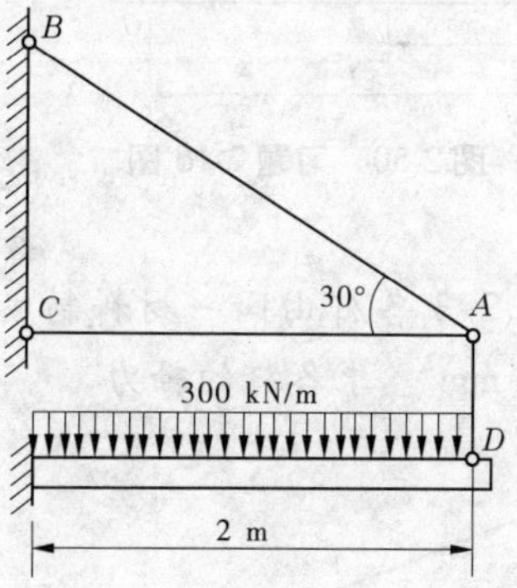

图 2-45　习题 2-11 图

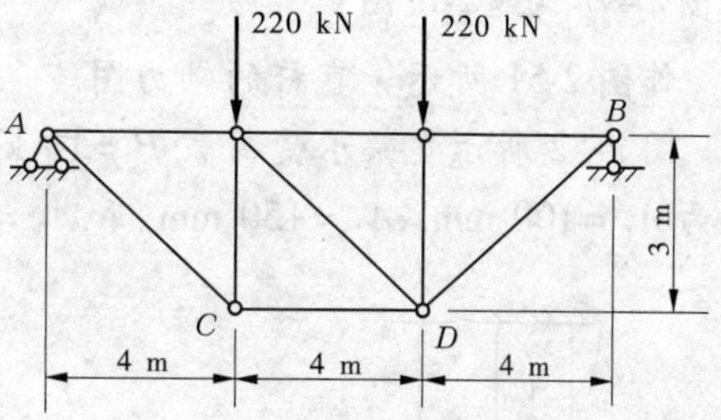

图 2-46　习题 2-12 图

2-13　如图 2-47 所示为一悬吊结构的计算简图。拉杆 AB 由钢材制成，已知许用应力$[\sigma]=170\ MPa$，求此拉杆所需的横截面面积。

2-14　变截面直杆如图 2-48 所示。已知 $A_1=8\ cm^2$，$A_2=4\ cm^2$，$E=200\ GPa$。求杆的总伸长量。

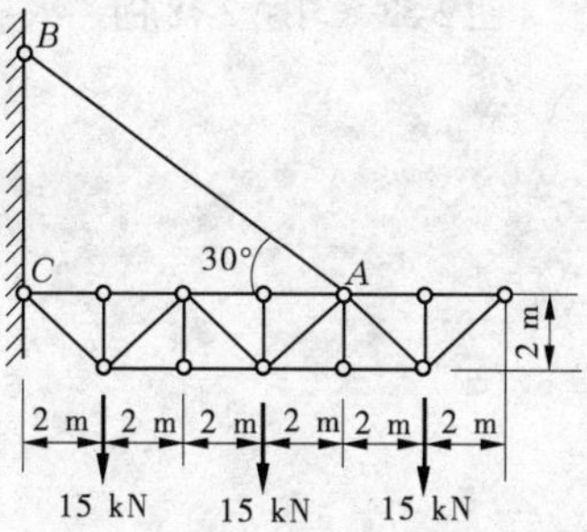

图 2-47　习题 2-13 图

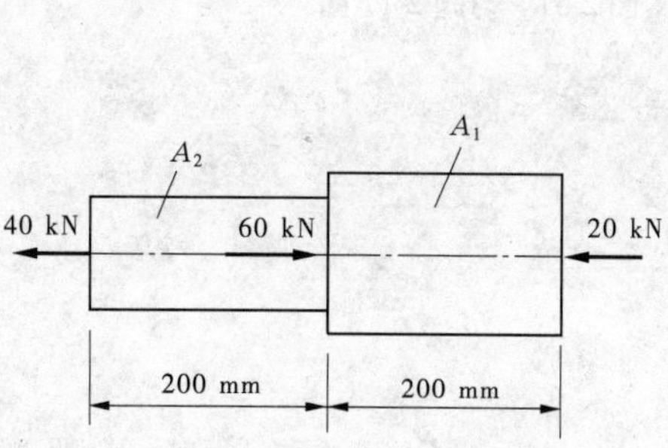

图 2-48　习题 2-14 图

2-15　一木柱受力如图 2-49 所示，柱的横截面为边长 20 cm 的正方形，材料服从虎克定律，其弹性模量 $E=10\ GPa$，如不计柱的自重，试求：

(1)作轴力图；

(2)各段柱横截面上的应力；

(3)各段柱的纵向线应变；

(4)柱的总变形。

2-16　如图 2-50 所示，设 CG 为刚体（即 CG 的弯曲变形可以省略），BC 为铜杆。DG 为钢杆，两杆的横截面面积分别是 A_1 和 A_2，弹性模量分别是 E_1 和 E_2。如果 CG 始终保持水平位置，求 x。

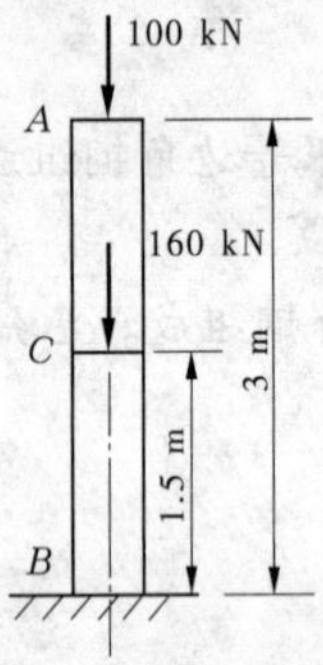

图 2-49　习题 2-15 图

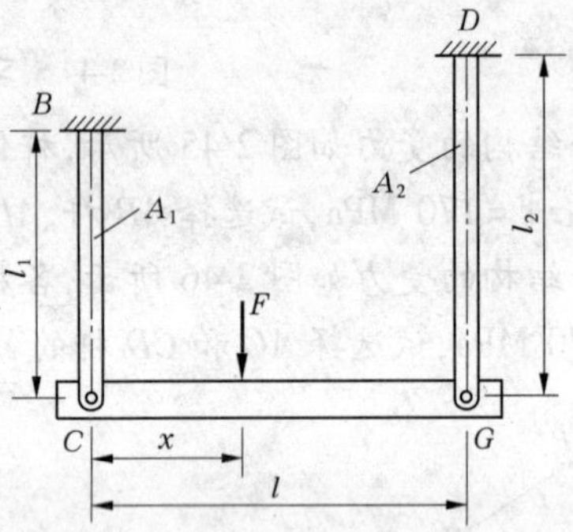

图 2-50　习题 2-16 图

2-17　作图 2-51 所示等直杆的轴力图。

2-18　图 2-52 所示支架承受荷载 $P = 10$ kN，1、2、3 各杆由同一材料制成，其横截面面积分别为 $A_1 = 100\ \text{mm}^2$，$A_2 = 150\ \text{mm}^2$ 和 $A_3 = 200\ \text{mm}^2$。求各杆的轴力。

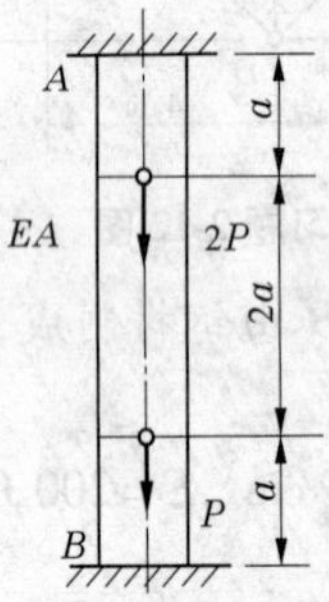

图 2-51　习题 2-17 图

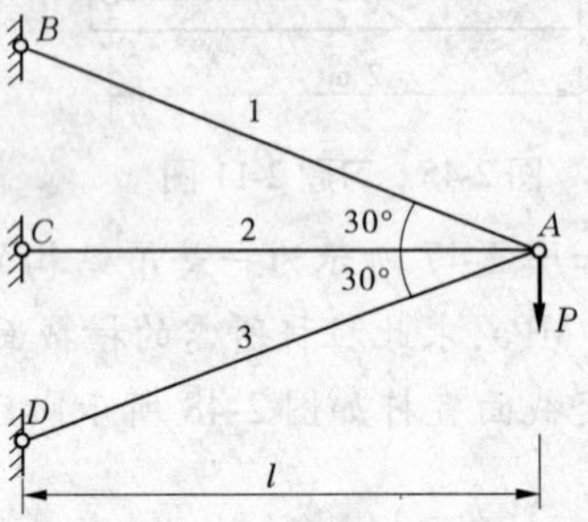

图 2-52　习题 2-18 图

第三章　扭转与剪切

第一节　概　述

等直杆件受到作用面垂直于杆件轴线、等值、反向的2个力偶作用时,杆件发生扭转变形(见图3-1)。其特点是各截面绕轴线发生相对转动。图3-1是最简单的计算简图。杆端截面A和B的相对转角记为φ,称为相对扭转角。大多数扭转变形的杆件的横截面为圆形,因此受扭的圆截面杆称为圆轴。扭转变形是杆件的基本变形之一。

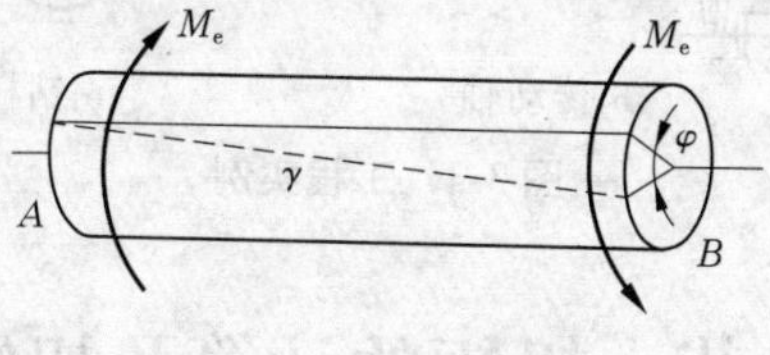

图3-1　扭转变形模型

实际工程中单纯产生扭转变形的例子并不多,但有些杆件是以扭转变形为主的,如房屋建筑中带雨篷的门过梁(见图3-2)。其他扭转变形的实例:汽车方向盘的操纵杆和驱动轴(见图3-3(a))、机器中的传动轴(见图3-3(b))以及钻杆(见图3-3(c))等。应该注意的是,只有等直圆杆的扭转问题才能在材料力学中求解;至于非圆截面杆的扭转变形问题,由于其复杂性,需要用弹性力学的方法予以解决。

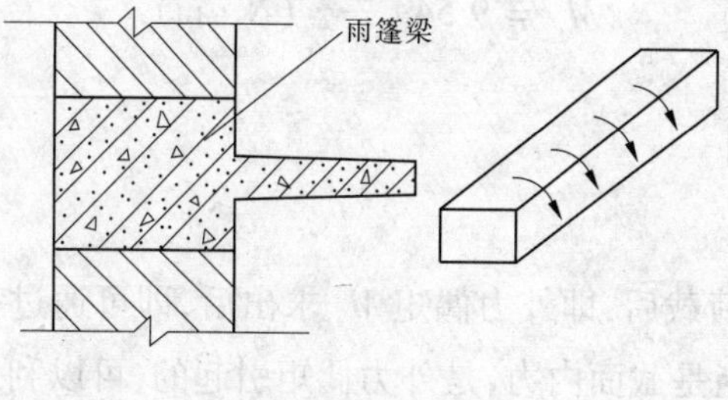

图3-2　门过梁

本章先介绍扭矩的计算和薄壁圆筒的扭转问题,引入切应力、切应变等基本概念,然后研究等直圆杆扭转时的强度及刚度问题,这是本章要讨论的主要内容。

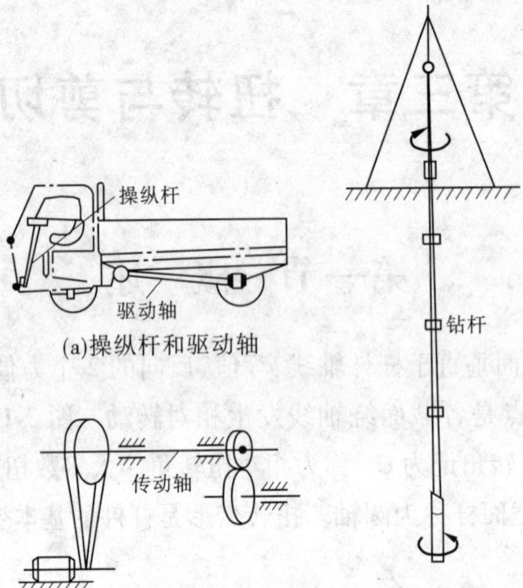

(a)操纵杆和驱动轴　(b)传动轴　(c)钻杆

图 3-3　工程实例

第二节　扭矩的计算及扭矩图

一、外力偶矩的计算

使杆件产生扭转变形的力偶矩称为外力偶矩，记为 M_e。在研究传动轴的扭转变形之前，要分析传动轴的受力情况。在一般情况下，电机的输出功率及传动轴的转速是已知的，即传动轴的功率 P(kW)和转速 n(r/min)已知，可得外力偶矩为

$$M_e = 9\,549\frac{P}{n}\quad(\mathrm{N\cdot m})\tag{3-1}$$

二、扭矩及扭矩图

(一)扭矩

求出传动轴上的外荷载后，即外力偶矩 M_e 求出后，即可通过截面法确定传动轴上任意截面上的扭矩 T。扭矩是截面内力，是外力偶矩引起的，可以利用截面法求出。

一等直圆杆如图 3-4(a)所示。杆件在 2 个外力偶矩 M_e 作用下保持平衡状态。现在计算Ⅰ—Ⅰ截面上的内力。假想在该截面处将圆杆截成两段，取左段为研究对象(见图 3-4(b))，由于整个圆杆处于平衡状态，则左段亦平衡，由平衡方程 $\sum M_x = 0$，得到截面Ⅰ—Ⅰ上也有一个与外力偶矩 M_e 大小相等、方向相反的扭矩 T

$$T = M_e$$

若取右段为研究对象，同样可以得到截面的扭矩 $T = M_e$，同一截面的扭矩大小相等、转向相反。对扭矩的正负号作出如下规定：用右手螺旋法则，使四指沿扭矩的转向方向握

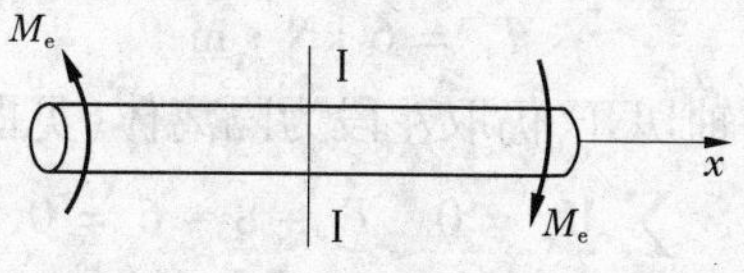

(a)等直圆杆

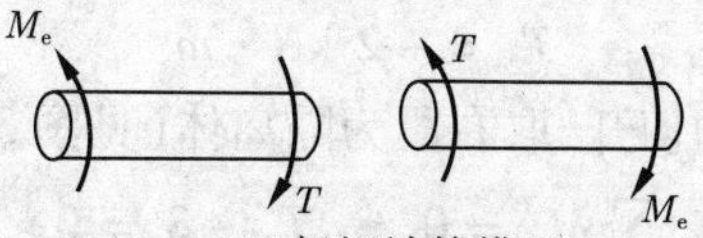

(b)扭矩计算模型

图 3-4　等直圆杆扭转变形

着圆杆，若拇指的指向离开截面向外为正，反之为负。如图 3-4(b)中所示的扭矩为正扭矩。当横截面上扭矩的实际方向未知时：一般先假设扭矩为正，若所求结果为正，表示实际扭矩与假设扭矩相同；否则，表示实际扭矩与假设扭矩相反。

(二)扭矩图

用横坐标轴平行于杆件的轴线表示相应的横截面位置，纵坐标表示相应截面的扭矩值，若是正的扭矩画在横轴的上面，负的扭矩画在横轴的下面。杆件上各截面上的扭矩是不同的，利用扭矩图可以形象直观地表示各段杆件上扭矩的大小和转向。

【例 3-1】　试作出图 3-5 所示圆轴的扭矩图。

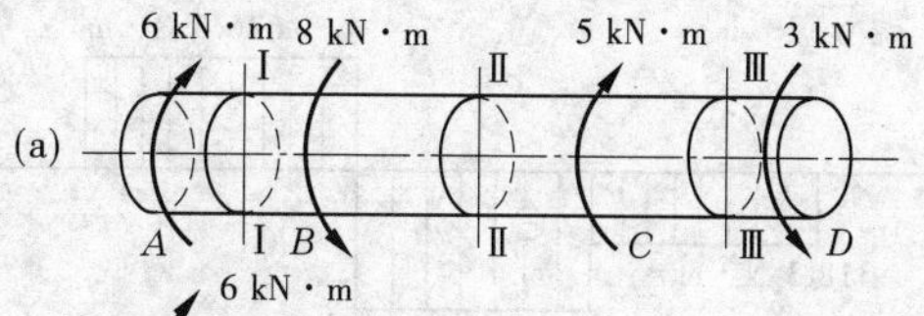

图 3-5　例 3-1 图

解　(1)按力偶作用位置对轴分段，用截面法分别求出各段上的扭矩。假想在截面Ⅰ—Ⅰ处将轴切开，取左段为隔离体，截面上的扭矩按正向给出(见图 3-5(b))，根据平衡方程

$$\sum M_x = 0 \quad T_1 - 6 = 0$$

求得

$$T_1 = 6 \text{ kN} \cdot \text{m}$$

假想在截面Ⅱ—Ⅱ处将轴切开，仍取左段为隔离体(见图3-5(c))。根据平衡方程

$$\sum M_x = 0 \quad T_2 + 8 - 6 = 0$$

求得

$$T_2 = -2 \text{ kN} \cdot \text{m}$$

假想在截面Ⅲ—Ⅲ处将轴切开，取右段为隔离体(见图3-5(d))。根据平衡方程

$$\sum M_x = 0 \qquad T_3 - 3 = 0$$

求得

$$T_3 = 3 \text{ kN} \cdot \text{m}$$

(2)根据求出的各段扭矩值，绘出扭矩图如图3-5(e)所示。

【例3-2】 如图3-6所示传动轴，A轮为主动轮，输入功率$P_A = 40$ kW，从动轮B、C的输出功率为$P_B = P_C = 10$ kW，从动轮D的输出功率为$P_D = 20$ kW，传动轴的转速为$n = 300$ r/min。试画出此轴的扭矩图。

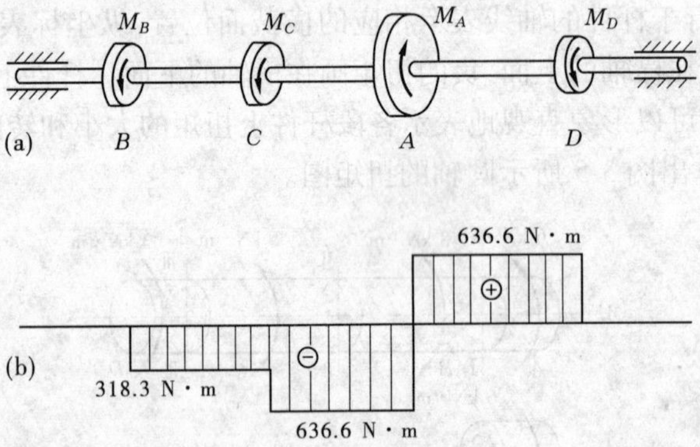

图3-6 例3-2图

解 (1)计算外力偶矩如下

$$M_A = 9\,549 \frac{P_A}{n} = 9\,549 \times \frac{40}{300} = 1\,273.2(\text{N} \cdot \text{m})$$

$$M_B = M_C = 9\,549 \frac{P_B}{n} = 9\,549 \times \frac{10}{300} = 318.3(\text{N} \cdot \text{m})$$

$$M_D = 9\,549 \frac{P_D}{n} = 9\,549 \times \frac{20}{300} = 636.6(\text{N} \cdot \text{m})$$

(2)计算各段的扭矩。

BC段 $T_{BC} = -M_B = -318.3 \text{ N} \cdot \text{m}$

CA段 $T_{CA} = -(M_B + M_C) = -(318.3 + 318.3) = -636.6 \ (\text{N} \cdot \text{m})$

AD段 $T_{AD} = M_D = M_A - (M_B + M_C) = 636.6 \text{ N} \cdot \text{m}$

(3)画扭矩图。

扭矩图如图3-6(b)所示。从图中可以看出$T_{max} = 636.6 \text{ N} \cdot \text{m}$。

第三节　薄壁圆筒扭转时横截面上的切应力

一、薄壁圆筒横截面上的切应力

壁厚远小于其平均半径的圆筒称为薄壁圆筒。假设一薄壁圆筒的壁厚 δ 远小于其平均半径 $r_0(\delta \leqslant r_0/10)$，圆筒两端承受外力偶矩 M_e(见图 3-7(b))，则薄壁圆筒任意横截面上的扭矩 $T=M_e$。

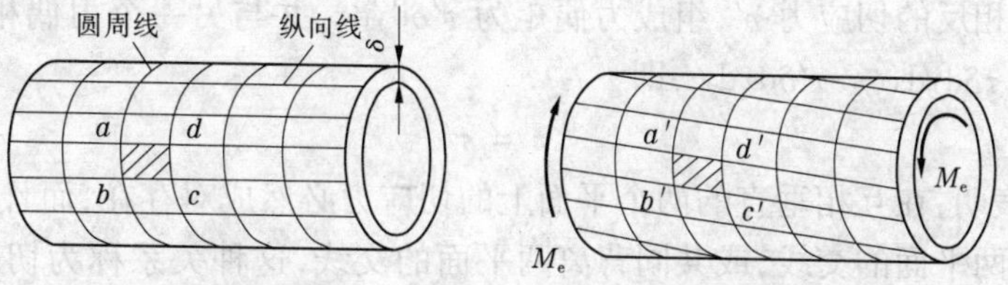

(a)薄壁圆筒模型　(b)薄壁圆筒的变形

图 3-7　薄壁圆筒切应力计算

如果在圆筒表面等间距地画上一些圆周线和纵向线，形成矩形网格(见图 3-7(a))，在弹性小变形范围内，通过试验可以看到如下现象：

(1)各圆周线的形状、大小及它们相互之间的距离都没有变化，只是绕轴线作相对转动(见图 3-7(b))。

(2)各纵向线都倾斜了相同的角度，原来的矩形网格变成了平行四边形，即直角发生了改变，但各边的长度没有改变。

由于圆筒的壁很薄，可认为筒体内各点的变形与圆筒外表面上点的变形完全相同。根据这些现象，可以提出下面的假设：

(1)平截面假设。由于各圆周线形状、大小不变，说明横截面上的圆周线仍为平面，因此可以假设薄壁圆筒扭转时，变形前为平面的横截面变形后仍保持平面。

(2)由于各圆周线之间距离不变，且形状、大小不变，说明圆筒既没有纵向线应变也没有横向线应变，就是横向截面和纵向截面均没有正应力。

(3)由于各圆周线仅绕轴线相对转动，使得所有纵向线均有相同的转角，说明横截面上必有切应力，其方向垂直于半径，大小沿圆周不变，并且由于筒壁很薄，可以认为切应力沿壁厚是均匀分布的。

取如图 3-8 所示圆筒内任一截面，设圆筒的平均半径为 r_0，壁厚为 δ，该截面上的扭矩为 T，可得切应力 τ 的计算公式为

$$\tau=\frac{T}{2\pi r_0^2\delta} \tag{3-2}$$

式(3-2)就是薄壁圆筒扭转时横截面上的切应力计算公式。

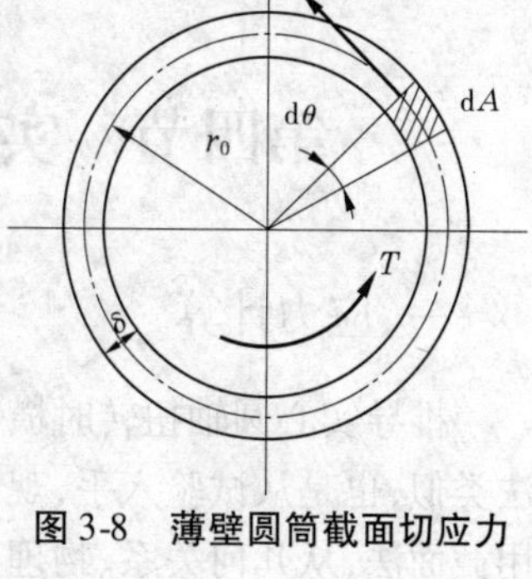

图 3-8　薄壁圆筒截面切应力

二、切应力互等定理

从薄壁圆筒中截取一单元体,如图 3-9 所示。单元体的边长分别为 dx、dy、δ。由前面分析可知,单元体上左、右侧面上均无正应力,只有剪应力,即在侧面上都只存在剪力,其大小都等于 $\tau\delta dy$,方向相反。这 2 个剪力形成一力偶,其力偶矩为 $\tau\delta dydx$。由于单元体的前、后面为自由面,无应力存在,而单元体是平衡体,故在单元体上、下侧面上必定存在方向相反的切应力 τ',组成力偶矩为 $\tau'\delta dydx$,并与另一个力偶相平衡。由力偶的平衡方程得 $\tau\delta dydx = \tau'\delta dxdy$,即

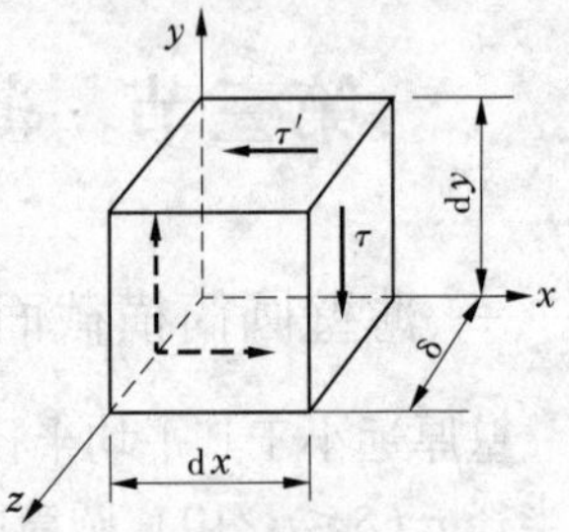

图 3-9　单元体

$$\tau = \tau' \tag{3-3}$$

式(3-3)表明,在互相垂直的两个平面上的切应力必然成对存在,而且大小相等,其方向或共同指向两平面的交线,或共同背离两平面的交线,这种关系称为切应力互等定理。这个定理是材料力学中的一个重要定理。

三、剪切虎克定律

上述的单元体侧面上只有切应力而无正应力,这种应力状态称为纯剪应力状态。单元体在 τ 和 τ' 作用下,两个侧面将发生相对错动,使长方六面体变成平行六面体,单元体的直角发生微小的改变,这个直角的改变量 γ 称为切应变,如图 3-10 所示。γ 角是纵向线变形后的倾角,其单位是弧度(rad)。当切应力 τ 小于一定值时,切应力 τ 与切应变 γ 成正比,即

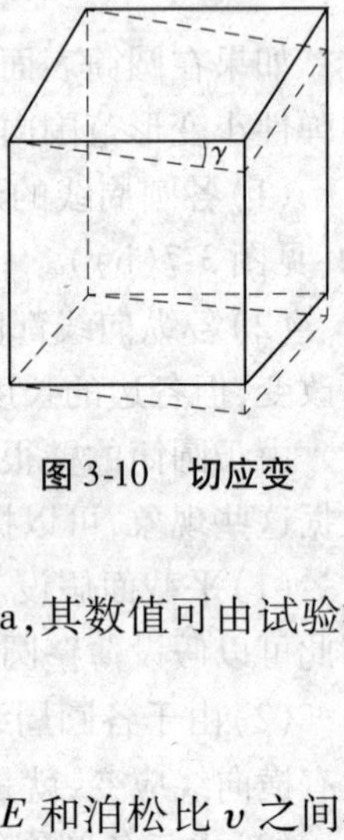

图 3-10　切应变

$$\tau = G\gamma \tag{3-4}$$

式中　G——材料的剪切模量,它反映材料抵抗剪切变形的能力,GPa,其数值可由试验测得,使用时可查有关手册。

式(3-4)就是剪切虎克定律。

对于各向同性材料,在弹性变形范围内,剪切模量 G、弹性模量 E 和泊松比 υ 之间存在如下关系

$$G = \frac{E}{2(1 + \upsilon)} \tag{3-5}$$

第四节　实心圆轴扭转时的应力和强度条件

一、应力计算

推导实心圆轴扭转时横截面的应力计算公式与推导拉(压)杆正应力计算公式的方法类似,也是从试验入手,观测试验现象,找出变形规律,提出关于变形的假设,并据此利用截面法,从几何关系、物理关系和静力学关系导出应力和变形的计算公式。

（一）试验现象的观察与分析

如图 3-11(a)所示实心圆杆，在圆杆的表面画上一些与杆轴线平行的纵向线和与杆轴线垂直的圆周线，将杆表面划分为许多小矩形(见图 3-11(a))。然后在杆的两端施加外力偶矩 M_e，使杆发生扭转变形，如图 3-11(b)所示。

通过试验，可以观察到下列现象：

(1)各圆周线都不同程度地绕杆轴转了一个角度，且大小、形状均没有改变，间距也没有变，仍满足平截面假定。

(2)所有纵向线都倾斜同一个角度 γ，所有圆杆表面上的小矩形都发生了歪斜，由矩形变成平行四边形(见图 3-11(b))。

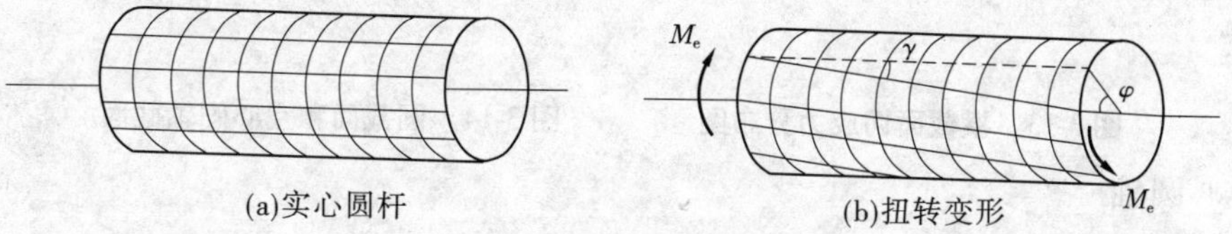

(a)实心圆杆　(b)扭转变形

图 3-11　实心圆杆扭转变形

上述试验现象表明：圆杆扭转过程中其横截面像刚性圆盘一样绕杆轴发生转动，相邻横截面间发生错动，并由此认定横截面间无正应力而只有切应力，仍处于纯剪切应力状态。

根据对上述试验现象的观察和分析，就可以综合考虑变形的几何关系和物理关系，从而得到横截面上的切应力分布规律。然后，结合静力学关系来建立圆轴扭转时的应力和变形的计算公式。

（二）圆轴扭转时横截面内的应力计算

如图 3-12 所示，在与圆心相距为 ρ 的微面积 dA 上，作用有微剪力 τdA，它对圆心 O 的微力矩为 $\rho \cdot \tau dA$。在整个横截面上，所有这些微力矩之和应等于该截面的扭矩 T。

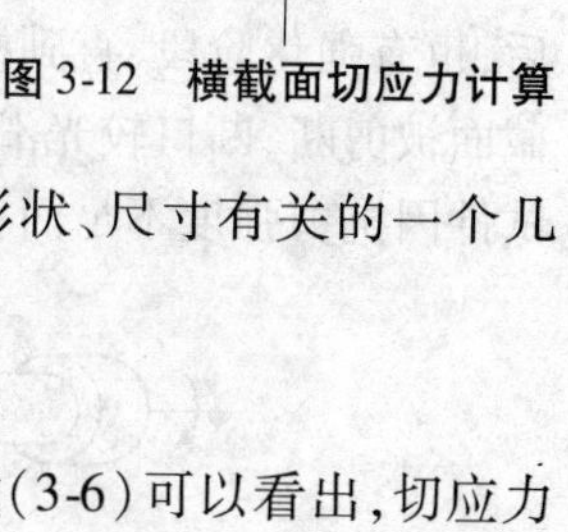

图 3-12　横截面切应力计算

通过静力计算可得

$$\tau = \frac{T}{I_p}\rho \tag{3-6}$$

式中　T——横截面上的扭矩；

I_p——横截面的极惯性矩，$I_p = \int_A \rho^2 dA$，是只与圆截面形状、尺寸有关的一个几何量；

ρ——所求应力点至圆心的距离。

式(3-6)就是圆轴扭转时横截面上的切应力计算公式。由式(3-6)可以看出，切应力 τ 与 ρ 成正比，即切应力沿半径方向按直线规律变化(见图 3-13)。在与圆心等距离的各点处，切应力值均相等。

实践证明，以上就实心圆轴扭转得到的应力计算公式对空心圆轴也适用，只是空心圆轴的极惯性矩 I_p 与实心圆轴的不同。

实心圆轴和空心圆轴(见图 3-14)的极惯性矩分别为：

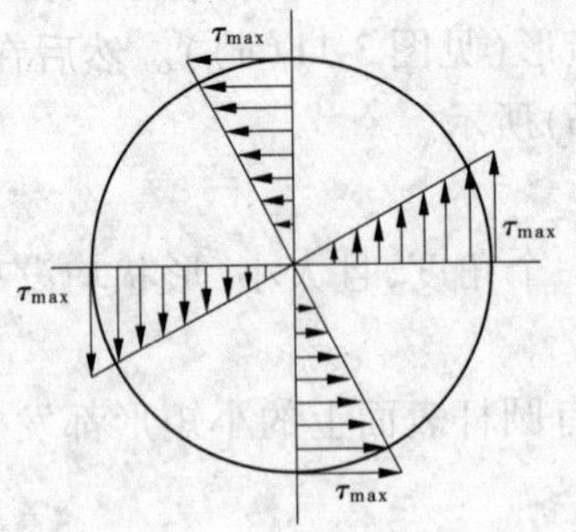

图 3-13　横截面切应力分布图

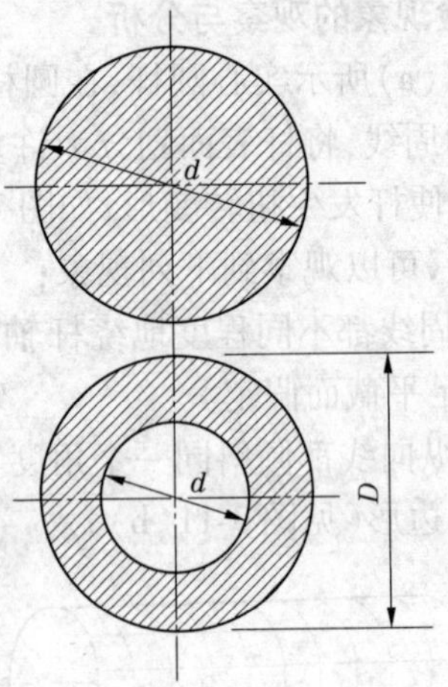

图 3-14　圆截面和空心圆轴截面

实心圆轴

$$I_p = \frac{\pi d^4}{32}$$

式中　d——圆截面直径。

空心圆轴

$$I_p = \frac{\pi}{32}(D^4 - d^4)$$

式中　D——空心圆轴外径；

d——空心圆轴内径。

二、强度条件

进行圆轴扭转时的强度计算，必须先通过扭转试验确定其极限应力。扭转试验在扭转试验机上进行。

试验结果表明，塑性材料（如 Q235 钢）试件受扭时，当最大切应力达到一定数值时，也会发生类似拉伸时的屈服现象，这时的切应力值称为屈服应力，用 τ_s 表示。屈服阶段后，也有强化阶段，直到横截面上的最大切应力达到材料的抗剪强度极限 τ_b，试件就沿横截面被剪断，断口较光滑，如图 3-15（a）所示。由于 Q235 钢抗剪强度低于抗拉强度，所以试件因抗剪强度不足而首先沿横截面发生剪断破坏。

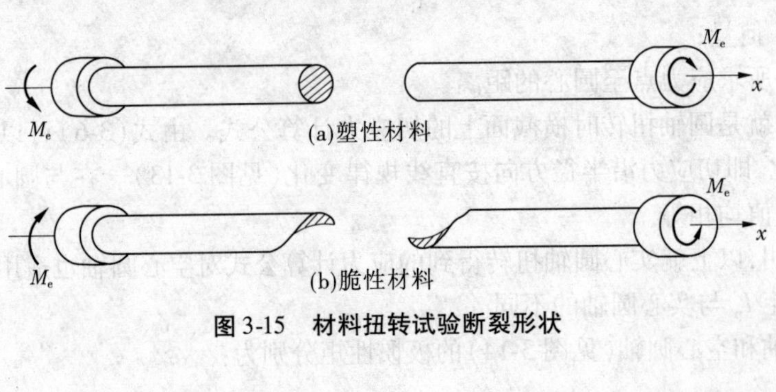

图 3-15　材料扭转试验断裂形状

脆性材料(如铸铁)试件受扭时,当变形很小时便发生裂断,且没有屈服极限,断口与轴线成45°螺旋面,如图3-15(b)所示。由于铸铁等脆性材料的抗拉能力低于抗剪能力,于是便沿最大拉应力作用的斜截面发生拉断破坏。这时的最大切应力称为抗剪强度极限,用 τ_b 表示。

对于脆性材料,取强度极限 τ_b 作为极限应力,即 $\tau^0 = \tau_b$;对于塑性材料,取屈服应力 τ_s 作为极限应力,$\tau^0 = \tau_s$。

许用切应力$[\tau]$用下式计算

$$[\tau] = \frac{\tau^0}{n}$$

n 是大于1的安全因数。各种材料的许用切应力可以从有关手册中查找。

在常温静载下,材料的许用切应力和拉伸许用正应力有如下关系:

脆性材料　$$[\tau] = [\sigma]$$

塑性材料　$$[\tau] = (0.5 \sim 0.577)[\sigma]$$

为了保证圆轴受扭时不致因强度不够而破坏,必须使危险截面上的最大切应力不超过材料的许用切应力。根据切应力的分布规律可知,最大切应力发生在距轴心最远处,即

$$\tau_{max} = \frac{T_{max}}{I_p}\rho_{max} = \frac{T_{max}}{I_p/\rho_{max}} = \frac{T_{max}}{W_{max}}$$

要保证不破坏应满足

$$\tau_{max} = \frac{T_{max}}{W_p} \leqslant [\tau] \tag{3-7}$$

式中　W_p——扭转截面系数。

式(3-7)就是圆轴扭转时的强度条件。

如图3-14所示的实心圆轴和空心圆轴的扭转截面系数分别为:

实心圆轴　$$W_p = \frac{I_p}{\rho_{max}} = \frac{\pi d^4/32}{d/2} = \frac{\pi d^3}{16}$$

空心圆轴　$$W_p = \frac{I_p}{\rho_{max}} = \frac{\pi(D^4 - d^4)/32}{D/2} = \frac{\pi}{16D}(D^4 - d^4)$$

第五节　等直圆杆的扭转变形、刚度条件、扭转超静定问题

一、等直圆杆的扭转变形计算

计算扭转变形就是求扭转角 φ(见图3-16)。若在杆长 l 范围内 T 不变的情况下,可以得到

$$\varphi = \frac{Tl}{GI_p} \tag{3-8}$$

式中　GI_p——扭转刚度,为常量。

式(3-8)就是计算扭转角的公式。扭转角 φ 的单位为弧度(rad)。

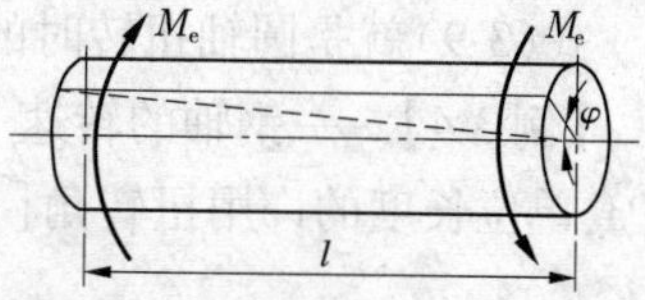

图3-16　圆轴扭转角计算模型

【例 3-3】 如图 3-17 所示空心圆轴，外径 $D=40$ mm，内径 $d=20$ mm，杆长 $l=1$ m，外力偶矩 $M_e=1$ kN·m，材料的切变模量 $G=80$ GPa。试求：

(1) $\rho=15$ mm 的 K 点处的切应力 τ_K；

(2) 横截面上的最大切应力和最小切应力；

(3) A 截面相对 B 截面的扭转角 φ_{AB}。

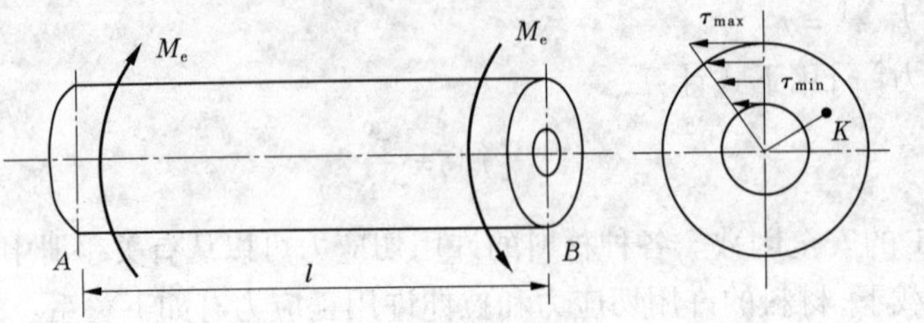

图 3-17　例 3-3 图

解　(1) 计算极惯性矩为

$$I_p=\frac{\pi}{32}(D^4-d^4)=\frac{\pi}{32}(40^4-20^4)=0.2355\times10^6(\text{mm}^4)$$

(2) 根据圆轴扭转时的切应力计算公式，分别计算各点切应力为

$$\tau_K=\frac{T}{I_p}\rho_K=\frac{1\times10^3}{0.2355\times10^6\times10^{-12}}\times15\times10^{-3}=63.69\times10^6(\text{Pa})=63.69\text{ MPa}$$

$$\tau_{max}=\frac{T}{I_p}\cdot\frac{D}{2}=\frac{1\times10^3}{0.2355\times10^6\times10^{-12}}\times20\times10^{-3}=84.93\times10^6(\text{Pa})=84.93\text{ MPa}$$

$$\tau_{min}=\frac{T}{I_p}\cdot\frac{d}{2}=\frac{1\times10^3}{0.2355\times10^6\times10^{-12}}\times10\times10^{-3}=42.46\times10^6(\text{Pa})=42.46\text{ MPa}$$

(3) 根据圆轴扭转时扭转角的计算公式计算 φ_{AB} 为

$$\varphi_{AB}=\frac{Tl}{GI_p}=\frac{1\times10^3\times1}{80\times10^9\times0.2355\times10^{-6}}=0.053(\text{rad})$$

二、圆轴扭转时的刚度条件

在研究圆轴扭转问题时除考虑强度条件外，有时还需对扭转变形加以限制，使最大单位长度扭转角不超过许用的范围，即

$$\theta_{max}=\frac{T_{max}}{GI_p}\leqslant[\theta]\tag{3-9}$$

式中　$[\theta]$——单位长度的许用扭转角，rad/m，具体数值可从有关设计手册中查到；

θ_{max}——最大单位长度扭转角，$\theta_{max}=\varphi/l$。

式(3-9)就是圆轴扭转时的刚度条件。

【例 3-4】 一钢轴的转速 $n=250$ r/min，传递功率 $P=60$ kW，许用切应力 $[\tau]=40$ MPa，单位长度的许用扭转角 $[\theta]=0.014$ rad/m，材料的切变模量 $G=80$ GPa。试设计轴径。

解　(1) 由式(3-1)计算轴的扭矩为

$$T = 9\,549 \times \frac{60}{250} = 2.3 \times 10^3 (\text{N} \cdot \text{m})$$

(2)根据圆轴扭转时的强度条件,求轴径。

由

$$W_p = \frac{\pi d^3}{16} \geqslant \frac{T}{[\tau]}$$

得

$$d \geqslant \sqrt[3]{\frac{16T}{\pi[\tau]}} = \sqrt[3]{\frac{16 \times 2.3 \times 10^3}{3.14 \times 40 \times 10^6}} = 0.066\,4(\text{m})$$

(3)根据圆轴扭转时的刚度条件,求轴径。

由

$$I_p \geqslant \frac{T}{G[\theta]}$$

得

$$d \geqslant \sqrt[4]{\frac{32T}{\pi G[\theta]}} = \sqrt[4]{\frac{32 \times 2.3 \times 10^3}{3.14 \times 80 \times 10^9 \times 0.014}} = 0.067\,6(\text{m})$$

所以,应按刚度条件设计轴径,取 $d = 0.068$ m。

三、简单扭转超静定问题

求解扭转超静定问题必须从三个方面考虑:一是从几何方面考虑,杆的扭转变形应满足变形协调条件和边界条件;二是物理方程;三是静力平衡方程。先把变形协调条件和边界条件代入物理方程,与静力平衡方程联立求解约束反力,进而求解内力、强度和刚度等问题。

下面举例说明扭转超静定问题的解法。

【例 3-5】　如图 3-18 所示受扭圆截面轴,已知 $T_1 = T_2 = T, l_1 = l_2 = l_3 = l$,抗扭刚度为 GI_p,试求支座 A、B 的反力偶矩。

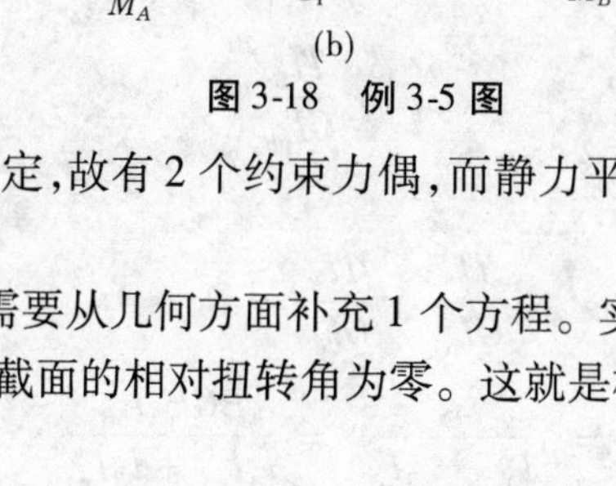

图 3-18　例 3-5 图

解　本例中杆两端固定,故有 2 个约束力偶,而静力平衡方程只有 1 个,所以是 1 次超静定问题。

要求解这个问题,就需要从几何方面补充 1 个方程。实际上,杆在变形过程中始终满足 $\varphi_{AB} = 0$,即 A 截面和 B 截面的相对扭转角为零。这就是杆变形的几何方程。

由叠加法得

$$\varphi_{AB} = \frac{T_1 l_1}{GI_p} - \frac{T_2(l_1 + l_2)}{GI_p} + \frac{M_B(l_1 + l_2 + l_3)}{GI_p}$$

$$= \frac{1}{GI_p}(Tl - 2Tl + 3M_B l) = 0$$

解得

$$M_B = \frac{T}{3}$$

由静力学方程$\sum M_x = 0$,有

$$M_A + M_B + T_1 - T_2 = 0$$

解得

$$M_A = -\frac{T}{3}$$

即约束力偶矩 M_A 与图 3-18 所示方向相反。

【例 3-6】 有一空心圆杆 A 套在实心圆杆 B 的一端,如图 3-19 所示。两杆在同一横截面处各有一直径相同的贯穿孔,但两孔的中心线构成一个 β 角。在杆 B 上施加外力偶使杆 B 扭转,以使两孔对准,并穿孔装上销钉。在装上销钉后卸除施加在杆 B 上的外力偶。试问两杆内的扭矩分别为多少?已知杆 A 和杆 B 的极惯性矩分别为 I_{pA} 和 I_{pB},两杆材料相同,切变模量为 G。

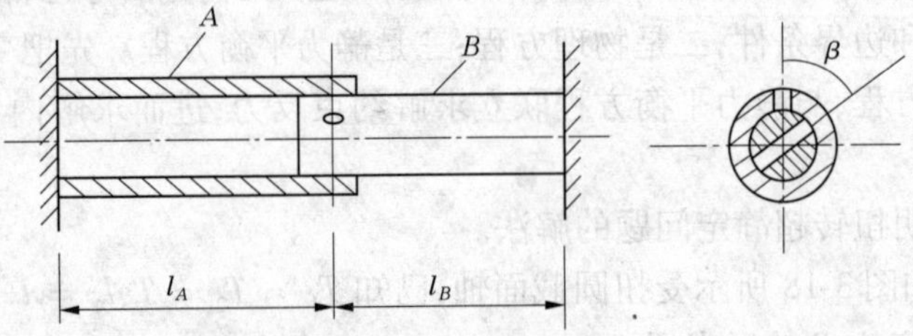

图 3-19　例 3-6 图

解　套管 A 和圆杆安装后在连接处有一相互作用力偶矩 T,在此力偶作用下,A 管转过一个角度 φ_A,B 杆转过的角度为 φ_B,由 A、B 杆连接处的几何协调条件得

$$\varphi_A + \varphi_B = \beta \tag{a}$$

又由物理关系知

$$\varphi_A = \frac{Tl_A}{GI_{pA}} \tag{b}$$

$$\varphi_B = \frac{Tl_B}{GI_{pB}} \tag{c}$$

将式(a)~式(c)联立,得

$$\frac{Tl_A}{GI_{pA}} + \frac{Tl_B}{GI_{pB}} = \beta$$

解得

$$T = \frac{\beta}{\dfrac{l_A}{GI_{pA}} + \dfrac{l_B}{GI_{pB}}} = \frac{\beta GI_{pA}I_{pB}}{l_A I_{pB} + l_B I_{pA}}$$

扭矩 T 为杆 B 对杆 A 的作用力,也是杆 A 对杆 B 的反作用力,所以杆 A、B 的扭矩相同,大小均为 T。

第六节　剪切与挤压

一、剪切与挤压的概念及工程实例

剪切变形是杆件的基本变形形式之一。如图 3-20 所示，当杆件受到大小相等、方向相反、作用线与轴线垂直且相距很近的两个外力作用时，杆件发生剪切变形，其特点是两个力作用线之间的横截面 ab 和 cd 发生相对错动（见图 3-20（b）），这些横截面称为剪切面。若在 ab 和 cd 之间取一小矩形观察变形前后的情况（见图 3-20（c）），可以看到 3—4 面相对于 1—2 面有微小的错动，1—3 面和 2—4 面均转动了一个剪切角 γ。γ 是度量剪切变形的一个量，称为切应变。

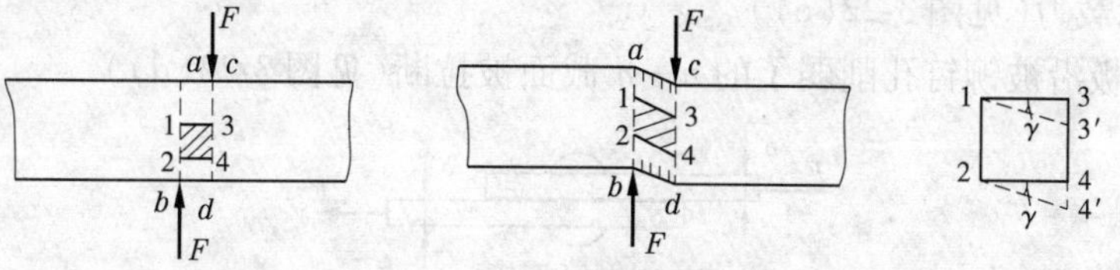

(a)剪切变形受力图　(b)剪切面　(c)切应变

图 3-20　剪切变形示意图

工程中主要承受剪切而且最后破坏也是以剪断为特征的构件很多。剪切变形主要发生在连接构件中，如螺栓连接（见图 3-21（a））、销钉连接（见图 3-21（b））、榫连接（见图 3-21（c））、焊缝连接（见图 3-21（d））、铆钉连接（见图 3-21（e））等都是主要承受剪切的构件。在工程中，这些构件对整个结构的安全往往起着关键的作用。

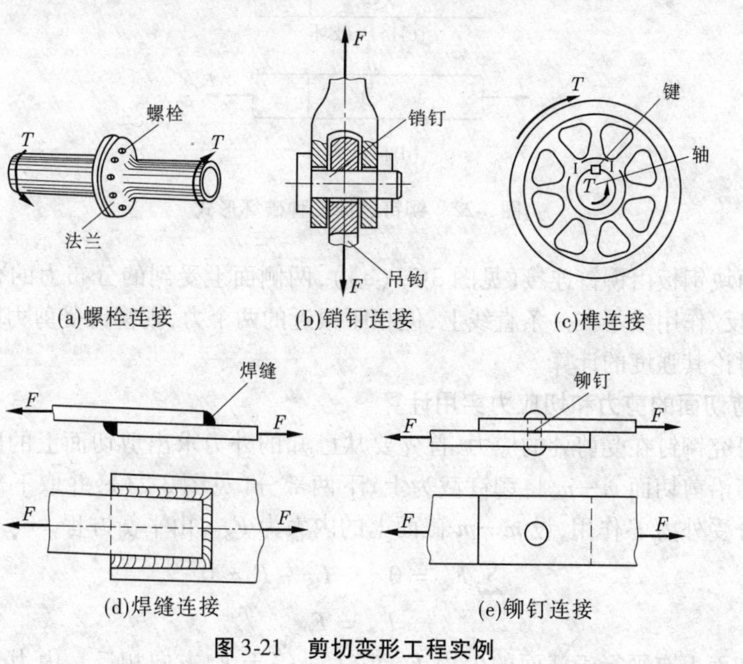

(a)螺栓连接　(b)销钉连接　(c)榫连接

(d)焊缝连接　(e)铆钉连接

图 3-21　剪切变形工程实例

一般情况下,受剪切的构件在外力作用下,除发生剪切变形外,还伴有其他形式的变形,其内部的应力也很复杂。因此,为了便于计算,借用试验的结果,提出了以下近似的假设,简化了计算方法。这些方法被称为实用计算法。

二、剪切的实用计算

螺栓连接和铆钉连接是两种较为典型的连接方式。它们的剪切强度计算对其他连接形式也具有普遍意义。

实践分析表明,它们的破坏可能有三种形式。如对图 3-22(a)所示的铆钉连接结构,存在下述三种破坏形式:

(1)铆钉沿剪切面 $m—m$ 被剪断(见图 3-22(b))。

(2)由于铆钉与连接板的孔壁之间的局部挤压,使铆钉或孔壁产生显著的塑性变形,使构件失去承载力(见图 3-22(c))。

(3)连接板沿被铆钉孔削弱了的 $n—n$ 截面被拉断(见图 3-22(d))。

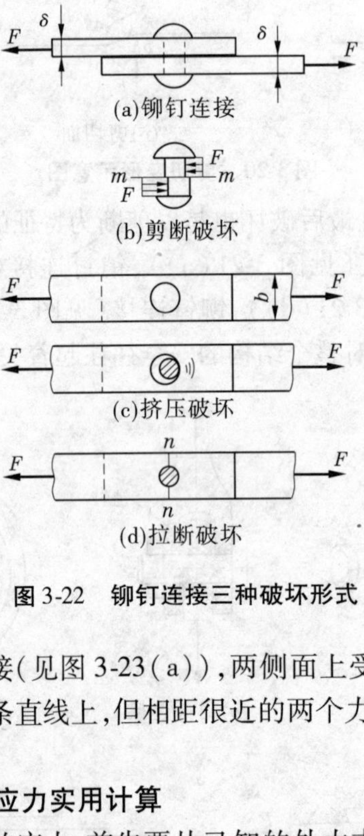

图 3-22　铆钉连接三种破坏形式

如果两块钢板由铆钉连接(见图 3-23(a)),两侧面上受到的分布力的合力是大小相等、方向相反、作用线不在一条直线上,但相距很近的两个力,则铆钉受剪力的作用。

下面讨论其强度的计算。

(一)剪切面的剪力和切应力实用计算

为了研究铆钉在受剪处的应力,首先要从已知的外力求出剪切面上的内力。用一个假想的截面沿剪切面 $m—m$ 将铆钉截为上、下两部分(见图 3-23),并取下部分为研究对象。该部分受外力 F 作用,设 $m—m$ 截面上的内力为 F_S。由平衡方程

$$\sum F_x = 0 \qquad F_S - F = 0$$

得

$$F_S = F$$

在剪切面上有平行于截面的内力 F_S,其大小等于 F,方向相反。内力 F_S 称为剪力。

剪力 F_S 以切应力的形式分布在截面上(见图 3-23(b))。要准确研究这些切应力在各点的大小及在截面上的分布规律是很困难的。因为铆钉所受的力不但有剪力,会引起剪切变形,而且由于 F 和 F_S 之间有一定距离,所以还形成力偶而引起弯曲变形。另外,铆钉冷却或拧紧螺母时,铆钉或螺母紧压钢板,使钉杆受拉,钉孔与钉杆的接触面还将互相挤压。总之,这一构件尺寸虽小,但变形情况却很复杂。在设计时,通常采用实用的计算方法,即忽略弯曲及拉伸等次要因素,只考虑剪切,并假定切应力在剪切面上是均匀分布的。铆钉剪切面上的计算切应力为

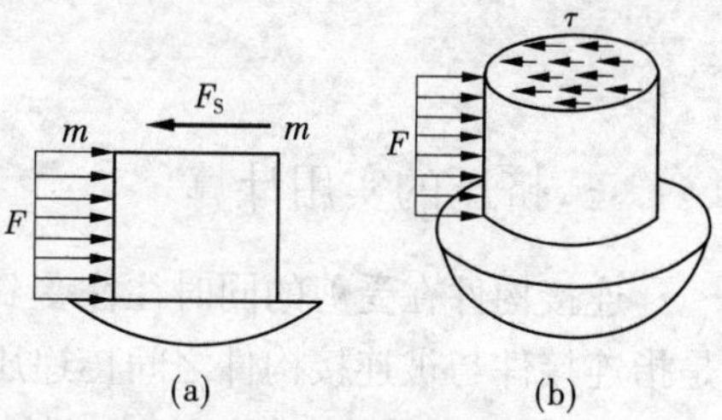

图 3-23　铆钉受力图

$$\tau = \frac{F_S}{A} \tag{3-10}$$

式中　F_S——剪切面上的剪力;

A——剪切面面积。

切应力 τ 的方向与剪力 F_S 的方向相同。这样得到的平均切应力称为名义切应力。式(3-10)也适用于其他连接构件切应力的计算。

(二)剪切强度条件

为保证连接件在工作时不被剪断,受剪面上的切应力不得超过连接材料的许用切应力[τ],即要求

$$\tau = F_S/A \leqslant [\tau] \tag{3-11}$$

式(3-11)称为切应力强度条件。许用切应力[τ]等于连接件的极限切应力 τ_b 除以安全因数 n。在设计规范中,对许用切应力的数值,根据具体情况作了规定,可以参考查用。

对于钢材,根据试验结果,取

$$[\tau] = (0.6 \sim 0.8)[\sigma_t] \tag{3-12}$$

式中　$[\sigma_t]$——许用拉应力。

上面提到的 τ_b 可通过剪切试验得到。剪切试验装置如图 3-24(a)所示。

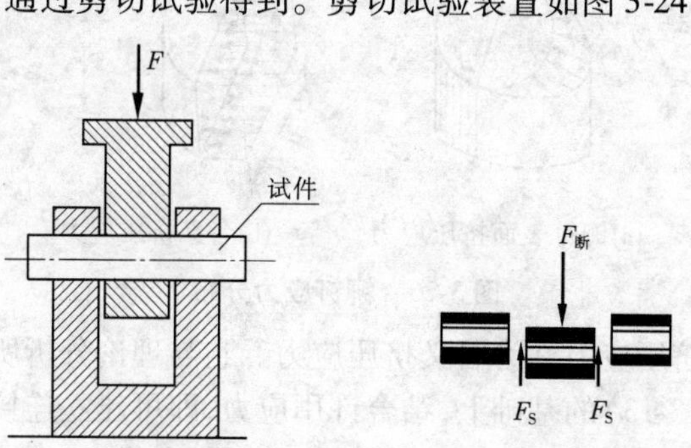

(a)剪切试验装置　(b)双剪试验示意图

图 3-24　双剪试验

由于受剪切面有两个,所以称双剪试验。施加力 $F_{断}$ 将试件剪断(见图 3-24(b)),以剪切面面积 A 除剪断时的单侧受力 F_S,得切应力的极限切应力 τ_b 的平均值,即

$$\tau_b = \frac{F_S}{A}$$

三、挤压的实用计算

连接构件在受剪的同时往往受到挤压，即剪切变形通常伴随有挤压变形。挤压变形是指连接件与被连接构件之间传递压力时两构件接触面的变形。

如图 3-25 所示为铆钉连接中的一块板与铆钉的挤压情况，板在孔边被挤压后可能出现褶皱（见图 3-25(a)），而铆钉被挤压后可能变扁（见图 3-25(b)），使连接件松动，影响正常使用，即所谓挤压破坏。

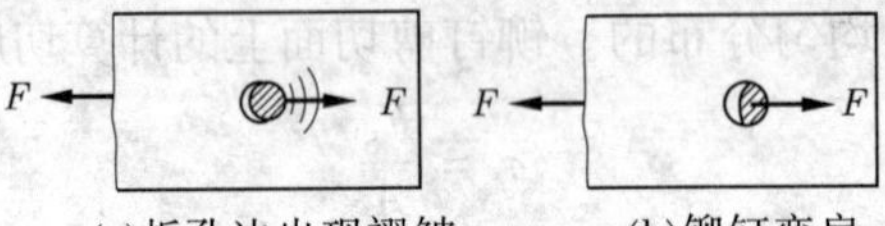

(a)板孔边出现褶皱　(b)铆钉变扁

图 3-25　挤压破坏

在铆钉与连接板相互接触的表面上，因挤压而产生的压力称为挤压力，用 F_{bs} 表示。接触面称为挤压面，用 A_{bs} 表示。这种挤压面上因挤压而产生的应力称为挤压应力，用 σ_{bs} 表示。挤压应力的分布比较复杂。铆钉与铆钉孔壁之间的接触面为圆柱形曲面，挤压应力 σ_{bs} 的分布如图 3-26(a)所示，在直径两端 B、C 处的挤压应力为零。在工程计算中，通常假设挤压应力是作用在挤压面的正投影面上，且是均匀分布的。用挤压面的正投影面积 A_{bs} 去除挤压力 F_{bs} 得到挤压应力（见图 3-26(b)），即

$$\sigma_{bs} = \frac{F_{bs}}{A_{bs}} \tag{3-13}$$

$$A_{bs} = d\delta$$

式中　d——钉孔直径；

δ——板厚。

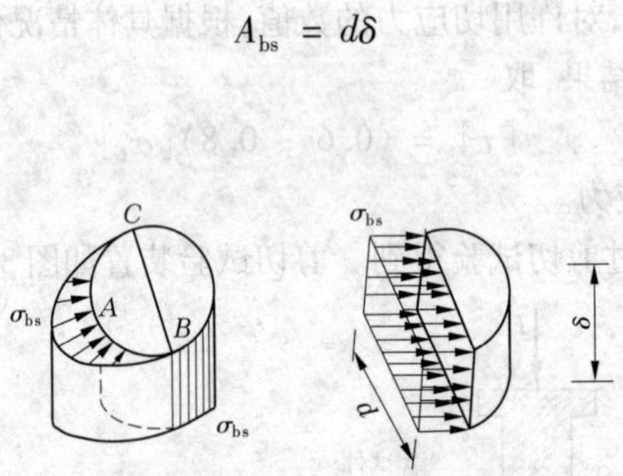

(a)铆钉表面挤压应力　(b)名义挤压应力

图 3-26　铆钉应力分布

这样得到的平均挤压应力称为名义挤压应力。它与理论分析所得的圆柱上的最大挤压应力值相近。在式(3-13)的基础上，结合许用应力，即可建立连接件的挤压强度条件为

$$\sigma_{bs} = \frac{F_{bs}}{A_{bs}} \leqslant [\sigma_{bs}] \tag{3-14}$$

式中　$[\sigma_{bs}]$——材料的许用挤压应力，是采用与确定许用切应力$[\tau]$类似的方法确定的。

对于钢材，有

$$[\sigma_{bs}] = (1.7 \sim 2.0)[\sigma_c]$$

式中　$[\sigma_c]$——材料的许用压应力。

当被连接件的许用挤压应力低于连接件的许用挤压应力时,则必须用式(3-14)对被连接件进行校核。

上面研究了剪切和挤压的实用计算方法。一般情况下,这些计算是必要的。应当指出,如果被连接件的截面在连接处被削弱,也必须对连接件在该处的强度进行校核。

【例 3-7】　两块钢板用 3 个直径相同的铆钉连接,如图 3-27(a)所示。已知钢板宽度 $b=100$ mm,厚度 $\delta=10$ mm,铆钉直径 $d=20$ mm,铆钉许用切应力 $[\tau]=100$ MPa,钢板许用拉应力 $[\sigma_t]=160$ MPa,许用挤压切应力 $[\sigma_{bs}]=300$ MPa。试求许用荷载 $[F]$。

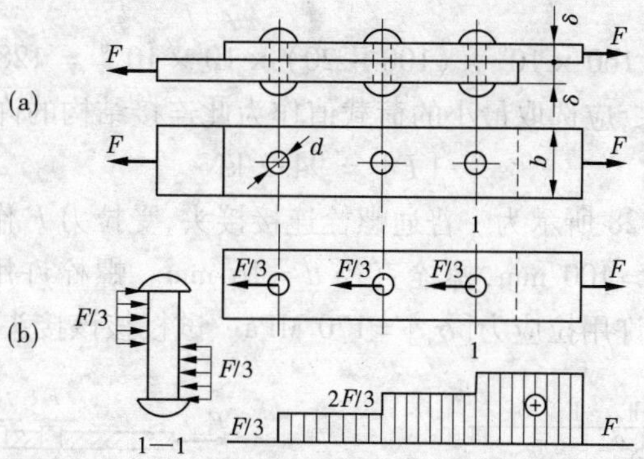

图 3-27　例 3-7 图

解　(1)按剪切强度条件求 F。由于各铆钉的材料和直径均相同,且外力作用线通过铆钉群受剪面的形心,可假定各铆钉所受剪力相同。因此,铆钉及连接板的受力情况如图 3-27(b)所示。每个铆钉所受剪力为

$$F_S = F/3$$

根据切应力强度条件式(3-11) $\tau=\dfrac{F_S}{A}\leqslant[\tau]$ 可得许用剪力为

$$F_S \leqslant [\tau]A$$

即

$$F \leqslant 3[\tau]\frac{\pi d^2}{4} = 3\times100\times10^6\times\frac{3.14}{4}\times20^2\times10^{-6} = 94.2\times10^3(\text{N}) = 94.2\ \text{kN}$$

(2)按挤压强度条件求 F。由上述分析可知,每个铆钉承受的挤压力为

$$F_{bs} = \frac{F}{3}$$

根据挤压强度条件式(3-14) $\sigma_{bs}=\dfrac{F_{bs}}{A_{bs}}\leqslant[\sigma_{bs}]$ 可得许用挤压力为

$$F_{bs} \leqslant [\sigma_{bs}]A_{bs}$$

即

$$\begin{aligned}F &\leqslant 3[\sigma_{bs}]A_{bs} = 3[\sigma_{bs}]d\delta \\ &= 3\times300\times10^6\times20\times10\times10^{-6} = 180\times10^3(\text{N}) = 180\ \text{kN}\end{aligned}$$

(3)按连接板抗拉强度条件求 F。由于上下盖板的厚度及受力是一样的,所以分析其中一个即可。如图 3-27(b)所示的是上盖板受力情况及轴力图。1—1 截面内力最大而截面积最小,为危险截面。则有

$$\sigma = \frac{F_{N1}}{A_1} \leqslant [\sigma_t]$$

由此可得

$$F_{N1} \leqslant [\sigma_t] A_1$$

A_1 是被切开板的横截面的净面积,$A_1 = \delta(b - d)$。

即

$$F \leqslant [\sigma](b-d)\delta = 160 \times 10^6 \times (100 - 20) \times 10 \times 10^{-6} = 128 \times 10^3 (\text{N}) = 128 \text{ kN}$$

根据以上计算结果,应选取最小的荷载值作为此连接结构的许用荷载,故取

$$[F] = 94.2 \text{ kN}$$

【例 3-8】 如图 3-28 所示为一普通螺栓连接接头,受拉力 F 作用。已知 $F = 100$ kN,钢板厚 $\delta = 8$ mm,宽 $b = 100$ mm,螺栓直径 $d = 16$ mm。螺栓许用应力 $[\tau] = 145$ MPa,$[\sigma_{bs}] = 340$ MPa;钢板许用拉应力 $[\sigma_t] = 170$ MPa。试校核该接头的强度。

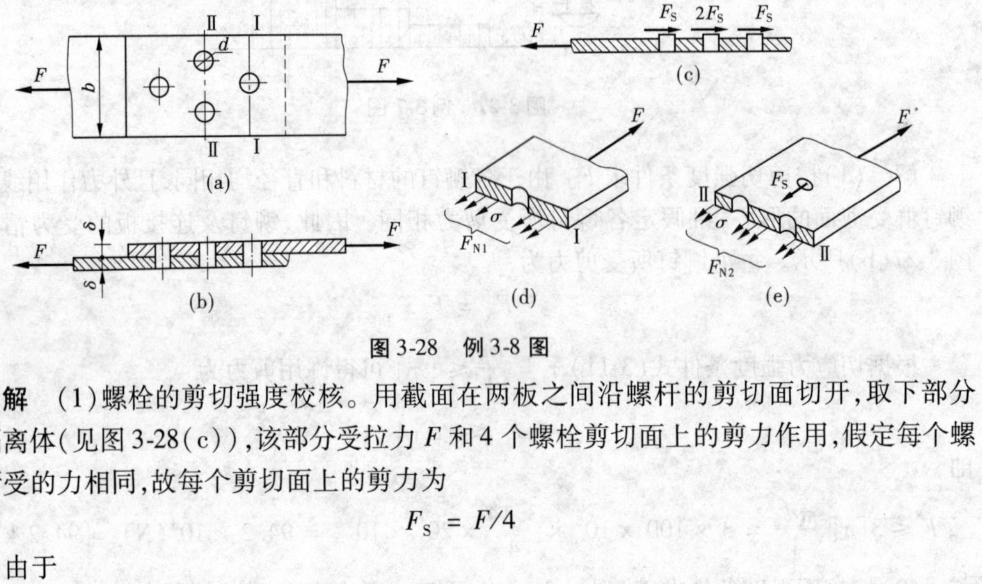

图 3-28　例 3-8 图

解　(1)螺栓的剪切强度校核。用截面在两板之间沿螺杆的剪切面切开,取下部分为隔离体(见图 3-28(c)),该部分受拉力 F 和 4 个螺栓剪切面上的剪力作用,假定每个螺栓所受的力相同,故每个剪切面上的剪力为

$$F_S = F/4$$

由于

$$\tau = \frac{F_S}{A} \leqslant [\tau]$$

将有关数据代入,得

$$\tau = \frac{F_S}{A} = \frac{F}{4 \times \frac{\pi d^2}{4}} = \frac{100 \times 10^3}{4 \times \frac{3.14 \times 0.016^2}{4}} = 124 \times 10^6 (\text{Pa}) = 124 \text{ MPa} < [\tau] = 145 \text{ MPa}$$

所以,满足强度要求。

(2)螺栓同板间的挤压强度校核。由公式

$$\sigma_{bs}=\frac{F_{bs}}{A_{bs}}\leqslant[\sigma_{bs}]$$

$$F_{bs}=\frac{F}{4}$$

将有关数据代入,得到

$$\sigma_{bs}=\frac{F_{bs}}{A_{bs}}=\frac{F/4}{d\times\delta}$$

$$=\frac{100\times10^3}{4\times0.016\times0.008}=195\times10^6(\mathrm{Pa})=195\ \mathrm{MPa}<[\sigma_{bs}]=340\ \mathrm{MPa}$$

所以,安全。

(3)板的抗拉强度校核。由于板的圆孔对板的截面面积的削弱,所以对板需进行拉断校核。为此,先沿第一排孔的中心线稍偏右将板截开(见图3-28(a)截面Ⅰ—Ⅰ),取右部为隔离体(见图3-28(d)),在截开的截面上有拉应力σ,假定它是均匀分布的,其合力为F_{N1},由平衡条件知

$$F_{N1}=F$$

根据轴向拉伸强度的校核公式

$$\sigma=\frac{F_{N1}}{A}\leqslant[\sigma]$$

$$A=\delta(b-d)$$

将有关数据代入,得到

$$\sigma=\frac{F_{N1}}{A}=\frac{F}{\delta(b-d)}=\frac{100\times10^3}{0.008\times(0.1-0.016)}$$

$$=149\times10^6(\mathrm{Pa})=149\ \mathrm{MPa}<[\sigma]=170\ \mathrm{MPa}$$

也满足强度要求。

但是仅校核第一排孔处的截面还不够,因为在第二排有两个孔,截面被削弱得较多。为此,用截面在第二排孔的中心线偏右截开(见图3-28(a)截面Ⅱ—Ⅱ),取隔离体如图3-28(e)所示,该隔离体上作用有外力F,第一排螺栓的剪切力F_S,在截开截面上有拉应力σ,其合力为F_{N2},根据平衡条件,有

$$F_S+F_{N2}-F=0$$

而$F_S=F/4$,所以

$$F_{N2}=F-F_S=F-\frac{F}{4}=\frac{3}{4}F$$

于是,有

$$\sigma=\frac{F_{N2}}{A}=\frac{3F/4}{\delta(b-2d)}=\frac{3\times100\times10^3}{4\times0.008\times(0.1-2\times0.016)}$$

$$=138\times10^6(\mathrm{Pa})=138\ \mathrm{MPa}<[\sigma]=170\ \mathrm{MPa}$$

所以,安全。

第三排孔的截面面积受到的内力比第二排孔处的要小,而截面的净面积比第二排孔处的要大,所以更安全。

小　结

扭转变形是杆件的基本变形之一。本章研究薄壁圆筒和圆轴扭转时的应力和变形计算及强度和刚度计算，介绍了切应力互等定理和剪切虎克定律。

(1)扭转时的内力是扭矩 T，应力是切应力 τ，变形是扭转角 φ。

(2)圆轴扭转时的切应力计算公式、强度条件、扭转角计算公式、刚度条件。

任一横截面上，任一点的切应力为

$$\tau = \frac{T}{I_p}\rho$$

强度条件为

$$\tau_{max} = \frac{T_{max}}{W_p} \leqslant [\tau]$$

某一截面相对另一截面的扭转角为

$$\varphi = \frac{Tl}{GI_p}$$

刚度条件为

$$\theta_{max} = \frac{T_{max}}{GI_p} \leqslant [\theta]$$

(3)极惯性矩 I_p 和扭转截面系数 W_p 是两个十分重要的截面几何性质。常用的实心圆截面和空心圆截面的 I_p 和 W_p 的计算公式为：

实心圆截面

$$I_p = \frac{\pi d^4}{32} \qquad W_p = \frac{\pi d^3}{16}$$

空心圆轴

$$I_p = \frac{\pi}{32}(D^4 - d^4) \qquad W_p = \frac{\pi}{16D}(D^4 - d^4)$$

(4)求解扭转超静定问题必须把变形协调条件和边界条件代入物理方程，与静力平衡方程联立求解约束反力，进而求解内力、强度和刚度等问题。

剪切变形是杆件的基本变形之一。

(1)等值、反向且相距很近的二力垂直作用在杆件上，二力之间各截面发生剪切变形。

①剪切时的内力的方向总是作用于横截面内。

②与剪力对应的切应力 τ 作用在横截面内。

(2)以两个作用力间的横截面为分界面，构件两部分沿该面(剪切面)发生相对错动。

(3)要了解铆钉连接和螺栓连接构件的实用计算。为保证其正常工作，要满足以下条件：

①铆钉的剪切强度条件

$$\tau = \frac{F_S}{A} \leqslant [\tau]$$

②铆钉或连接板钉孔壁的挤压强度条件

$$\sigma_{bs} = \frac{F_{bs}}{A_{bs}} \leqslant [\sigma_{bs}]$$

在求解此类问题的过程中,关键在于确定剪切面和挤压面。挤压面即构件相互挤压的接触面,它与挤压外力相垂直。当挤压面为平面时,该平面的面积就是计算挤压面面积;当挤压面为圆柱面时,取圆柱面在直径平面上的投影面积作为计算挤压面面积。

思考题

3-1　在减速箱中,通常高速轴的直径比低速轴的直径小,为什么?

3-2　如何根据扭矩图以及截面情况分析出危险截面?

3-3　从强度角度考虑,扭转变形的危险点在什么位置?

3-4　等直圆轴扭转剪应力的应用条件是什么?

3-5　开口薄壁截面的扭转剪应力是如何分布的?是否仍构成剪力流?

3-6　两根材料、长度及横截面面积均相同的圆轴,一个为实心圆截面,另一个为空心圆截面,在同样扭矩作用下,最大剪应力和单位长度的端面扭转角是否也相同?

3-7　如果圆截面轴的直径增大一倍,其他情况不变,那么最大剪应力和扭转角将怎样变化?

习　题

3-1　试绘出图 3-29 所示轴的扭矩图。

3-2　图 3-30 所示实心圆轴,两端受外力偶矩 $M_e = 14$ kN · m 作用,已知圆轴直径 $d = 100$ mm,长 $l = 1$ m,材料的切变模量 $G = 8 \times 10^4$ MPa,试求:

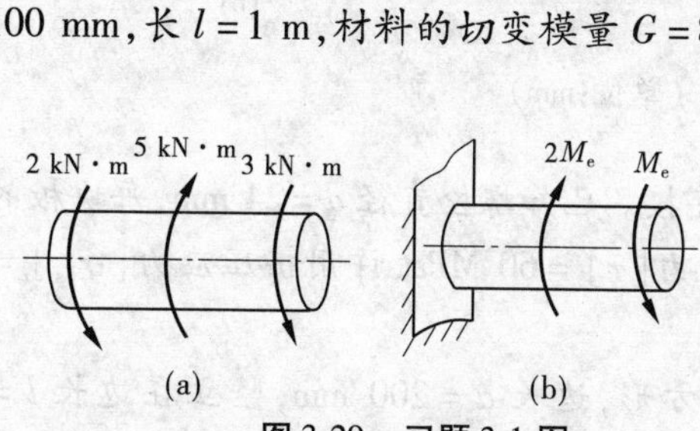

图 3-29　习题 3-1 图

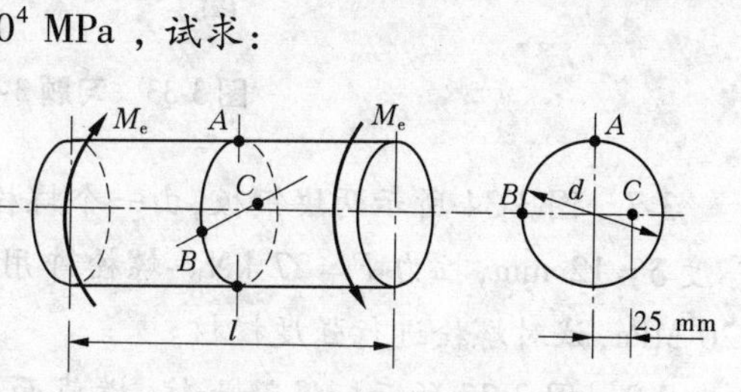

图 3-30　习题 3-2 图

(1)图示截面上 A、B、C 三点处的切应力数值及方向;

(2)两端截面之间的相对扭转角。

3-3　若将习题 3-2 中图 3-30 的轴制成空心圆轴,其外径 $D = 100$ mm,内径 $d = 80$ mm,试求最大切应力。

3-4　图 3-31 所示实心圆轴,直径 $d = 75$ mm,其上作用外力偶矩,$M_{e1} = 2$ kN · m,$M_{e2} = 1.2$ kN · m,$M_{e3} = 0.4$ kN · m,$M_{e4} = 0.4$ kN · m。已知轴的许用切应力 $[\tau] = 30$ MPa,单位长度的最大许用扭转角 $[\theta] = 0.5°/\text{m}$,材料的切变模量 $G = 8 \times 10^4$ MPa。试作其强度和

刚度校核。

3-5　图 3-32 所示空心圆轴，外径 $D=50$ mm，内径 $d=20$ mm，两端受外力偶矩 $M_e=$ 1 kN·m作用，材料的切变模量 $G=80$ GPa。试求：

(1)横截面上距圆心 25 mm 处 A 点的切应力和切应变；

(2)截面切应力最大值和最小值，并作出应力分布图。

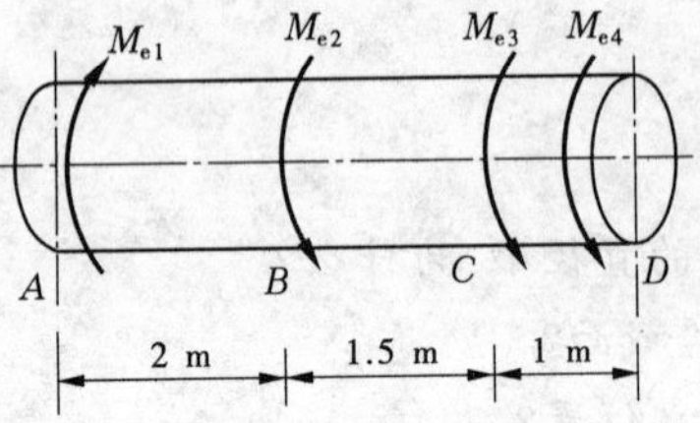

图 3-31　习题 3-4 图

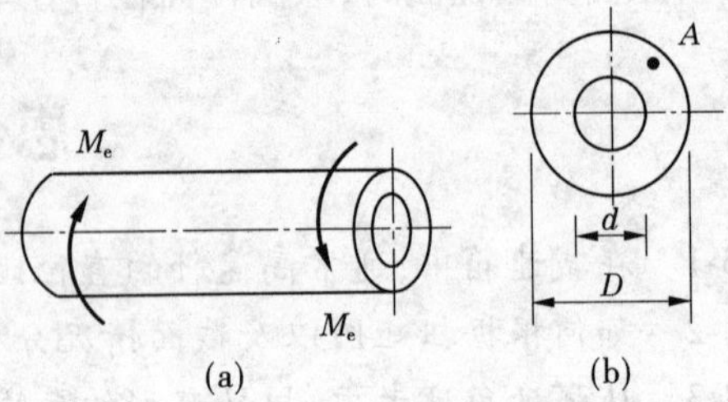

图 3-32　习题 3-5 图

3-6　如图 3-33 所示变截面圆轴受外力偶矩 $M_{eA}=3$ kN·m，$M_{eB}=1$ kN·m，$M_{eC}=2$ kN·m的作用，试求：

(1)轴 AD 段截面上离圆心 20 mm 各点的切应力，并标出图中 a、b 两点切应力的方向；

(2)截面Ⅰ—Ⅰ上的最大切应力；

(3)AB 轴的最大切应力。

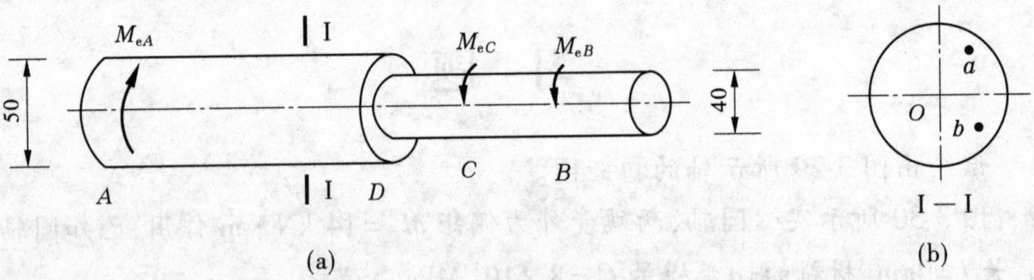

图 3-33　习题 3-6 图　(单位:mm)

3-7　图 3-34 所示两块钢板，由一个螺栓相连接。已知螺栓直径 $d=24$ mm，每块板的厚度 $\delta=12$ mm，拉力 $F=27$ kN。螺栓许用切应力 $[\tau]=60$ MPa，许用挤压应力 $[\sigma_{bs}]=$ 120 MPa，试对螺栓进行强度校核。

3-8　图 3-35 所示一混凝土柱，横截面为正方形，边长 $a=200$ mm，竖立在边长 $l=$ 1 000 mm的正方形混凝土基础板上，在柱顶施加轴向压力 $F=100$ kN。假设地基对混凝土板的支承反力是均匀分布的，混凝土的许用切应力为 $[\tau]=1.5$ MPa，试计算混凝土板的最小厚度。

3-9　一带肩杆件如图 3-36 所示，已知 $D=200$ mm，$d=100$ mm，$\delta=35$ mm。若杆件材料的 $[\sigma]=160$ MPa，$[\tau]=100$ MPa，$[\sigma_{bs}]=320$ MPa，试求许用荷载。

3-10　如图 3-37 所示铆钉连接接头，受轴向荷载 $F=80$ kN 作用。已知 $b=80$ mm，$\delta=10$ mm，铆钉直径 $d=16$ mm，铆钉的许用切应力为 $[\tau]=120$ MPa，许用挤压应力 $[\sigma_{bs}]=$ 340 MPa，连接板的拉伸许用应力 $[\sigma_t]=160$ MPa。试校核其强度。

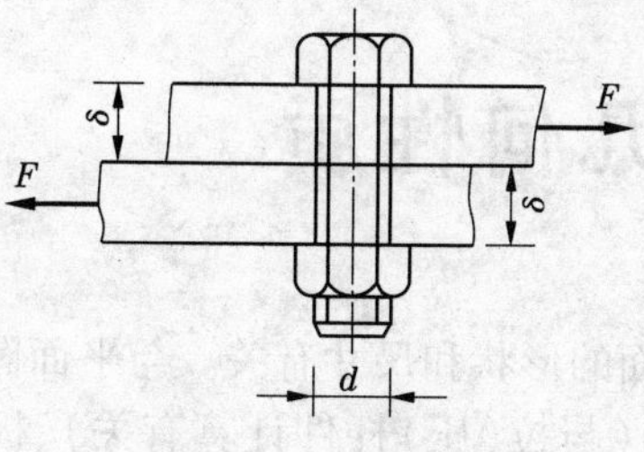

图 3-34　习题 3-7 图

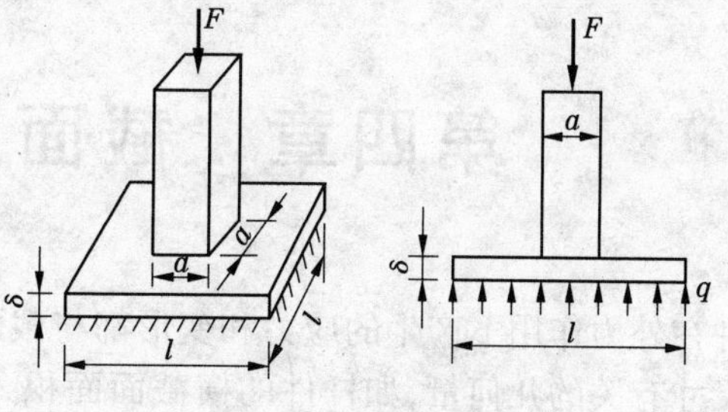

图 3-35　习题 3-8 图

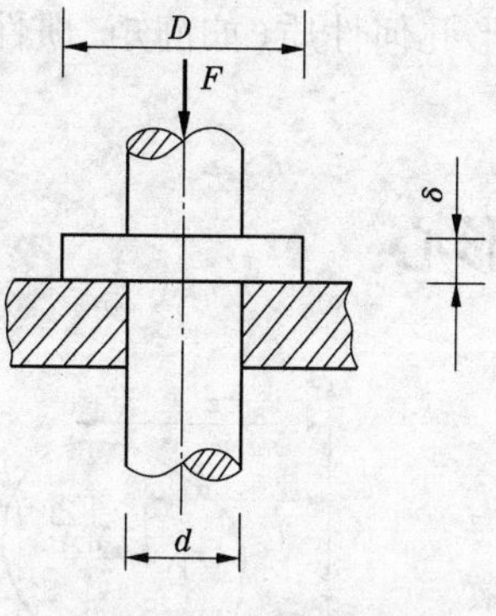

图 3-36　习题 3-9 图

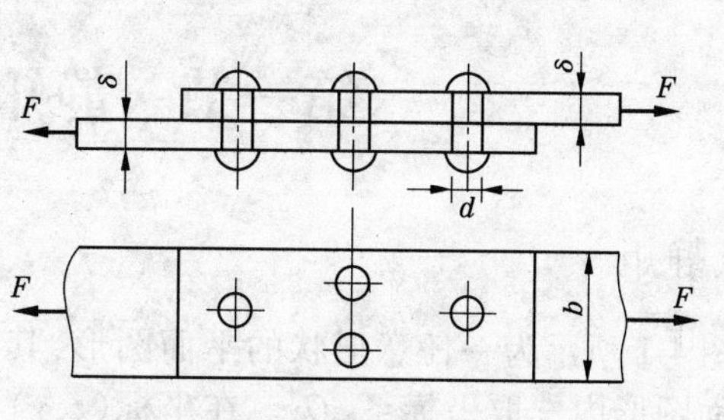

图 3-37　习题 3-10 图

3-11　如图 3-38 所示螺栓接头，已知钢板宽 $b=200\ \text{mm}$，板厚 $\delta=18\ \text{mm}$，钢板的许用拉应力 $[\sigma_t]=160\ \text{MPa}$，许用挤压应力 $[\sigma_{bs}]=240\ \text{MPa}$，许用切应力为 $[\tau]=100\ \text{MPa}$。试求最大许用拉力 $[F]$。

3-12　如图 3-39 所示铆钉连接接头，已知钢板宽 $b=200\ \text{mm}$，主板厚 $\delta_1=20\ \text{mm}$，盖板厚 $\delta_2=12\ \text{mm}$，铆钉直径 $d=30\ \text{mm}$，接头受拉力 $F=400\ \text{kN}$ 作用，试计算：

(1) 铆钉切应力 τ 值；

(2) 铆钉与钢板之间的挤压应力 σ_{bs} 值；

(3) 板的最大拉应力 σ_{tmax} 值。

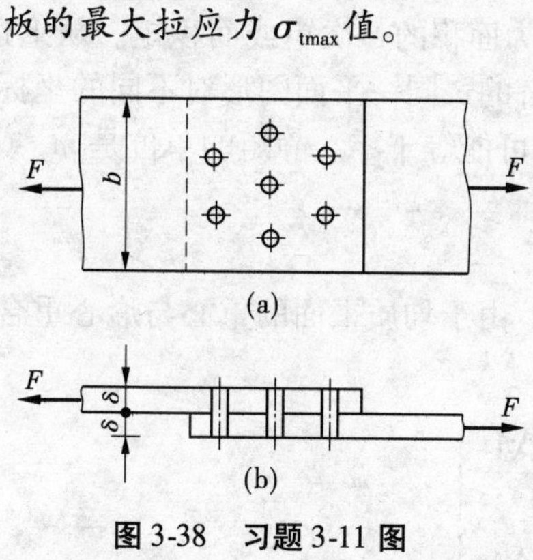

图 3-38　习题 3-11 图

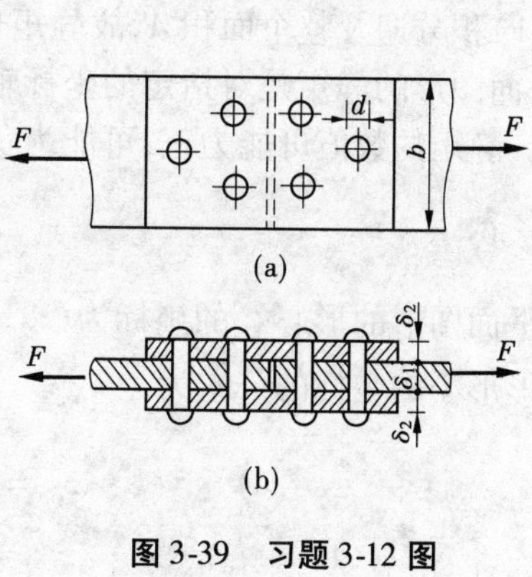

图 3-39　习题 3-12 图

第四章　截面几何性质

杆件在外力作用下产生的应力和变形都与截面的形状和尺寸有关。与平面图形几何形状和尺寸有关的几何量,如杆件的横截面面积 A(与拉(压)杆件计算有关)、极惯性矩 I_p(与扭转轴计算有关)、扭转截面系数 W_p 等,统称为平面图形的几何性质。平面图形的几何性质是纯粹的几何问题,与研究对象的力学性质无关,但它是杆件强度、刚度计算中不可缺少的几何参数。本章着重讨论其他一些平面图形几何性质(如静矩、惯性矩、惯性积等几何量)的概念和计算方法。

第一节　静矩和形心

一、静矩

如图 4-1 所示为一任意形状的平面图形,其面积为 A,在平面图形内选取坐标系 zOy。在坐标(z,y)处取微面积 dA,则微面积 dA 与坐标 y(或坐标 z)的乘积称为微面积 dA 对 z 轴(或 y 轴)的静矩,记为 dS_z(或 dS_y),即

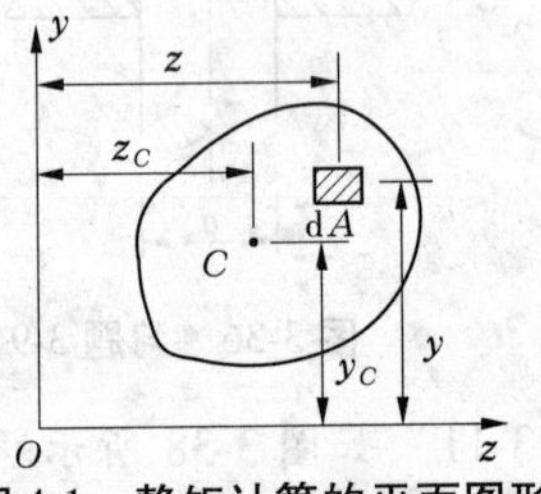

图 4-1　静矩计算的平面图形

$$dS_z = y\mathrm{d}A \qquad dS_y = z\mathrm{d}A$$

平面图形上所有微面积对 z 轴(或 y 轴)的静矩之和,称为该平面图形对 z 轴(或 y 轴)的静矩,用 S_z(或 S_y)表示,即

$$\left.\begin{aligned} S_z &= \int_A \mathrm{d}S_z = \int_A y\mathrm{d}A \\ S_y &= \int_A \mathrm{d}S_y = \int_A z\mathrm{d}A \end{aligned}\right\} \tag{4-1}$$

式(4-1)积分遍及整个面积 A,故静矩也称为面积的一次矩或面积矩。从上述定义可以看出,平面图形的静矩是对指定的坐标轴而言的。同一平面图形对不同的坐标,其静矩显然不同。静矩的数值可能为正,可能为负,也可能等于零。静矩的单位是 m^3 或 mm^3。

二、形心

现设平面图形的形心 C 的坐标为(z_C,y_C)。由于均质平面的重心与形心重合,可得到求平面图形形心的坐标的公式为

$$\left.\begin{aligned} z_C &= \frac{\sum \Delta A z}{A} \\ y_C &= \frac{\sum \Delta A y}{A} \end{aligned}\right\} \tag{a}$$

在式(a)中,面积 ΔA 取得越小,形心坐标就越精确。因此,在 $\Delta A \to 0$ 的极限情况下,

图形形心坐标的精确公式可写成积分形式,即

$$\left.\begin{aligned} z_C &= \frac{\int_A z\mathrm{d}A}{A} \\ y_C &= \frac{\int_A y\mathrm{d}A}{A} \end{aligned}\right\} \tag{b}$$

将式(4-1)代入式(b),得

$$\left.\begin{aligned} z_C &= \frac{S_y}{A} \\ y_C &= \frac{S_z}{A} \end{aligned}\right\} \tag{4-2}$$

可将式(4-2)改写为

$$\left.\begin{aligned} S_z &= Ay_C \\ S_y &= Az_C \end{aligned}\right\} \tag{4-3}$$

由式(4-3)可见,平面图形对 z 轴(或 y 轴)的静矩等于该图形面积 A 与其形心坐标 y_C(或 z_C)的乘积。对于形心位置已知的截面图形,如矩形、圆形及三角形等截面,可直接用式(4-3)来计算静矩。当坐标轴通过平面图形的形心时,其静矩为零;反之,若平面图形对某轴的静矩为零,则该轴必通过平面图形的形心。

如果平面图形具有对称轴,对称轴必然是平面图形的形心轴,故平面图形对其对称轴的静矩必等于零。

三、组合图形的静矩

在工程实际中,经常遇到工字形、T 形、环形等横截面的构件,这些构件的截面图形是由几个简单的几何图形组合而成的,称为组合图形。根据平面图形静矩的定义,组合图形对 z 轴(或 y 轴)的静矩等于各简单图形对同一轴静矩的代数和,即

$$\left.\begin{aligned} S_z &= \sum_{i=1}^{n} A_i y_{Ci} \\ S_y &= \sum_{i=1}^{n} A_i z_{Ci} \end{aligned}\right\} \tag{4-4}$$

式中　y_{Ci}、z_{Ci} 和 A_i——各简单图形的形心坐标和面积;

n——组成组合图形的简单图形的个数。

将式(4-4)代入式(4-2),可得组合图形形心的坐标计算公式,即

$$\left.\begin{aligned} z_C &= \frac{\sum_{i=1}^{n} A_i z_{Ci}}{\sum_{i=1}^{n} A_i} \\ y_C &= \frac{\sum_{i=1}^{n} A_i y_{Ci}}{\sum_{i=1}^{n} A_i} \end{aligned}\right\} \tag{4-5}$$

【例 4-1】 矩形截面尺寸如图 4-2 所示。试求该矩形对 z_1 轴的静矩 S_{z1} 和对形心轴 z 的静矩 S_z。

解 (1)计算矩形截面对 z_1 轴的静矩。由式(4-3)可得

$$S_{z1} = Ay_C = bh\frac{h}{2} = \frac{bh^2}{2}$$

(2)计算矩形截面对形心轴的静矩。由于 z 轴为矩形截面的对称轴,通过截面形心,所以矩形截面对 z 轴的静矩为

$$S_z = 0$$

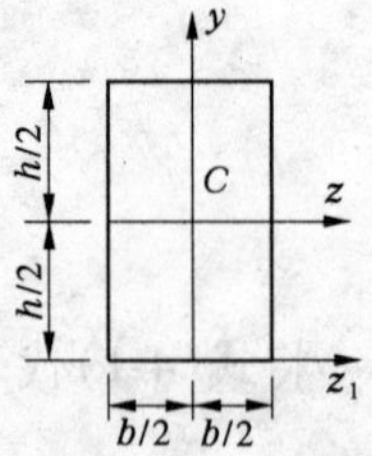

图 4-2 例 4-1 图

【例 4-2】 试计算如图 4-3 所示的平面图形对 z_1 轴和 y_1 轴的静矩,并求该图形的形心位置。

解 将平面图形看做由矩形 1 和 2 组成,其面积分别为

$$A_1 = 10 \times 120 = 1\ 200(\text{mm}^2)$$

$$A_2 = 70 \times 10 = 700(\text{mm}^2)$$

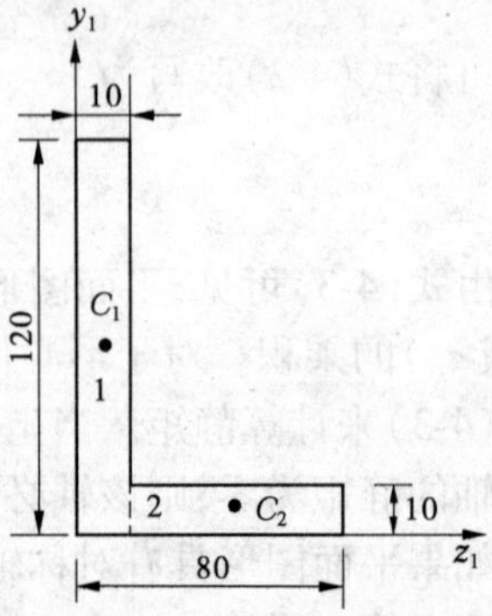

图 4-3 例 4-2 图 (单位:mm)

两个矩形的形心坐标分别为:

矩形 1

$$z_{C1} = \frac{10}{2} = 5(\text{mm})$$

$$y_{C1} = \frac{120}{2} = 60(\text{mm})$$

矩形 2

$$z_{C2} = 10 + \frac{70}{2} = 45(\text{mm})$$

$$y_{C2} = \frac{10}{2} = 5(\text{mm})$$

由式(4-4)可得该平面图形对 z_1 轴和 y_1 轴的静矩分别为

$$S_{z1} = \sum_{i=1}^{n} A_i y_{Ci} = A_1 y_{C1} + A_2 y_{C2} = 1\ 200 \times 60 + 700 \times 5 = 7.55 \times 10^4(\text{mm}^3)$$

$$S_{y1} = \sum_{i=1}^{n} A_i z_{Ci} = A_1 z_{C1} + A_2 z_{C2} = 1\ 200 \times 5 + 700 \times 45 = 3.75 \times 10^4(\text{mm}^3)$$

由式(4-5)可求得该平面图形的形心坐标为

$$z_C = \frac{\sum_{i=1}^{n} A_i z_{Ci}}{\sum_{i=1}^{n} A_i} = \frac{3.75 \times 10^4}{1\ 200 + 700} = 19.74(\text{mm})$$

$$y_C = \frac{\sum_{i=1}^{n} A_i y_{Ci}}{\sum_{i=1}^{n} A_i} = \frac{7.55 \times 10^4}{1\ 200 + 700} = 39.74(\text{mm})$$

第二节　惯性矩和惯性积

一、惯性矩

任意平面图形如图 4-4 所示,面积为 A,zOy 为平面图形所在平面内的坐标系。在平面图形内任取一微面积 $\mathrm{d}A$,其坐标为(z,y),将乘积 $y^2\mathrm{d}A$(或 $z^2\mathrm{d}A$)称为微面积 $\mathrm{d}A$ 对 z 轴(或 y 轴)的惯性矩。整个平面图形上各微面积对 z 轴(或 y 轴)惯性矩的总和称为该平面图形对 z 轴(或 y 轴)的惯性矩,用 I_z(或 I_y)表示。惯性矩也称为截面对轴的二次矩,可用下式表示

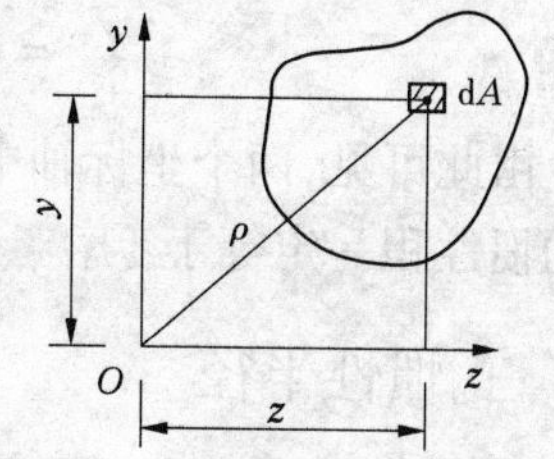

图 4-4　任意平面图形的惯性矩

$$\left.\begin{aligned} I_z &= \int_A y^2\mathrm{d}A \\ I_y &= \int_A z^2\mathrm{d}A \end{aligned}\right\} \tag{4-6}$$

由图 4-4 可以看出

$$\rho^2 = y^2 + z^2$$

而求平面图形对极点的极惯性矩的计算公式为

$$I_\mathrm{p} = \int_A \rho^2\mathrm{d}A$$

将 $\rho^2 = y^2 + z^2$ 代入上式,得

$$I_\mathrm{p} = \int_A \rho^2\mathrm{d}A = \int_A (y^2 + z^2)\mathrm{d}A = \int_A y^2\mathrm{d}A + \int_A z^2\mathrm{d}A = I_z + I_y \tag{4-7}$$

式(4-7)表明,平面图形对任一点的极惯性矩等于图形对以该点为原点的任意两正交坐标轴的惯性矩之和,其值恒为正值。极惯性矩亦称为截面对点的二次矩。

从上述惯性矩的定义可以看出,惯性矩也是对坐标轴而言的。同一图形对不同的坐标轴的惯性矩不同。极惯性矩是对点来说的,同一图形对不同点的极惯性矩也不相同。式(4-6)中,y^2、z^2 恒为正值,故惯性矩也恒为正值,常用单位为 m^4 或 mm^4。

简单平面图形的惯性矩可直接由式(4-6)求得。常用的一些简单图形的惯性矩可在计算手册中查到,型钢截面的惯性矩可在型钢表中查找。

二、惯性积

在如图 4-4 所示的平面图形中,微面积 $\mathrm{d}A$ 与它的两个坐标 z、y 的乘积 $zy\mathrm{d}A$ 称为微面积 $\mathrm{d}A$ 对 z、y 两轴的惯性积。整个图形上所有微面积对 z、y 两轴惯性积的总和称为该图形对 z、y 两轴的惯性积,用 I_{zy}表示,即

$$I_{zy} = \int_A zy\mathrm{d}A \tag{4-8}$$

惯性积是平面图形对某两个正交坐标轴而言的,同一图形对不同的正交坐标轴,其惯性积不同。由于坐标值 z、y 有正、有负,因此惯性积可能为正或负,也可能为零。惯性积

的单位为 m^4 或 mm^4。

如果坐标轴 z 或 y 中有一根是图形的对称轴，如图 4-5 中的 y 轴，在 y 轴两侧的对称位置处，各取一相同的微面积 dA，显然，两者 y 坐标相同，而 z 坐标互为相反数。所以，两个微面积的惯性积也互为相反数，它们之和为零。对于整个图形来说，它的惯性积必然为零，即

$$I_{zy} = \int_A zy\mathrm{d}A = 0$$

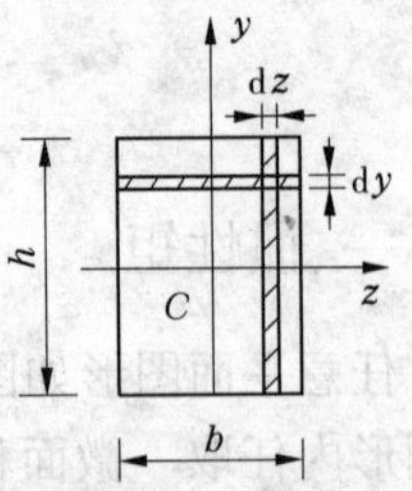

图 4-5　平面图形的惯性积

由此可见，两个坐标轴中只要有一根轴为平面图形的对称轴，则该图形对这一对坐标轴的惯性积一定等于零。

三、惯性半径

在工程中因为某些计算的特殊需要，常将图形的惯性矩表示为图形面积 A 与某一长度平方的乘积，即

$$\left.\begin{aligned} I_z &= i_z^2 A \\ I_y &= i_y^2 A \\ I_p &= i_p^2 A \end{aligned}\right\} \tag{4-9}$$

或改写成

$$\left.\begin{aligned} i_z &= \sqrt{\frac{I_z}{A}} \\ i_y &= \sqrt{\frac{I_y}{A}} \\ i_p &= \sqrt{\frac{I_p}{A}} \end{aligned}\right\} \tag{4-10}$$

式中　i_z、i_y、i_p——平面图形对 z 轴、y 轴和极点的惯性半径（也叫回转半径），m 或 mm。

【例 4-3】矩形截面如图 4-6 所示。试计算矩形截面对其形心轴 z、y 的惯性矩、惯性半径及惯性积。

解　(1) 计算矩形截面对 z 轴和 y 轴的惯性矩。取平行于 z 轴的微面积 dA，如图 4-6 所示，dA 到 z 轴的距离为 y，则

$$\mathrm{d}A = b\mathrm{d}y$$

由式(4-6)可得，矩形截面对 z 轴的惯性矩为

$$I_z = \int_A y^2 \mathrm{d}A = \int_{-\frac{h}{2}}^{\frac{h}{2}} y^2 b\mathrm{d}y = \frac{bh^3}{12}$$

同理可得，矩形截面对 y 轴的惯性矩为

$$I_y = \int_A z^2 \mathrm{d}A = \int_{-\frac{b}{2}}^{\frac{b}{2}} z^2 h\mathrm{d}z = \frac{hb^3}{12}$$

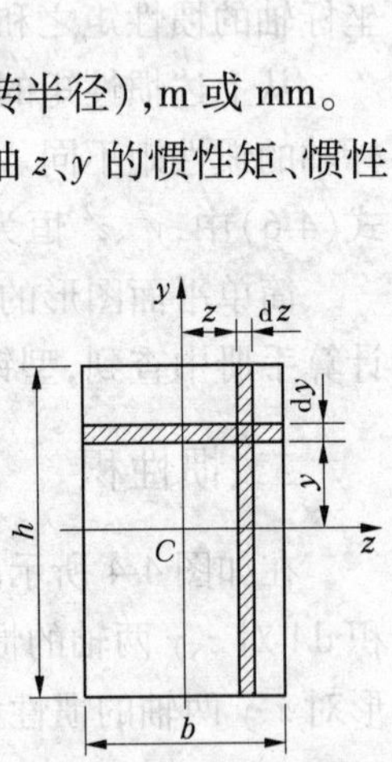

图 4-6　例 4-3 图

(2) 计算矩形截面对 z 轴、y 轴的惯性半径。由式(4-10)可得矩形截面对 z 轴和 y 轴

的惯性半径分别为

$$i_z = \sqrt{\frac{I_z}{A}} = \sqrt{\frac{bh^3/12}{bh}} = \frac{h}{\sqrt{12}}$$

$$i_y = \sqrt{\frac{I_y}{A}} = \sqrt{\frac{hb^3/12}{bh}} = \frac{b}{\sqrt{12}}$$

(3)计算矩形截面对 z 轴、y 轴的惯性积。因为 z 轴、y 轴为矩形截面的两根对称轴，故

$$I_{zy} = \int_A zy\mathrm{d}A = 0$$

【例 4-4】 直径为 D 的圆形截面如图 4-7 所示。试计算圆形截面对形心轴 z 轴、y 轴的惯性矩和惯性半径。

解 (1)计算圆形截面对形心轴 z 轴、y 轴的惯性矩。

圆形截面对 O 点的极惯性矩为

$$I_\mathrm{p} = \int_A \rho^2\mathrm{d}A = \frac{\pi D^4}{32}$$

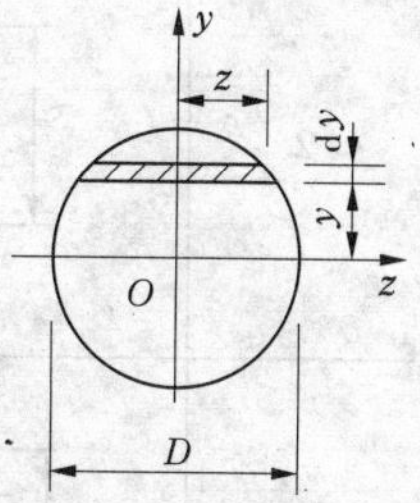

图 4-7　例 4-4 图

由对称性可知

$$I_y = I_z$$

由式(4-7)得

$$I_y = I_z = \frac{I_\mathrm{p}}{2} = \frac{\pi D^4}{64}$$

这一结果也可直接根据式(4-6)求得。取平行于 z 轴的微小长条为微面积 $\mathrm{d}A$，如图 4-7所示，则

$$\mathrm{d}A = 2z\mathrm{d}y$$

而

$$z = \sqrt{\left(\frac{D}{2}\right)^2 - y^2}$$

代入式(4-6)，得

$$I_z = \int_A y^2\mathrm{d}A = 2\int_{-\frac{D}{2}}^{\frac{D}{2}} y^2\sqrt{\left(\frac{D}{2}\right)^2 - y^2}\,\mathrm{d}y = \frac{\pi D^4}{64}$$

由于对称，圆形截面对任一根形心轴的惯性矩都等于$\frac{\pi D^4}{64}$。

(2)计算圆形截面对其形心轴 z 轴、y 轴的惯性半径。

由于圆形截面对任一根形心轴的惯性矩相等，故它对任一根形心轴的惯性半径也都相等，即

$$i_y = i_z = i = \sqrt{\frac{I}{A}} = \sqrt{\frac{\pi D^4/64}{\pi D^2/4}} = \frac{D}{4}$$

为便于查用，表 4-1 列出了几种常见平面图形的面积、形心和惯性矩。

表 4-1 几种常见图形的面积、形心和惯性矩

序号	图形	面积 A	形心到边缘（或顶点）距离 e	惯性矩 I
1	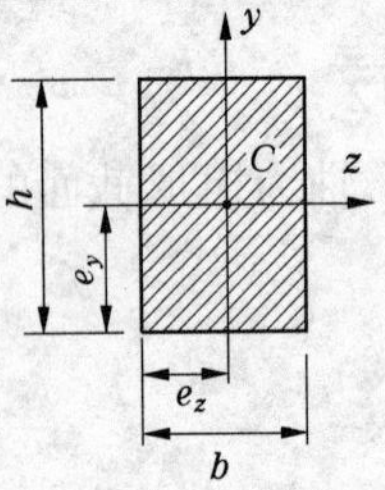	bh	$e_z=\dfrac{b}{2}$ $e_y=\dfrac{h}{2}$	$I_z=\dfrac{bh^3}{12}$ $I_y=\dfrac{hb^3}{12}$
2	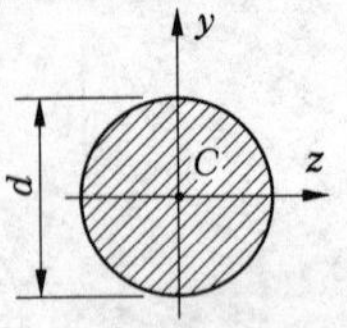	$\dfrac{\pi}{4}d^2$	$e=\dfrac{d}{2}$	$I=\dfrac{\pi d^4}{64}$
3	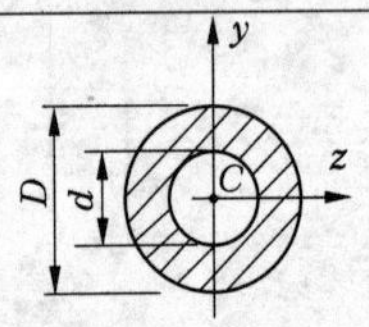	$\dfrac{\pi}{4}(D^2-d^2)$	$e=\dfrac{D}{2}$	$I=\dfrac{\pi D^4}{64}(1-\alpha^4)$ $\alpha=d/D$
4	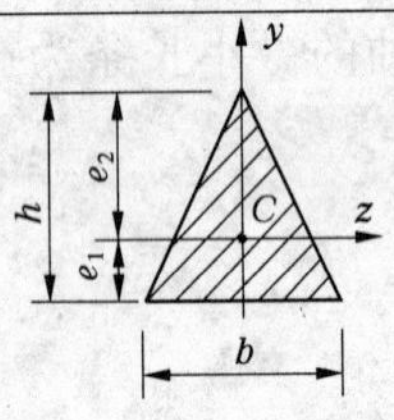	$\dfrac{bh}{2}$	$e_1=\dfrac{h}{3}$ $e_2=\dfrac{2h}{3}$	$I_z=\dfrac{bh^3}{36}$
5	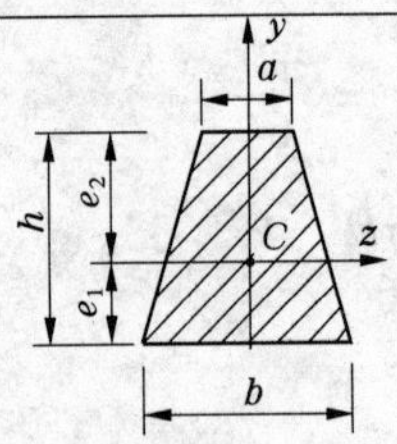	$\dfrac{h(a+b)}{2}$	$e_1=\dfrac{h(2a+b)}{3(a+b)}$ $e_2=\dfrac{h(a+2b)}{3(a+b)}$	$I_z=\dfrac{h^3(a^2+4ab+b^2)}{36(a+b)}$
6	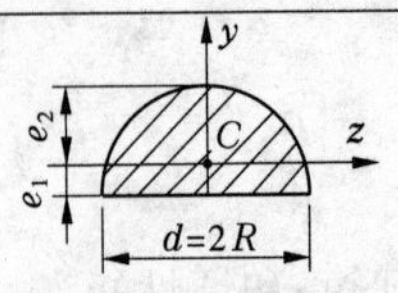	$\dfrac{\pi R^2}{2}$	$e_1=\dfrac{4R}{3\pi}$ $e_2=R-\dfrac{4R}{3\pi}$	$I_z=(\dfrac{1}{8}-\dfrac{8}{9\pi^2})\pi R^4$ $I_y=\dfrac{\pi R^4}{8}$

第三节　惯性矩和惯性积的平行移轴和转轴公式

一、平行移轴公式

如前所述,同一平面图形对互相平行的两对坐标轴,其惯性矩、惯性积并不相同,但它们之间存在着一定的关系。利用这一关系可求出复杂平面图形的惯性矩和惯性积。

如图 4-8 所示为一任意平面图形,图形面积为 A,设形心为 C,z 轴、y 轴是通过图形形心的一对正交坐标轴,z_1 轴、y_1 轴是分别与 z 轴、y 轴平行的另一对正交坐标轴,且距离分别为 a 和 b,若已知图形对形心轴 z 轴、y 轴的惯性矩和惯性积分别为 I_z、I_y 及 I_{zy}。下面求该图形对 z_1 轴、y_1 轴的惯性矩和惯性积。

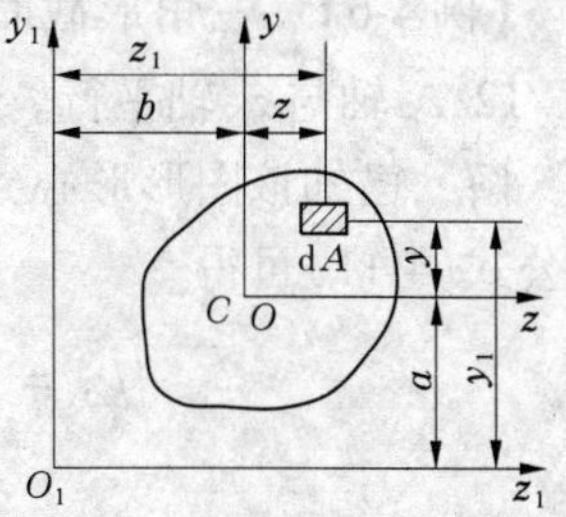

图 4-8　平行移轴公式计算

在平面图形上取微面积 dA,微面积 dA 在 zOy 和 $z_1O_1y_1$ 坐标系中的坐标分别为(z,y)和(z_1,y_1),由图可见,微面积 dA 在两个坐标系中的坐标有如下关系

$$z_1 = z + b$$

$$y_1 = y + a$$

根据惯性矩定义,图形对 z_1 轴的惯性矩为

$$I_{z1} = \int_A y_1^2 dA = \int_A (y + a)^2 dA = \int_A y^2 dA + 2a\int_A y dA + a^2\int_A dA$$

其中

$$\int_A y^2 dA = I_z$$

$$\int_A y dA = S_z = 0$$

$$\int_A dA = A$$

于是得到

同理可得

$$\left.\begin{aligned} I_{z1} &= I_z + a^2 A \\ I_{y1} &= I_y + b^2 A \end{aligned}\right\} \tag{4-11}$$

$$I_{z1y1} = I_{zy} + abA \tag{4-12}$$

式(4-11)、式(4-12)分别称为惯性矩、惯性积的平行移轴公式。式中,I_z、I_y 必须是平面图形形心轴的惯性矩。式(4-11)表明:图形对任一轴的惯性矩,等于图形对与该轴平行的形心轴的惯性矩,再加上图形面积与两平行轴间距离平方的乘积。

由于 a^2(或 b^2)恒为正值,故在所有平行轴中,平面图形对形心轴的惯性矩最小。

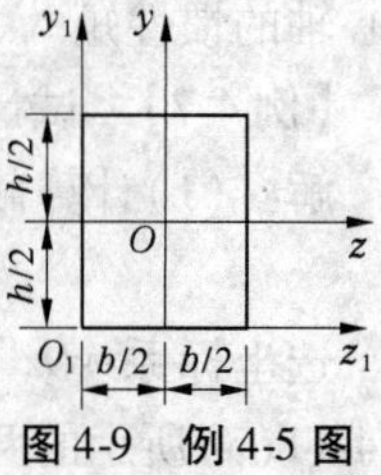

图 4-9　例 4-5 图

【例 4-5】　计算如图 4-9 所示的矩形截面对 z_1 轴和 y_1 轴的惯性矩。

解　z 轴、y 轴是矩形截面的形心轴，它们分别与 z_1 轴和 y_1 轴平行，则由平行移轴公式(4-11)可得矩形截面对 z_1 轴和 y_1 轴的惯性矩分别为

$$I_{z1} = I_z + \left(\frac{h}{2}\right)^2 A = \frac{bh^3}{12} + \left(\frac{h}{2}\right)^2 bh = \frac{bh^3}{3}$$

$$I_{y1} = I_y + \left(\frac{b}{2}\right)^2 A = \frac{hb^3}{12} + \left(\frac{b}{2}\right)^2 bh = \frac{hb^3}{3}$$

【例 4-6】　三角形截面图形如图 4-10 所示。已知 $I_{z0} = bh^3/12$，z_1 轴与 z_0 轴平行。试求该图形对 z_1 轴的惯性矩。

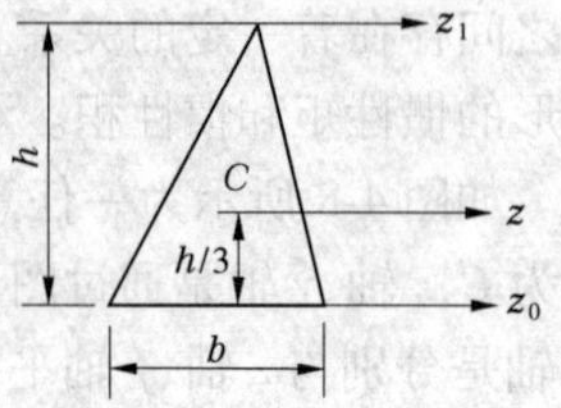

图 4-10　例 4-6 图

解　已知该图形形心到 y 轴的距离为 $h/3$，根据平行移轴公式(4-11)可得

$$I_{z0} = I_z + \left(\frac{h}{3}\right)^2 A \tag{a}$$

$$I_{z1} = I_z + \left(\frac{2h}{3}\right)^2 A \tag{b}$$

联立式(a)和式(b)可得

$$I_{z1} - I_{z0} = \left[\left(\frac{2h}{3}\right)^2 - \left(\frac{h}{3}\right)^2\right]A = \frac{h^2}{3}A$$

故三角形截面对 z_1 轴的惯性矩为

$$I_{z1} = \frac{bh^3}{12} + \frac{h^2}{3} \times \frac{bh}{2} = \frac{bh^3}{4}$$

再次强调，在应用平行移轴公式时，z 轴、y 轴必须是形心轴，z_1 轴、y_1 轴必须分别与 z 轴、y 轴平行。

二、组合图形惯性矩的计算

在工程实际中，常会遇到构件的截面是由矩形、圆形和三角形等几个简单图形组成的组合图形。由惯性矩定义可知，组合图形对任一轴的惯性矩等于组成组合图形的各简单图形对同一轴惯性矩之和，即

$$\left.\begin{aligned} I_z &= \sum I_{iz} \\ I_y &= \sum I_{iy} \end{aligned}\right\} \tag{4-13}$$

在计算组合图形的惯性矩时，首先应确定组合图形的形心位置，然后通过积分或查表求得各简单图形对自身形心轴的惯性矩，再利用平行移轴公式，就可计算出组合图形对其形心轴的惯性矩。

【例 4-7】　试计算图 4-11 所示的 T 形截面对其形心轴 z 轴、y 轴的惯性矩。

解　(1)计算截面的形心位置。由于 T 形截面有一根对称轴，形心必在此轴上，即

$$z_C = 0$$

选坐标系 yOz'（见图 4-11(a)），以确定截面形心的位置 y_C。将 T 形截面分成如图 4-11(a)所示的两个矩形 Ⅰ、Ⅱ，这两个矩形的面积和形心坐标分别为

$$A_{\mathrm{I}} = 50 \times 12 = 600(\mathrm{cm}^2) \qquad y_{C\mathrm{I}} = 58 + 6 = 64(\mathrm{cm})$$

$$A_{\mathrm{II}} = 25 \times 58 = 1\,450(\mathrm{cm}^2) \qquad y_{C\mathrm{II}} = \frac{58}{2} = 29(\mathrm{cm})$$

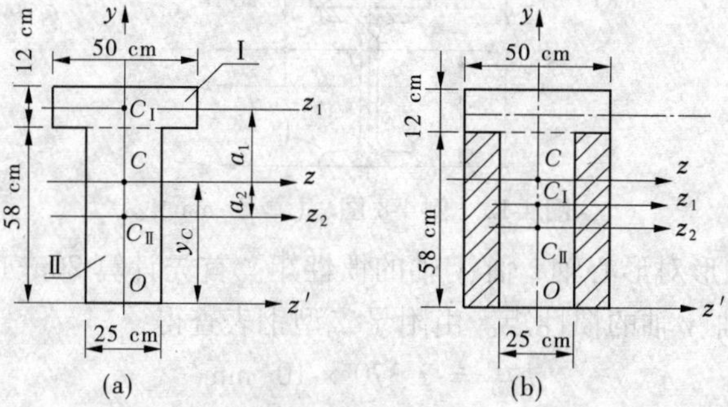

图 4-11　例 4-7 图

由式(4-5)可得,T 形截面的形心坐标为

$$y_C = \frac{\sum A_i y_{Ci}}{\sum A_i} = \frac{600 \times 64 + 1\,450 \times 29}{600 + 1\,450} = 39.2(\mathrm{cm})$$

(2)计算组合图形对形心轴的惯性矩 I_z、I_y。首先分别求出矩形Ⅰ、Ⅱ对形心轴 z 轴、y 轴的惯性矩。由平行移轴公式可得

$$I_{\mathrm{I}z} = I_{\mathrm{I}z_1} + a_1^2 A_{\mathrm{I}} = \frac{50 \times 12^3}{12} + (64 - 39.2)^2 \times 600 = 3.76 \times 10^5(\mathrm{cm}^4)$$

$$I_{\mathrm{II}z} = I_{\mathrm{II}z_2} + a_2^2 A_{\mathrm{II}} = \frac{25 \times 58^3}{12} + (39.2 - 29)^2 \times 1\,450 = 5.57 \times 10^5(\mathrm{cm}^4)$$

整个图形对 z 轴、y 轴的惯性矩分别为

$$I_z = I_{\mathrm{I}z} + I_{\mathrm{II}z} = (3.76 + 5.57) \times 10^5 = 9.33 \times 10^5(\mathrm{cm}^4)$$

$$I_y = I_{\mathrm{I}y} + I_{\mathrm{II}y} = \frac{12 \times 50^3}{12} + \frac{58 \times 25^3}{12} = 2.01 \times 10^5(\mathrm{cm}^4)$$

本题也可采用“负面积法”计算。T 形截面可看成是由图 4-11(b)中面积为 50 cm × 70 cm 的矩形减去两个面积均为$\frac{25}{2}$ cm × 58 cm 的小矩形(图中的阴影部分)而得到的。两种计算方法所得结果相同。这表明:当把组合图形视为几个简单图形之和时,其惯性矩等于简单图形对同一轴惯性矩之和;当把组合图形视为几个简单图形之差时,其惯性矩等于简单图形对同一轴惯性矩之差。

【例 4-8】　试计算图 4-12 所示的由方钢和 20a 工字钢组成的组合图形对形心轴 z 轴、y 轴的惯性矩。

解　(1)计算组合图形的形心位置。取 z' 轴作为参考轴,y 轴为组合图形的对称轴,组合图形的形心必在 y 轴上,故 $z_C = 0$。现只需计算组合图形的形心坐标 y_C。由附录二的型钢表查得 20a 工字钢 $b = 100$ mm,$h = 200$ mm,其截面面积 $A_{\mathrm{I}} = 35.6\ \mathrm{cm}^2$。由式(4-5)可得

$$y_C = \frac{\sum A_i y_{Ci}}{\sum A_i} = \frac{35.6 \times 10^2 \times \frac{200}{2} + 120 \times 10 \times \left(200 + \frac{10}{2}\right)}{35.6 \times 10^2 + 120 \times 10}$$

$$= 126.47(\mathrm{mm})$$

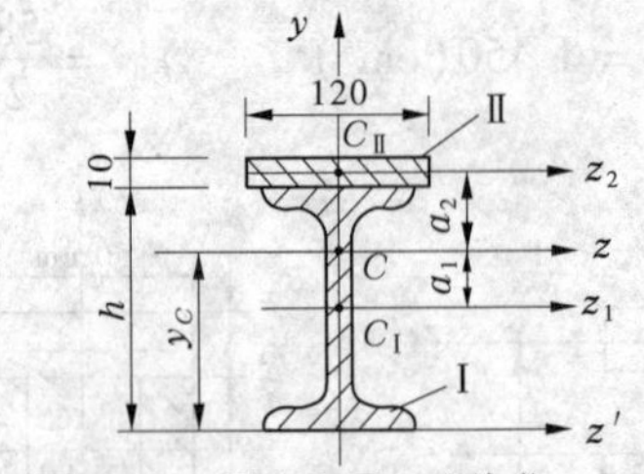

图 4-12　例 4-8 图　(单位:mm)

(2)计算组合图形对形心轴 z 轴、y 轴的惯性矩。首先计算 20a 工字钢和方钢截面各自对本身形心轴 z 轴、y 轴的惯性矩。由附录二型钢表查得

$$I_{Ⅰz1} = 2\ 370 \times 10^4\ \text{mm}^4$$

$$I_{Ⅰy} = 158 \times 10^4\ \text{mm}^4$$

$$I_{Ⅱz2} = \frac{bh^3}{12} = \frac{120 \times 10^3}{12} = 1.0 \times 10^4(\text{mm}^4)$$

$$I_{Ⅱy} = \frac{hb^3}{12} = \frac{10 \times 120^3}{12} = 144 \times 10^4(\text{mm}^4)$$

由平行移轴公式(4-11)可得工字钢和方钢截面分别对形心轴 z 轴、y 轴的惯性矩为

$$I_{Ⅰz} = I_{Ⅰz1} + a_1^2 A_Ⅰ = 2\ 370 \times 10^4 + (126.47 - 100)^2 \times 35.6 \times 10^2 = 26.19 \times 10^6(\text{mm}^4)$$

$$I_{Ⅱz} = I_{Ⅱz2} + a_2^2 A_Ⅱ = 1.0 \times 10^4 + (205 - 126.47)^2 \times 120 \times 10 = 7.41 \times 10^6(\text{mm}^4)$$

整体组合图形对形心轴的惯性矩应等于工字钢和方钢截面对形心轴的惯性矩之和,故得

$$I_z = I_{Ⅰz} + I_{Ⅱz} = (26.19 + 7.41) \times 10^6 = 3.36 \times 10^7(\text{mm}^4)$$

$$I_y = I_{Ⅰy} + I_{Ⅱy} = (158 + 144) \times 10^4 = 3.02 \times 10^6(\text{mm}^4)$$

三、转轴公式

前面讨论了坐标轴与形心轴平行时,平面图形对坐标轴的惯性矩和惯性积的计算公式,这里继续研究一对互相垂直的坐标轴绕原点在平面图形内旋转时,平面图形对坐标轴的惯性矩和惯性积的变化规律。

如图 4-13 所示为任意形状的平面图形,z 轴、y 轴是过图形任一点 O 的一对正交坐标轴,z_1 轴、y_1 轴为过 O 点的另一对正交坐标轴,它与 z 轴、y 轴的夹角为 α(以 z 轴转到 z_1 逆时针方向为正,反之为负)。图形对 z 轴、y 轴的惯性矩 I_z、I_y 和惯性积 I_{zy} 均为已知,现求图形对 z_1 轴、y_1 轴的惯性矩 I_{z1}、I_{y1} 和惯性积 I_{z1y1} 与原坐标轴的惯性矩 I_z、I_y 和惯性积 I_{zy} 之间的关系。

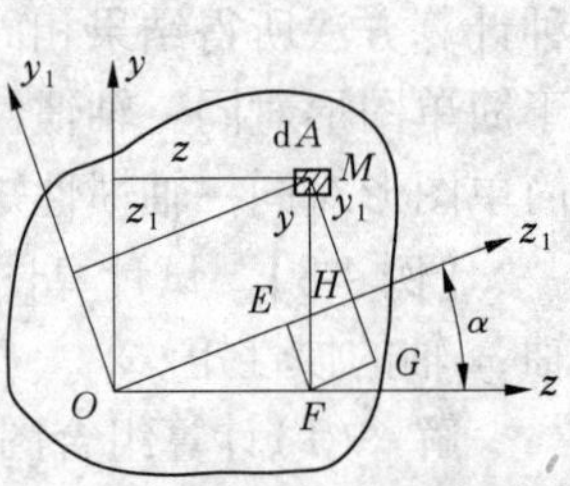

图 4-13　转轴公式平面图形

由图 4-13 可见,平面图形内任一微面积 dA 在两个坐标系中的坐标(z_1, y_1)和(z, y)之间的关系为

$$z_1 = OE + FG = z\cos\alpha + y\sin\alpha$$

$$y_1 = MG - EF = y\cos\alpha - z\sin\alpha$$

根据惯性矩定义,图形对 z_1 轴的惯性矩为

$$I_{z1} = \int_A y_1^2 \mathrm{d}A = \int_A (y\cos\alpha - z\sin\alpha)^2 \mathrm{d}A$$
$$= \cos^2\alpha \int_A y^2 \mathrm{d}A - 2\sin\alpha\cos\alpha \int_A yz\mathrm{d}A + \sin^2\alpha \int_A z^2 \mathrm{d}A$$
$$= I_z \cos^2\alpha - I_{zy}\sin 2\alpha + I_y \sin^2\alpha$$
$$I_{y1} = \int_A z_1^2 \mathrm{d}A = \int_A (z\cos\alpha + y\sin\alpha)^2 \mathrm{d}A$$
$$= \cos^2\alpha \int_A z^2 \mathrm{d}A + 2\sin\alpha\cos\alpha \int_A zy\mathrm{d}A + \sin^2\alpha \int_A y^2 \mathrm{d}A$$
$$= I_y \cos^2\alpha + I_{zy}\sin 2\alpha + I_z \sin^2\alpha$$

再利用三角形的倍角公式,有

$$\cos^2\alpha = \frac{1+\cos 2\alpha}{2} \qquad \sin^2\alpha = \frac{1-\cos 2\alpha}{2}$$

代入上式并整理,可得

$$\left.\begin{aligned} I_{z1} &= \frac{I_z + I_y}{2} + \frac{I_z - I_y}{2}\cos 2\alpha - I_{zy}\sin 2\alpha \\ I_{y1} &= \frac{I_z + I_y}{2} - \frac{I_z - I_y}{2}\cos 2\alpha + I_{zy}\sin 2\alpha \end{aligned}\right\} \tag{4-14}$$

同理,可得

$$I_{z1y1} = \frac{I_z - I_y}{2}\sin 2\alpha + I_{zy}\cos 2\alpha \tag{4-15}$$

式(4-14)、式(4-15)分别称为惯性矩和惯性积的转轴公式。

将式(4-14)中的两式左右两边分别相加,可得

$$I_{z1} + I_{y1} = I_z + I_y$$

上式表明,平面图形对于通过同一点的任意一对正交坐标轴的惯性矩之和为一常数,并等于该图形对该坐标原点的极惯性矩。

第四节　主惯性轴和主惯性矩

由式(4-15)可知,当坐标轴旋转时,惯性积将随 α 角作周期性变化,其值可能为正或负,也可能为零。但总可以找到一对坐标轴 z_0、y_0,使平面图形对这对坐标轴的惯性积为零。通常,把这一对坐标轴称为平面图形的主惯性轴,简称主轴。平面图形对主轴的惯性矩称为主惯性矩。

下面讨论如何确定主轴的方位和主惯性矩的大小。

设 α_0 为主轴与原坐标轴的夹角,此时 $I_{z1y1}=0$,由式(4-15)得

$$\tan 2\alpha_0 = -\frac{2I_{zy}}{I_z - I_y} \tag{4-16}$$

由式(4-16)可求出相差 90°的两个角度 α_0,这表明平面图形有两个互相垂直的主轴。平面图形对两根主轴的惯性矩分别为平面图形对过原点的所有轴的惯性矩中的极大值和极小值。把利用式(4-16)求得的 α_0 代入式(4-14),可得到平面图形的主惯性矩的计算公

式,即

$$\left.\begin{aligned}I_{z_0}&=\frac{I_z+I_y}{2}+\frac{1}{2}\sqrt{(I_z-I_y)^2+4I_{zy}^2}\\I_{y_0}&=\frac{I_z+I_y}{2}-\frac{1}{2}\sqrt{(I_z-I_y)^2+4I_{zy}^2}\end{aligned}\right\}\tag{4-17}$$

通过平面图形形心 C 的主惯性轴称为形心主惯性轴,简称形心主轴。平面图形对形心主轴的惯性矩称为形心主惯性矩。确定形心主轴和形心主惯性矩时同样可用式(4-16)和式(4-17),但此时式中的 I_z、I_y 和 I_{zy}应为平面图形对一对形心轴的惯性矩和惯性积。

确定形心主轴的位置是十分重要的。对于具有对称轴的平面图形,其形心主轴的位置可按如下方法确定:

(1)如果图形有一根对称轴,则该轴必是形心主轴,而另一根形心主轴通过图形的形心且与该轴垂直(见图 4-14(a))。

(2)如果图形有两根对称轴,则两轴都是形心主轴(见图 4-14(b))。

(3)如果图形具有两根以上的对称轴,则任一根对称轴都是形心主轴,且对任一形心主轴的惯性矩都相等(见图 4-14(c))。

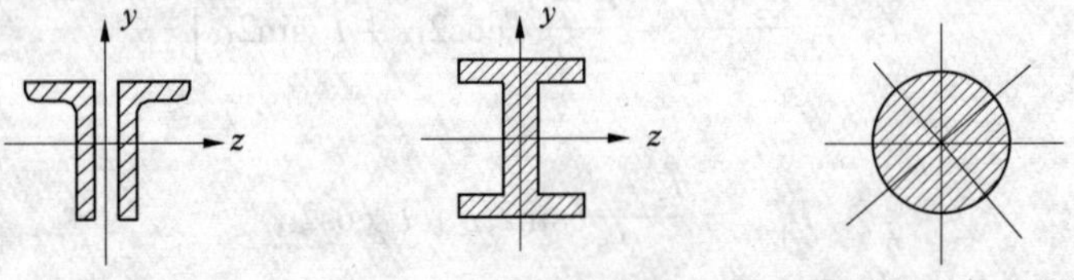

(a)一根对称轴　(b)两根对称轴　(c)两根以上对称轴

图 4-14　不同根对称轴的平面图形

在一般情况下,计算非对称组合图形的形心主惯性矩时,应首先确定形心位置,然后通过形心建立一对便于计算惯性矩和惯性积的坐标轴,并求出图形对这一对坐标轴的惯性矩和惯性积,再利用式(4-16)和式(4-17)确定形心主轴的位置和形心主惯性矩的数值。

小　结

本章主要研究与杆件的平面图形形状和尺寸有关的一些几何量(如静矩、惯性矩、惯性积、主轴及主惯性矩等)的定义和计算方法。这些几何量统称为平面图形的几何性质。它们对杆件的强度、刚度有着极为重要的影响,需清楚地理解它们的意义并熟练掌握其计算方法。

一、主要计算公式

(1)静矩公式为

$$\left.\begin{aligned}S_z&=\int_A y\mathrm{d}A=Ay_C\\S_y&=\int_A z\mathrm{d}A=Az_C\end{aligned}\right\}$$

（2）惯性矩公式为

$$\left.\begin{aligned} I_z &= \int_A y^2 \mathrm{d}A = Ai_z^2 \\ I_y &= \int_A z^2 \mathrm{d}A = Ai_y^2 \end{aligned}\right\}$$

（3）惯性积公式为

$$I_{zy} = \int_A zy\mathrm{d}A$$

（4）惯性半径公式为

$$i_z = \sqrt{\frac{I_z}{A}}$$

$$i_y = \sqrt{\frac{I_y}{A}}$$

（5）平行移轴公式为

$$I_{z1} = I_z + a^2 A$$
$$I_{y1} = I_y + b^2 A$$
$$I_{z1y1} = I_{zy} + abA$$

平行移轴公式要求 z_1 与 z、y_1 与 y 两轴平行，并且 z、y 轴通过平面图形形心。

（6）主惯性轴公式为

$$\tan 2\alpha_0 = -\frac{2I_{zy}}{I_z - I_y}$$

（7）主惯性矩公式为

$$\left.\begin{aligned} I_{z_0} &= \frac{I_z + I_y}{2} + \frac{1}{2}\sqrt{(I_z - I_y)^2 + 4I_{zy}^2} \\ I_{y_0} &= \frac{I_z + I_y}{2} - \frac{1}{2}\sqrt{(I_z - I_y)^2 + 4I_{zy}^2} \end{aligned}\right\}$$

平面图形的几何性质都是对确定的坐标轴而言的，静矩、惯性矩和惯性半径是对一个坐标轴而言的，惯性积是对一对正交坐标轴而言的。对于不同的坐标系，它们的数值是不同的。惯性矩、惯性半径恒为正，静矩和惯性积可为正或负，也可为零。

二、组合图形

组合图形对某轴的静矩等于各简单图形对同一轴静矩的代数和，组合图形对某轴的惯性矩等于其各组成部分对于同一轴的惯性矩之和。

三、平面图形的形心主轴

形心主轴是一对通过形心且惯性积为零的轴。任何图形必定存在且至少有一对形心主轴，形心主轴有下列特性：

（1）整个图形对形心主轴的静矩恒为零。

（2）整个图形对形心主轴的惯性积恒为零。

（3）在通过形心的所有轴中，图形对一对正交形心主轴的惯性矩分别为最大值和最小值。

(4)图形若有一根对称轴,此轴必是形心主轴。

图形对形心主轴的惯性矩称为形心主惯性矩。

思考题

4-1 如何利用静矩确定截面的形心位置？静矩为零的条件是什么？

4-2 静矩、惯性矩、惯性积、极惯性矩各有什么特点？

4-3 平行移轴公式的应用条件是什么？

4-4 如何确定主轴及主惯性矩？

4-5 设 z 轴是截面图形的形心轴,试说明为什么 S_z 一定等于0？I_{zy}是否一定等于0？

4-6 对一簇平行轴而言,截面图形对哪一个轴的惯性矩最小？

4-7 关于过哪些点有主轴,试判断下列说法中哪一种是正确的：

(1)过图形中任意点都有主轴；

(2)过图形内任意点和图形外某些特殊点才有主轴；

(3)过图形内外任意点都有主轴；

(4)只有通过形心才有主轴。

习 题

4-1 试求图 4-15 所示各图形对 z_1 轴的静矩。

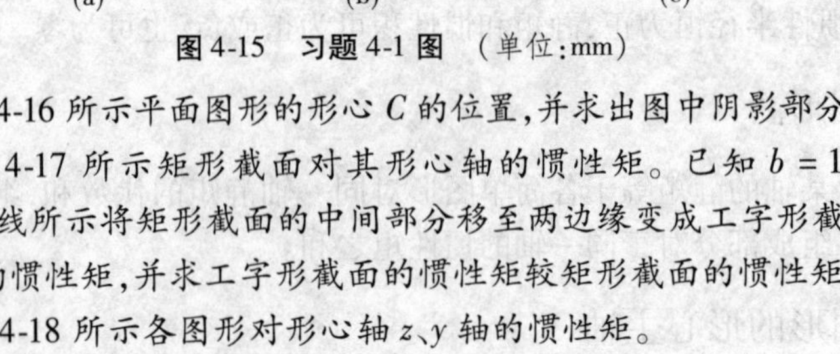

图 4-15 习题 4-1 图 (单位:mm)

4-2 求如图 4-16 所示平面图形的形心 C 的位置,并求出图中阴影部分对 z 轴的静矩。

4-3 计算图 4-17 所示矩形截面对其形心轴的惯性矩。已知 $b = 150$ mm, $h = 300$ mm。如按图中虚线所示将矩形截面的中间部分移至两边缘变成工字形截面,试计算此工字形截面对 z 轴的惯性矩,并求工字形截面的惯性矩较矩形截面的惯性矩增大的百分比。

4-4 计算图 4-18 所示各图形对形心轴 z、y 轴的惯性矩。

4-5 试计算图 4-15 所示各平面图形对形心轴的惯性矩。

4-6 如图 4-19 所示由两个 20a 槽钢组成的平面图形,若要使式 $I_z = I_y$,试求间距 a。

4-7 计算图 4-20 所示各平面图形对形心轴 z 的惯性矩。

4-8 试确定图 4-21 所示平面图形形心主惯性轴的位置,并计算形心主惯性矩 I_{z0}和 I_{y0}的数值。

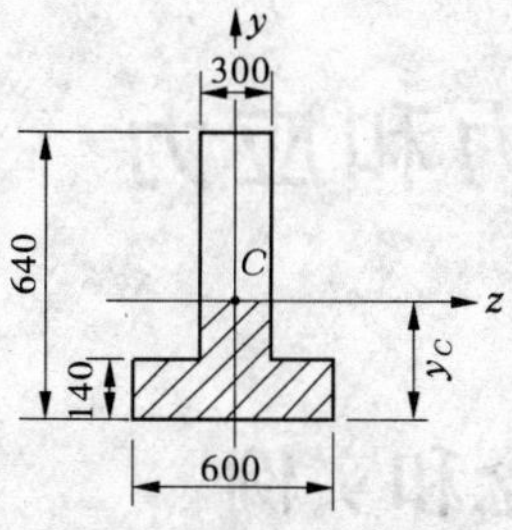

图 4-16　习题 4-2 图　（单位:mm）

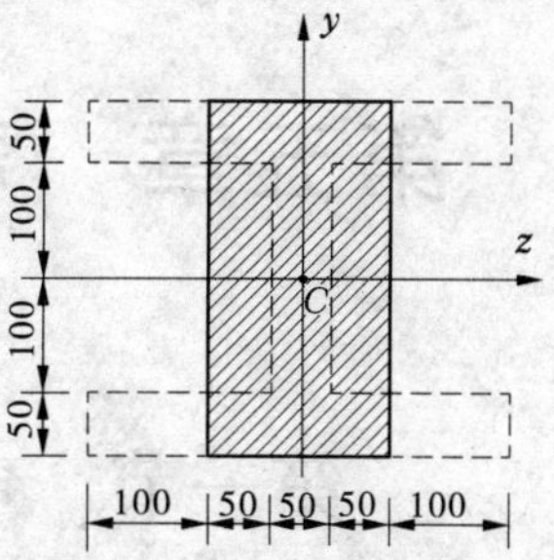

图 4-17　习题 4-3 图　（单位:mm）

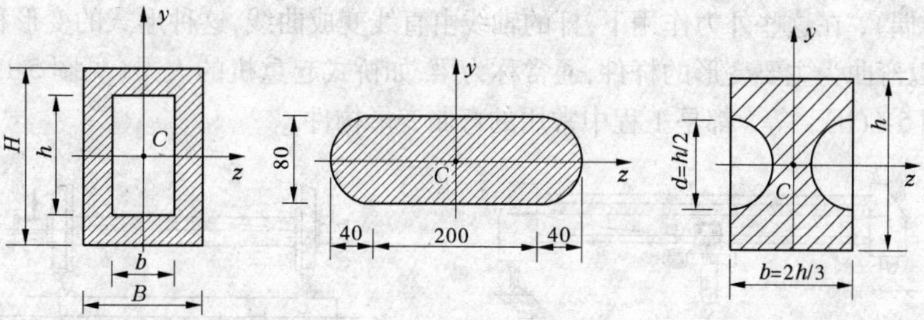

(a)　(b)　(c)

图 4-18　习题 4-4 图　（单位:mm）

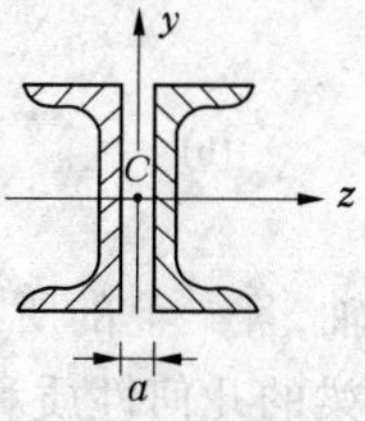

图 4-19　习题 4-6 图

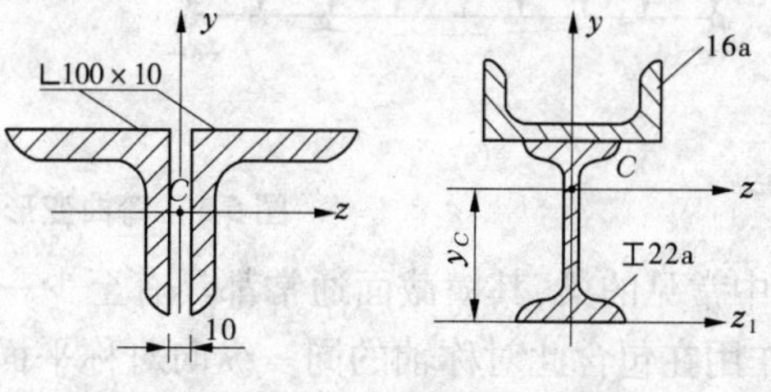

(a)　(b)

图 4-20　习题 4-7 图

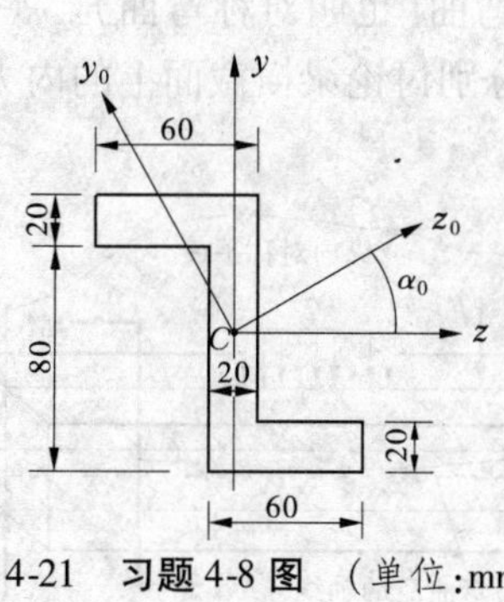

图 4-21　习题 4-8 图　（单位:mm）

第五章　弯曲内力和应力

第一节　弯曲的概念和实例

在工程中常遇到这样一类杆件,它们所承受的外力是作用线垂直于杆轴线的平衡力系(也包括力偶), 在这些外力作用下,杆的轴线由直线变成曲线,这种形式的变形称为弯曲变形。凡是以弯曲为主要变形的杆件,通常称为梁,如桥式起重机的大梁(见图 5-1(a))、火车轮轴(见图 5-1(b)) 等, 都是工程中常用的弯曲变形构件。

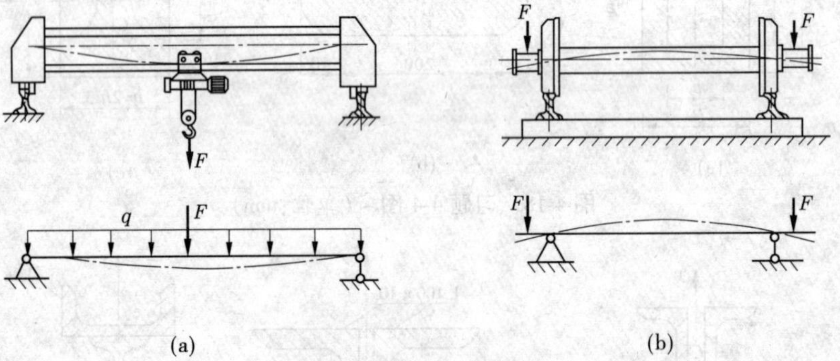

图 5-1　弯曲变形实例

工程中常见的梁,其横截面通常都具有至少一根对称轴,且梁上的所有外力(或外力合力)均作用在包含此对称轴的同一纵向对称平面。由于梁的几何性质和外力均对称于梁的纵向对称平面,因此梁变形后的轴线必定是一条在该纵向对称平面内的平面曲线(见图 5-2),这种弯曲称为平面弯曲(也叫对称弯曲)。平面弯曲是弯曲问题中最常见的情况,本章将以平面弯曲为主,分别讨论梁横截面上的内力、应力及强度计算问题。

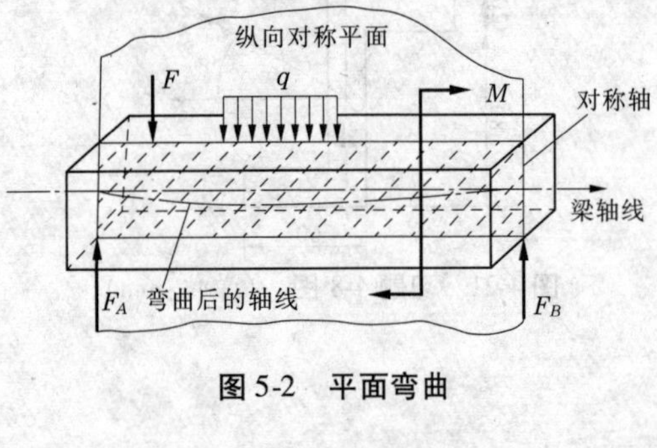

图 5-2　平面弯曲

第二节　梁的计算简图

由于所研究的是等截面的直梁，而且外力为作用在梁纵向对称平面内的平面力系，因此在梁的计算简图中就用梁的轴线代表梁。梁上的荷载作用在轴线上。梁的支座按其对梁在荷载作用平面的约束情况，可简化为以下三种基本形式。

一、固定端

这种支座使梁的端截面既不能移动，也不能转动。因此，对梁的端截面有 3 个约束，相应地就有 3 个支反力，即水平支反力 F_x、铅垂支反力 F_y 和支反力偶 M（见图 5-3(c)）。在实际工程中，许多构件的约束情况都可简化成固定端的形式，如图 5-3（a）、(b)所示，简化后形式如图 5-3(c)所示。

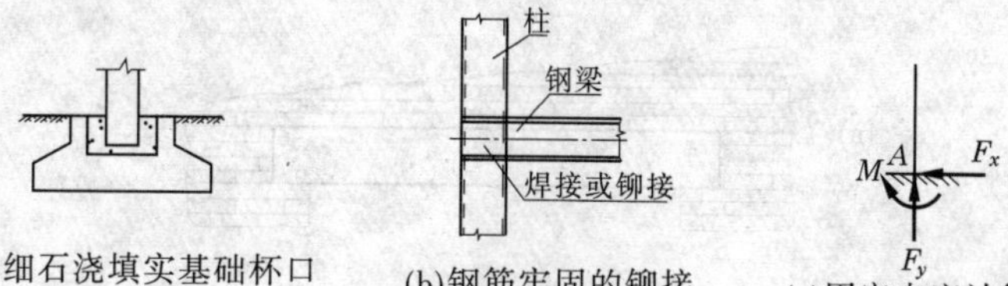

(a)细石浇填实基础杯口　(b)钢筋牢固的铆接（焊接）在柱子上　(c)固定支座计算模型

图 5-3　固定端约束

二、固定铰支座

这种支座限制梁在支座处沿水平方向和铅垂方向的移动，但并不限制梁绕铰中心转动。因此，固定铰支座对梁在支座处有 2 个约束，相应的就有 2 个支反力，即水平支反力 F_x 和铅垂支反力 F_y，如图 5-4（a）、（b）所示的实例，均可简化为固定铰支座（见图 5-4(c)）。

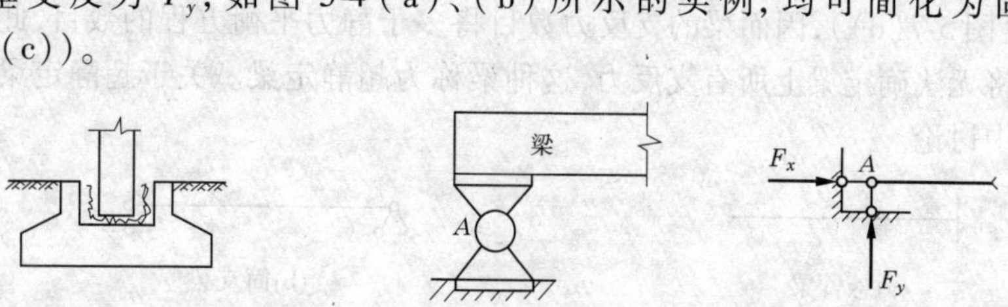

(a)沥青麻丝填实基础杯口　(b)桥梁中的固定铰支座　(c)固定铰支座计算模型

图 5-4　固定铰支座

三、可动铰支座

这种支座只限制梁在支座处沿垂直于支承面方向移动。因此，它对梁在支座处仅有 1 个约束，相应地也只有 1 个支反力，即垂直于支承面的支反力 F_y，如图 5-5(a)、(b)所示的实例，均可简化为可动铰交座(见图 5-5(c))。

梁的实际支座根据其约束情况，通常可简化为以上三种基本形式，但是支座的简化往

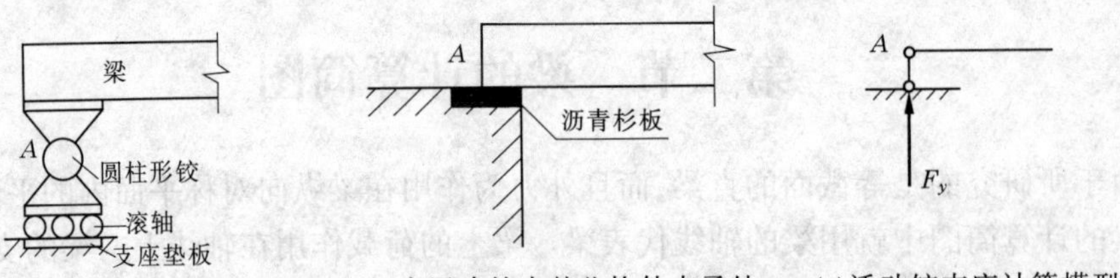

(a)桥梁中的可动铰支座　(b)房屋建筑中某些构件支承处　(c)活动铰支座计算模型

图 5-5　可动铰支座

往与对计算的精度要求或与所有支座对整个梁的约束情况有关。

如图 5-6(a)所示插入砖墙内的过梁，由于插入端较短，因而梁端在墙内有微小转动的可能。此外，当梁有可能发生水平移动时，其一端与砖墙接触后，砖墙就限制了梁的水平移动。因此，两个支座中的一个应简化为固定铰支座，而另一个则简化为可动铰支座（见图 5-6(b)）。

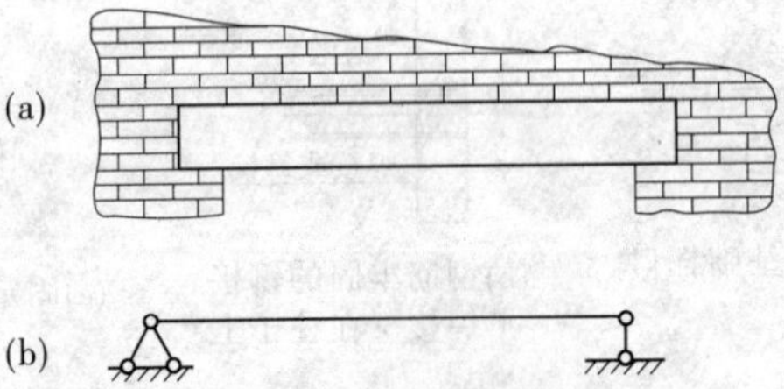

图 5-6　过梁

从以上的分析可知，如果梁具有一个固定端或梁的两端分别具有一个固定铰支座和一个可动铰支座，则其三个支反力可由平面力系的 3 个独立的平衡方程求出，这种梁称为静定梁。如图 5-7(a)、(b)、(c)所示为工程上常用的三种基本形式的静定梁，分别称为悬臂梁、简支梁和外伸梁。实际工程中，考虑安全因素的影响，一般在一个梁上都设置较多的支座（见图 5-7(d)），因而梁的支反力数目将多于静力平衡方程的数目，此时仅用静力平衡方程将无法确定梁上所有支反力，这种梁称为超静定梁。关于超静定梁的解法将在后面章节中讨论。

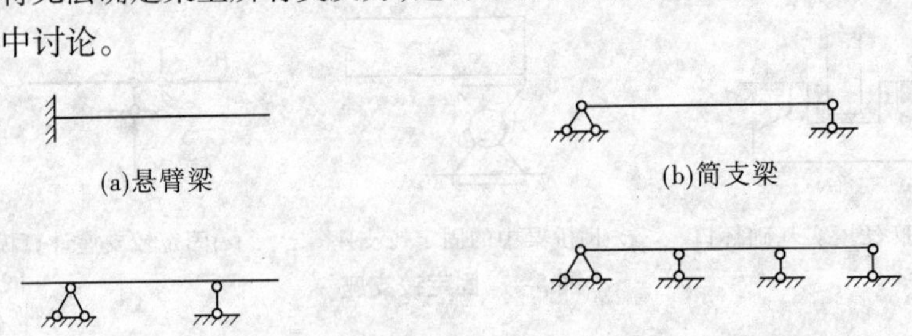

(a)悬臂梁　(b)简支梁　(c)外伸梁　(d)超静定梁

图 5-7　梁的几种形式

第三节　剪力和弯矩

根据平衡方程，在求得静定梁在荷载作用下的支反力后，就可以进一步研究各截面上的内力了。现以图5-8所示简支梁为例，P_1、P_2 和 P_3 为作用于梁上的荷载，F_{Ay} 和 F_{By} 为两端的支反力。为了分析横截面上的内力，利用截面法沿截面 $m—m$ 假想地把梁分成两部分，并以左段为研究对象（见图5-8(b)）。由原体系平衡知，梁的左段也应处于平衡状态。作用于左段上的力，除外力 F_{Ay} 和 P_1 外，在截面 $m—m$ 上还有右段对它作用的内力。把这些内力和外力投影于 y 轴，其总和应等于零。所以，这就要求 $m—m$ 截面上有一个与横截面相切的内力 F_S，且由 $\Sigma F_y = 0$，得

$$F_{Ay} - P_1 - F_S = 0$$

$$F_S = F_{Ay} - P_1 \qquad (a)$$

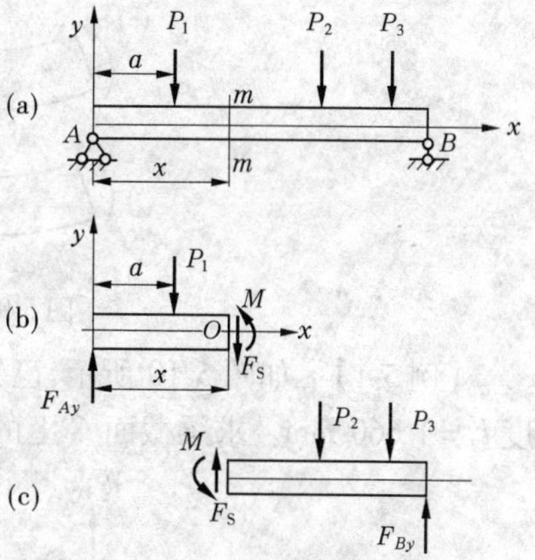

图5-8　内力计算简图

F_S 称为横截面 $m—m$ 上的剪力，由于外力 F_{Ay}、P_1 与剪力 F_S 组成了一个力偶，根据梁左段的平衡可知，此横截面上还应有一个与其相平衡的内力偶。设此内力偶矩为 M，由 $\Sigma M_O = 0$，得

$$M + P_1(x - a) - F_{Ay}x = 0$$

$$M = F_{Ay}x - P_1(x - a) \qquad (b)$$

M 称为横截面 $m—m$ 上的弯矩。剪力和弯矩同为梁横截面上的内力，它们都可由梁段的平衡方程来确定。

从式(a)、式(b)还可看出：在数值上，剪力 F_S 等于截面 $m—m$ 以左所有外力在梁轴线的垂线（y 轴）上投影的代数和，弯矩 M 等于截面 $m—m$ 以左所有外力对截面形心的力矩的代数和。

若以右段为研究对象（见图5-8(c)），用同样的方法也可求得截面 $m—m$ 上的 F_S 和 M，且在数值上，F_S 等于截面 $m—m$ 以右所有外力在梁轴垂线上投影的代数和，M 等于截面 $m—m$ 以右所有外力对截面形心力矩的代数和。由于剪力和弯矩是左段和右段在截面 $m—m$ 上相互作用的内力，根据作用力与反作用力原理可知，右段梁在同一截面 $m—m$ 上的剪力和弯矩在数值上应该分别与式(a)、式(b)所表达的剪力和弯矩相等，但方向相反。

为使上述两种算法得到的同一截面上的弯矩和剪力在正负号上也相同，把剪力和弯矩的符号规则与梁的变形联系起来，作如下规定：在图5-9(a)所示的变形情况下，即截面 $m—m$ 的左段向上而右段向下相对错动时，截面 $m—m$ 上的剪力规定为正；在图5-9(c)所示的变形情况下，即在截面 $m—m$ 处弯曲变形向下凸时，截面 $m—m$ 上的弯矩规定为正。上述规定可概括为：根据截面所在位置，"左上右下"剪力为正，反之为负（见图5-9(b)）；"左顺右逆"弯矩为正，反之为负（见图5-9(d)）。

根据上述规定，在一个截面上，无论是用此截面的左侧还是右侧的外力来计算的剪力和弯矩，所得结果应该数值相等，符号相同。

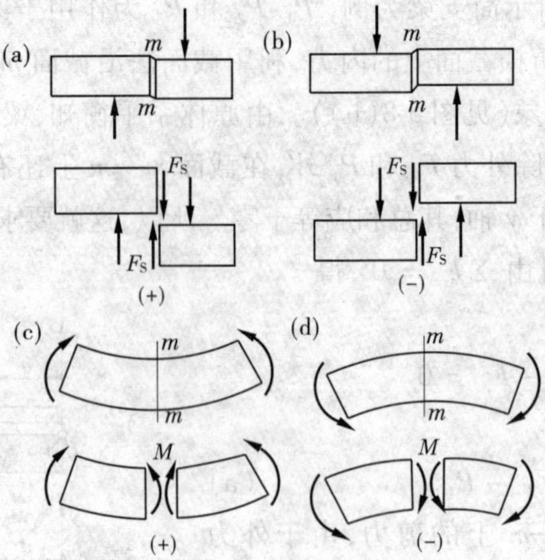

图 5-9　剪力和弯矩的正负号规定

【例 5-1】　如图 5-10 所示，已知 $q = 12.5 \times 10^6$ N/m，CD 段长度 $l_1 = 800$ mm，AB 段长度 $l_2 = 1\ 660$ mm。求梁截面 C 上的剪力和截面中点 E 上的弯矩。

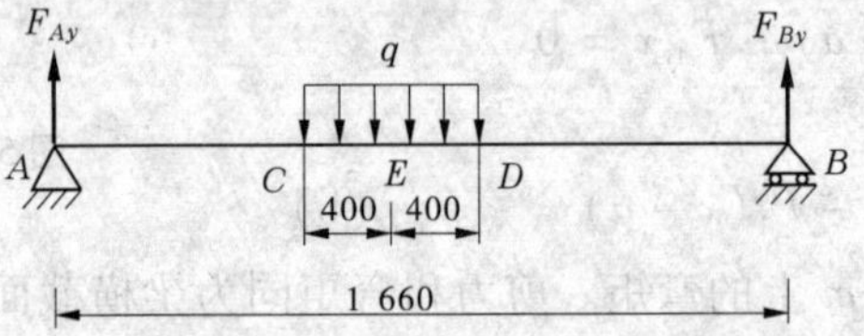

图 5-10　例 5-1 图　（单位：mm）

解　(1)求支反力。

由于梁上的荷载和支反力对梁中点是对称的，故容易求出两端支反力为

$$F_{Ay} = F_{By} = 5 \times 10^6\ \text{N}$$

(2)列平衡方程，求剪力和弯矩。在截面 C 左侧的外力只有 F_{Ay}，且 F_{Ay} 在截面 C 上引起的剪力是正的，故截面 C 上的剪力为

$$F_S = F_{Ay} = 5 \times 10^6\ \text{N}$$

在梁中点截面左侧的外力有 F_{Ay} 和一部分均布荷载。F_{Ay} 引起的弯矩为正，且数值为 $F_{Ay} \times 0.83$ m。梁中点截面以左的一部分均布荷载引起的弯矩为负，且数值为 $q \times 0.4$ m $\times$ 0.2 m，故跨度中点 E 截面上的弯矩为

$$\begin{aligned} M &= F_{Ay} \times 0.83 - q \times 0.4 \times \frac{0.4}{2} = 5 \times 10^6 \times 0.83 - 12.5 \times 10^6 \times 0.4 \times \frac{0.4}{2} \\ &= 3.15 \times 10^6 (\text{N} \cdot \text{m}) \end{aligned}$$

第四节　剪力方程和弯矩方程及剪力图和弯矩图

由前面的讨论可知，一般情况下，梁横截面上的剪力和弯矩随截面位置不同而发生变化。如果以横坐标 x 表示横截面在梁轴线上的位置，则梁各横截面上的剪力和弯矩可表

示为 x 的函数，即

$$F_S = F_S(x) \tag{a}$$

$$M = M(x) \tag{b}$$

式(a)和式(b)分别为梁的剪力方程和弯矩方程。

为了更好地表示沿梁轴线各截面上剪力和弯矩的变化情况，可仿照绘制轴力图或扭矩图的作法，用图线表示梁各横截面上弯矩 M 和剪力 F_S 沿轴线变化的情况。绘图时，以平行于梁轴线的横坐标 x 表示横截面的位置，以纵坐标表示相应截面上的剪力或弯矩。这种图线分别称为剪力图和弯矩图。应用剪力图和弯矩图可以直观、方便地确定梁的剪力和弯矩的最大值，以及其所在的截面位置，同时在计算梁的位移时，也要利用弯矩方程或弯矩图。因此，剪力图和弯矩图是计算梁的强度和刚度的重要依据。

【例 5-2】　如图 5-11(a)所示一简支梁，试写出其在荷载 P 作用下的剪力方程和弯矩方程，并作剪力图和弯矩图。

解　(1)列平衡方程，求支反力。

$$\sum M_B = 0 \quad Pb - F_{Ay}l = 0 \tag{a}$$

$$\sum M_A = 0 \quad F_{By}l - Pa = 0 \tag{b}$$

解得

$$F_{Ay} = \frac{Pb}{l} \quad F_{By} = \frac{Pa}{l} \tag{c}$$

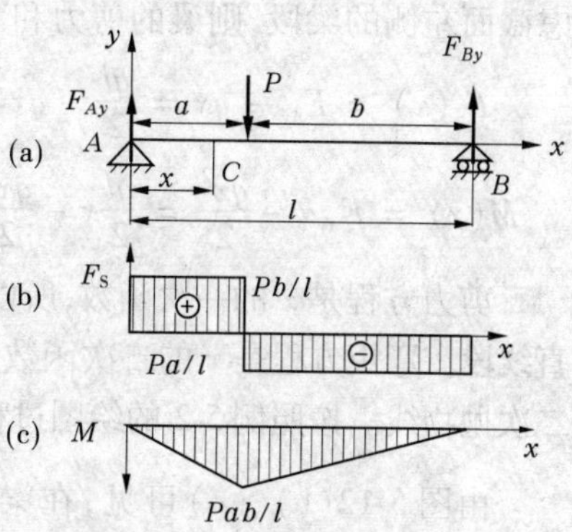

图 5-11　例 5-2 图

(2)求剪力和弯矩。

以梁的左端为坐标原点，建立坐标系如图 5-11(a)所示。集中力 P 作用于 C 点，梁在 AC 和 CB 两段内的剪力或弯矩表达式不同，应分段考虑。在 AC 段内取距离原点为 x 的任意截面，截面以左只有外力 F_{Ay}，根据剪力和弯矩的计算方法和符号规则，求得这一截面上的 F_S 和 M 分别为

$$F_S(x) = \frac{Pb}{l} \quad (0 \leqslant x < a) \tag{a}$$

$$M(x) = \frac{Pb}{l}x \quad (0 \leqslant x \leqslant a) \tag{b}$$

式(a)和式(b)为 AC 段内的剪力方程和弯矩方程。

在 CB 段内取距左端为 x 的任意截面，则截面上的剪力和弯矩为

$$F_S(x) = \frac{Pb}{l} - P = -\frac{Pa}{l} \quad (a < x \leqslant l) \tag{c}$$

$$M(x) = \frac{Pb}{l}x - P(x-a) = \frac{Pa}{l}(l-x) \quad (a \leqslant x \leqslant l) \tag{d}$$

式(c)和式(d)为 BC 段内的剪力方程和弯矩方程。

(3)画剪力图和弯矩图。

由式(a)可以看出，在 AC 段内，梁的任意横截面上的剪力均为常数 $\frac{Pb}{l}$，且符号为正，

因此在 AC 段内，剪力为在 x 轴上方的水平直线。同理，根据式(c)可以作出 CB 段的剪力图，如图5-11(b)所示。

由式(b)可以看出，在 AC 段内，梁的弯矩是 x 的一次函数，所以弯矩图是一条斜直线，即在 $x=0$ 处，$M=0$，在 $x=a$ 处，$M=\frac{Pab}{l}$。同理，根据式(d)可以作 CB 段的弯矩图，如图5-11(c)所示。

【例5-3】 如图5-12所示简支梁，在全梁上受集度为 q 的均布荷载作用，试作梁的剪力图和弯矩图。

解　利用平衡方程求得支反力为

$$F_{Ay}=F_{By}=\frac{1}{2}ql$$

取距左端为 x 的任意横截面(见图5-12(a))，考虑截面左侧的梁段，则梁的剪力和弯矩方程分别为

$$F_S(x)=F_{Ay}-qx=\frac{ql}{2}-qx \quad (0\leqslant x\leqslant l)$$

$$M(x)=F_{Ay}x-\frac{qx^2}{2}=\frac{ql}{2}x-\frac{qx^2}{2} \quad (0\leqslant x\leqslant l)$$

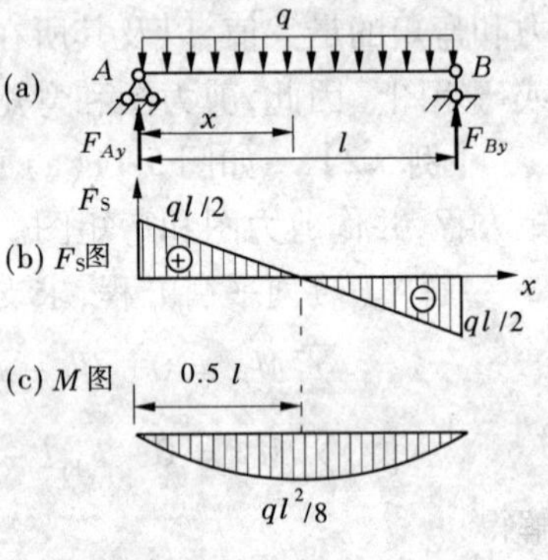

图5-12　例5-3图

剪力方程是 x 的一次函数，所以剪力图是一条倾斜直线段。弯矩方程是 x 的二次函数，所以弯矩图是一条二次抛物线。按照例5-2的绘图过程，即可绘出剪力图和弯矩图(见图5-12(b)、(c))。

由图5-12(b)、(c)可见，在梁跨中横截面上的弯矩值最大，$M_{max}=\frac{ql^2}{8}$，该截面上 $F_S=0$；而两支座内侧截面上的剪力值最大，其绝对值 $|F_S|_{max}=\frac{ql}{2}$。

【例5-4】 如图5-13所示的悬臂梁，在自由端作用一集中力 F，试作梁的剪力图和弯矩图。

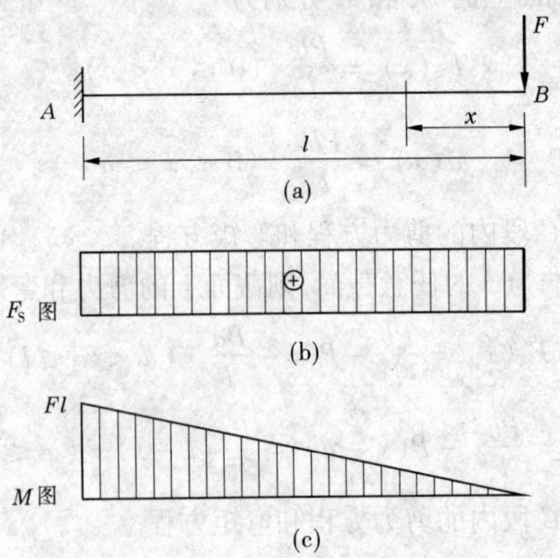

图5-13　例5-4图

解　首先利用截面法求得距自由端为 x 的横截面上剪力和弯矩的表达式分别为

$$F_S(x) = F \qquad M(x) = -Fx$$

上述两式即为悬臂梁的剪力方程和弯矩方程，通过此两式便可计算出此梁任意横截面上的剪力值和弯矩值。

由剪力方程知，剪力图应该是一条平行于梁轴线的直线段，如图 5-13(b)所示。弯矩方程是关于坐标 x 的一次函数，所以弯矩图应是一条斜直线。这样，只要确定出直线上的两个端点就可以画出此弯矩图，如图 5-13(c)所示。

【例 5-5】　如图 5-14 所示简支梁 AB，在 C 点受集中力偶作用。试写出剪力方程和弯矩方程，并画出剪力图和弯矩图。

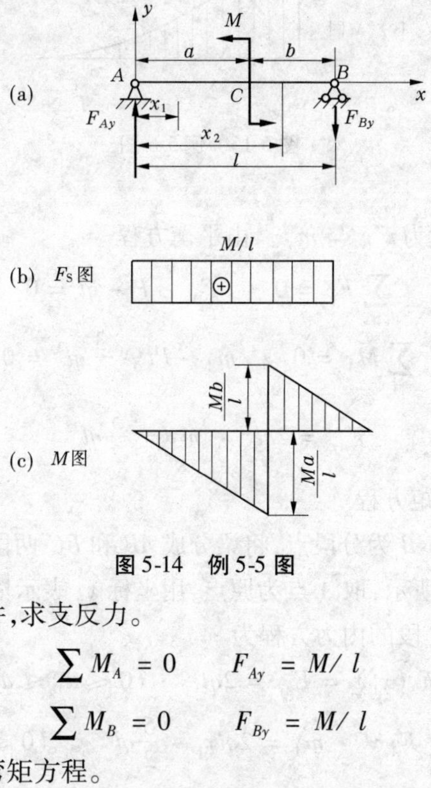

图 5-14　例 5-5 图

解　(1)根据平衡条件，求支反力。

$$\sum M_A = 0 \qquad F_{Ay} = M/l$$

$$\sum M_B = 0 \qquad F_{By} = M/l$$

(2)写出剪力方程和弯矩方程。

对 AC 段取 x_1 截面的左段梁为研究对象，可得剪力方程和弯矩方程分别为

$$F_S(x_1) = M/l \qquad (0 \leqslant x_1 \leqslant a)$$

$$M(x_1) = Mx_1/l \qquad (0 \leqslant x_1 \leqslant a)$$

同理，对 CB 段可得剪力方程和弯矩方程分别为

$$F_S(x_2) = M/l \qquad (a \leqslant x_2 \leqslant l)$$

$$M(x_2) = \frac{Mx_2}{l} - M \qquad (a \leqslant x_2 < l)$$

(3)根据剪力方程和弯矩方程作剪力图和弯矩图，如图 5-14(b)、(c)所示。

【例 5-6】　如图 5-15 所示悬臂梁，受到均布荷载 q 和集中力 $P = ql$ 作用。试写出梁的剪力方程和弯矩方程，并作剪力图和弯矩图。

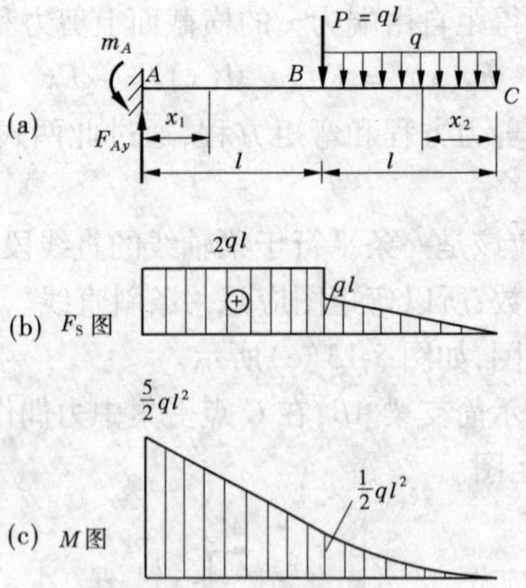

图 5-15　例 5-6 图

解　(1)求支反力。

固定端处的支反力设为 F_{Ay} 与 m_A。由平衡方程

$$\sum F_y = 0 \qquad F_{Ay} - P - ql = 0$$

$$\sum M_A = 0 \qquad m_A - Pl - \frac{3}{2}ql^2 = 0$$

求得

$$F_{Ay} = 2ql \qquad m_A = \frac{5}{2}ql^2$$

(2)列剪力方程和弯矩方程。

以集中力 P 的作用点 B 为分段点,将梁分成 AB 和 BC 两段,分段列内力方程。

AB 段:如图 5-15(a)所示,取 A 点为原点,用坐标 x_1 表示横截面的位置,在距 A 端 x_1 处将梁截开,由此列出 AB 段的内力方程为

$$F_S(x_1) = F_{Ay} = 2ql \qquad (0 \leqslant x_1 \leqslant a) \tag{a}$$

$$M(x_1) = F_{Ay}x_1 - m_A = 2qlx_1 - \frac{5}{2}ql^2 \qquad (0 \leqslant x_1 \leqslant a) \tag{b}$$

BC 段:如图 5-15(a)所示,为了计算简便,取 C 点为原点,用坐标 x_2 表示横截面位置。在距 C 端 x_2 处将梁截开,取右段梁为研究对象可得内力方程为

$$F_S(x_2) = qx_2 \qquad (0 \leqslant x_2 \leqslant l) \tag{c}$$

$$M(x_2) = -\frac{1}{2}qx_2^2 \qquad (0 \leqslant x_2 \leqslant l) \tag{d}$$

(3)绘剪力图和弯矩图。

根据式(a)、式(c)可绘出剪力图,如图 5-15(b)所示;根据式(b)、式(d)可绘出弯矩图,如图 5-15(c)所示。由图 5-15(b)、(c)可以看出:最大剪力发生在 AB 段,其值 $F_{Smax} = 2ql$;最大弯矩发生在 A 截面上,其绝对值 $|M|_{max} = \frac{5}{2}ql^2$。

【例 5-7】　作如图 5-16 所示刚架的弯矩图。

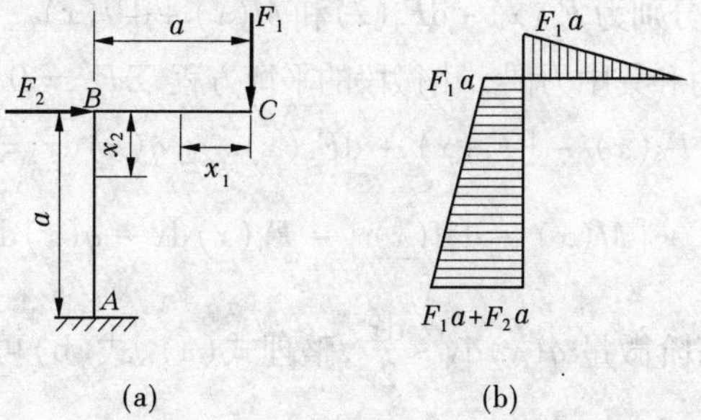

图 5-16　例 5-7 图

解　计算内力时，一般应先求刚架的支反力。本题中刚架的 C 点为自由端，无须求支反力就可直接求出弯矩。下面分别列出各段杆的弯矩方程。

CB 段：以 C 点为原点建立图示坐标，则弯矩表达式为

$$M(x_1) = -F_1 x_1 \qquad (0 \leqslant x_1 \leqslant a)$$

BA 段：以 B 点为原点建立图示坐标，则弯矩表达式为

$$M(x_2) = -F_1 a - F_2 x_2 \qquad (0 \leqslant x_2 \leqslant a)$$

根据各段杆的弯矩方程可绘出弯矩图，如图 5-16(b)所示。

第五节　荷载集度、剪力和弯矩间的关系

轴线为直线的梁如图 5-17(a)所示。以轴线为 x 轴，y 轴以向上为正。梁上分布荷载的集度 $q(x)$ 是 x 的连续函数，且规定 $q(x)$ 向上(与 y 轴方向一致)为正。从梁中取出长为 dx 的微段，并放大为图 5-17(b)。微段左边截面上的剪力和弯矩分别是 $F_S(x)$ 和 $M(x)$。

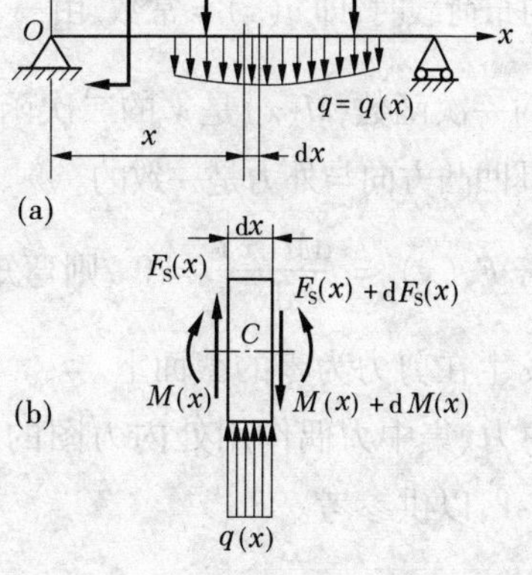

图 5-17　荷载集度、剪力与弯矩

当坐标 x 有一增量 $\mathrm{d}x$ 时，$F_S(x)$ 和 $M(x)$ 的相应增量是 $\mathrm{d}F_S(x)$ 和 $\mathrm{d}M(x)$。所以，微段右边截面上的剪力和弯矩应分别为 $F_S(x)+\mathrm{d}F_S(x)$ 和 $M(x)+\mathrm{d}M(x)$。微段上的这些内力都取正值，且设微段内无集中力和集中力偶。由微段的平衡方程 $\Sigma F_y=0$ 和 $\Sigma M_C=0$，可得

$$F_S(x)-[F_S(x)+\mathrm{d}F_S(x)]+q(x)\mathrm{d}x=0 \tag{a}$$

$$-M(x)+[M(x)+\mathrm{d}M(x)]-F_S(x)\mathrm{d}x-q(x)\mathrm{d}x\cdot\frac{\mathrm{d}x}{2}=0 \tag{b}$$

略去式(b)中的高阶微量 $q(x)\mathrm{d}x\cdot\frac{\mathrm{d}x}{2}$，整理式(a)、式(b)可得

$$\frac{\mathrm{d}F_S(x)}{\mathrm{d}x}=q(x) \tag{5-1}$$

$$\frac{\mathrm{d}M(x)}{\mathrm{d}x}=F_S(x) \tag{5-2}$$

式(5-1)和式(5-2)为直梁微段的平衡方程。若将式(5-2)对 x 求导数，结合式(5-1)可导出

$$\frac{\mathrm{d}^2M(x)}{\mathrm{d}x^2}=\frac{\mathrm{d}F_S(x)}{\mathrm{d}x}=q(x) \tag{5-3}$$

式(5-1)~式(5-3)就是弯矩 $M(x)$、剪力 $F_S(x)$ 和荷载集度 $q(x)$ 三函数间的关系式。根据这三函数间的关系，可得出下面一些推论，这些推论对绘制或校核剪力图和弯矩图有很大帮助：

(1)当梁的某段上没有荷载作用时，即 $q(x)=0$，由 $\frac{\mathrm{d}F_S(x)}{\mathrm{d}x}=q(x)=0$ 知，$F_S(x)$ 在该段梁上为常数，说明剪力图是平行于梁轴线的直线段；由 $\frac{\mathrm{d}^2M(x)}{\mathrm{d}x^2}=q(x)=0$ 可知，$M(x)$ 是 x 的一次函数（或者 $M(x)$ 为常数，此时弯矩图为平行于 x 轴的直线），则弯矩图是一条斜直线。

(2)当梁在某段上作用有均布荷载时，即 $q(x)=$ 常数，由 $\frac{\mathrm{d}^2M(x)}{\mathrm{d}x^2}=\frac{\mathrm{d}F_S(x)}{\mathrm{d}x}=q(x)=$ 常数知，在该段梁上 $F_S(x)$ 是 x 的一次函数，$M(x)$ 是 x 的二次函数。因此，剪力图是一条斜直线，弯矩图是二次抛物线，并且其凹凸方向与外力是一致的。

(3)在梁的某一截面上，若 $F_S(x)=\frac{\mathrm{d}M(x)}{\mathrm{d}x}=0$，则弯矩在此截面上存在极值（极大值或极小值），即弯矩的极值发生在剪力为零的截面上。

结合上述微分关系和集中力、集中力偶作用处内力图的突变规律，可将剪力图、弯矩图的一些常见规律整理为表5-1，以供参考。

表 5-1　在几种荷载下的剪力和弯矩图的特征

	向下的均布荷载	无荷载	集中力	集中力偶
一段梁上的外力情况	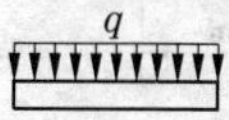		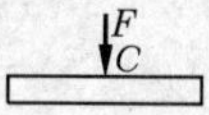	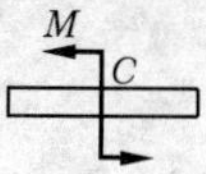
剪力图上的特征	向下方倾斜的直线 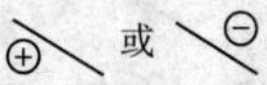	一般为水平直线 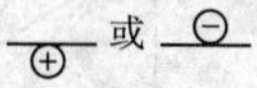	在 C 处有突变 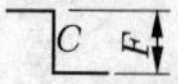	在 C 处无变化 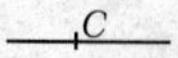
弯矩图上的特征	下凸的二次抛物线 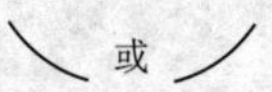	一般为斜直线 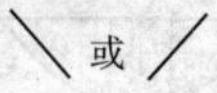	在 C 处有尖角 	在 C 处有突变 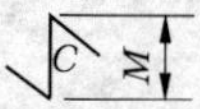
最大弯矩所在截面的可能位置	在 $F_S=0$ 的截面		在剪力突变的截面	在紧靠 C 点的某一侧的截面

在集中力作用处,剪力图发生突变,突变值等于该集中力值,此时弯矩图的斜率也发生突然变化,因而弯矩图在该处有一转折点,此点处也可能是弯矩的极值点。而在集中力偶作用截面的左、右两侧,弯矩发生突然变化,这也可能出现弯矩的极值。

【例 5-8】　如图 5-18 所示外伸梁,尺寸及荷载如图所示,试作梁的剪力图和弯矩图。

解　首先由梁的平衡求出支反力。

$$F_{Ay} = 8\ \text{kN} \qquad F_{By} = 12\ \text{kN}$$

由于梁上的外力将梁分为两段,所以需分段绘制剪力图和弯矩图。

(1)作剪力图。

AB 段　　$F_{SA右} = F_{Ay} = 8\ \text{kN} \qquad F_{SB左} = -12\ \text{kN}$

BC 段　　$F_{SB右} = F_{SC左} = 0$

此外,还应求出 $F_S=0$ 的截面位置,以确定弯矩的极值。设该截面距梁左端点为 x,于是在 x 处截面上剪力为零,即

$$F_{Sx} = F_{Ay} - qx = 0$$

$$x = \frac{F_{Ay}}{q} = \frac{8\times10^3}{5\times10^3} = 1.6\ (\text{m})$$

由以上各段的剪力值并结合微分关系,便可绘出剪力图如图 5-18(b)所示。

(2)作弯矩图。

AB 段作用有向下的均布荷载,即 $q(x)=$常数<0,所以 AB 段的弯矩图为二次抛物

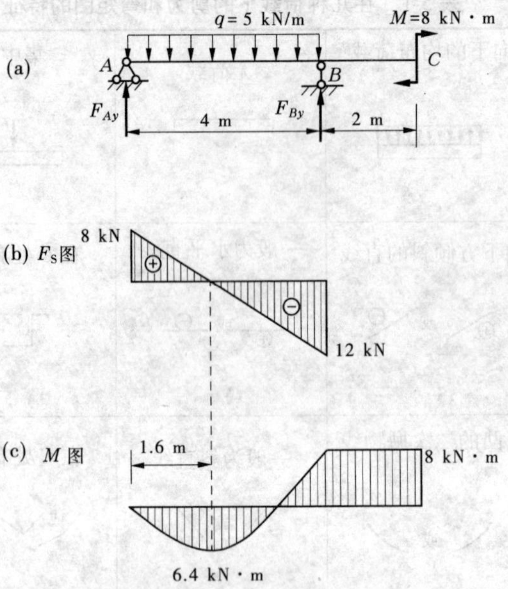

图 5-18　例 5-8 图

线,如图 5-18(c)所示;BC 段没有荷载作用,即 $q(x)=0$,所以 BC 段的弯矩图为直线。

在 B 支座处,由于有集中力 F_{By} 的作用,剪力发生突然变化,故弯矩图的斜率也突然变化。经过计算得 $M_B=-8\ \text{kN}\cdot\text{m}$。

AB 段内在剪力为零的截面上弯矩有极值,其大小为

$$M_{极值}=F_{Ay}\times 1.6-\frac{1}{2}\times 5\times 1.6^2=6.4\ (\text{kN}\cdot\text{m})$$

由分段处的弯矩值和剪力为零处的 $M_{极值}$,并根据微分关系,便可绘出该梁的弯矩图如图 5-18(c)所示。

【例 5-9】　如图 5-19(a)所示一简支梁受到均布荷载 $q=3\ \text{kN/m}$、集中力 $F=1\ \text{kN}$ 和一力偶 $M=3\ \text{kN}\cdot\text{m}$ 的作用,利用 M、F_S、q 之间的微分关系,画出图示梁的剪力图和弯矩图。

解　(1)求支反力。取梁 AB 为研究对象,根据平衡方程

$$\sum M_A=0\qquad F_{By}\times 4-q\times 2\times 1-M-F\times 3=0$$

$$\sum F_y=0\qquad F_{Ay}+F_{By}-q\times 2-F=0$$

求得

$$F_{By}=\frac{3\times 2\times 1+3+1\times 3}{4}=3\ (\text{kN})$$

$$F_{Ay}=3\times 2+1-3=4\ (\text{kN})$$

(2)利用 M、F_S、q 间的关系作剪力图和弯矩图。

①分段。根据梁上的荷载,将梁分为 AC、CD、DB 三段。用 A^+ 表示离截面 A 无限近的右侧横截面,用 A^- 表示离截面 A 无限近的左侧横截面,其余类同。

②作剪力图。计算各段起止点横截面上的剪力值,注意到集中力作用处剪力图要发

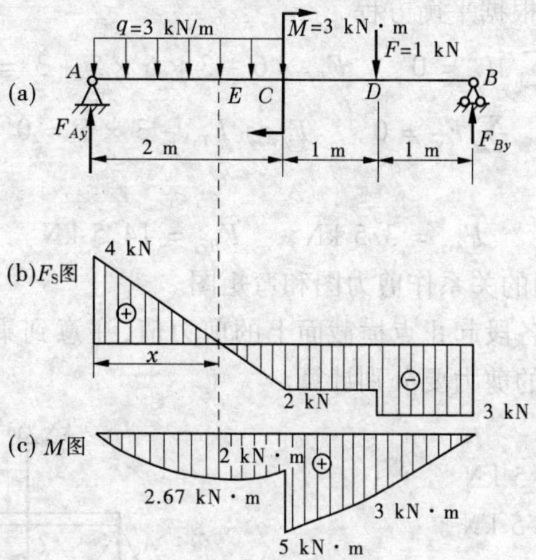

图 5-19　例 5-9 图

生突变,其左、右截面上的剪力要分别计算。

从左起算

$$F_{SA^+} = F_{Ay} = 4\ \text{kN}$$

$$F_{SC} = F_{Ay} - q \times 2 = 4 - 3 \times 2 = -2\ (\text{kN})$$

$$F_{SD^-} = F_{Ay} - q \times 2 = 4 - 3 \times 2 = -2\ (\text{kN})$$

从右起算

$$F_{SB^-} = -F_{By} = -3\ (\text{kN})$$

结合前面的规律,绘出剪力图。

③作弯矩图。计算各控制截面上的弯矩,注意在集中力偶作用处弯矩图发生突变,其左、右两侧截面上的弯矩要分别计算。

从左起算

$$M_A = 0$$

令 $F_S = 0$,求得 $x = 1.33$ m,则

$$M_E = F_{Ay}x - \frac{1}{2}qx^2 = 4 \times 1.33 - \frac{1}{2} \times 3 \times 1.33^2 = 2.67\ (\text{kN}\cdot\text{m})$$

$$M_{C^-} = F_{Ay} \times 2 - \frac{1}{2}q \times 2^2 = 4 \times 2 - \frac{1}{2} \times 3 \times 2^2 = 2\ (\text{kN}\cdot\text{m})$$

$$M_{C^+} = F_{Ay} \times 2 - \frac{1}{2}q \times 2^2 + M = 4 \times 2 - \frac{1}{2} \times 3 \times 2^2 + 3 = 5\ (\text{kN}\cdot\text{m})$$

从右起算

$$M_B = 0$$

$$M_D = F_{By} \times 1 = 3 \times 1 = 3\ (\text{kN}\cdot\text{m})$$

结合前面所讲规律,绘出弯矩图如图 5-19(c)所示。

【例 5-10】　如图 5-20 所示外伸梁,受到均布荷载 $q = 3$ kN/m 和一 3 kN·m的力偶作用。试利用 M、F_S、q 之间的微分关系直接作出剪力图和弯矩图。

解　(1)求支反力,根据平衡方程

$$\sum M_A = 0 \qquad F_{By} \times 6 - 3 \times 6 \times 5 + 3 = 0$$

$$\sum F_y = 0 \qquad F_{Ay} + F_{By} - 3 \times 6 = 0$$

求得

$$F_{Ay} = 3.5\ \text{kN} \qquad F_{By} = 14.5\ \text{kN}$$

(2)利用 M、F_S、q 间的关系作剪力图和弯矩图。

①作剪力图。计算各段起止点横截面上的剪力值,注意到集中力作用处剪力图要发生突变,其左、右截面上的剪力要分别计算。

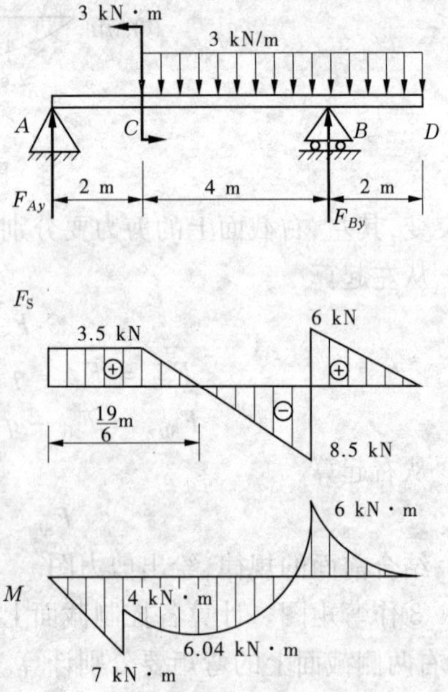

图 5-20　例 5-10 图

AC 段:

A 点右侧　$F_S = 3.5\ \text{kN}$

C 点左侧　$F_S = 3.5\ \text{kN}$

C 点右侧　$F_S = 3.5\ \text{kN}$

BD 段:

B 点左侧　$F_S = 3.5 - 3 \times 4 = -8.5\ (\text{kN})$

B 点右侧　$F_S = 3 \times 2 = 6\ (\text{kN})$

D 点左侧　$F_S = 0$

②作弯矩图。计算各控制截面上的弯矩,注意在集中力偶作用处弯矩图发生突变,其左右两侧截面上的弯矩要分别计算。

AC 段:

A 点右侧　$M = 0$

C 点左侧　$M = 3.5 \times 2 = 7\ (\text{kN} \cdot \text{m})$

C 点右侧　$M = 3.5 \times 2 - 3 = 4\ (\text{kN} \cdot \text{m})$

BD 段:

B 点左侧　$M = \dfrac{1}{2} \times 3 \times 2^2 = 6\ (\text{kN} \cdot \text{m})$

B 点右侧　$M = \dfrac{1}{2} \times 3 \times 2^2 = 6\ (\text{kN} \cdot \text{m})$

D 点左侧　$M = 0$

(3)结合前面所讲规律,绘出剪力图和弯矩图。

第六节　纯弯曲时的正应力

一般情况下,梁的横截面上既有弯矩 M,又有剪力 F_S。由截面上分布内力的合成关系可知,横截面上只有与正应力有关的法向内力元素 $dF_N = \sigma dA$ 才能合成为弯矩,只有与剪应力有关的切向内力元素 $dF_S = \tau dA$ 才能合成为剪力。所以,在梁的横截面上,一般既有正应力,又有剪应力。下面我们主要研究等直梁在对称弯曲时,其截面上这两种应力的

计算。

首先研究梁在对称弯曲时横截面上的正应力。若梁在某段内各横截面上的剪力为零，弯矩为常量，则该段梁的弯曲就称为纯弯曲。

例如，具有纵对称面的梁在对称面内仅受一对外力偶作用（见图 5-21(b)）时，其弯曲即属于对称弯曲中的纯弯曲情况。

取图 5-21(b)所示纯弯曲梁，由截面法可知，梁的任一横截面上将只有弯矩 M，其值等于外力偶矩 m。现来推导此梁在横截面上的正应力计算公式，同时综合考虑几何、物理和静力学三方面的因素。

一、几何方面

为找出横截面上正应力的变化规律，先研究该截面上任一点处沿横截面法线方向的线应变，即纵向线应变，从而找出纵向线应变在该截面上的变化规律。因此，在梁加力以前，先在其侧面上画两条相邻的横向线 mm 和 nn，并在两横向线间靠近顶面和底面处分别画两条纵向线 aa 和 bb（见图 5-21(a)），然后在梁端加一对外力偶矩 m。通过试验发现，在梁变形后，侧面上两条纵向线 aa 和 bb 弯曲成弧线，而两横向线 mm 和 nn 则仍为直线，并在相对旋转了一个角度后仍与 aa 和 bb 两弧线保持正交（见图 5-21(b)），由图可以看出，靠近底面的纵向线 bb 伸长了，而靠近顶面的纵向线 aa 缩短了。根据上述变形的表面现象，可作出如下假设：梁在受力弯曲后，其原来的横截面仍为平面，并绕垂直于纵对称面的某一轴旋转，且仍垂直于梁变形后的轴线，这就是弯曲变形的平面假设。

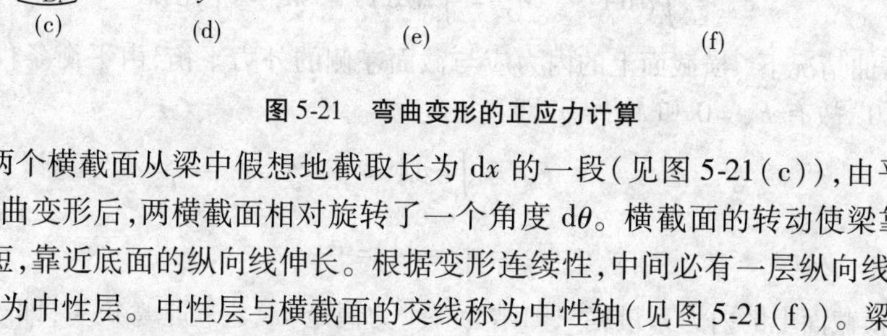

图 5-21　弯曲变形的正应力计算

现用两个横截面从梁中假想地截取长为 dx 的一段（见图 5-21(c)），由平面假设可知，发生弯曲变形后，两横截面相对旋转了一个角度 dθ。横截面的转动使梁靠近顶面的纵向线缩短，靠近底面的纵向线伸长。根据变形连续性，中间必有一层纵向线 $\widehat{O_1O_2}$ 无长度改变，称为中性层。中性层与横截面的交线称为中性轴（见图 5-21(f)）。梁在弯曲时，相邻横截面就是绕中性轴作相对转动的。由于外力作用在梁的纵对称面内，故梁在变形后的形状也必对称于该平面。因此，中性轴应与横截面的对称轴成正交。若将梁的轴线取为 x 轴，横截面的对称轴取为 y 轴，则中性轴可取为 z 轴（见图 5-21(d)）。至于中性轴在横截面上的具体位置，目前还不能确定。现在来研究在横截面上距中性轴为 y 处的纵

向线应变。作 $O_2B_1 /\!/ O_1A$（见图 5-21(c)），则可得该点处的纵向线应变为

$$\varepsilon = \frac{\Delta \widehat{AB_1}}{\widehat{AB_1}} = \frac{\widehat{B_1B}}{O_1O_2} = \frac{y\mathrm{d}\theta}{\mathrm{d}x}$$

由于中性层的曲率为 $\frac{1}{\rho} = \frac{\mathrm{d}\theta}{\mathrm{d}x}$，故

$$\varepsilon = \frac{y}{\rho} \tag{a}$$

由式(a)知，横截面上任一点处的纵向线应变与它到中性层的距离成正比。

二、物理方面

因为纵向纤维之间无正应力，故每一纤维都是单向拉伸或压缩。当应力小于比例极限时，由虎克定律知

$$\sigma = E\varepsilon$$

将式(a)代入上式，得

$$\sigma = E\frac{y}{\rho} \tag{b}$$

这表明，任意纵向纤维的正应力与它到中性层的距离成正比，在横截面上，任一点的正应力与该点到中性轴的距离成正比，亦即沿截面高度正应力按直线规律变化，如图 5-21(e)所示。

三、静力学方面

由式(b)只能说明横截面上的正应力按直线规律分布，尚不能进行正应力的计算，还必须确定中性轴的位置和曲率半径 ρ 的大小。因此，需再考察静力学方面。

截取一个横截面来分析，如图 5-21(d)所示横截面上的微内力 $\sigma\mathrm{d}A$ 组成垂直于横截面的空间平行力系。这一力系只可能简化成三个内力分量，即平行于 x 轴的轴力 F_N、对 y 轴和 z 轴的力偶矩 M_y 和 M_z，它们分别是

$$F_N = \int_A \sigma\mathrm{d}A \qquad M_y = \int_A z\sigma\mathrm{d}A \qquad M_z = \int_A y\sigma\mathrm{d}A$$

在纯弯曲情况下，横截面上的内力应与截面左侧的外力平衡，由平衡条件 $\Sigma F_x = 0$ 和 $\Sigma M_y = 0$，故有 $F_N = 0$ 和 $M_y = 0$，即

$$F_N = \int_A \sigma\mathrm{d}A = 0 \tag{c}$$

$$M_y = \int_A z\sigma\mathrm{d}A = 0 \tag{d}$$

因此，横截面上的内力系最终只归结为一个力偶矩 m，它就是弯矩 M，即

$$M_z = M = \int_A y\sigma\mathrm{d}A \tag{e}$$

由平衡方程知，弯矩 M 与外力偶矩 m 大小相等、方向相反，把式(b)代入式(c)，得

$$\int_A \sigma\mathrm{d}A = \frac{E}{\rho}\int_A y\mathrm{d}A = 0 \tag{f}$$

式中，$\frac{E}{\rho}$ 为常量，不等于零，则只有 $\int_A y\mathrm{d}A = S_z = 0$，即横截面对 z 轴的静矩等于零。由平面图形的几何性质可知，只有当 z 轴通过截面形心时，才会有 $S_z = 0$。这就完全确定了 z 轴和 x 轴的位置。中性轴通过截面形心又包含在中性层内，所以梁截面的形心连线（轴线）也在中性层内，其长度不变。

把式(b)代入式(d)，得

$$\int_A z\sigma\mathrm{d}A = \frac{E}{\rho}\int_A yz\mathrm{d}A = 0 \tag{g}$$

式中，$\int_A yz\mathrm{d}A = I_{yz}$ 是横截面对 y 轴和 z 轴的惯性积。由于 y 轴是横截面的对称轴，必然有 $I_{yz} = 0$，所以式(g)是自然满足的。

把式(b)代入式(e)，得

$$M = \int_A y\sigma\mathrm{d}A = \frac{E}{\rho}\int_A y^2\mathrm{d}A \tag{h}$$

式中，$\int_A y^2\mathrm{d}A = I_z$，是横截面对 z 轴（中性轴）的惯性矩。于是式(h)可以写成

$$\frac{1}{\rho} = \frac{M}{EI_z} \tag{5-4}$$

式中　$\frac{1}{\rho}$——梁轴线变形后的曲率。

式(5-4)表明，EI_z 越大，则曲率 $\frac{1}{\rho}$ 越小，故 EI_z 称为梁的抗弯刚度。把式(b)代入式(5-4)，得

$$\sigma = \frac{My}{I_z} \tag{5-5}$$

式(5-5)为纯弯曲时正应力的计算公式。对图5-21取坐标系，在弯矩 M 为正的情况下，y 为正时 σ 为拉应力，y 为负时 σ 为压应力。在使用弯曲正应力公式计算应力时，某点应力的正（拉）或负（压）可以由弯曲变形直接判定。以中性层为界，梁的凸出边的应力为拉应力，凹入边的应力为压应力。这样，就可以把式(5-5)中的 y 理解为截面上的点到中性轴的距离的绝对值。

在推导式(5-4)和式(5-5)时，是把梁截面当做矩形来处理的。但在推导过程中，并未用过矩形的几何特性。所以，只要梁有一纵对称面，且荷载作用于这个平面内，公式就适用。

【例5-11】　如图5-22所示长为 l 的矩形截面梁，在自由端作用一集中力 F，已知 $h = 0.18$ m，$b = 0.12$ m，$y = 0.06$ m，$a = 2$ m，$F = 1.5$ kN。求 C 截面上 K 点的正应力。

解　先求出 C 截面上弯矩为

$$M_C = -Fa = -1.5 \times 10^3 \times 2 = -3 \times 10^3 (\mathrm{N \cdot m})$$

截面对中性轴的惯性矩为

$$I_z = \frac{bh^3}{12} = \frac{0.12 \times 0.18^3}{12} = 0.583 \times 10^{-4} (\mathrm{m^4})$$

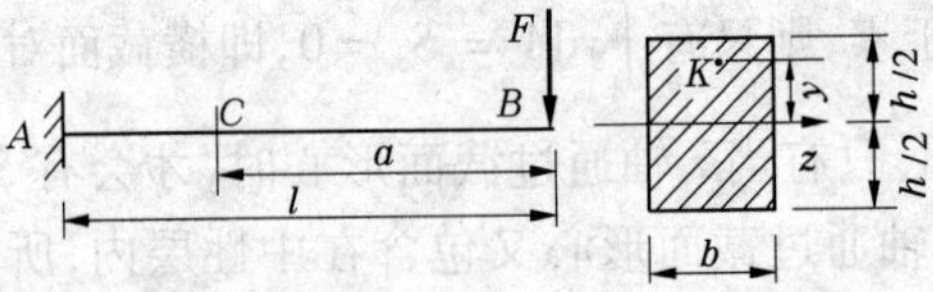

图 5-22　例 5-11 图

将 M_C、I_z、y 代入正应力计算公式，则有

$$\sigma_K = \frac{M_C}{I_z}y = \frac{-3\times10^3}{0.583\times10^{-4}}\times(-0.06) = 3.09\times10^6(\text{Pa}) = 3.09\ \text{MPa}$$

K 点的正应力为正值，表明其应为拉应力。

【例 5-12】　如图 5-23 所示，矩形截面悬臂梁受均布荷载 $q = 2$ kN/m 作用，已知 b = 120 mm，h = 180 mm，l = 2 m。试求 C 截面上 a、b、c 各点的正应力。

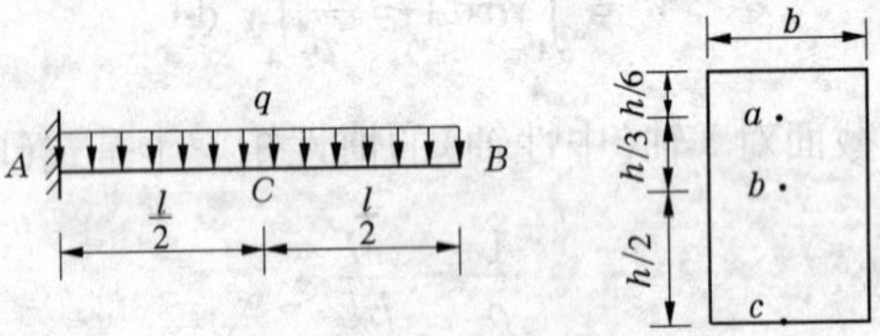

图 5-23　例 5-12 图

解　(1) C 截面上的弯矩为

$$M_C = -q\times\frac{l}{2}\times\frac{l}{4} = -\frac{ql^2}{8} = -\frac{2\times2^2}{8} = -1\ (\text{kN}\cdot\text{m})$$

(2) 矩形截面的惯性矩为

$$I_z = \frac{bh^3}{12} = \frac{0.12\times0.18^3}{12} = 0.583\times10^{-4}(\text{m}^4)$$

(3) a、b、c 三点正应力分别为

$$\sigma_a = \frac{M_C y_a}{I_z} = \frac{M_C\left[-\left(\frac{h}{2}-\frac{h}{6}\right)\right]}{I_z} = \frac{-1\times10^3\times(-0.06)}{0.583\times10^{-4}}$$

$$= 1.03\times10^6(\text{Pa}) = 1.03\ \text{MPa}(\text{拉应力})$$

$$\sigma_b = \frac{M_C y_b}{I_z} = \frac{M_C\times0}{I_z} = 0$$

$$\sigma_c = \frac{M_C y_c}{I_z} = \frac{M_C\frac{h}{2}}{I_z} = \frac{-1\times10^3\times0.09}{0.583\times10^{-4}} = -1.54\times10^6(\text{Pa}) = -1.54\ \text{MPa}(\text{压应力})$$

第七节　横力弯曲时的正应力

式(5-5)是在平面假设和纵向纤维间无正应力这两个假设条件下导出的，适用于纯弯曲情况，而常见的弯曲问题多为横力弯曲，这时，梁的横截面上不仅有正应力还有切应力。

由于切应力的存在,横截面不能再保持为平面。同时,在横力弯曲下,往往也不能保证纵向纤维之间没有正应力。虽然横力弯曲与纯弯曲存在这些差异,通过进一步研究表明,用式(5-5)计算出横力弯曲时的正应力并没有引起很大误差,仍能够满足工程中的精度要求,故式(5-5)仍适用。

横力弯曲时,各横截面上的弯矩值是不同的。一般情况下,最大正应力 $\sigma_{\max}$ 发生在弯矩最大的截面上,且离中性轴最远。于是,由式(5-5)得

$$\sigma_{\max} = \frac{M_{\max} y_{\max}}{I_z} \tag{5-6}$$

式(5-6)表明,正应力不仅与 M 有关,而且与 $\frac{y}{I_z}$ 有关,亦即与截面的形状和尺寸有关。

令

$$W_z = \frac{I_z}{y_{\max}} \tag{5-7}$$

则式(5-6)可以改写成

$$\sigma_{\max} = \frac{M_{\max}}{W_z} \tag{5-8}$$

式中　W_z——抗弯截面系数,与截面的几何形状有关,m^3 或 mm^3。

若截面是高为 h、宽为 b 的矩形,则

$$W_z = \frac{I_z}{h/2} = \frac{bh^3/12}{h/2} = \frac{bh^2}{6}$$

若截面是直径为 d 的圆形,则

$$W_z = \frac{I_z}{d/2} = \frac{\pi d^4/64}{d/2} = \frac{\pi d^3}{32}$$

求出最大弯曲正应力后,弯曲的强度条件为

$$\sigma_{\max} = \frac{M_{\max}}{W_z} \leqslant [\sigma] \tag{5-9}$$

对于抗拉强度和抗压强度相等的材料(如碳钢),只要绝对值最大的正应力不超过许用应力即可。对于抗拉强度和抗压强度不等的材料(如铸铁),则拉和压的最大应力都应不超过各自的许用应力。

【例 5-13】　如图 5-24 所示一外伸梁,其截面为 T 形,用铸铁制成,受两集中力作用,铸铁的抗拉和抗压许用应力分别为 $[\sigma_t] = 40$ MPa,$[\sigma_c] = 150$ MPa。已知截面对形心轴 z 的惯性矩为 $I_z = 763\ cm^4$,$y_2 = 88$ mm。试校核梁的强度。

解　由静力平衡方程求出梁的支反力为

$$F_{Ay} = 3\ kN \qquad F_{By} = 13\ kN$$

作弯矩图如图 5-24(b)所示。最大正弯矩在截面 C 上,$M_C = 3\ kN \cdot m$;最大负弯矩在截面 B 上,$M_B = -5\ kN \cdot m$。

T 形截面对中性轴不对称,同一截面上的最大拉应力和压应力并不相等。计算最大

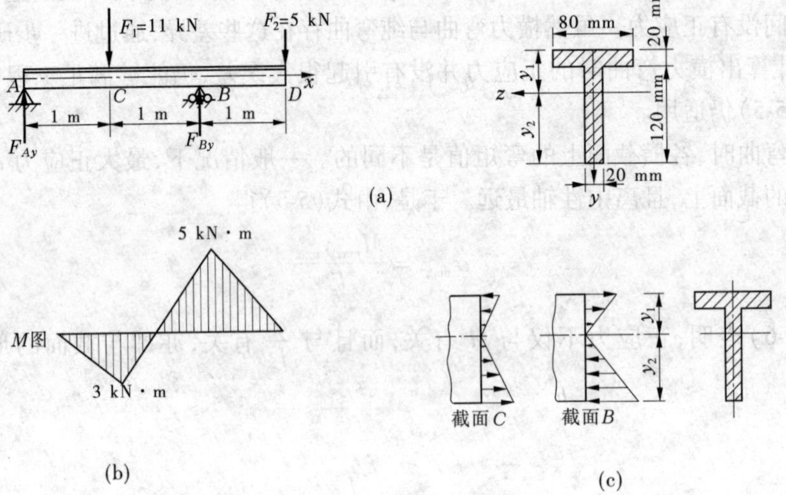

图 5-24　例 5-13 图

应力时，应以 y_1 和 y_2 分别代入式(5-5)。在截面 B 上，弯矩是负的，最大拉应力发生于上边缘各点（见图 5-24(c)），且

$$\sigma_t = \frac{M_B y_1}{I_z} = \frac{5 \times 10^3 \times (120 + 20 - 88) \times 10^{-3}}{763 \times 10^{-8}} = 34.1 \times 10^6 (\text{Pa}) = 34.1 \text{ MPa}$$

最大压应力发生于下边缘各点，且

$$\sigma_c = \frac{M_B y_2}{I_z} = \frac{5 \times 10^3 \times 88 \times 10^{-3}}{763 \times 10^{-8}} = 57.7 \times 10^6 (\text{Pa}) = 57.7 \text{ MPa}$$

在截面 C 上，虽然弯矩 M_C 的绝对值小于 M_B，但 M_C 是正弯矩，最大拉应力发生于截面的下边缘各点，而这些点到中性轴的距离比较远，因而就有可能发生比截面 B 还要大的拉应力。由式(5-5)得

$$\sigma_t = \frac{M_C y_2}{I_z} = \frac{3 \times 10^3 \times 88 \times 10^{-3}}{763 \times 10^{-8}} = 34.6 \times 10^6 (\text{Pa}) = 34.6 (\text{MPa})$$

所以，最大拉应力发生在截面 C 的下边缘各点处。从所得结果看出，无论是最大拉应力或最大压应力都未超过许用应力，强度条件是满足的。

【例 5-14】　矩形截面简支梁所受荷载如图 5-25(a)所示，$F = 5$ kN，$a = 2$ m，跨度 $l = 8$ m，矩形截面的宽度为 b，高度 $h = 1.5b$，材料的弯曲许用应力 $[\sigma] = 10$ MPa。试按正应力强度条件选择梁的截面尺寸。

解　(1)求支反力并画弯矩图。

首先确定支座 A、B 处的支反力，由梁的对称关系可得 $F_{Ay} = F_{By} = F$，梁的弯矩图如图 5-25(b)所示，最大弯矩值为

$$M_{max} = F_{Ay} \times 2 = 5 \times 2 = 10 (\text{kN} \cdot \text{m})$$

(2)确定截面尺寸。

由正应力强度条件式 $\sigma_{max} = \dfrac{M_{max}}{W_z} \leqslant [\sigma]$ 得

$$W_z \geqslant \frac{M_{max}}{[\sigma]} = \frac{10 \times 10^3}{10 \times 10^6} = 10^{-3}(\text{m}^3) \qquad (a)$$

由于矩形截面的抗弯截面系数为

$$W_z = \frac{bh^2}{6} = \frac{b(1.5b)^2}{6} = \frac{2.25b^3}{6} \qquad (b)$$

代入式(a),得

$$b \geqslant \sqrt[3]{\frac{6 \times 10^{-3}}{2.25}} = 138.7 \times 10^{-3}(\text{m}) = 138.7\ \text{mm}$$

因 $h = 1.5b$,故

$$h \geqslant 1.5b = 1.5 \times 138.7 = 208.1\ (\text{mm})$$

最后选取 $b = 140$ mm,$h = 210$ mm 。

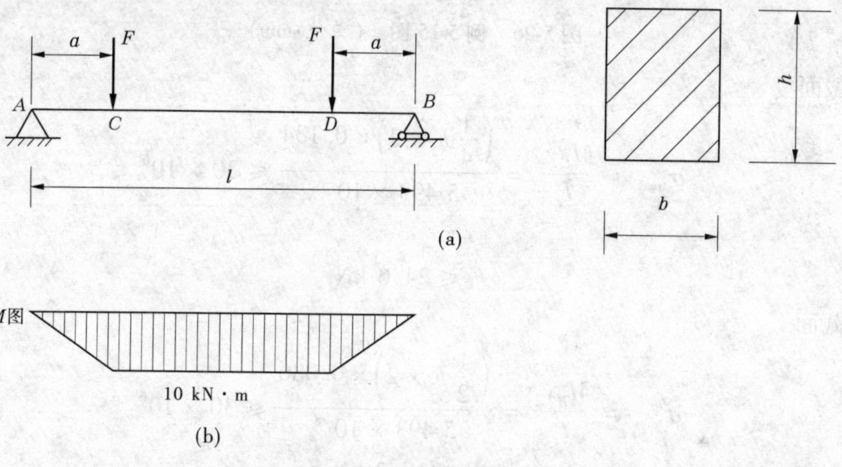

图 5-25　例 5-14 图

【例 5-15】　一槽形截面铸铁梁如图 5-26(a)所示。已知 $l = 2$ m, $I_z = 5\ 493 \times 10^4$ mm^4 ,铸铁的许用拉应力 $[\sigma_t] = 30$ MPa ,许用压应力 $[\sigma_c] = 90$ MPa 。试求此梁的许用荷载 $[F]$。

解　求出支反力并作出弯矩图(见图 5-26(c)),由图可见,最大负弯矩在 B 截面上,最大正弯矩在 C 截面上,其值分别为

$$M_B = -\frac{Fl}{2} \qquad M_C = \frac{Fl}{4}$$

由横截面的尺寸可见,中性轴到上下边缘的距离分别为

$$y_2 = 86\ \text{mm} \qquad y_1 = 134\ \text{mm}$$

经分析可知,不管是对 C 截面还是对 B 截面而言,该梁的强度均由最大拉应力控制。因此,只需分别算出 C 截面和 B 截面上的最大拉应力,然后与材料相应的许用应力相比较,即可求出荷载 F 值,并选其中较小者作为该梁的许用荷载 $[F]$ 。具体计算过程如下:

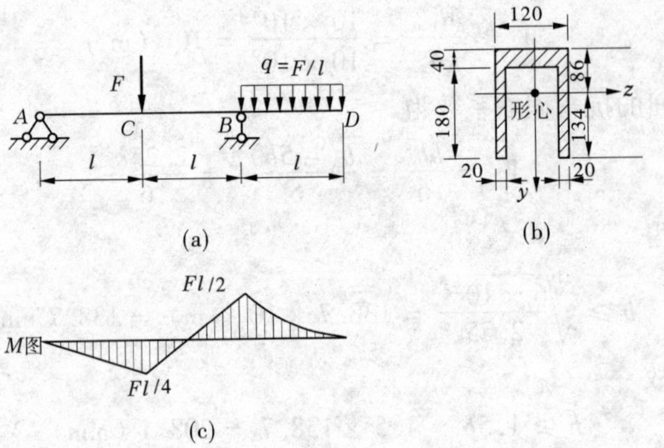

图 5-26　例 5-15 图　（单位:mm）

C 截面

$$\sigma_{\mathrm{tmax}} = \frac{M_C y_1}{I_z} = \frac{\left(\frac{1}{4}F \times 2\right) \times 0.134}{5\,493 \times 10^{-8}} \leqslant 30 \times 10^6$$

$$F \leqslant 24.6\ \mathrm{kN}$$

B 截面

$$\sigma_{\mathrm{tmax}} = \frac{M_B y_2}{I_z} = \frac{\left(\frac{1}{2}F \times 2\right) \times 0.086}{5\,493 \times 10^{-8}} \leqslant 30 \times 10^6$$

$$F \leqslant 19.2\ \mathrm{kN}$$

取其中较小者,即该梁的许用荷载为 $[F] = 19.2$ kN。

【例 5-16】　为了起吊重量为 $F_p = 300$ kN 的大型设备,采用一台 150 kN 和一台 200 kN 的吊车以及一根工字形轧制型钢(作为辅助梁)组成临时的附加悬挂系统,如图 5-27 所示。如果已知辅助梁的长度 $l = 4$ m,型钢材料的许用应力 $[\sigma] = 160$ MPa,试计算:

(1) F_p 加在辅助梁的什么位置才能保证两台吊车都不超载?

(2) 辅助梁应该选择多大型号的工字钢?

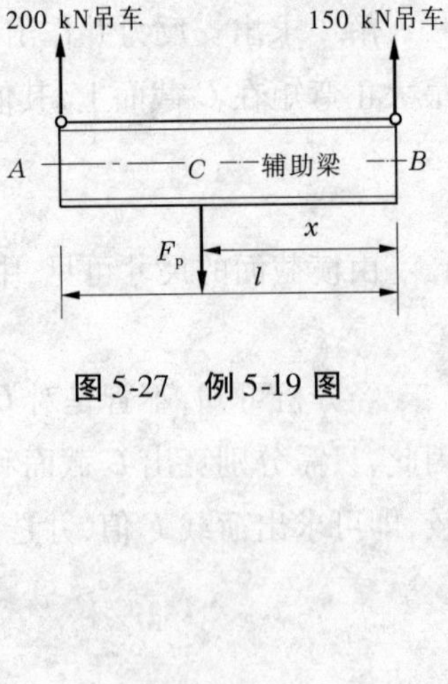

图 5-27　例 5-19 图

解　(1) 确定 F_p 加在辅助梁的位置。

F_p 加在辅助梁的不同位置上,两台吊车所承受的力是不同的。假设 F_p 加在辅助梁的 C 点,这一点到 150 kN 吊车的距离为 x 。将 F_p 看做主动力,两台吊车所受的力为约束力,分别用 F_{Ay} 和 F_{By} 表示。由平衡方程 $\Sigma M_A = 0$ 和 $\Sigma M_B = 0$,得

$$F_{By} l - F_p (l - x) = 0$$

$$F_p x - F_{Ay} l = 0$$

由上述方程解得

$$F_{Ay}=\frac{F_{\mathrm{p}}x}{l} \qquad F_{By}=\frac{F_{\mathrm{p}}(l-x)}{l}$$

令 $F_{Ay}=\frac{F_{\mathrm{p}}x}{l}\leqslant 200\ \mathrm{kN}$，$F_{By}=\frac{F_{\mathrm{p}}(l-x)}{l}\leqslant 150\ \mathrm{kN}$，由此解出

$$x\leqslant\frac{200\times4}{300}=2.667\ (\mathrm{m}) \quad 和 \quad x\geqslant 4-\frac{150\times4}{300}=2\ (\mathrm{m})$$

于是，得到 F_{p} 加在辅助梁上作用点的范围为

$$2\ \mathrm{m}\leqslant x\leqslant 2.667\ \mathrm{m}$$

(2)确定辅助梁所需要的工字钢型号。

根据上述计算所得到的 F_{p} 加在辅助梁上作用点的范围可知，当 $x=2$ m 时，辅助梁在 B 点受力为 150 kN；当 $x=2.667$ m 时，辅助梁在 A 点受力为 200 kN。这两种情况下，辅助梁都在 F_{p} 作用点处弯矩最大，最大弯矩数值分别为

$$(M_{\max})_A=200\times(l-2.667)=200\times(4-2.667)=266.6\ (\mathrm{kN\cdot m})$$

$$(M_{\max})_B=150\times2=300\ (\mathrm{kN\cdot m})$$

$$(M_{\max})_B>(M_{\max})_A$$

因此，应该以 $(M_{\max})_B$ 作为强度计算的依据。于是，根据强度条件 $\sigma_{\max}=\frac{M_{\max}}{W_z}\leqslant[\sigma]$ 可以得到

$$\sigma_{\max}=\frac{(M_{\max})_B}{W_z}\leqslant 160\ \mathrm{MPa}$$

根据上式，可以算出辅助梁所需要的弯曲截面模量为

$$W_z\geqslant\frac{(M_{\max})_B}{[\sigma]}=\frac{300\times10^3}{160\times10^6}=1.875\times10^{-3}(\mathrm{m}^3)=1.875\times10^3(\mathrm{cm}^3)$$

由热轧普通工字钢表中查得 50a 和 50b 工字钢的 W_z 分别为 $1.860\times10^3\ \mathrm{cm}^3$ 和 $1.940\times10^3\ \mathrm{cm}^3$。如果选择 50a 工字钢，它的弯曲截面模量（$1.860\times10^3\ \mathrm{cm}^3$）比所需要的（$1.875\times10^3\ \mathrm{cm}^3$）小

$$\frac{1.875\times10^3-1.860\times10^3}{1.875\times10^3}\times100\%=0.8\%$$

在实际工程设计中，最大正应力允许超过许用应力的 5%，所以选择 50a 工字钢是可以的。但是，如果构件对于安全性要求很高，最大正应力不允许超过许用应力时，就需要选择 50b 工字钢。

第八节　弯曲切应力

横力弯曲的梁横截面上既有弯矩又有剪力，所以横截面上既有正应力又有切应力。对于截面为矩形、圆形且跨度远大于截面高度的实心梁，因其切应力往往远小于弯曲正应力，一般可以不考虑切应力的影响，按弯曲正应力进行强度计算即可。但是，对于跨度短而截面高的梁以及薄壁梁等，如工字形截面梁，其切应力则不能忽略。为此，必须研究梁

弯曲时横截面上的切应力分布规律及其计算方法。下面以矩形截面梁为例说明横截面上切应力的分布规律及其计算方法,并介绍几种常见截面梁的最大切应力的计算公式。

一、矩形截面梁

如图5-28(a)所示一矩形截面梁（$h>b$）受任意横向荷载作用,其上任意截面处,剪力 F_S 皆与截面的对称轴 y 重合(见图5-28(b))。由于截面高度 h 大于宽度 b,切应力沿宽度不可能有太大的数值变化,因此对截面上的切应力分布可作如下假设:

(1)横截面上各点的切应力的方向都平行于剪力 F_S;

(2)切应力沿截面宽度均匀分布。

按照这两个假设,在距中性轴为 y 的横线 pq 上,各点的切应力 τ 都相等,且都平行于 F_S。再由切应力互等定理可知,在沿 pq 切出的平行于中性层的 pr 平面上,也必然有与 τ 相等的 τ'（图5-28(b)中未画出 τ',画在图5-29中),而且沿宽度 b,τ' 也是均匀分布的。

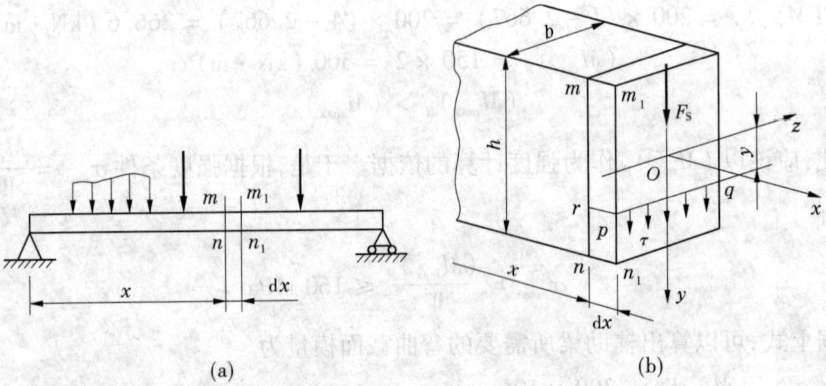

图5-28　弯曲切应力假定

现用横截面 $m—n$ 和 $m_1—n_1$ 假想地从图5-28(a)所示梁中取出长为 dx 的一段(见图5-29(a))。

设截面 $m—n$ 和 $m_1—n_1$ 上的弯矩分别为 M 和 $M+dM$,再以平行于中性层且距中性层为 y 的 pr 平面从这一段梁中截出一部分 $prnn_1$,则在这一截出部分的左侧面 rn 上,作用着因弯矩 M 引起的正应力;而在右侧面 pn_1 上,作用着因弯矩 $M+dM$ 引起的正应力。在顶面 pr 上作用着剪应力 τ'。以上三种应力(即两侧正应力和顶面切应力 τ')都平行于 x 轴(见图5-29(a))。在右侧面 pn_1 上(见图5-29(b)),由微内力 σdA 组成的内力系的合力为

$$F_{N2}=\int_{A_1}\sigma dA \tag{a}$$

式中　A_1——侧面 pn_1 的面积。

正应力 σ 应按式(5-5)计算,于是

$$F_{N2}=\int_{A_1}\sigma dA=\int_{A_1}\frac{(M+dM)y_1}{I_z}dA=\frac{M+dM}{I_z}\int_{A_1}y_1 dA=\frac{M+dM}{I_z}S_z^*$$

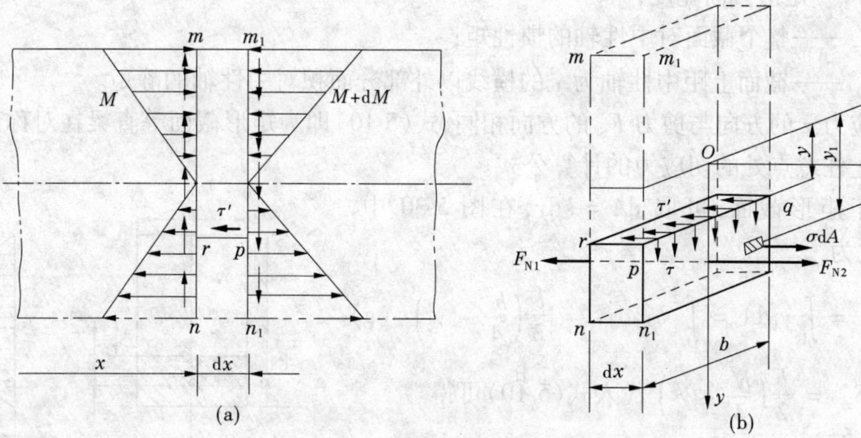

图5-29　弯曲切应力计算

式中

$$S_z^* = \int_{A_1} y_1 \mathrm{d}A \tag{b}$$

是横截面的部分面积 A_1 对中性轴的静矩，也就是距中性轴为 y 的横线 pq 以下的面积对中性轴的静矩。同理，可以求得左侧面 rn 上的内力系合力 F_{N1} 为

$$F_{N1} = \frac{M}{I_z}S_z^*$$

在顶面 rp 上，与顶面相切的内力系的合力是

$$\mathrm{d}F_S' = \tau' b \mathrm{d}x$$

F_{N2}、F_{N1} 和 $\mathrm{d}F_S'$的方向都平行于 x 轴，应满足平衡方程 $\sum F_x = 0$，即

$$F_{N2} - F_{N1} - \mathrm{d}F_S' = 0 \tag{c}$$

将 F_{N2}、F_{N1} 和 $\mathrm{d}F_S'$的表达式代入式(c)，得

$$\frac{M + \mathrm{d}M}{I_z}S_z^* - \frac{M}{I_z}S_z^* - \tau' b \mathrm{d}x = 0 \tag{d}$$

简化后得出

$$\tau' = \frac{\mathrm{d}M}{\mathrm{d}x} \cdot \frac{S_z^*}{I_z b} \tag{e}$$

由式(5-2)知，$\dfrac{\mathrm{d}M}{\mathrm{d}x} = F_S$，则式(e)可化为

$$\tau' = \frac{F_S S_z^*}{I_z b} \tag{f}$$

式中　τ'——距中性层为 y 的 pr 平面上的切应力。

由切应力互等定律可知，τ'等于横截面的横线 pq 上的切应力 τ，则可得

$$\tau = \frac{F_S S_z^*}{I_z b} \tag{5-10}$$

式中　F_S——横截面上的剪力，可通过截面法从梁上的外力求得；

b——矩形截面宽度；

I_z——整个截面对中性轴的惯性矩；

S_z^*——截面上距中性轴为 y 的横线以外部分面积对中性轴的静矩。

切应力 τ 的方向与剪力 F_S 的方向相同，式(5-10)即为矩形截面等直梁在对称弯曲时横截面上任意点处的切应力的计算公式。

对于矩形截面，可取 $dA = bdy$，在图 5-30 中，式(b)化为

$$S_z^* = \int_{A_1} y_1 dA = \int_y^{\frac{h}{2}} b y_1 dy_1 = \frac{b}{2}\left(\frac{h^2}{4} - y^2\right) \quad (g)$$

把 $S_z^* = \dfrac{b}{2}\left(\dfrac{h^2}{4} - y^2\right)$ 代入式(5-10)可得

$$\tau = \frac{F_S}{2I_z}\left(\frac{h^2}{4} - y^2\right) \quad (5-11)$$

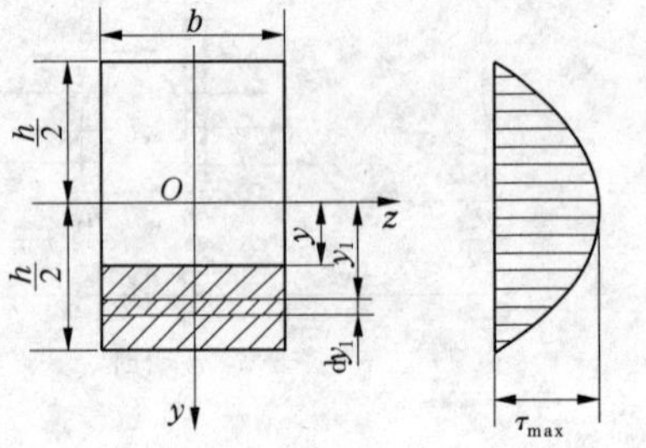

图 5-30　矩形截面切应力分布

从式(5-11)可以看出，切应力 τ 沿截面高度按二次抛物线规律变化。当 $y = \pm\dfrac{h}{2}$ 时，即在横截面上距中性轴最远处，切应力 $\tau = 0$。离中性轴越近处，切应力 τ 就越大，当 $y = 0$ 时，即在中性轴处，切应力 τ 达到最大值，其值为

$$\tau_{max} = \frac{F_S h^2}{8I_z} \quad (h)$$

把 $I_z = \dfrac{bh^3}{12}$ 代入式(h)，即可得出

$$\tau_{max} = \frac{3}{2}\frac{F_S}{bh} \quad (5-12)$$

可见，矩形截面梁的最大切应力为平均切应力 $\dfrac{F_S}{bh}$ 的 $\dfrac{3}{2}$ 倍。

二、工字形截面梁

工字形截面梁由腹板和翼缘两部分组成，其横截面如图 5-31(a)所示。在研究时，先研究其腹板上的切应力。因腹板截面是一个狭长矩形，矩形截面上切应力分布的两个假设仍然适用。于是，可由式(5-10)得出切应力计算公式，即

$$\tau = \frac{F_S S_z^*}{I_z d} \quad (i)$$

式中　d——腹板宽度。

当计算腹板上距中性轴为 y 处的切应力时，S_z^* 为图 5-31(a)中画阴影线部分的面积对中性轴的静矩，此时有

$$\begin{aligned} S_z^* &= b\left(\frac{h}{2} - \frac{h_0}{2}\right)\left[\frac{h_0}{2} + \frac{1}{2}\left(\frac{h}{2} - \frac{h_0}{2}\right)\right] + d\left(\frac{h_0}{2} - y\right)\left[y + \frac{1}{2}\left(\frac{h_0}{2} - y\right)\right] \\ &= \frac{b}{8}(h^2 - h_0^2) + \frac{d}{2}\left(\frac{h_0^2}{4} - y^2\right) \quad (j) \end{aligned}$$

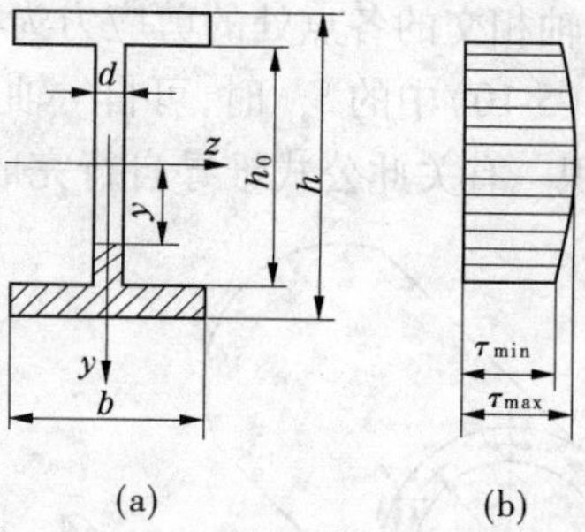

图 5-31　工字形截面切应力分布

把式(j)代入 $\tau = \dfrac{F_S S_z^*}{I_z d}$,可得

$$\tau = \frac{F_S}{I_z d}\left[\frac{b}{8}(h^2 - h_0^2) + \frac{d}{2}\left(\frac{h_0^2}{4} - y^2\right)\right] \tag{5-13}$$

由式(5-13)可知,沿腹板高度,切应力也是按抛物线规律变化的(见图 5-31(b))。当 $y=0$ 和 $y=\pm\dfrac{h_0}{2}$ 时,由式(5-13)可求出腹板上的最大切应力和最小切应力分别是

$$\tau_{max} = \frac{F_S}{I_z d}\left[\frac{bh^2}{8} - (b-d)\frac{h_0^2}{8}\right] \tag{k}$$

$$\tau_{min} = \frac{F_S}{I_z d}\left(\frac{bh^2}{8} - \frac{bh_0^2}{8}\right) \tag{l}$$

由于腹板的宽度 d 远小于翼缘的宽度 b,通过式(k)和式(l)计算发现,τ_{max} 与 τ_{min} 实际上相差不大,因此可近似认为切应力在腹板上是均匀分布的。若以图 5-31(b)中应力分布图的面积乘以腹板宽度 d,即可得到腹板上的总剪力 F_{S1}。计算结果表明,$F_{S1}=(0.95\sim0.97)F_S$。可见,横截面上的剪力 F_S 的绝大部分由腹板所承担。既然腹板几乎承担了截面上的全部剪力,而且腹板上的切应力又接近于均匀分布,这样,就可用腹板的截面面积除剪力 F_S,近似地得出腹板内的切应力为

$$\tau = \frac{F_S}{dh_0} = \frac{F_S}{A} \tag{5-14}$$

翼缘上的切应力分布情况比较复杂。除平行于 y 轴的剪应力分量外(数量较小,可不计算),主要是与翼缘长边平行的切应力分量,但它与腹板内的切应力相比,一般也是次要的,可不考虑。

三、薄壁环形截面梁

如图 5-32(a)所示一薄壁环形截面梁。环壁的厚度为 δ,环的平均半径为 r_0。由于 δ 与 r_0 相比很小,故可假设:

(1)横截面上切应力的大小沿壁厚无变化;

(2)切应力的方向与圆周相切,如图 5-32(a)所示。

假设(1)与前面相同,故仍可用式(5-10)导出的横截面上任一点处的剪应力公式。

由对称关系可知，横截面与 y 轴相交的各点处的剪应力为零，而且 y 轴两侧各点处的剪应力对称于 y 轴。因此，在求式(5-10)中的 S_z^* 时，可自 y 轴向一侧量取 φ 角，并以此 φ 角所包含的一段圆环作为部分面积。有关此公式推导自行完成，下面只讨论横截面上的 $\tau_{\max}$。

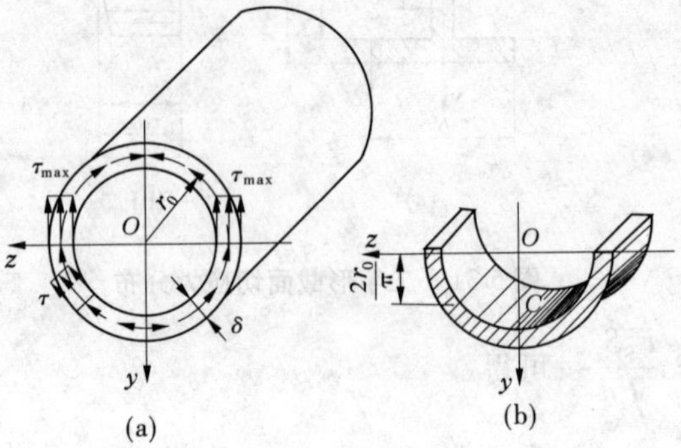

图 5-32　薄壁环形截面

对于此种截面，$\tau_{\max}$ 仍在中性轴上。在求中性轴上的切应力时，上述两个假设与矩形截面的假设相似，所以可用式(5-10)来计算 $\tau_{\max}$。计算时，式中 b 应改为 2δ，而 S_z^* 则为半个圆环（见图 5-32(b)）的面积对中性轴的静矩，$S_z^* = \pi r_0 \delta \times \dfrac{2r_0}{\pi} = 2r_0^2\delta$。通过计算得环形截面的 $I_z = \pi r_0^3 \delta$，于是得

$$\tau_{\max} = \frac{F_S S_z^*}{I_z b} = \frac{F_S \times 2r_0^2\delta}{\pi r_0^3\delta \times 2\delta} = 2\,\frac{F_S}{A} \tag{5-15}$$

式中，$A = \dfrac{\pi}{4}[(2r_0+\delta)^2 - (2r_0-\delta)^2] = 2\pi r_0\delta$，为环形截面的面积。由此可知，薄壁环形截面梁横截面上的最大切应力为其平均剪应力 $\dfrac{F_S}{A}$ 的 2 倍。

上述对薄壁环形截面所作的两个假设，同样适用其他形式的具有纵向对称轴的薄壁截面。

【例 5-17】　图 5-33(a)所示为一矩形截面简支梁，承受均布荷载 q 的作用，设 q、l、b、h 均已知。试求梁内最大正应力和最大切应力，并求两者的比值。

解　(1)绘梁的剪力图和弯矩图。

梁的剪力图如图 5-33(b)所示，由图可知，梁的最大剪力发生在支座 A 和支座 B 截面处，其绝对值为 $|F_S|_{\max} = \dfrac{1}{2}ql$；梁的弯矩图如图 5-33(c)所示，最大弯矩在跨中截面处，其值为 $M_{\max} = \dfrac{1}{8}ql^2$。

(2)计算最大正应力和最大切应力。

梁横截面上的正应力和切应力的分布规律如图 5-33(d)、(e)所示。最大弯曲正应力发生在跨中截面的上、下边缘各点处，最大切应力发生在横截面的中性轴上各点处。其大小分别为

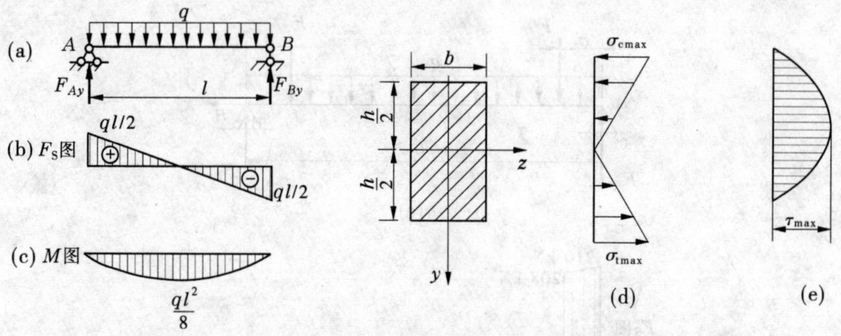

图 5-33　例 5-17 图

$$\sigma_{max} = \frac{M_{max}}{W_z} = \frac{\frac{1}{8}ql^2}{\frac{1}{6}bh^2} = \frac{3}{4}\frac{ql^2}{bh^2}$$

$$\tau_{max} = \frac{3}{2}\frac{F_S}{A} = \frac{3}{2}\frac{\frac{1}{2}ql}{bh} = \frac{3}{4}\frac{ql}{bh}$$

两者比值为

$$\frac{\tau_{max}}{\sigma_{max}} = \frac{h}{l}$$

由此可知，当梁的跨度 l 与截面高度 h 相近时，弯曲切应力不能忽略。只有当梁的跨度 l 远大于截面高度 h，而且材料的抗剪能力不是特别差时，才可不考虑切应力对梁强度的影响。

【例 5-18】　简支梁 AB 如图 5-34(a)所示，$l=2$ m，$a=0.2$ m，梁上的荷载为 $q=10$ kN/m，$F=200$ kN。材料的许用应力 $[\sigma]=160$ MPa，$[\tau]=100$ MPa，试选择适用的工字钢型号。

解　(1)计算梁的支反力，然后作剪力图和弯矩图，如图 5-34(b)、(c)所示。

(2)根据最大弯矩选择工字钢型号，$M_{max}=45$ kN·m。由弯曲正应力强度条件，有

$$W_z = \frac{M_{max}}{[\sigma]} = \frac{45\times10^3}{160\times10^6} = 281\times10^{-6}(\text{m}^3) = 281\ \text{cm}^3$$

查附录型钢表，选用 22a 工字钢，其 $W_z=309\ \text{cm}^3$。

(3)校核梁的切应力。查附录二型钢表，$\frac{I_z}{S_z^*}=18.9$ cm，腹板厚度 $d=0.75$ cm。由剪力图可知，$F_{Smax}=210$ kN。代入切应力强度条件式，可得

$$\tau_{max} = \frac{F_{Smax}S_z^*}{I_z d} = \frac{210\times10^3}{18.9\times10^{-2}\times0.75\times10^{-2}}$$
$$= 148\times10^6(\text{Pa}) = 148\ \text{MPa} > [\tau] = 100\ \text{MPa}$$

τ_{max} 超过 $[\tau]$ 很多，应重新选择更大的截面。现以 25b 工字钢进行试算。由附录二附表 3 查出，$\frac{I_z}{S_z^*}=21.27$ cm，$d=1$ cm，再次进行切应力强度校核，代入切应力强度条件

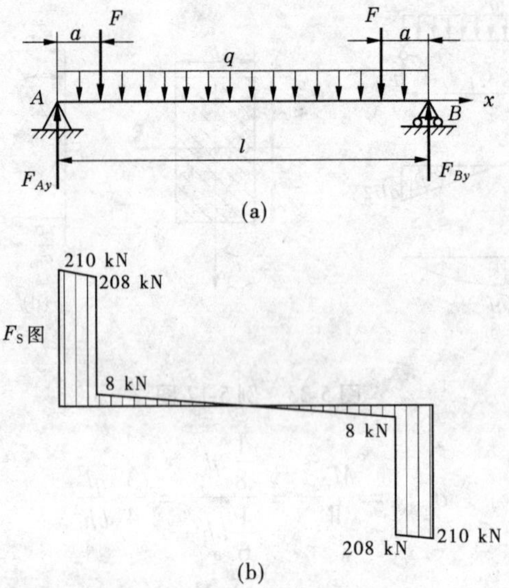

图 5-34 例 5-18 图

式,可得

$$\tau_{\max} = \frac{210 \times 10^3}{21.27 \times 10^{-2} \times 1 \times 10^{-2}} = 98.6 \times 10^6 (\text{Pa}) = 98.6 \text{ MPa} < [\tau] = 100 \text{ MPa}$$

因此,应选用型号为 25b 的工字钢。

【例 5-19】 某简易起重机的吊车大梁如图 5-35(a)所示,梁 AB 采用 20a 工字钢。已知材料的弯曲许用正应力 $[\sigma] = 160$ MPa,许用切应力 $[\tau] = 100$ MPa,荷载 F 可以在梁上移动。试求梁的许用荷载 $[F]$。

解 因荷载 F 是移动的,有两个最不利的位置。考虑正应力强度时,当荷载 F 移动到跨中截面 C 处时(见图 5-35(b)),梁内产生最大弯矩 $M_{\max} = M_C$;考虑切应力强度时,当荷载 F 紧靠支座 A(或支座 B)的位置处时(见图 5-35(d)),梁内产生最大剪力 $F_{S\max}$。

(1)由正应力强度条件计算$[F]$值。

当荷载 F 作用在跨中点处时(见图 5-35(b)),其弯矩图如图 5-35(c)所示,截面 C 上的最大弯矩值为

$$M_{\max} = \frac{Fl}{4} = \frac{6F}{4} = 1.5F \tag{a}$$

从附录型钢表查得 20a 工字钢 $W_z = 237 \times 10^3\ \text{mm}^3$。由正应力强度条件，得

$$M_{\max} \leqslant W_z[\sigma] = 237 \times 10^3 \times 10^{-9} \times 160 \times 10^6$$
$$= 37.92 \times 10^3(\text{N} \cdot \text{m}) = 37.92\ \text{kN} \cdot \text{m} \tag{b}$$

将式(a)代入式(b)，可得到梁的许用荷载

$$[F] \leqslant \frac{37.92}{1.5} = 25.28\ (\text{kN})$$

(2)由切应力强度条件计算$[F]$值。

当荷载 F 紧靠支座 A 位置时(见图 5-35(d))，其剪力图如图 5-35(e)所示，支座 $A_{右}$ 截面上的剪力为最大，其值为

$$F_{\text{Smax}} = F$$

从附录型钢表查得 20a 工字钢 $I_z : S_{z\max} = 172\ \text{mm}$，$d = 7\ \text{mm}$，由切应力强度条件，得

$$\tau_{\max} = \frac{F_{\text{Smax}}}{I_z d} \leqslant [\tau]$$

即

$$F_{\text{Smax}} \leqslant \frac{I_z d[\tau]}{S_{z\max}} = 172 \times 7 \times 10^{-6} \times 100 \times 10^6$$
$$= 120.4 \times 10^3(\text{N}) = 120.4\ \text{kN}$$

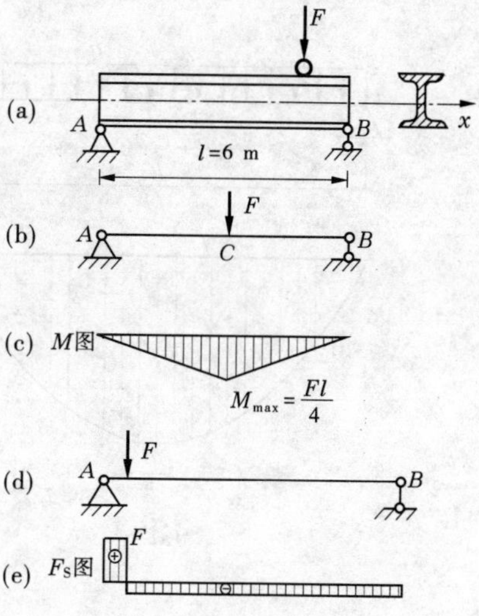

图 5-35　例 5-19 图

得到梁的许用荷载为

$$[F] = F_{\text{Smax}} \leqslant 120.4\ \text{kN}$$

由此可知，此梁的承载能力是由正应力强度条件控制的，该梁的许用荷载为$[F] = 25.28\ \text{kN}$。

第九节　提高弯曲强度的措施

通常情况下，梁的强度是由弯曲正应力控制的，所以提高梁的强度应该在满足梁承载能力的前提下，尽可能降低梁的弯曲正应力，以达到节省材料、减轻自重的目的，实现既经济又安全的合理设计。根据正应力强度条件

$$\sigma_{\max} = \frac{M_{\max}}{W} \leqslant [\sigma] \tag{a}$$

可以看出，降低最大弯矩、提高抗弯截面系数，都能降低梁的最大正应力，从而提高梁的承载能力，使梁的设计更为合理。现将几种常用措施讨论如下。

一、合理安排梁的受力情况

(一)合理布置支座

改善梁的受力情况，尽量降低梁内最大弯矩，相对地说，也就是提高了梁的强度。为

此，首先应合理布置梁的支座。以如图 5-36(a)所示均布载荷作用下的简支梁为例，梁上最大弯矩为

$$M_{\max} = \frac{ql^2}{8} = 0.125ql^2$$

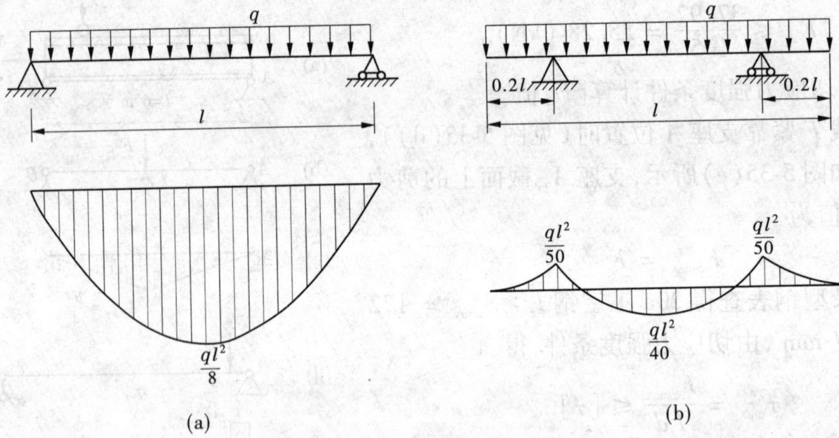

图 5-36 合理布置支座

现将两端支座各向里移动 0.2l（见图 5-36(b)），则最大弯矩为

$$M_{\max} = \frac{ql^2}{40} = 0.025ql^2$$

后者仅为前者的 $\frac{1}{5}$，显然后者的支座布置较为合理。例如，工程中门式起重机的大梁支座(见图 5-37(a))、锅炉体的支承(见图 5-37(b))等都没设置在构件的两个端点，而是在距两端点一定距离处，其目的就是更好地降低构件的 $M_{\max}$ 值。

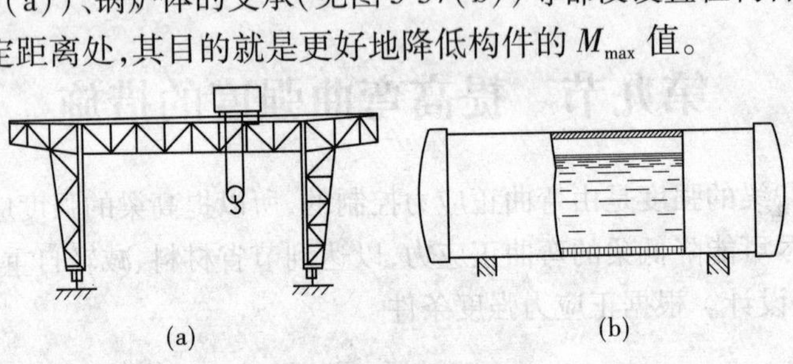

图 5-37 支座合理布置示例

(二)合理布置荷载

合理布置荷载也可收到降低最大弯矩的效果。

如图 5-38 所示三根相同的简支梁，受大小相同的荷载作用，但荷载的布置方式和位置有所不同，则相对应的弯矩图也必不相同。从图 5-38 所示的梁的弯矩图可以看出，图 5-38(a)梁的弯矩最大，图 5-38(b)梁的最大弯矩比图 5-38(a)梁的最大弯矩减小将近一半，由图 5-38(a)、(b)对比可知，按图 5-38(b)荷载位置布置更为合理。所以，当荷载 F 可在梁的任意截面上布置时，应尽量使荷载 F 靠近支座。此外，在情况允许的条件下，应尽可能把较大的集中力分散成较小的力，或

者改变成均布荷载。例如,把作用于跨度中点的集中力 F 分散成图 5-38(c)所示的均布荷载,则最大弯矩将由 $M_{max} = \frac{1}{4}Fl$ 降低为 $M_{max} = \frac{1}{8}Fl$ 。

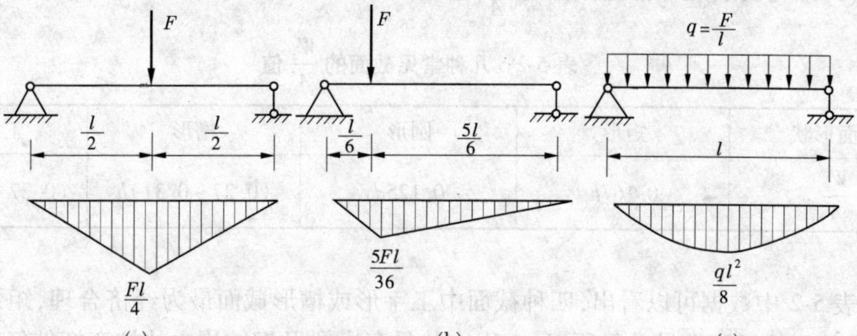

图 5-38　合理布置荷载

二、合理选取梁的截面

根据公式 $\sigma_{max} = \frac{M_{max}}{W_z} \leqslant [\sigma]$ 可得出, $M_{max} \leqslant [\sigma]W_z$,由此式知梁所能承受的 M_{max} 与抗弯截面系数 W_z 成正比关系,即 W_z 越大越有利。另外,在材料相同的情况下,梁的自重与截面面积 A 成正比,面积越小,就越经济、越轻巧。因此,合理的截面形状应该是截面面积 A 较小,而抗弯截面系数 W_z 较大。

如图 5-39(a)所示为截面高为 h、宽为 b 的矩形($h>b$)。在抵抗垂直平面内的弯曲变形时:若将此截面竖直放置,其抗弯截面系数为 $W_{z1} = \frac{bh^2}{6}$;若将此截面水平放置(见图 5-39(b)),则其抗弯截面系数为 $W_{z2} = \frac{b^2h}{6}$,由 $\frac{W_{z1}}{W_{z2}} = \frac{h}{b} > 1$ 知,截面在竖直放置时的抗弯截面系数大,即抗弯强度高。因此,在实际工程中的矩形截面梁一般都是竖直放置的。

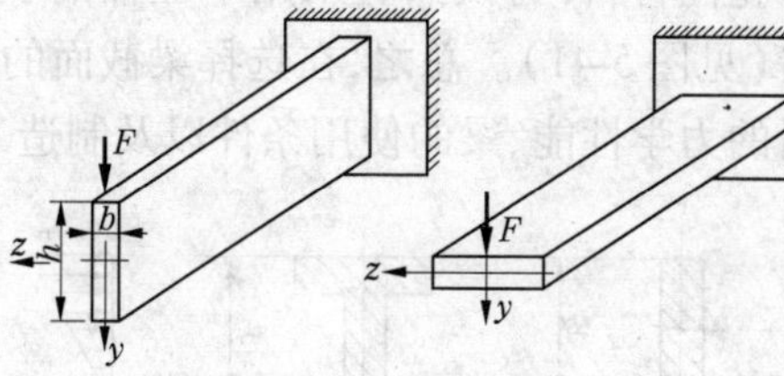

图 5-39　合理放置梁截面

一般情况下,截面的形状不同,其抗弯截面系数 W_z 也就不同。通常,用比值 $\frac{W_z}{A}$ 来衡量截面形状的合理性和经济性。比值 $\frac{W_z}{A}$ 越大,其截面的形状就越合理。

表(5-2)列出了几种常见截面的 $\frac{W_z}{A}$ 值。

表 5-2　几种常见截面的 $\frac{W_z}{A}$ 值

截面形状	矩形	圆形	槽形	工字形
$\frac{W_z}{A}$	$0.167h$	$0.125d$	$(0.27\sim0.31)h$	$(0.27\sim0.31)h$

从表 5-2 中数据可以看出,四种截面中工字形或槽形截面最为经济合理,矩形截面次之,圆形截面的经济性最差。所以,工程中的吊车大梁及钢结构中的抗弯杆件经常采用工字形、槽形截面等。若从正应力的分布规律来看,其原因也容易理解。因为当梁发生弯曲时,截面上的点离中性轴越远,正应力越大。为了充分利用材料,应尽可能地把材料放置到离中性轴较远处。而圆截面在中性轴附近聚集了较多的材料,使其未能充分发挥作用,故经济性较差。为了更好地发挥材料的作用,可将实心圆截面改成空心圆截面,即把材料移置到离中性轴较远处的外边缘。对于矩形截面,如把中性轴附近的材料移置到上、下边缘处(见图 5-40),这就成了工字形截面。

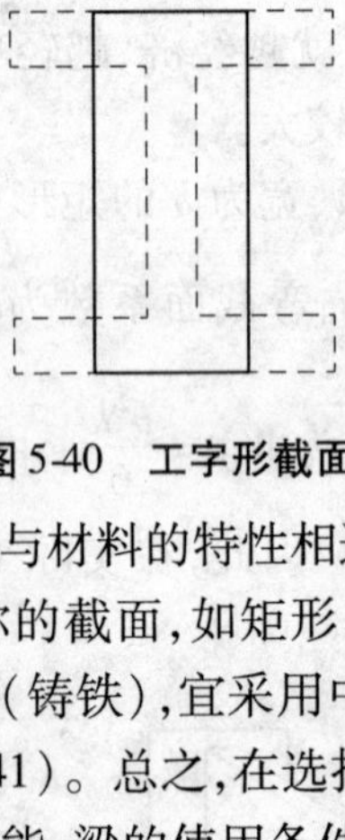

图 5-40　工字形截面

应该指出,合理的截面形状还要与材料的特性相适应,对于抗拉强度和抗压强度相同的材料(碳钢),宜采用对中性轴对称的截面,如矩形、圆形、工字形等。对于抗拉强度和抗压强度不相同的材料,如脆性材料(铸铁),宜采用中性轴偏于受拉一侧的截面形状,如倒 T 形、非对称的工字形等(见图 5-41)。总之,在选择梁截面的合理形状时,应综合考虑横截面上的应力情况、材料的力学性能、梁的使用条件以及制造工艺。

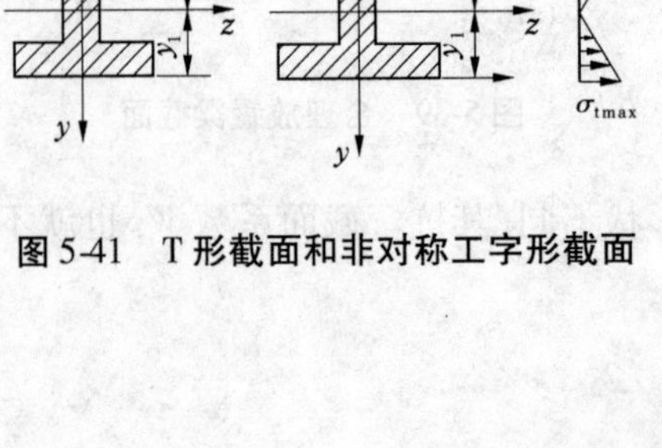

图 5-41　T 形截面和非对称工字形截面

三、合理设计梁的外形

在等截面梁中抗弯截面系数 W 为常数，而梁的弯矩随截面位置的变化而变化。按正应力强度条件式(5-9)设计的等截面梁，除最大弯矩截面处外，其他截面上的弯矩都比较小，弯曲正应力也小，材料未得到充分利用，为了节约材料，减轻自重，可改变截面尺寸，使抗弯截面系数随弯矩而变化。在工程中常根据弯矩的变化规律，相应地改变梁截面，使其沿轴线变化，制成变截面梁。最理想的变截面梁是各截面上的最大正应力都相等，且都等于材料的弯曲许用正应力，这种梁称为等强度梁。其强度条件为

$$\sigma_{\max} = \frac{M(x)}{W(x)} = [\sigma] \tag{b}$$

式中　$M(x)$ ——梁在任一截面上的弯矩；

$W(x)$ ——截面的抗弯截面系数。

式(b)可整理成

$$W(x) = \frac{M(x)}{[\sigma]} \tag{5-16}$$

式(5-16)表示等强度梁的抗弯截面系数 $W(x)$ 沿梁轴线变化的规律。

如图5-42(a)所示为等强度简支梁，其截面为矩形，设截面高度 h 为常数，宽度 b 为 x 的函数，即 $b=b(x)\left(0 \leqslant x \leqslant \dfrac{l}{2}\right)$，受到集中力 F 作用，则其宽度随截面位置的变化规律 $b(x)$ 可按

$$W(x) = \frac{b(x)h^2}{6} = \frac{M(x)}{[\sigma]} = \frac{\frac{F}{2}x}{[\sigma]} \tag{c}$$

求得

$$b(x) = \frac{3Fx}{[\sigma]h^2} \tag{d}$$

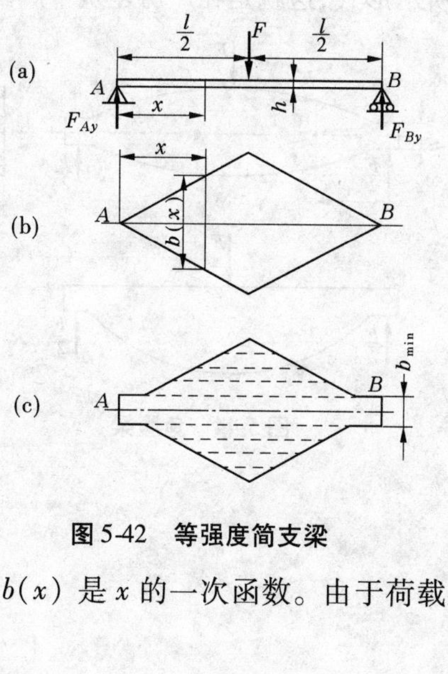

图5-42　等强度简支梁

从式(d)看出，截面宽度 $b(x)$ 是 x 的一次函数。由于荷载对称于跨度中点，因而截

面形状也对称于跨度中点。按照式(d)所表示的关系,在梁的两端,$x=0$,$b(x)=0$,即截面宽度等于零。这显然不能满足剪切强度要求,因而要按剪切强度条件改变支座附近截面的宽度。设所需要的最小截面宽度为 $b_{\min}$(见图 5-42(c))。

根据剪应力强度条件

$$\tau_{\max}=\frac{3}{2}\frac{F_{S\max}}{A}=\frac{3}{2}\times\frac{\frac{F}{2}}{b_{\min}h}=[\tau] \tag{e}$$

由此求得

$$b_{\min}=\frac{3F}{4h[\tau]} \tag{f}$$

若设想把这一等强度梁分成若干狭条,然后叠置起来,并使其略微拱起,这就成为汽车以及其他车辆上经常使用的叠板弹簧,如图 5-43 所示。

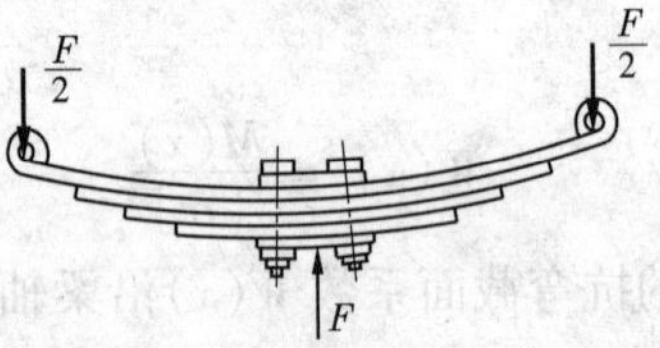

图 5-43　叠板弹簧

在上述矩形截面等强度梁中,若截面宽度 b 为常数,而高度 h 为 x 的函数,即 $h=h(x)$,则可用相同方法求得

$$h(x)=\sqrt{\frac{3Fx}{b[\sigma]}} \tag{g}$$

$$h_{\min}=\frac{3F}{4b[\tau]} \tag{h}$$

按照式(g)和式(h)所确定的梁的形状如图 5-44(a)所示,为了简化制作上的困难,经常把梁做成如图 5-44(b)所示形式,这就是在厂房建筑中广泛使用的鱼腹梁。

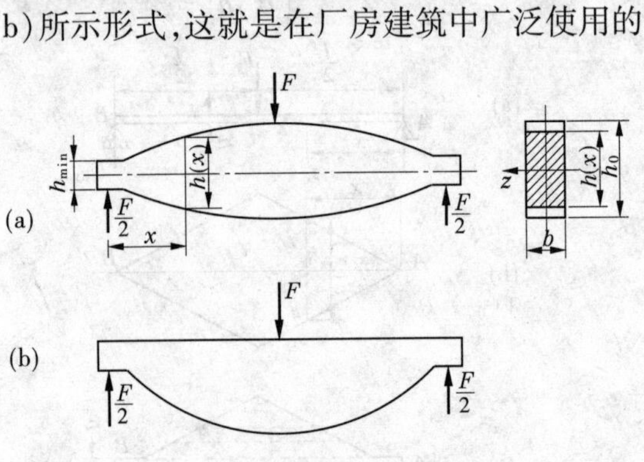

图 5-44　鱼腹梁

小 结

一、等效截面法求内力

(1)梁在任意截面上的剪力在数值上等于该截面任意一侧(左侧或右侧)隔离体上所有的外力(包括支反力)沿该截面切向投影的代数和,在左侧隔离体上向上的外力或右侧隔离体上向下的外力投影为正,反之为负。

(2)梁在任意截面上的弯矩在数值上等于该截面任意一侧(左侧或右侧)隔离体上所有的外力(包括支座反力)对该截面形心取矩的代数和。

二、剪力、弯矩和荷载集度之间的微分关系

$$\frac{dM(x)}{dx} = F_S(x) \qquad \frac{dF_S(x)}{dx} = q(x) \qquad \frac{d^2M(x)}{dx^2} = q(x)$$

三、利用微分关系画剪力和弯矩图

(一)没有外力作用的区段

当梁的某段上没有荷载作用时,剪力图是平行于梁轴线的直线段,弯矩图是一条直线段。

(二)$q(x)$为非零常数的区段

当梁在某段上作用有均布荷载时,剪力图是一条斜直线段,弯矩图是二次曲线,并且其凹凸方向与外力是一致的。

(三)集中力作用处

在集中力作用处剪力图发生突变,突变值等于该集中力值,并且当从左向右作剪力图时,突变方向与该集中力方向一致。

(四)集中力偶作用处

在集中力偶作用处剪力图没有发生变化,而弯矩图发生突变,突变值等于该集中力偶值。

四、弯曲正应力

梁发生弯曲变形时,梁内存在一无长度改变的纤维层,该层称为中性层。中性层与横截面的交线称为中性轴。

在横截面上,任意点的正应力与该点到中性轴的距离成正比,即

$$\sigma = \frac{My}{I_z}$$

横力弯曲时,各横截面上的弯矩值是不同的。一般情况下,最大正应力 σ_{max} 发生于弯矩最大的截面上,且离中性轴最远处,即

$$\sigma_{max} = \frac{M_{max}y_{max}}{I_z}$$

五、弯曲切应力

截面上切应力分布的两个假设：

(1)横截面上各点的切应力的方向都平行于剪力 F_S；

(2)切应力沿截面宽度均匀分布。

弯曲切应力计算公式为

$$\tau = \frac{F_S S_z^*}{I_z b}$$

式中 F_S——横截面上的剪力，可通过截面法从梁上的外力求得；

b——矩形截面宽度；

I_z——整个截面对中性轴的惯性矩；

S_z^*——截面上距中性轴为 y 的横线以外部分面积对中性轴的静矩。

τ 的方向与剪力 F_S 的方向相同。

矩形截面梁的最大弯曲切应力

$$\tau_{max} = \frac{3}{2}\frac{F_S}{bh} = \frac{3}{2}\frac{F_S}{A}$$

可见，矩形截面梁的最大切应力为平均切应力 $\frac{F_S}{A}$ 的1.5倍。

六 、梁的强度条件

正应力强度条件为

$$\sigma_{max} = \frac{M_{max}}{W_z} \leqslant [\sigma]$$

切应力强度条件为

$$\tau_{max} = \frac{F_{Smax} S_{zmax}^*}{I_z b} \leqslant [\tau]$$

七、提高弯曲强度的措施

(1)合理安排梁的受力情况。

(2)合理选取梁的截面。

(3)合理设计梁的外形。

思考题

5-1　在求梁横截面上的内力时，可直接由该横截面任一侧梁上的外力来计算，为什么？

5-2　写剪力方程和弯矩方程时，在何处需要分段？

5-3　试总结用简易法作梁的剪力图和弯矩图的步骤和要点。

5-4　弯矩、剪力与荷载集度间的关系式，即式(5-1)和式(5-2)的应用条件是什么？在集中力和集中力偶作用处此关系能否适用？

5-5　中性层和中性轴有什么区别？如何确定中性轴的位置？

5-6　指出纯弯曲梁正应力 $\sigma = \dfrac{My}{I_z}$ 的适用范围？在什么条件下可推广到横力弯曲中？

5-7　为什么惯性矩恒为正值？能否为零？

5-8　如何确定梁的危险截面和危险点的位置？

5-9　提高梁强度的措施通常有哪些？

5-10　为什么等直梁的最大切应力一般都是在最大剪力所在横截面的中性轴上各点处，而横截面的上、下边缘各点处的切应力为零？对于图5-45所示的两个截面而言，其最大切应力是否也位于中性轴上各点处？为什么？

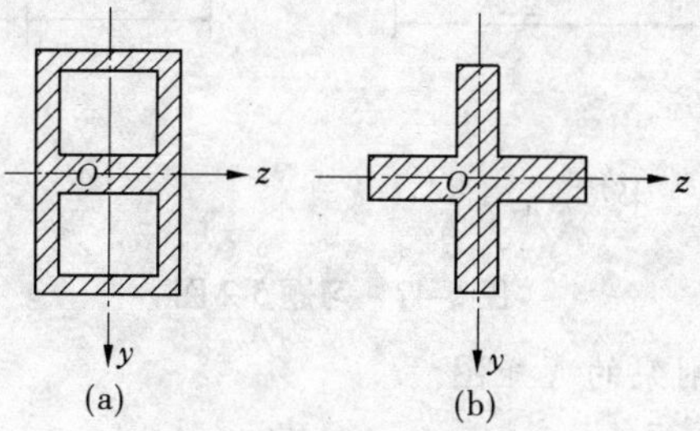

图5-45　思考题5-10图

习　题

5-1　试求图5-46所示中各截面的剪力和弯矩，设 F、q、a 均为已知。

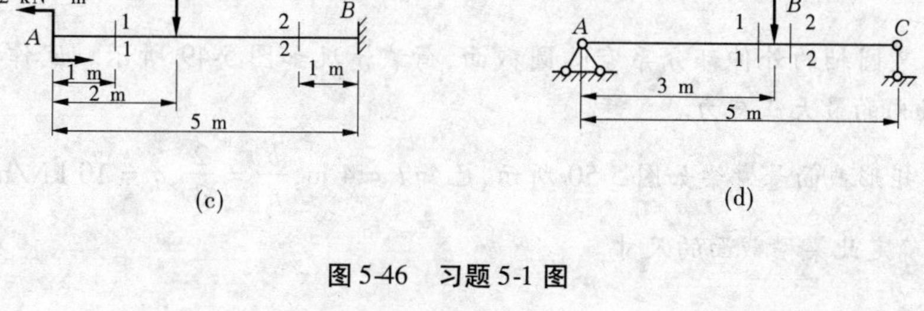

图5-46　习题5-1图

5-2　设已知图5-47所示各梁的载荷 F、q、m 和尺寸 a。试求：梁的剪力方程和弯矩

方程，并作剪力图和弯矩图，根据剪力图和弯矩图确定 $|F_S|_{max}$ 及 $|M|_{max}$。

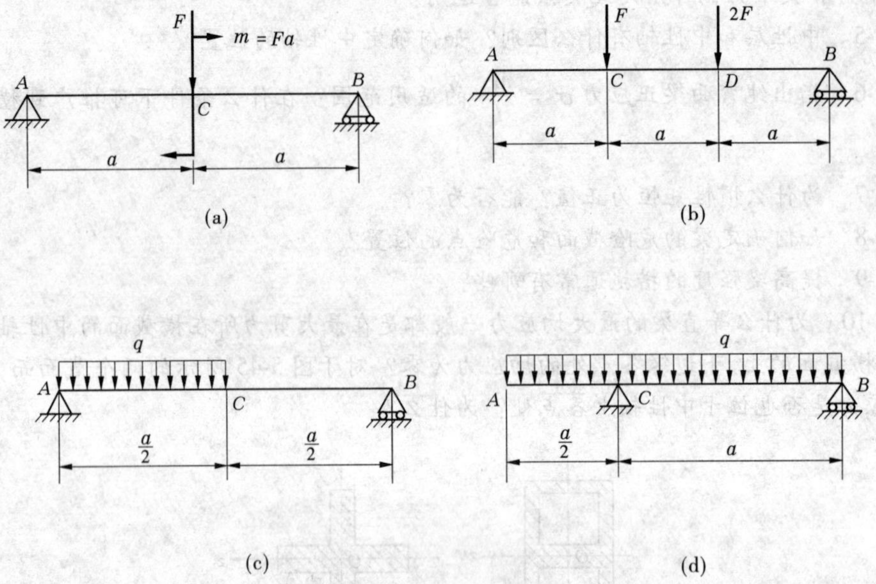

图 5-47　习题 5-2 图

5-3　作图 5-48 所示刚架的弯矩图。

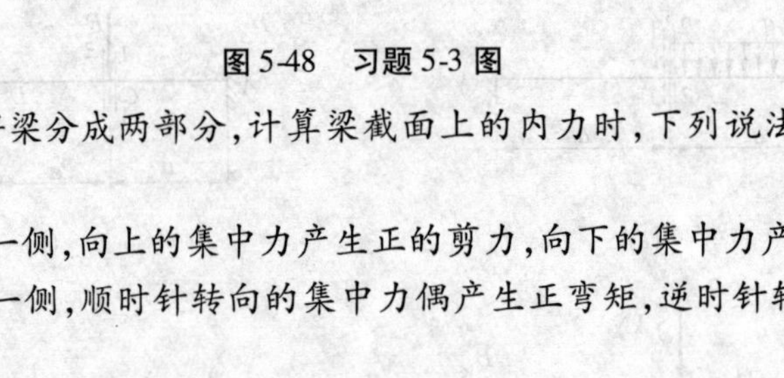

图 5-48　习题 5-3 图

5-4　用截面法将梁分成两部分，计算梁截面上的内力时，下列说法是否正确？如不正确应如何改正。

(1) 在截面的任一侧，向上的集中力产生正的剪力，向下的集中力产生负的剪力。

(2) 在截面的任一侧，顺时针转向的集中力偶产生正弯矩，逆时针转向的集中力偶产生负弯矩。

5-5　某圆轴的外伸部分系空心圆截面，荷载情况如图 5-49 所示。试作该轴的弯矩图，并求轴内的最大正应力。

5-6　矩形截面悬臂梁如图 5-50 所示，已知 $l = 4$ m，$\frac{b}{h} = \frac{2}{3}$，$q = 10$ kN/m，$[\sigma] = 10$ MPa。试确定此梁横截面的尺寸。

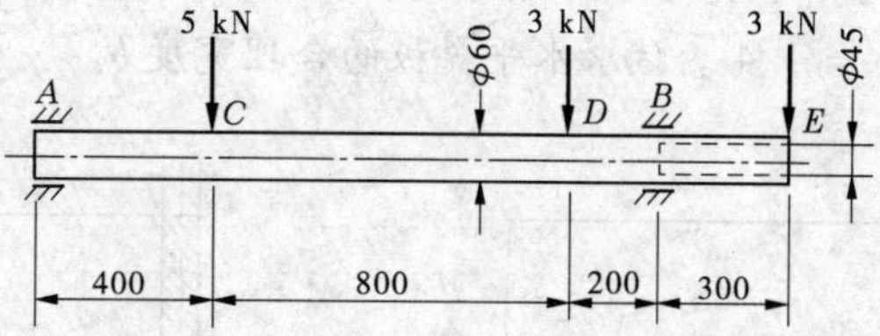

图 5-49　习题 5-5 图　（单位:mm）

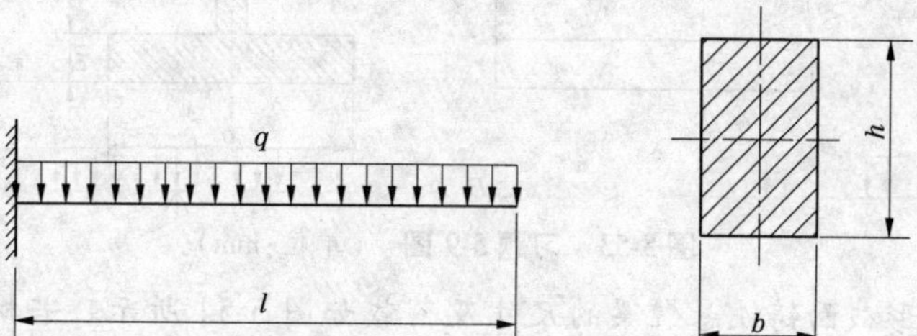

图 5-50　习题 5-6 图

5-7　20a 工字钢梁的支承和受力情况如图 5-51 所示。若 $[\sigma] = 160$ MPa，试求许用荷载 $[F]$。

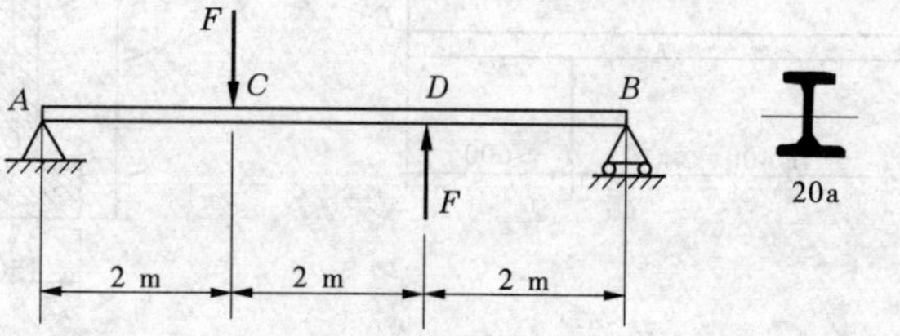

图 5-51　习题 5-7 图

5-8　图 5-52 所示轧辊轴直径 $D = 280$ mm，跨长 $L = 1\ 000$ mm，$l = 450$ mm，$b = 100$ mm。轧辊材料的弯曲许用应力 $[\sigma] = 100$ MPa。试求轧辊能承受的最大轧制力。

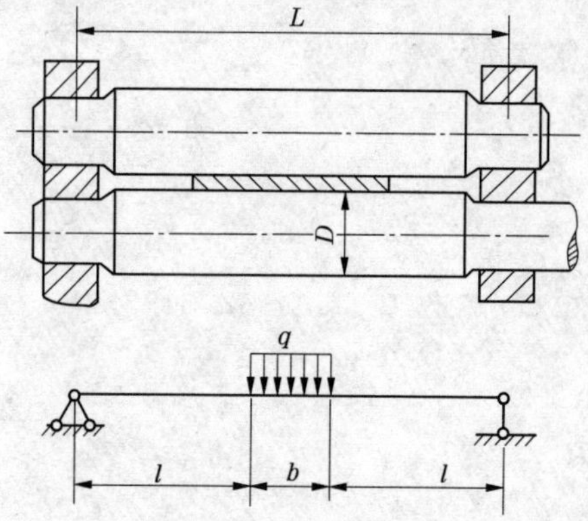

图 5-52　习题 5-8 图

5-9　图 5-53 所示为一承受纯弯曲的铸铁梁，其截面为倒 T 形，材料的拉伸和压缩许用应力之比 $[\sigma_t]/[\sigma_c]=1/4$。试求水平翼板的合理宽度 b。

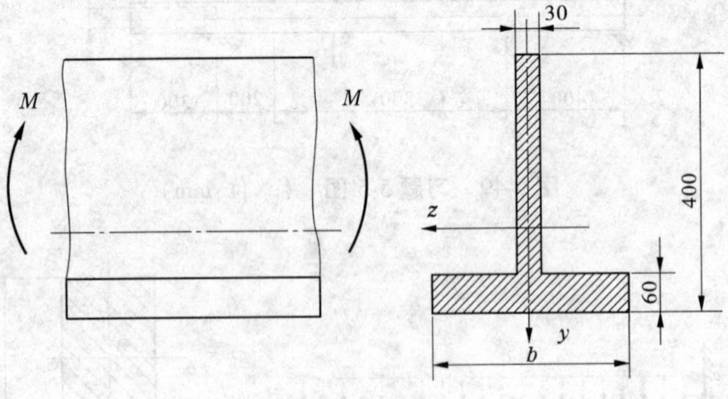

图 5-53　习题 5-9 图　（单位：mm）

5-10　倒 T 形截面铸铁悬臂梁的尺寸及荷载如图 5-54 所示。若材料的拉伸许用应力 $[\sigma_t]=40$ MPa，压缩许用应力 $[\sigma_c]=160$ MPa，截面对形心轴 z 的惯性矩 $I_z=10\ 180$ cm^4，$h_1=9.64$ cm。试计算该梁的许用荷载 $[F]$。

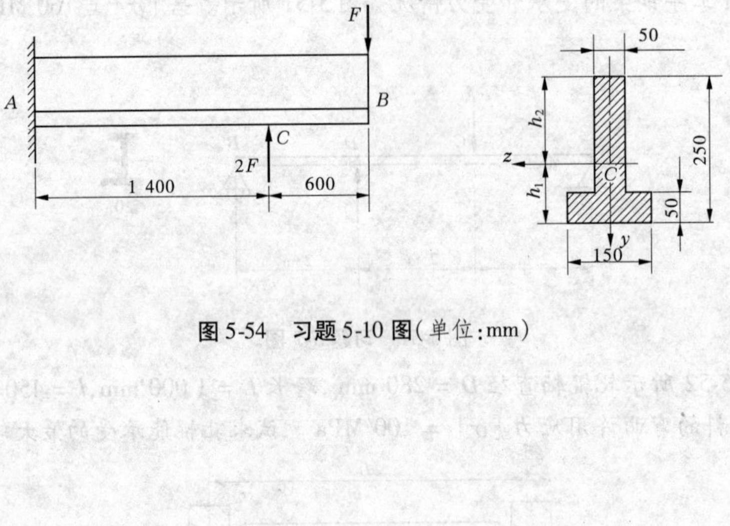

图 5-54　习题 5-10 图（单位：mm）

第六章　弯曲变形

第一节　概　述

为了保证弯曲构件正常地工作,在工程中不但要求梁有足够的强度,还要求其有足够的刚度,就是把梁的变形控制在一定的范围之内。否则,尽管梁的强度足够,也往往由于变形过大而使其不能正常地工作。例如,桥式起重机的大梁,在吊起重物后若其弯曲变形过大,就会使起重机在运行时产生很大的振动,破坏工作的平稳性。此外,在求解超静定梁及讨论稳定与动荷载问题时,都会涉及变形的计算。因此,研究梁的变形是非常重要的。

梁在平面弯曲时,其轴线将在形心主惯性平面内弯曲成一条平面曲线,这条曲线称为梁的挠曲线。取梁变形前的轴线为 x 轴,与外力平行的形心主惯性轴为 y 轴,各轴的正方向如图 6-1 所示。图中的曲线 AB' 就是梁 AB 的挠曲线。

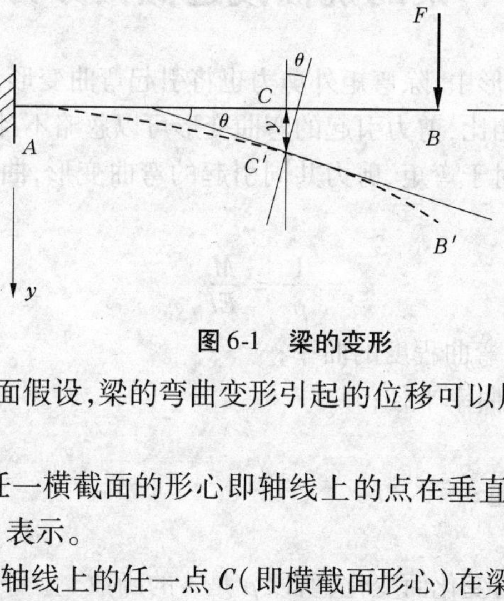

图 6-1　梁的变形

由于采用了平截面假设,梁的弯曲变形引起的位移可以用以下两个基本量来描述和度量:

(1)挠度。梁的任一横截面的形心即轴线上的点在垂直梁轴线方向上的线位移,称为该截面的挠度,用 y 表示。

如图 6-1 所示,梁轴线上的任一点 C(即横截面形心)在梁变形后将移至 C',因而有线位移 CC'。一般来说,梁的横截面既有垂直梁轴线的线位移,又有平行于梁轴线的线位移。但由于梁的变形很小,平行于梁轴线的线位移与垂直于梁轴线的线位移相比,可以忽略不计。

(2)转角。梁任一横截面绕中性轴转动的角度,即该截面的角位移,称为转角,用 θ 表示,图 6-1 中 C 截面转过的角度 θ 即为 C 截面的转角。

我们规定:挠度以向下为正,反之为负,挠度的量纲为长度,国际单位制中挠度的单位为米(m);转角以顺时针旋转为正,反之为负,转角的单位为弧度(rad)。在一般情况下,梁的各横截面的挠度和转角是不相同的,梁变形后可将挠度写成关于截面位置 x 的函数,

用下式表示

$$y = f(x) \tag{a}$$

式(a)称为梁的挠曲线方程。

梁的挠度和转角之间存在内在联系,如图6-1所示,梁弯曲变形后C截面的挠度为y,转角为θ,由数学分析可知,挠曲线上C'处的切线斜率为$\frac{dy}{dx}$,又为$\tan\theta$,即

$$\tan\theta = \frac{dy}{dx}$$

由于梁的变形属于小变形,θ角很小,因此可取

$$\theta \approx \tan\theta = \frac{dy}{dx} = f'(x) \tag{b}$$

式(b)称为梁的转角方程。

计算梁的变形就是要求出这两个方程的表达式。由式(b)可以看出,转角是挠度对x的一次导数,只要找出梁的挠曲线方程,不仅可以求出任一截面的挠度,还可以用式(b)求出梁的转角方程,进一步求出任一截面的转角。因此,计算梁位移的关键就是确定梁的挠曲线方程。

第二节　梁的挠曲线近似微分方程

在横向力引起的弯曲变形中,除弯矩外剪力也将引起弯曲变形,但对于跨度远大于横截面高度的梁来说,与弯矩相比,剪力引起的弯曲变形可以忽略不计。在第五章已推导出梁在纯弯曲时的曲率公式,对于弯矩、剪力共同引起的弯曲变形,曲率公式可以近似地表达为

$$\kappa = \frac{1}{\rho} = \frac{M}{EI} \tag{a}$$

式中　κ——度量梁挠曲线弯曲程度的曲率;

ρ——梁的挠曲线的曲率半径;

M——弯矩;

E——材料的弹性模量;

I——截面的惯性矩。

由于M、I都可能随x的变化而变化,所以ρ是x的函数。

由高等数学可知,曲线$y = f(x)$上任一点的曲率公式为

$$\frac{1}{\rho} = \pm \frac{\frac{d^2y}{dx^2}}{\left[1 + \left(\frac{dy}{dx}\right)^2\right]^{3/2}} \tag{b}$$

由式(a)和式(b)可得

$$\pm\frac{\frac{\mathrm{d}^2y}{\mathrm{d}x^2}}{\left[1+\left(\frac{\mathrm{d}y}{\mathrm{d}x}\right)^2\right]^{3/2}}=\frac{M}{EI} \tag{c}$$

式(c)就是挠曲线的微分方程,式中 $\frac{\mathrm{d}y}{\mathrm{d}x}$ 即为转角 θ,在小变形情况下,梁的挠曲线为一平坦的曲线,转角 θ 远小于1,$\left(\frac{\mathrm{d}y}{\mathrm{d}x}\right)^2$ 与1相比就更小,可忽略不计,式(c)就变为

$$\frac{\mathrm{d}^2y}{\mathrm{d}x^2}=\pm\frac{M(x)}{EI} \tag{d}$$

式(d)中的正负号取决于 $\frac{\mathrm{d}^2y}{\mathrm{d}x^2}$ 与 $M(x)$ 的正负号的规定。在图6-2所示的坐标系中:y 轴以向下为正,当 $M(x)>0$ 时,梁的挠曲线向下凸,此时 $\frac{\mathrm{d}^2y}{\mathrm{d}x^2}<0$;当 $M(x)<0$ 时,梁的挠曲线向上凸,此时 $\frac{\mathrm{d}^2y}{\mathrm{d}x^2}>0$。这样,在图6-2所示坐标系中,$M(x)$ 与 $\frac{\mathrm{d}^2y}{\mathrm{d}x^2}$ 的符号总是相反,所以式(d)中应取负号,即

$$\frac{\mathrm{d}^2y}{\mathrm{d}x^2}=-\frac{M(x)}{EI} \tag{6-1}$$

式(6-1)就是梁的挠曲线近似微分方程。它适用于小变形的、线弹性材料的细长梁。对式(6-1)进行积分,便可求出转角方程和挠度方程。

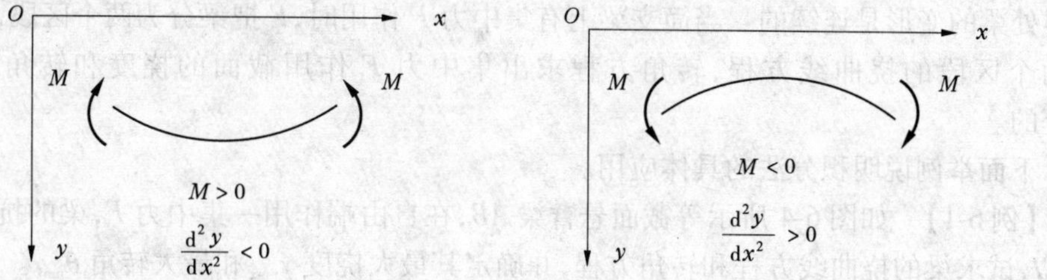

图6-2　$\frac{\mathrm{d}^2y}{\mathrm{d}x^2}$ 与 $M(x)$ 的正负号的规定

第三节　用积分法计算弯曲变形

当梁为等截面直梁时,弯曲刚度 EI 为常数,对式(6-1)积分一次,得到转角的通解为

$$\theta=\frac{\mathrm{d}y}{\mathrm{d}x}=-\frac{1}{EI}\left[\int M(x)\,\mathrm{d}x+C\right] \tag{6-2}$$

再积分一次,可得挠曲线的通解为

$$y=-\frac{1}{EI}\left[\iint M(x)\,\mathrm{d}x+Cx+D\right] \tag{6-3}$$

式(6-2)和式(6-3)中,C、D 为积分常数,可通过梁的位移边界条件及变形连续条件

来确定。位移边界条件是指梁在某些截面处的已知位移条件。例如，梁在铰支座处的挠度等于零，在固定端处的挠度与转角都等于零。如图 6-3(a)所示简支梁中，A、B 支座处的挠度都等于零；如图 6-3(b)所示悬臂梁中，固定端支座 A 处挠度和转角都等于零。变形连续条件是指梁在任一截面处，有唯一确定的挠度与转角值。因此，挠曲线应是一条连续、光滑的曲线，如图 6-3 中所示的虚线。

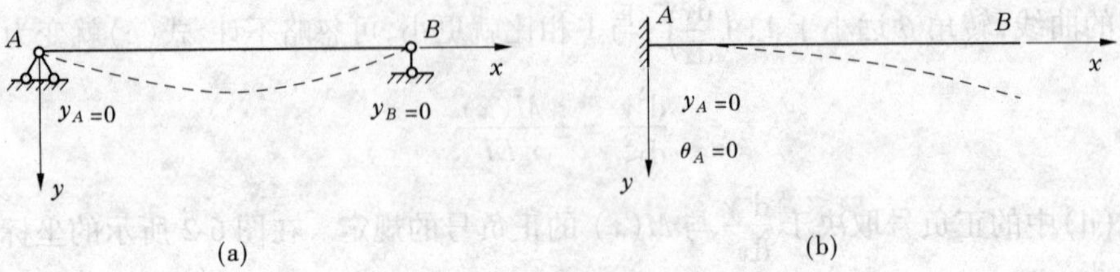

图 6-3　梁的位移边界条件及变形连续条件

积分常数 C、D 确定后，代入式(6-2)和式(6-3)，便可求得梁的转角方程和挠曲线方程，从而可进一步求出梁上任一横截面的转角和挠度。

用积分法计算梁位移时的计算步骤可总结为：先写出梁的弯矩方程，建立梁的挠曲线近似微分方程，然后通过积分得到转角和挠曲线方程，积分中出现的积分常数可通过边界条件确定。

当全梁的弯矩不能用统一的方程式表示时，应将梁划分为几个区段，各区段列出其相应的弯矩方程和挠曲线近似微分方程，并分段积分。各区段挠曲线方程、转角方程中的积分常数的确定除利用梁的位移边界条件外，还需利用梁的变形连续条件，即在两个区段的交界处梁的变形是连续的。当简支梁上有集中力 F 作用时，F 把梁分为两个区段，若分别用两个区段的挠曲线方程、转角方程求出集中力 F 作用截面的挠度和转角应该是相等的。

下面举例说明积分法的具体应用。

【例 6-1】　如图 6-4 所示等截面悬臂梁 AB，在自由端作用一集中力 F，梁的抗弯刚度为 EI，试求梁的挠曲线方程和转角方程，并确定其最大挠度 y_{max} 和最大转角 θ_{max}。

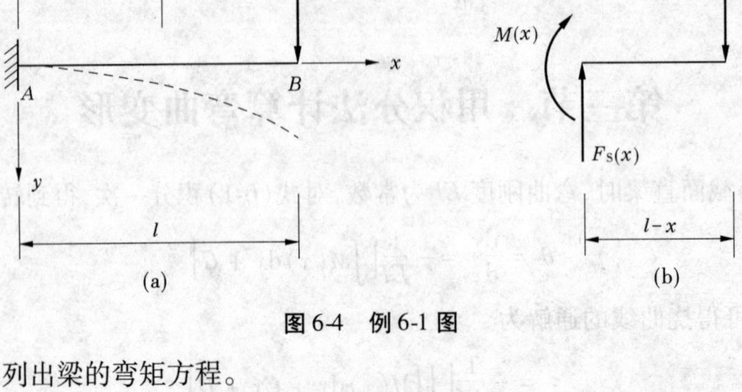

图 6-4　例 6-1 图

解　(1)列出梁的弯矩方程。

建立坐标系如图 6-4(a)所示，取 x 处横截面右边一段梁作为隔离体(见图 6-4(b))，

弯矩方程为

$$M(x) = -F(l-x) \tag{a}$$

(2)建立梁的挠曲线近似微分方程。

由式(6-1)得

$$\frac{\mathrm{d}^2 y}{\mathrm{d}x^2} = -\frac{M(x)}{EI} = \frac{F(l-x)}{EI} \tag{b}$$

(3)对微分方程式(b)进行积分。

积分一次,得

$$\theta = \frac{\mathrm{d}y}{\mathrm{d}x} = \frac{1}{EI}\left(Flx - \frac{1}{2}Fx^2 + C\right) \tag{c}$$

再积分一次,得

$$y = \frac{1}{EI}\left(\frac{1}{2}Flx^2 - \frac{1}{6}Fx^3 + Cx + D\right) \tag{d}$$

(4)利用梁的位移边界条件确定积分常数。

在梁的固定端,横截面的转角和挠度都等于零,即

$$x = 0 \text{ 时}, y = 0, \theta = 0$$

代入式(c)和式(d),求得 $C=0, D=0$。

(5)给出转角方程和挠曲线方程。

$$\theta = \frac{\mathrm{d}y}{\mathrm{d}x} = \frac{1}{EI}\left(Flx - \frac{1}{2}Fx^2\right) \tag{e}$$

$$y = \frac{1}{EI}\left(\frac{1}{2}Flx^2 - \frac{1}{6}Fx^3\right) \tag{f}$$

(6)求最大挠度和最大转角。

根据梁的受力情况和边界条件可知,此梁的最大挠度和最大转角都在自由端截面 B 处,即 $x=l$ 处。将 $x=l$ 代入式(e)和式(f),则可求得最大转角及最大挠度分别为

$$\theta_{max} = \frac{Fl^2}{EI} - \frac{Fl^2}{2EI} = \frac{Fl^2}{2EI}$$

$$y_{max} = \frac{Fl^3}{2EI} - \frac{Fl^3}{6EI} = \frac{Fl^3}{3EI}$$

挠度为正,说明梁变形时 B 点向下移动;转角为正,说明横截面 B 沿顺时针方向转动。

【例 6-2】 如图 6-5 所示等截面简支梁 AB,承受均布荷载 q 作用,梁的抗弯刚度为 EI。试求梁的挠曲线方程和转角方程,并确定其最大挠度 y_{max} 和最大转角 θ_{max}。

解 (1)列出梁的弯矩方程。

由对称关系可知梁两端的支反力为

$$F_{Ay} = F_{By} = \frac{1}{2}ql(\uparrow)$$

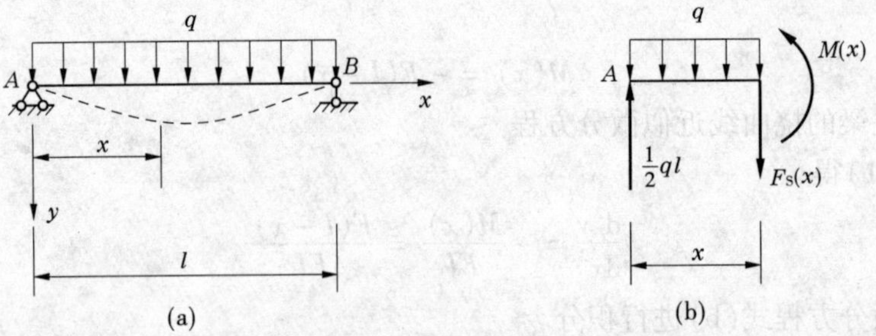

图 6-5　例 6-2 图

建立坐标系如图 6-5(a)所示,取 x 处横截面左边一段梁作为隔离体(见图 6-5(b)),弯矩方程为

$$M(x) = \frac{1}{2}qlx - \frac{1}{2}qx^2 \tag{a}$$

(2)建立梁的挠曲线近似微分方程。

由式(6-1)得

$$\frac{d^2y}{dx^2} = -\frac{M(x)}{EI} = -\frac{\frac{1}{2}qlx - \frac{1}{2}qx^2}{EI} = \frac{\frac{1}{2}qx^2 - \frac{1}{2}qlx}{EI} \tag{b}$$

(3)对微分方程进行积分。

积分一次,得

$$\theta = \frac{dy}{dx} = \frac{1}{EI}\left(\frac{1}{6}qx^3 - \frac{1}{4}qlx^2 + C\right) \tag{c}$$

再积分一次,得

$$y = \frac{1}{EI}\left(\frac{1}{24}qx^4 - \frac{1}{12}qlx^3 + Cx + D\right) \tag{d}$$

(4)利用梁的位移边界条件确定积分常数。

在梁两端的支座截面处,横截面的挠度等于零,即

$$x = 0 \text{ 和 } x = l \text{ 时}, y = 0$$

代入式(d),求得 $C = \frac{ql^3}{24}$,$D = 0$。

(5)给出转角方程和挠曲线方程。

$$\theta = \frac{dy}{dx} = \frac{1}{EI}\left(\frac{1}{6}qx^3 - \frac{1}{4}qlx^2 + \frac{ql^3}{24}\right) \tag{e}$$

$$y = \frac{1}{EI}\left(\frac{1}{24}qx^4 - \frac{1}{12}qlx^3 + \frac{ql^3}{24}x\right) \tag{f}$$

(6)求最大挠度和最大转角。

根据梁的受力情况和位移边界条件可知,梁的挠曲线具有对称性,即在梁的中点截面处,转角等于零,挠度最大。在两端的支座截面处,挠度等于零,转角最大。

将 $x = \frac{l}{2}$ 代入式(e)、式(f),可得 $\theta = 0$,最大挠度为

$$y_{\max} = \frac{5ql^4}{384EI}$$

将 $x = 0$ 和 $x = l$ 代入式(e)、式(f),可得 $y = 0$,最大转角为

$$(\theta_{\max})_A = \frac{ql^3}{24EI}, (\theta_{\max})_B = -\frac{ql^3}{24EI}$$

挠度为正,说明梁变形时中点截面向下移动;A 截面转角为正,说明横截面沿顺时针方向转动;B 截面转角为负,说明横截面沿逆时针方向转动。

当梁受到指向相同的横向荷载(分布荷载或集中荷载)作用时,简支梁的最大转角一定发生在左支座或右支座截面处,而简支梁的最大挠度,根据求函数极值的原理,将发生在 $\theta = \frac{dy}{dx} = 0$ 的截面处。

【例 6-3】 如图 6-6 所示等截面简支梁 AB,在支座 B 端作用一集中力偶 m,梁的抗弯刚度为 EI,试求梁的挠曲线方程和转角方程,并确定其最大挠度 $y_{\max}$ 和最大转角 $\theta_{\max}$。

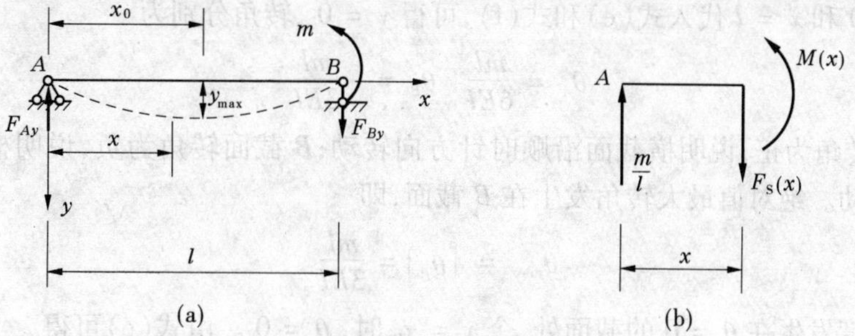

图 6-6　例 6-3 图

解　(1)列出梁的弯矩方程。

建立坐标系如图 6-6(a)所示,梁的支座反力为

$$F_{Ay} = \frac{m}{l}(\uparrow) \qquad F_{By} = \frac{m}{l}(\downarrow)$$

取距 A 截面 x 处横截面左边一段梁作为隔离体(见图 6-6(b)),弯矩方程为

$$M(x) = \frac{m}{l}x \tag{a}$$

(2)建立梁的挠曲线近似微分方程。

由式(6-1)得

$$\frac{d^2y}{dx^2} = -\frac{M(x)}{EI} = -\frac{\frac{m}{l}x}{EI} \tag{b}$$

(3)对微分方程进行积分。

积分一次,得

$$\theta = \frac{dy}{dx} = \frac{1}{EI}\left(-\frac{m}{2l}x^2 + C\right) \tag{c}$$

再积分一次,得

$$y = \frac{1}{EI}\left(-\frac{m}{6l}x^3 + Cx + D\right) \tag{d}$$

(4)利用梁的位移边界条件确定积分常数。

在梁两端的支座截面处,横截面的挠度等于零,即

$$x = 0 \text{ 和 } x = l \text{ 时}, y = 0$$

代入式(d),求得 $C = \dfrac{ml}{6}$,$D=0$。

(5)给出转角方程和挠曲线方程。

$$\theta = \frac{dy}{dx} = \frac{1}{EI}\left(-\frac{m}{2l}x^2 + \frac{ml}{6}\right) \tag{e}$$

$$y = \frac{1}{EI}\left(-\frac{m}{6l}x^3 + \frac{ml}{6}x\right) \tag{f}$$

(6)求最大挠度和最大转角。

根据梁的受力情况和位移边界条件可知,在两端的支座截面处,挠度等于零,绝对值最大的转角发生在 A 端或 B 端。

将 $x = 0$ 和 $x = l$ 代入式(e)和式(f),可得 $y = 0$,转角分别为

$$\theta_A = \frac{ml}{6EI} \quad \theta_B = -\frac{ml}{3EI}$$

A 截面转角为正,说明横截面沿顺时针方向转动;B 截面转角为负,说明横截面沿逆时针方向转动。绝对值最大转角发生在 B 截面,即

$$\theta_{max} = |\theta_B| = \frac{ml}{3EI}$$

最大挠度发生在 $\theta = 0$ 的截面处,令 $x = x_0$ 时,$\theta = 0$。由式(e)可得

$$x_0 = \frac{l}{\sqrt{3}} = 0.577l$$

再将 $x_0 = 0.577l$ 代入式(f),可得

$$y_{max} = \frac{ml^2}{9\sqrt{3}EI} = \frac{ml^2}{15.59EI}$$

挠度为正,由于 x_0 离跨中点很近,说明梁变形时中点截面向下移动。

梁跨度中点截面的挠度为

$$y_{x=\frac{l}{2}} = \frac{ml^2}{16EI}$$

比较 y_{max} 与 $y_{x=\frac{l}{2}}$ 可知,二者数值很接近。若用跨中挠度近似代替最大挠度,相对误差为

$$\frac{y_{max} - y_{x=\frac{l}{2}}}{y_{max}} = 2.6\%$$

【例 6-4】　如图 6-7 所示等截面简支梁 AB,在截面 D 处作用一集中力 F,梁的抗弯刚度为 EI,试求梁的挠曲线方程和转角方程,并确定其最大挠度 y_{max} 和最大转角 θ_{max}。

解　(1)列出梁的弯矩方程。

建立坐标系如图 6-7 所示,梁的支反力为

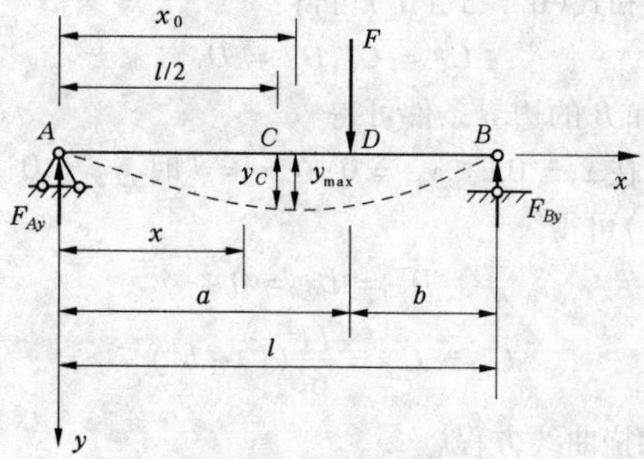

图 6-7　例 6-4 图

$$F_{Ay} = \frac{b}{l}F(\uparrow) \quad F_{By} = \frac{a}{l}F(\uparrow)$$

力 F 的作用点将梁分成两段，可分区段列出两段的弯矩方程为：

AD 段

$$M(x) = \frac{b}{l}Fx \quad (0 \leqslant x \leqslant a) \tag{a_1}$$

DB 段

$$M(x) = \frac{b}{l}Fx - F(x-a) \quad (a \leqslant x \leqslant l) \tag{a_2}$$

(2)建立梁的挠曲线近似微分方程并积分。

因两段梁的弯矩方程不同，梁段 *AD* 和 *DB* 的挠曲线方程及其积分也不同，应分别求解，如表 6-1 所示。

表 6-1　两段梁的挠曲线微分方程及其积分

梁段 $AD(0 \leqslant x \leqslant a)$	梁段 $DB(a \leqslant x \leqslant l)$
挠曲线微分方程为	挠曲线微分方程为
$\frac{d^2y}{dx^2} = -\frac{\frac{b}{l}Fx}{EI}$　(b_1)	$\frac{d^2y}{dx^2} = -\frac{\frac{b}{l}Fx - F(x-a)}{EI}$　(b_2)
积分一次，得	积分一次，得
$\theta_1 = \frac{1}{EI}\left[-\frac{b}{2l}Fx^2 + C_1\right]$　(c_1)	$\theta_2 = \frac{1}{EI}\left[-\frac{b}{2l}Fx^2 + \frac{F}{2}(x-a)^2 + C_2\right]$　(c_2)
再积分一次，得	再积分一次，得
$y_1 = \frac{1}{EI}\left[-\frac{b}{6l}Fx^3 + C_1x + D_1\right]$　(d_1)	$y_2 = \frac{1}{EI}\left[-\frac{b}{6l}Fx^3 + \frac{F}{6}(x-a)^3 + C_2x + D_2\right]$　(d_2)

(3)利用梁的位移边界条件和变形连续条件确定积分常数。

先利用 D 截面的变形连续条件可得

$$在\ x = a\ 处, \theta_1 = \theta_2, y_1 = y_2$$

代入式(c_1)、式(c_2)和式(d_1)、式(d_2)可得

$$C_1 = C_2, D_1 = D_2$$

再利用支座截面 A 和 B 的边界条件可得

$$\text{在 } x = 0 \text{ 时}, y_1 = 0; \text{在 } x = l \text{ 时}, y_2 = 0$$

分别代入式(d_1)和式(d_2)可得

$$D_1 = D_2 = 0$$

$$C_1 = C_2 = \frac{Fb}{6l}(l^2 - b^2)$$

(4)给出转角方程和挠曲线方程。

将求出的积分常数代入式(c_1)、式(c_2)和式(d_1)、式(d_2),便得到转角和挠度方程如表 6-2 所示。

表 6-2　两段梁的转角方程和挠度方程

梁段 $AD(0 \leqslant x \leqslant a)$	梁段 $DB(a \leqslant x \leqslant l)$
转角方程为	转角方程为
$\theta_1 = \frac{Fb}{6EIl}(l^2 - b^2 - 3x^2)$　(e_1)	$\theta_2 = \frac{Fb}{6EIl}\left[(l^2 - b^2 - 3x^2) + \frac{3l}{b}(x - a)^2\right]$　(e_2)
挠度方程为	挠度方程为
$y_1 = \frac{Fbx}{6EIl}(l^2 - b^2 - x^2)$　(f_1)	$y_2 = \frac{Fb}{6EIl}\left[(l^2 - b^2 - x^2)x + \frac{l}{b}(x - a)^3\right]$　(f_2)

(5)求最大挠度和最大转角。

根据梁的受力情况和位移边界条件可知,在两端的支座截面处,挠度等于零,绝对值最大的转角发生在 A 端或 B 端。

将 $x = 0$ 和 $x = l$ 分别代入式(e_1)、式(e_2),转角分别为

$$\theta_A = \frac{Fb}{6EIl}(l^2 - b^2) = \frac{Fab(l + b)}{6EIl}$$

$$\theta_B = \frac{Fb}{6EIl}[(l^2 - b^2 - 3l^2) + 3lb] = -\frac{Fab(l + a)}{6EIl}$$

若 $a > b$,由以上两式可以判定,绝对值最大转角发生在 B 截面,即

$$\theta_{\max} = |\theta_B| = \frac{Fab(l + a)}{6EIl}$$

最大挠度发生在 $\theta = 0$ 的截面处,令 $x = x_0$ 时, $\theta = 0$,应先确定 x_0 的值。由前面计算可知 $\theta_A > 0, \theta_B < 0$,另外在 $x = a$ 处,即 D 截面的转角为

$$\theta_D = \frac{Fb}{6EIl}(l^2 - b^2 - 3a^2) = \frac{Fab(b - a)}{3EIl}$$

若 $a>b$，则 $\theta_D<0$。从截面 A 到截面 D，转角由正变为负，改变了符号。由于挠曲线是光滑连续的曲线，转角为零的截面必在 AD 段内。在式(e_1)中，令 $x=x_0$ 时，$\theta=0$，解得

$$x_0=\sqrt{\frac{l^2-b^2}{3}} \tag{g}$$

把 x_0 的值代入式(f_1)，即可求得最大挠度为

$$y_{\max}=\frac{Fb}{9\sqrt{3}EIl}\sqrt{(l^2-b^2)^3} \tag{h}$$

(6)讨论。

①集中力作用在跨度中点时，$a=b=\dfrac{l}{2}$。由式(g)可以求得：$x_0=\dfrac{l}{2}$，$\theta=0$，即最大挠度发生在跨度中点处。由式(h)得

$$y_{\max}=\frac{Fl^3}{48EI}$$

②当集中力作用点从跨度中点向右移时，b 值减小，x_0 值增大，即最大挠度所在截面的位置也从跨度中点向右移。其极端情况是：当力 F 无限靠近 B 端支座处，即 $b\to 0$ 时，略去 b^2 项，得

$$x_0\approx\frac{l}{\sqrt{3}}=0.577l$$

$$y_{\max}\approx\frac{Fbl^2}{9\sqrt{3}EI}=\frac{Fbl^2}{15.59EI}$$

而梁跨度中点截面的挠度为

$$y_C=y_{x=\frac{l}{2}}=\frac{Fb}{48EI}(3l^2-4b^2)\approx\frac{Fbl^2}{16EI}$$

由此可见，即使在这种极端情况下，最大挠度仍然发生在梁跨度中点截面附近。因此，可以用跨中挠度近似代替最大挠度，引起的相对误差为2.6%。

由例6-2、例6-3和例6-4可知，简支梁不管受什么荷载作用，只要挠曲线上无拐点，最大挠度总是发生在跨度中点截面或中点截面附近，都可以用跨中点挠度值作为近似最大挠度值，其精度是能够满足工程计算要求的。

积分法是计算弯曲变形的基本方法，它的优点是可以求出转角和挠度的普遍方程式，由此可求梁上任一截面的转角和挠度。但它也是比较麻烦的方法，主要困难是当梁上荷载分布复杂或遇到变截面梁时，挠曲线微分方程数(设为 n)增加，积分常数(共为 $2n$)也随着增加。一般来说，要确定这些积分常数就需要解含 $2n$ 个未知数的代数方程，这会使计算过程变得非常繁杂。若在建立弯矩方程及求解转角和挠度方程的过程中遵守一定的规则，可将积分常数最终归结为两个，从而简化计算。这就是计算弯曲变形的初参数法。另外，在工程实际中，往往需要求出梁在某指定截面的位移，这时就可以采用共轭梁法求解。在计算变截面梁的位移时，用这种方法也比较简单。本章对初参数法和共轭梁法不作介绍，读者需要了解时，可参考有关书籍。

第四节　用叠加法计算弯曲变形

由于梁的变形很小,梁变形后其跨长的改变可忽略不计,且梁的材料在线弹性范围内工作,所求得的梁的挠度和转角都与梁上的荷载成线性关系,因此在这种情况下,可以利用叠加原理计算梁的位移。

在实际工程中,梁往往同时承受几种荷载的作用,计算这种情况下的位移比较麻烦。因此,常用基本方法求出各种典型荷载作用下梁的挠度和转角,如表 6-3 所示,当梁上荷载复杂时,就可以利用表 6-3 进行叠加运算,得出最后结果。这种计算位移的方法称为叠加法。

利用叠加法计算位移时,通常会遇到两种情况:一种情况是梁上的荷载可以分成若干个典型荷载,其中每个荷载都可以直接查表 6-3 求出位移,然后进行叠加运算;另一种情况是梁上的荷载不能化为可以直接查表的若干个典型荷载,需要将梁进行适当转化后,才能利用表中的结果进行叠加运算。前一种情况的叠加称为直接叠加或荷载叠加,后一种情况的叠加称为间接叠加或位移叠加(某些书称此法为逐段刚化法)。

表 6-3　简单荷载作用下梁的挠度和转角

序号	梁的简图	挠曲线方程	梁端面转角(绝对值)	最大挠度(绝对值)
1	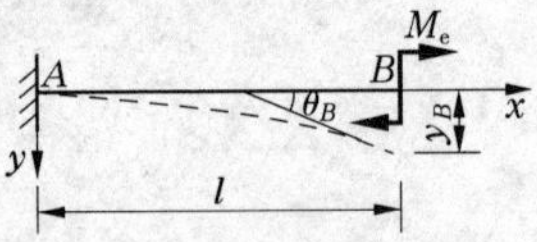	$y=\dfrac{M_e x^2}{2EI}$	$\theta_B=\dfrac{M_e l}{EI}(\curvearrowright)$	$y_B=\dfrac{M_e l^2}{2EI}(\downarrow)$
2	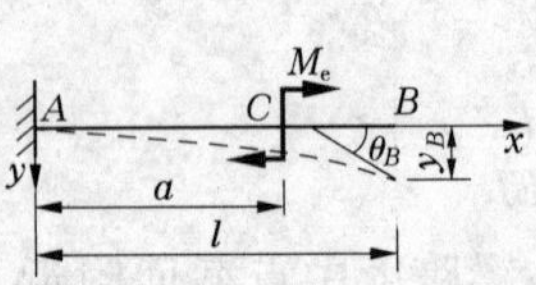	$y=\dfrac{M_e x^2}{2EI}$ $(0\leqslant x\leqslant a)$ $y=\dfrac{M_e a}{EI}\left[(x-a)+\dfrac{a}{2}\right]$ $(a\leqslant x\leqslant l)$	$\theta_B=\dfrac{M_e a}{EI}(\curvearrowright)$	$y_B=\dfrac{M_e a}{EI}\left(l-\dfrac{a}{2}\right)(\downarrow)$
3	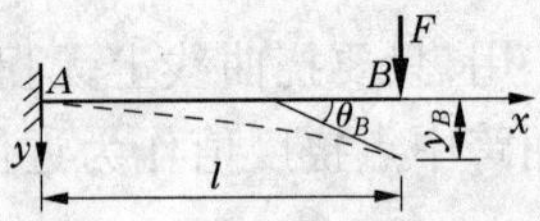	$y=\dfrac{Fx^2}{6EI}(3l-x)$	$\theta_B=\dfrac{Fl^2}{2EI}(\curvearrowright)$	$y_B=\dfrac{Fl^3}{3EI}(\downarrow)$
4	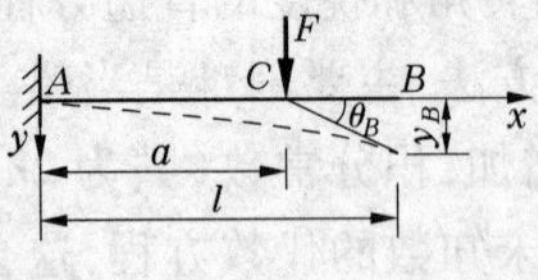	$y=\dfrac{Fx^2}{6EI}(3a-x)$ $(0\leqslant x\leqslant a)$ $y=\dfrac{Fa^2}{6EI}(3x-a)$ $(a\leqslant x\leqslant l)$	$\theta_B=\dfrac{Fa^2}{2EI}(\curvearrowright)$	$y_B=\dfrac{Fa^2}{6EI}(3l-a)(\downarrow)$
5	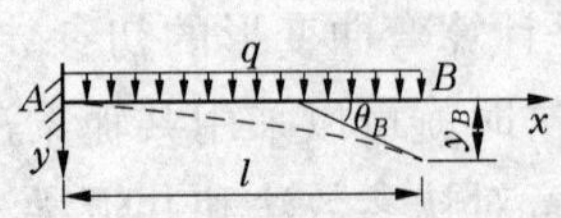	$y=\dfrac{qx^2}{24El}(x^2-4lx+6l^2)$	$\theta_B=\dfrac{ql^3}{6EI}(\curvearrowright)$	$y_B=\dfrac{ql^4}{8EI}(\downarrow)$

续表 6-3

序号	梁的简图	挠曲线方程	梁端面转角(绝对值)	最大挠度(绝对值)
6	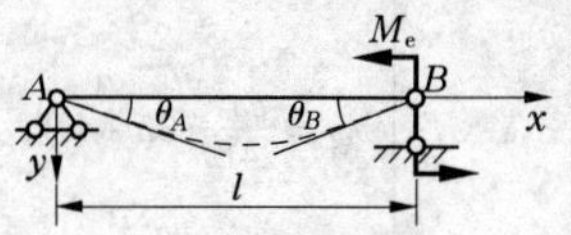	$y=\frac{M_e x}{6lEI}(l^2-x^2)$	$\theta_A=\frac{M_e l}{6EI}(\curvearrowright)$ $\theta_B=\frac{M_e l}{3EI}(\curvearrowleft)$	$y_{\max}=\frac{M_e l^2}{9\sqrt{3}EI}(\downarrow)$ $\left(x=\frac{l}{\sqrt{3}}\right)$ $y_{\frac{l}{2}}=\frac{M_e l^2}{16EI}(\downarrow)$
7	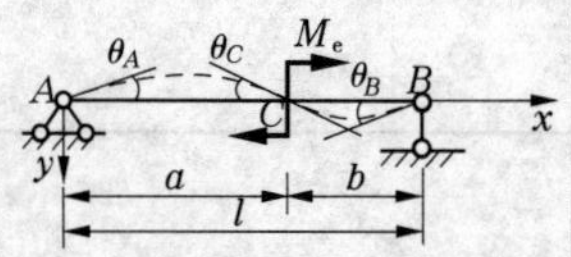	$y=-\frac{M_e x}{6lEI}(l^2-3b^2-x^2)$ $(0\leqslant x\leqslant a)$ $y=\frac{M_e}{6lEI}[-x^3+3l(x-a)^2+(l^2-3b^2)x]$ $(a\leqslant x\leqslant l)$	$\theta_A=\frac{M_e}{6lEI}(l^2-3b^2)(\curvearrowleft)$ $\theta_B=\frac{M_e}{6lEI}(l^2-3a^2)(\curvearrowleft)$ $\theta_C=\frac{M_e}{6lEI}(3a^2+3b^2-l^2)(\curvearrowright)$	$y_{\max}=\frac{M_e(l^2-3b^2)^{\frac{3}{2}}}{9\sqrt{3}lEI}(\uparrow)$ $\left(x=\sqrt{\frac{l^2-3b^2}{3}}\right)$ $y_{\max}=\frac{M_e(l^2-3a^2)^{\frac{3}{2}}}{9\sqrt{3}lEI}(\downarrow)$ $\left(x=\sqrt{\frac{l^2-3a^2}{3}}\right)$
8	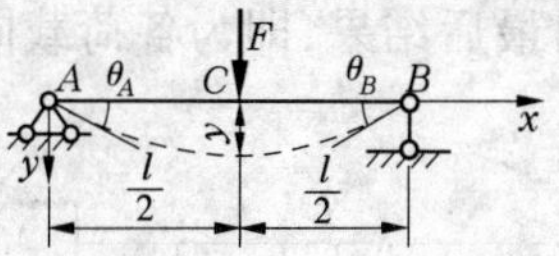	$y=\frac{Fx}{48EI}(3l^2-4x^2)$ $\left(0\leqslant x\leqslant\frac{l}{2}\right)$	$\theta_A=\frac{Fl^2}{16EI}(\curvearrowright)$ $\theta_B=\frac{Fl^2}{16EI}(\curvearrowleft)$	$y=\frac{Fl^3}{48EI}(\downarrow)$
9	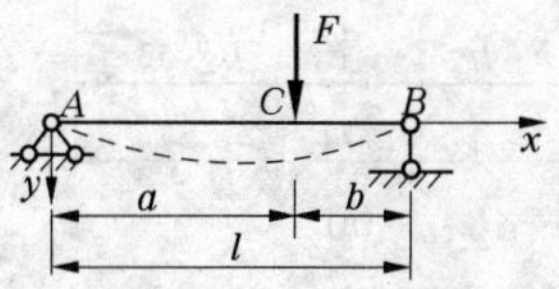	$y=\frac{Fbx}{6lEI}(l^2-x^2-b^2)$ $(0\leqslant x\leqslant a)$ $y=\frac{Fb}{6lEI}\left[\frac{l}{b}(x-a)^3+(l^2-b^2)x-x^3\right]$ $(a\leqslant x\leqslant l)$	$\theta_A=\frac{Fab(l+b)}{6lEI}(\curvearrowright)$ $\theta_B=\frac{Fab(l+a)}{6lEI}(\curvearrowleft)$	$y_{\max}=\frac{Fb(l^2-b^2)^{\frac{3}{2}}}{9\sqrt{3}lEI}(\downarrow)$ $\left(x=\sqrt{\frac{l^2-b^2}{3}}\ (a\geqslant b)\right)$ $y_{\frac{l}{2}}=\frac{Fb(3l^2-4b^2)}{48EI}(\downarrow)$
10	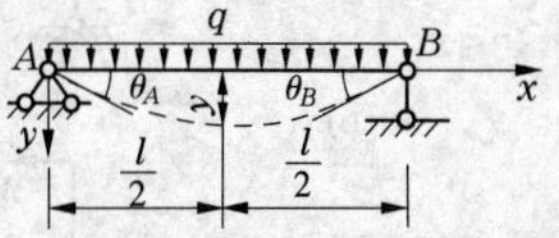	$y=\frac{qx}{24EI}(l^3-2lx^2+x^3)$	$\theta_A=\frac{ql^3}{24EI}(\curvearrowright)$ $\theta_B=\frac{ql^3}{24EI}(\curvearrowleft)$	$y_{\max}=\frac{5ql^4}{384EI}(\downarrow)$
11	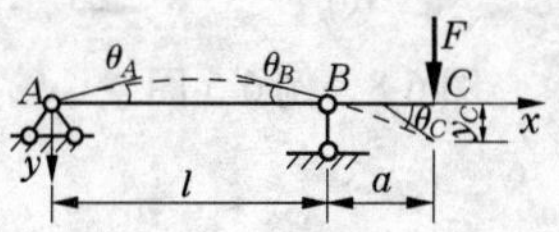	$y=-\frac{Fax}{6lEI}(l^2-x^2)$ $(0\leqslant x\leqslant l)$ $y=\frac{F(x-l)}{6EI}[a(3x-l)-(x-l)^2]$ $(l\leqslant x\leqslant(l+a))$	$\theta_A=\frac{Fal}{6EI}(\curvearrowleft)$ $\theta_B=\frac{Fal}{3EI}(\curvearrowright)$ $\theta_C=\frac{Fa}{6EI}(2l+3a)(\curvearrowright)$	$y_C=\frac{Fa^2}{3EI}(l+a)(\downarrow)$
12	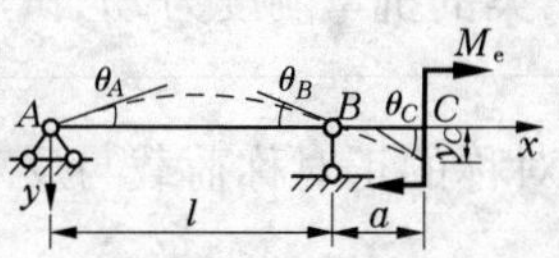	$y=-\frac{M_e x}{6lEI}(x^2-l^2)$ $(0\leqslant x\leqslant l)$ $y=\frac{M_e}{6EI}(3x^2-4xl+l^2)$ $(l\leqslant x\leqslant(l+a))$	$\theta_A=\frac{M_e l}{6EI}(\curvearrowleft)$ $\theta_B=\frac{M_e l}{3EI}(\curvearrowright)$ $\theta_C=\frac{M_e}{3EI}(l+3a)(\curvearrowright)$	$y_C=\frac{M_e a}{6EI}(2l+3a)(\downarrow)$

续表 6-3

序号	梁的简图	挠曲线方程	梁端面转角(绝对值)	最大挠度(绝对值)
13	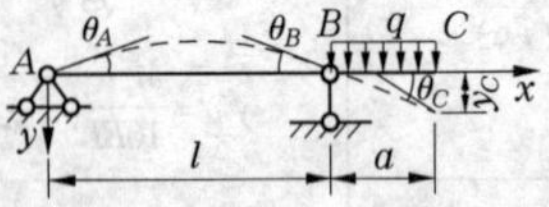	$y=-\frac{qa^2}{12EI}\left(lx-\frac{x^3}{l}\right)$ $(0\leqslant x\leqslant l)$ $y=\frac{qa^2}{12EI}\left[\frac{x^3}{l}-\frac{(2l+a)(x-l)^3}{al}+\frac{(x-l)^4}{2a^2}-lx\right]$ $(l\leqslant x\leqslant (l+a))$	$\theta_A=\frac{qa^2l}{12EI}(\curvearrowleft)$ $\theta_B=\frac{qa^2l}{6EI}(\curvearrowright)$ $\theta_C=\frac{qa^2}{6EI}(l+a)(\curvearrowright)$	$y_C=\frac{qa^3}{24EI}(3a+4l)(\downarrow)$ $y=-\frac{qa^2l^2}{18\sqrt{3}EI}(\uparrow)$ $\left(x=\frac{l}{\sqrt{3}}\right)$

一、直接叠加计算梁的位移

当计算梁在若干个典型荷载同时作用下的位移时,可以查表求出每一种典型荷载单独作用时的位移,然后进行叠加计算这些位移的代数和,得出最后结果,即为各荷载同时作用时所引起的位移。下面举例说明这种方法的应用。

【例 6-5】 如图 6-8 所示简支梁 AB,受均布荷载和集中力偶作用,梁的抗弯刚度为 EI,试用叠加法求梁跨中点 C 的挠度值和 A、B 截面的转角。

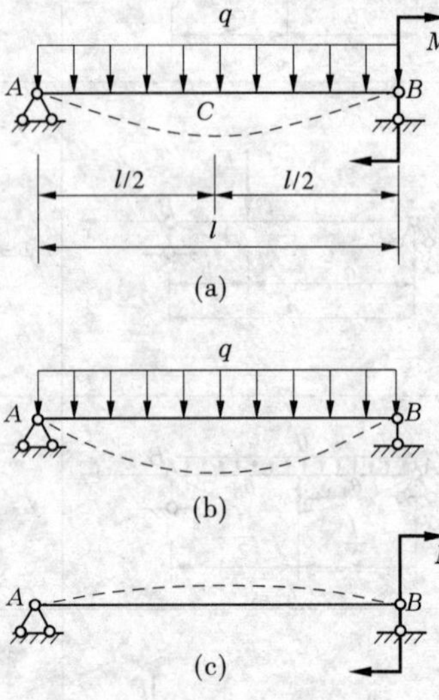

图 6-8 例 6-5 图

解 此梁上的荷载可以分为两项简单荷载,如图 6-8(b)、(c)所示。

(1)均布荷载单独作用时,从表 6-3 可以查得

$$y_{Cq}=\frac{5ql^4}{384EI}\qquad \theta_{Aq}=\frac{ql^3}{24EI}\qquad \theta_{Bq}=-\frac{ql^3}{24EI}$$

(2)集中力偶单独作用时,从表 6-3 可以查得

$$y_{CM}=-\frac{Ml^2}{16EI}\qquad \theta_{AM}=-\frac{Ml}{6EI}\qquad \theta_{BM}=\frac{Ml}{3EI}$$

(3)将以上两个结果叠加,得

$$y_C=y_{Cq}+y_{CM}=\frac{5ql^4}{384EI}-\frac{Ml^2}{16EI}$$

$$\theta_A=\theta_{Aq}+\theta_{AM}=\frac{ql^3}{24EI}-\frac{Ml}{6EI}$$

$$\theta_B=\theta_{Bq}+\theta_{BM}=-\frac{ql^3}{24EI}+\frac{Ml}{3EI}$$

【例 6-6】 如图 6-9(a)所示简支梁 AB,受均布荷载作用,梁的抗弯刚度为 EI,试用叠加法求梁跨中点 C 的挠度值和 A、B 截面的转角。

解 图 6-9(a)梁上的荷载可以分解为关于 C 截面左右对称的正对称荷载与反对称荷载两种情况的叠加,如图 6-9(b)、(c)所示。

(1)在正对称均布荷载作用下,从表 6-3 可以查得跨中截面的挠度和端截面的转角分

别为

$$y_{C1}=\frac{5(q/2)l^4}{384EI}=\frac{5ql^4}{768EI}$$

$$\theta_{A1}=-\theta_{B1}=\frac{ql^3}{48EI}$$

(2)在反对称均布荷载作用下,梁的挠曲线对于跨中截面应是反对称的,因而跨中截面 C 的挠度等于零。由于截面 C 的挠度等于零,但转角不等于零,且该截面上弯矩又等于零,故可将 AC 段和 CB 段分别视为受均布荷载作用且长度为 $l/2$ 的简支梁。因此,从表 6-3 可以查得两端截面的转角为

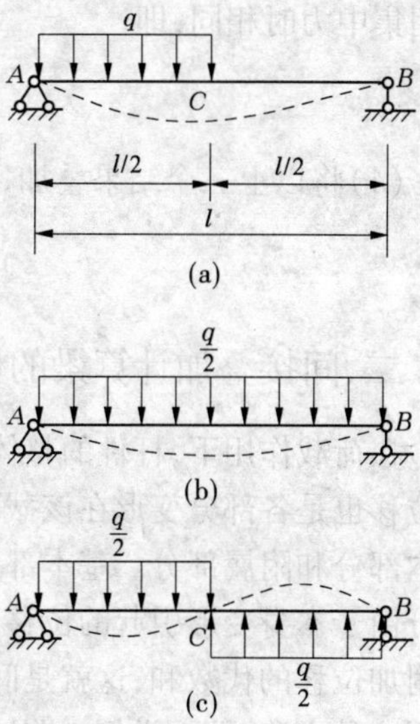

图 6-9　例 6-6 图

$$\theta_{A2}=\theta_{B2}=\frac{(q/2)(l/2)^3}{24EI}=\frac{ql^3}{384EI}$$

(3)将以上两个结果叠加,得

$$y_C=y_{C1}+y_{C2}=\frac{5ql^4}{768EI}$$

$$\theta_A=\theta_{A1}+\theta_{A2}=\frac{ql^3}{48EI}+\frac{ql^3}{384EI}=\frac{3ql^3}{128EI}$$

$$\theta_B=\theta_{B1}+\theta_{B2}=-\frac{ql^3}{48EI}+\frac{ql^3}{384EI}=-\frac{7ql^3}{384EI}$$

【例 6-7】　如图 6-10 所示简支梁 AB,在四等分点处受三个集中力 F 作用,梁的抗弯刚度为 EI,试用叠加法求梁跨中点 C 的挠度值。

解　图 6-10(a)梁上的荷载可以分解为在 D、C、E 截面分别作用集中力 F 的三种情况的叠加,如图 6-10(b)、(c)、(d)所示。

(1)在跨中 C 截面作用集中力时,从表 6-3 可以查得此时跨中截面 C 的挠度为

$$y_{C1}=\frac{Fl^3}{48EI}$$

(2)在 E 截面作用集中力时,从表 6-3 可以查得此时跨中截面 C 的挠度为

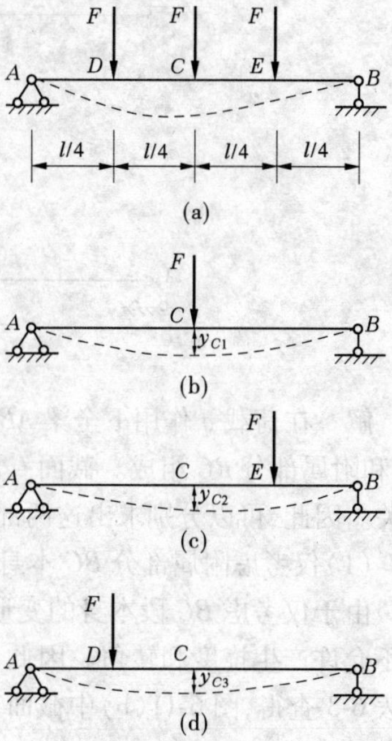

图 6-10　例 6-7 图

$$y_{C2}=\frac{Fb}{48EI}(3l^2-4b^2)$$

把 $b=\dfrac{l}{4}$ 代入,可得

$$y_{C2}=\frac{F\dfrac{l}{4}}{48EI}[3l^2-4(l/4)^2]=\frac{11Fl^3}{768EI}$$

(3)由对称关系可知,在 D 截面作用集中力时引起的跨中截面 C 的挠度与在 E 截面

作用集中力时相同,即

$$y_{C3} = y_{C2} = \frac{11Fl^3}{768EI}$$

(4)将以上三个结果叠加,得

$$y_C = y_{C1} + y_{C2} + y_{C3} = \frac{19Fl^3}{384EI}$$

二、间接叠加计算梁的位移

在荷载作用下,杆件的整体变形是由各微段变形积累的结果。同样,杆件在某截面处的位移也是各部分变形在该截面引起的位移的叠加。杆件常常可以看成由两部分组成:基本部分和附属部分。基本部分的变形将使附属部分产生刚体位移,称为牵连位移;附属部分由于本身变形引起的位移,称为附加位移。因此,附属部分的实际位移等于牵连位移与附加位移的代数和,这就是间接叠加法。在计算外伸梁、变截面悬臂梁和折杆的位移时常用这种方法,下面举例说明这种方法的应用。

【例 6-8】 如图 6-11(a)所示外伸梁 AC,受均布荷载作用,梁的抗弯刚度为 EI,试求自由端截面 C 的挠度和转角。

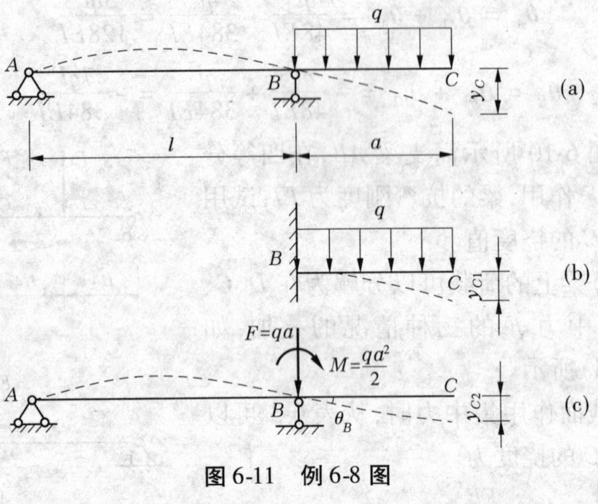

图 6-11　例 6-8 图

解　在荷载 q 作用下全梁 ABC 均发生弯曲变形,如前所述,该梁可看成由基本部分 AB 和附属部分 BC 组成。截面 C 的挠度不仅与 BC 段的变形有关,而且与 AB 段的变形也有关。因此,可以分别求出这两部分的变形在截面 C 处引起的挠度,然后进行叠加。

(1)仅考虑附属部分 BC 本身变形引起截面 C 处的挠度和转角(附加位移)。

由于仅考虑 BC 段本身的变形,就需要将基本部分 AB 段刚化(不变形),这样 B 截面就不允许产生挠度和转角。因此,BC 段可看成 B 端固定的悬臂梁,如图 6-11(b)所示。由表 6-3 查得,图 6-11(b)中截面 C 的挠度和转角分别为

$$y_{C1} = \frac{qa^4}{8EI} \tag{a}$$

$$\theta_{C1} = \frac{qa^3}{6EI} \tag{b}$$

(2)仅考虑基本部分 AB 段的变形引起截面 C 处的挠度和转角(牵连位移)。

同样,仅考虑 AB 段的变形时,需要将附属部分 BC 段刚化。由于 AB 段的变形使 BC 段产生刚体位移,BC 段倾斜成斜直线,如图 6-11(c)所示。于是,截面 C 的挠度和转角分别为

$$y_{C2} = a\tan\theta_B \approx a\theta_B \tag{c}$$

$$\theta_{C2} = \theta_B \tag{d}$$

式中　θ_B ——B 截面的转角,可由 AB 段的变形求出。

计算转角 θ_B 时,可将在 BC 段作用的均布荷载向 B 点简化,得到一等效力系,即作用在 B 点的集中力 $F = qa$ 和集中力偶 $M = \frac{qa^2}{2}$,如图 6-11(c)所示。该等效力系使梁 AB 段产生的位移与实际梁在 AB 段的位移完全相同。由图 6-11(c)可知,集中力 F 并不会使梁变形,所以只需考虑力偶 M 引起的位移。由表 6-3 可查得

$$\theta_B = \frac{Ml}{3EI} = \frac{qa^2 l}{6EI} \tag{e}$$

将式(e)代入式(c)、式(d),得

$$y_{C2} = a\theta_B = \frac{qa^3 l}{6EI} \tag{f}$$

$$\theta_{C2} = \theta_B = \frac{qa^2 l}{6EI} \tag{g}$$

(3)根据叠加原理,将以上两步计算的结果叠加,可得截面 C 的总挠度和总转角,即

$$y_C = y_{C1} + y_{C2} = \frac{qa^4}{8EI} + \frac{qa^3 l}{6EI} = \frac{qa^3}{24EI}(3a + 4l)$$

$$\theta_C = \theta_{C1} + \theta_{C2} = \frac{qa^3}{6EI} + \frac{qa^2 l}{6EI} = \frac{qa^2}{6EI}(a + l)$$

【例 6-9】　如图 6-12(a)所示变截面悬臂梁 AC,受集中力作用,梁 BA 段的抗弯刚度为 EI,CB 段的抗弯刚度为 $2EI$。试用叠加法求自由端截面 A 的挠度和转角。

解　该变截面梁不能直接利用表 6-3 的结果,可看成是由基本部分 CB 和附属部分 BA 组成的。

(1)仅考虑附属部分 BA 本身变形引起截面 A 处的挠度和转角。

将基本部分 CB 段刚化,则附属部分 BA 段可看成 B 端固定的悬臂梁,如图 6-12(b)所示。由表 6-3 查得,图 6-12(b)中截面 A 的挠度和转角分别为

$$y_{A1} = \frac{F\left(\frac{l}{2}\right)^3}{3EI} = \frac{Fl^3}{24EI}$$

$$\theta_{A1} = -\frac{F\left(\frac{l}{2}\right)^2}{2EI} = -\frac{Fl^2}{8EI}$$

(2)仅考虑基本部分 CB 段的变形引起截面 A 处的挠度和转角。

将附属部分 BA 段刚化。由于 CB 段的变形使 BA 段产生刚体位移,BA 段倾斜成斜直线,如图 6-12(c)所示。CB 段的位移查表 6-3 可得

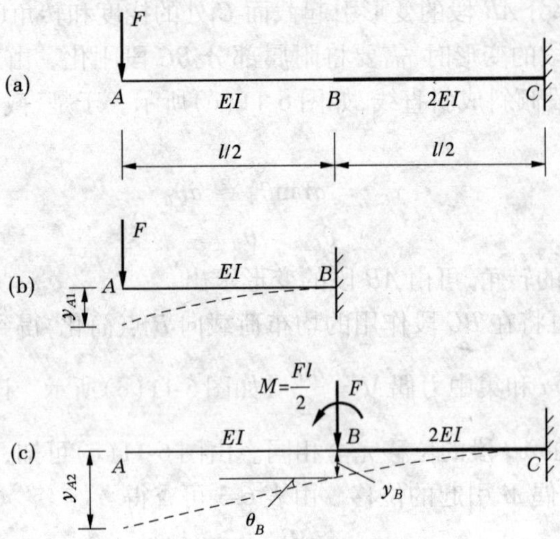

图 6-12　例 6-9 图

$$y_B = y_{BF} + y_{BM} = \frac{F\left(\frac{l}{2}\right)^3}{3\times 2EI} + \frac{M\left(\frac{l}{2}\right)^2}{2\times 2EI} = \frac{5Fl^3}{96EI}$$

$$\theta_B = \theta_{BF} + \theta_{BM} = -\frac{F\left(\frac{l}{2}\right)^2}{2\times 2EI} - \frac{M\times\frac{l}{2}}{2EI} = -\frac{3Fl^2}{16EI}$$

由于 BA 段刚化,BA 段为斜直线,在计算出 B 截面挠度和转角的基础上求 A 截面的位移,可得

$$y_{A2} = y_B + |\theta_B|\frac{l}{2} = \frac{5Fl^3}{96EI} + \frac{3Fl^2}{16EI}\times\frac{l}{2} = \frac{7Fl^3}{48EI}$$

$$\theta_{A2} = \theta_B = -\frac{3Fl^2}{16EI}$$

(3)根据叠加原理,将以上两步计算的结果叠加,可得截面 A 的总挠度和总转角,即

$$y_A = y_{A1} + y_{A2} = \frac{Fl^3}{24EI} + \frac{7Fl^3}{48EI} = \frac{3Fl^3}{16EI}$$

$$\theta_A = \theta_{A1} + \theta_{A2} = -\frac{Fl^2}{8EI} - \frac{3Fl^2}{16EI} = -\frac{5Fl^2}{16EI}$$

【例 6-10】　如图 6-13(a)所示平面折杆受集中力作用,各段的抗弯刚度均为 EI,截面面积均为 A。试求自由端截面 C 的水平位移 Δ_{CH} 和竖向位移 Δ_{CV} 。

解　(1)求附属部分 BC 本身变形引起的截面 C 处的位移。

将基本部分 AB 段刚化,则附属部分 BC 段可看成 B 端固定的悬臂梁,如图 6-13(b)所示。由表 6-3 查得,图 6-13(b)中截面 C 的位移为

$$\Delta_{CV1} = \frac{Fl^3}{3EI}$$

$$\Delta_{CH1} = 0$$

(2)求基本部分 BA 段的变形引起截面 C 处的位移。

将附属部分 BC 段刚化，则基本部分 BA 段的变形使 BC 段产生刚体位移，如图6-13(c)所示，CB 段的位移查表6-3可得

$$\Delta_{BH} = y_B = \frac{Ml^2}{2EI} = \frac{Fl^3}{2EI}$$

$$\theta_B = \frac{Ml}{EI} = \frac{Fl^2}{EI}$$

$$\Delta_{BV} = \Delta l_{AB} = \frac{Fl}{EA}$$

由于 BA 段刚化为斜直线，在计算出 B 截面挠度和转角的基础上求 C 截面的位移，可得

$$\Delta_{CV2} = \Delta_{BV} + \theta_B l = \frac{Fl}{EA} + \frac{Fl^3}{EI}$$

$$\Delta_{CH2} = \Delta_{BH} = \frac{Fl^3}{2EI}$$

(3)根据叠加原理，将以上两步计算的结果叠加，可得截面 C 的总位移，即

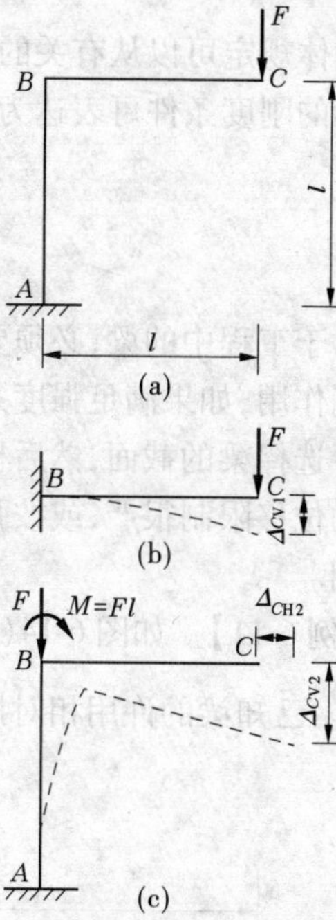

图6-13　例6-10图

$$\Delta_{CV} = \Delta_{CV1} + \Delta_{CV2} = \frac{Fl^3}{3EI} + \frac{Fl}{EA} + \frac{Fl^3}{EI} = \frac{4Fl^3}{3EI} + \frac{Fl}{EA}(\downarrow)$$

$$\Delta_{CH} = \Delta_{CH1} + \Delta_{CH2} = \frac{Fl^3}{2EI}(\rightarrow)$$

由计算结果可知，C 截面的竖向位移由两部分组成：第一项是折杆弯曲变形产生的位移，第二项是折杆轴向变形产生的位移。对于细长杆，第二项与第一项的比值很小，在工程中一般可忽略轴向变形对折杆位移的影响。

第五节　梁的刚度校核·提高梁刚度的措施

一、梁的刚度校核

在工程中，根据强度条件对梁进行设计后，往往还要对梁进行刚度校核，把梁的变形控制在工程允许的范围之内，即梁的最大挠度或转角不能超过规定的限度。若梁的位移超出规定的限度，正常工作条件就得不到保证。例如，桥梁的挠度过大，当车辆通过时就会发生很大的振动；机床中的主轴如果挠度过大，将影响对工件的加工精度；传动轴在支座处的转角过大，将会使轴承发生严重的磨损等。

在各类工程设计中，对构件弯曲位移的许可值有不同的规定。对于梁的挠度，其许用值通常用许用的挠度与跨度的比值 $\left[\frac{y}{l}\right]$ 作为标准。例如，在土建工程中，$\left[\frac{y}{l}\right]$ 值常限制在 $\frac{1}{1\,000} \sim \frac{1}{250}$ 范围内；在机械制造工程中，对主要的轴 $\left[\frac{y}{l}\right]$ 值常限制在 $\frac{1}{10\,000} \sim$

$\frac{1}{5\,000}$ 范围内；对传动轴在支座处的许用转角 $[\theta]$ 值一般限制在 0.001 ~ 0.005 rad 范围内。具体规定可以从有关的设计规范中查得。

梁的刚度条件可表达为

$$\frac{y_{\max}}{l} \leqslant \left[\frac{y}{l}\right] \tag{6-4}$$

$$\theta_{\max} \leqslant [\theta] \tag{6-5}$$

对于工程中的梁，必须要同时满足强度条件和刚度条件。一般情况下，强度条件往往起控制作用，如果满足强度条件，刚度条件一般也能满足。因此，在设计梁时，一般先由强度条件选择梁的截面，然后校核刚度。在设计工作中，刚度要求常处于从属地位。但当对构件的位移限制很严，或按强度条件所选用的构件截面过于单薄时，刚度条件也可能起控制作用。

【例 6-11】 如图 6-14(a)所示吊车梁，由 45b 工字钢制成，其跨度 $l=9$ m，起重量为 50 kN。已知梁的许用相对挠度 $\left[\frac{y}{l}\right]=\frac{1}{500}$，材料的弹性模量 $E=210$ GPa。试校核梁的刚度。

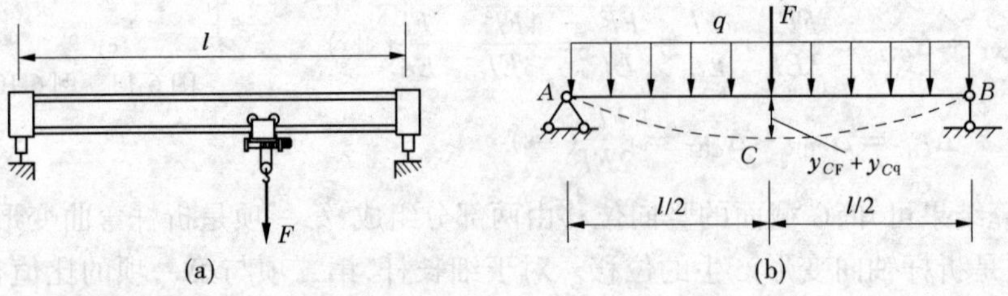

图 6-14　例 6-11 图

解　吊车梁的计算简图如图 6-14(b)所示，梁的自重为均布荷载，电葫芦的轮压力为一集中力，当其行至中点截面 C 时，所产生的挠度最大。

(1)求截面 C 处的最大挠度。

由型钢表查得，梁的自重及横截面的惯性矩分别为

$$q = 87.4\ \text{kg/m} = 874\ \text{N/m} \qquad I = 33\,760\ \text{cm}^4$$

由 F 和 q 引起的最大挠度均位于梁的跨中截面 C，由表 6-3 可得

$$\begin{aligned} y_{\max} &= y_{CF} + y_{Cq} = \frac{Fl^3}{48EI} + \frac{5ql^4}{384EI} \\ &= \frac{50 \times 10^3 \times 9^3}{48 \times 210 \times 10^9 \times 33\,760 \times 10^{-8}} + \frac{5 \times 874 \times 9^4}{384 \times 210 \times 10^9 \times 33\,760 \times 10^{-8}} \\ &= 0.011\,76\ (\text{m}) \end{aligned}$$

(2)校核刚度。由刚度条件式(6-4)可得

$$\frac{y_{\max}}{l} = \frac{0.011\,76}{9} = \frac{1}{765} < \left[\frac{y}{l}\right] = \frac{1}{500}$$

故刚度满足要求。

【例6-12】 如图6-15(a)所示圆木简支梁,其跨度 $l=4\ \text{m}$,$q=1.5\ \text{kN/m}$,材料的许用正应力 $[\sigma]=10\ \text{MPa}$,许用相对挠度 $\left[\frac{y}{l}\right]=\frac{1}{200}$,材料的弹性模量 $E=10\ \text{GPa}$。试设计梁横截面的直径 d。

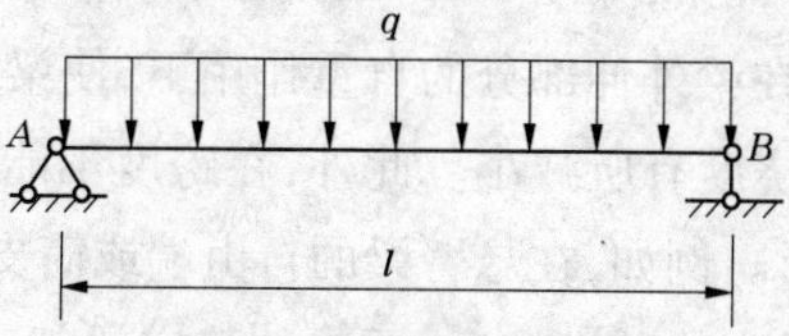

图6-15　例6-12图

解 (1)由强度条件设计梁横截面的直径 d。

$$\sigma_{\max}=\frac{M_{\max}}{W_z}\leqslant[\sigma]$$

式中:$M_{\max}=\frac{1}{8}ql^2$,$W_z=\frac{\pi d^3}{32}$,代入强度计算公式,可得

$$d\geqslant\sqrt[3]{\frac{4ql^2}{\pi[\sigma]}}=\sqrt[3]{\frac{4\times1.5\times10^3\times4^2}{\pi\times10\times10^6}}=145\times10^{-3}(\text{m})=145\ \text{mm}$$

(2)由刚度条件设计梁横截面的直径 d。

$$\frac{y_{\max}}{l}\leqslant\left[\frac{y}{l}\right]$$

式中:$y_{\max}=\frac{5ql^4}{384EI}$,$I=\frac{\pi d^4}{64}$,代入刚度计算公式,可得

$$d\geqslant\sqrt[4]{\frac{5ql^3}{6\pi E\left[\frac{y}{l}\right]}}=\sqrt[4]{\frac{5\times1.5\times10^3\times4^3}{6\pi\times10\times10^9\times\frac{1}{200}}}=150\times10^{-3}(\text{m})=150\ \text{mm}$$

为了同时满足强度条件和刚度条件,该圆木梁所需最小直径 $d=150\ \text{mm}$。

二、提高梁刚度的措施

由表6-3可以看出,梁的挠度和转角与荷载情况、支座条件、跨度长短、梁横截面形状和截面尺寸及材料的弹性模量有关。因此,为了减小梁的弯曲变形,就要提高梁的刚度,从考虑以上几种因素入手,一般可以采取以下措施。

(一)增大梁的抗弯刚度 EI

这里包括材料的弹性模量 E 和截面惯性矩 I 两个因素。应当指出,对于钢材来说,采用高强度钢可以显著提高梁的强度,但对刚度的改善并不明显,因为高强度钢与普通低碳钢的弹性模量相差不大。因此,应主要增加截面惯性矩。在截面面积不变的情况下,采用适当形状的截面使截面面积分布在距中性轴较远处,从而达到增大惯性矩的目的。这样,不仅可以降低应力,而且能增大梁的抗弯刚度以减小位移。所以,工程上常采用工字形、箱形、槽形等形状的截面。

(二)调整跨长和改变结构

由表 6-3 可知,梁的挠度和转角与梁的跨长的 n 次幂成正比。如果在满足使用要求的前提下,能设法缩短梁的跨长,就能显著地减小梁的挠度和转角。例如,工程中桥式起重机的钢梁通常采用两端外伸梁,如图 6-16(a)所示,与简支梁(见图 6-16(c))相比可使最大挠度减小很多,原因是在梁外伸部分的自重作用下,使梁产生向上的挠度(见图 6-16(b)),从而使 AB 段向下的挠度有所减小。此外,在跨度不能缩短的情况下,可采用增加支座的方法来减小梁的变形。例如,在悬臂梁的自由端或简支梁的跨中增加支座,都可以显著地减小梁的挠度。但采取这种措施后,原来的静定梁就变成了超静定梁。关于简单的超静定梁的解法,将在下节介绍。

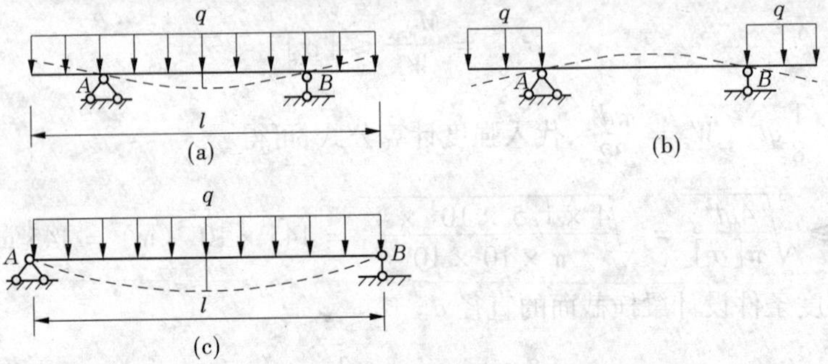

图 6-16　调整梁的跨度和结构对梁挠度的影响

第六节　简单超静定梁的解法

一、超静定梁的概念

前面所讨论的梁,其支反力和任意截面的内力都可以通过静力平衡方程求得,称为静定梁。但在工程实际中,为了提高梁的强度和刚度,或因构造上的需要,往往在静定梁上增加一个或几个支承。这时,未知力的数目便超过了静力平衡方程的数目,仅由平衡方程不能求出梁的全部反力,这种梁称为超静定梁,又称静不定梁。

在超静定梁中,多于维持其静力平衡所必需的约束称为多余约束,与其相应的支反力称为多余约束力。超静定梁的多余约束的数目称为该梁的超静定次数。例如,在图 6-17(a)中,对一根梁只能写出三个独立的静力平衡方程,因此在简支梁的中间增加一个支座(见图 6-17(b)),此时梁的支反力有四个,所以只用静力平衡条件不能求出全部的支反力,该梁是一次超静定梁。图 6-18(b)中,在图 6-18(a)悬臂梁的基础上增加了两个支承,梁的支反力有五个,同样只能列三个独立的静力平衡方程,该梁是二次超静定梁。

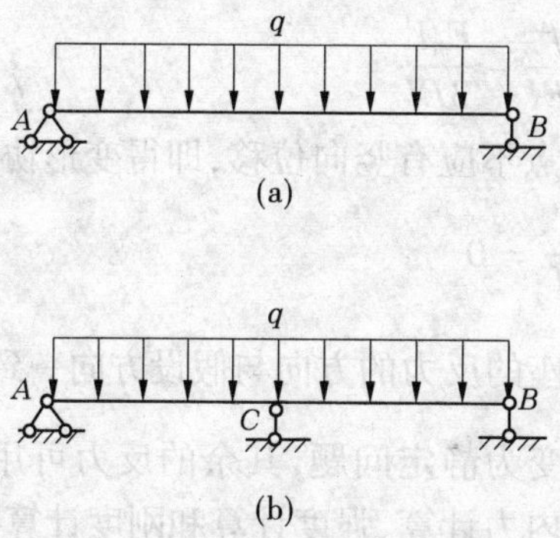

图 6-17　简支梁与超静定梁

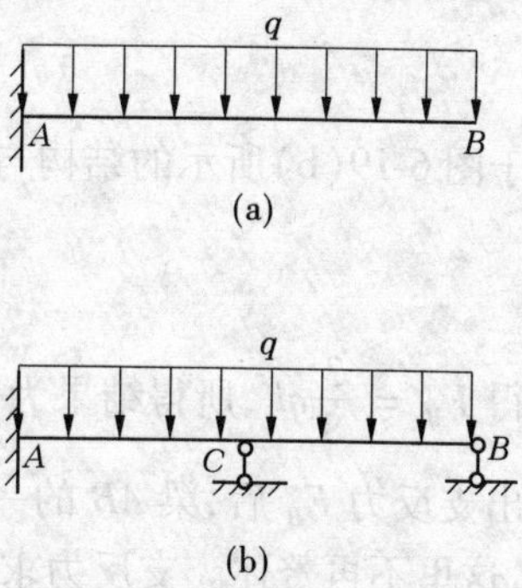

图 6-18　悬臂梁与超静定梁

二、简单超静定梁的解法

超静定梁的内力求解方法很多，这里介绍最基本的一种——力法，其他方法将在结构力学中介绍。力法解超静定梁的思路与解拉压超静定问题类似，也是根据构件的变形协调条件和力与变形间的物理关系建立补充方程，然后与静力平衡方程联立求解。如何建立补充方程是求解超静定梁的关键。

下面结合图 6-19(a)所示的超静定梁来具体说明该方法。

如图 6-19(a)所示为一次超静定梁，故需建立一个补充方程。可以设想，如果撤除超静定梁上的多余约束，则此超静定梁将变为一个静定梁，这个静定梁称为原超静定梁的基本结构。如图 6-19(b)所示，将支座 B 视为多余约束，将该支座解除，并在 B 点施加与所解除的约束相对应的支反力 F_B，假设其方向向上。这样就得到了一个在均布荷载 q 和 F_B 共同作用下的静定悬臂梁，即为原超静定梁的基本结构。

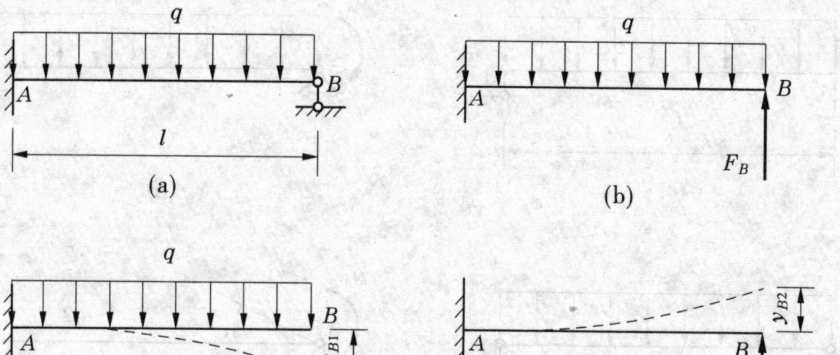

图 6-19　力法计算超静定梁(解法一)

静定梁的受力和变形情况应与原超静定梁完全一致，根据原超静定梁的约束条件可知，此梁在 B 点的挠度应等于零，即 $y_B=0$。图 6-19(b)所示的静定梁在均布荷载 q 和 F_B 共同作用下，B 点的挠度也应等于零。由叠加法可知，B 点的挠度等于均布荷载单独作用在 B 处产生的挠度 y_{B1}（见图 6-19(c)）与集中力 F_B 单独作用在 B 处产生的挠度 y_{B2}（见图 6-19(d)）的代数和。由表 6-3 查得

$$y_B = y_{B1} + y_{B2} = \frac{ql^4}{8EI} - \frac{F_B l^3}{3EI}$$

由于图 6-19(b)所示的结构与原结构等价,B 点不应有竖向位移,即得变形协调条件

$$y_B = \frac{ql^4}{8EI} - \frac{F_B l^3}{3EI} = 0$$

解得 $F_B = \frac{3}{8}ql$,所得结果为正值,说明 B 支座的反力的方向与假设方向一致。

求出支反力 F_B 后,梁 AB 的一次超静定问题变为静定问题,其余的反力可用平衡方程求出,这里不再赘述。支反力求得后,即可进行内力计算、强度计算和刚度计算。

由以上分析可知,力法解超静定梁的步骤是:解除多余约束,用多余约束力代替,建立静定梁,即原超静定梁的基本结构;利用相应的变形协调条件和物理关系建立补充方程;解方程求出多余约束力,然后与平衡方程联立解出所有的支反力。

解超静定梁时,选择哪个约束为多余约束并不是固定的,可根据解题时的方便而定。选取的多余约束不同,相应的基本结构的形式和变形条件也随之不同。例如,上述的超静定梁(见图 6-20(a)),也可以选择阻止 A 端转动的约束力偶为多余约束,相应的多余约束力则为力偶矩 M_A。解除多余约束后,固定端 A 将变为固定铰支座,相应的基本结构为一简支梁。这时,要求此梁满足的变形条件则是 A 端的转角为零,即

$$\theta_A = \theta_{A1} + \theta_{A2} = \frac{ql^3}{24EI} - \frac{M_A l}{3EI} = 0$$

解得 $M_A = \frac{1}{8}ql^2$,所得结果为正值,说明 A 支座约束力偶的方向与假设方向一致。最后利用平衡条件求出其他支反力,结果与前面相同。

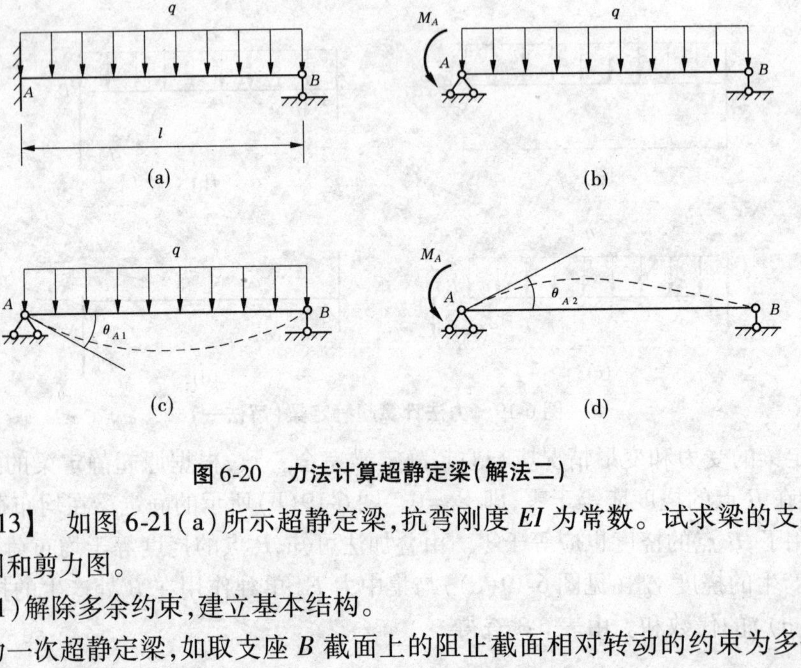

图 6-20　力法计算超静定梁(解法二)

【例 6-13】　如图 6-21(a)所示超静定梁,抗弯刚度 EI 为常数。试求梁的支反力,并绘制弯矩图和剪力图。

解　(1)解除多余约束,建立基本结构。

此梁为一次超静定梁,如取支座 B 截面上的阻止截面相对转动的约束为多余约束,

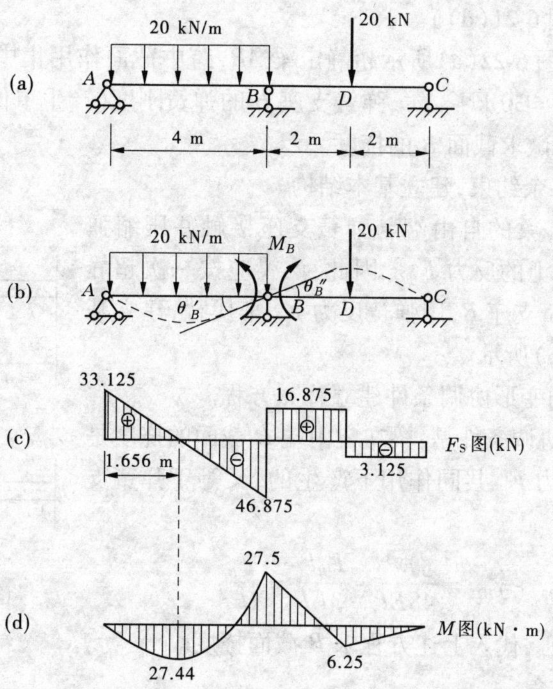

图6-21　例6-13图

则相应的多余约束力为分别作用于简支梁 AB 和 BC 在 B 端处的一对弯矩 M_B。基本结构为在 B 支座截面上安置铰的静定梁，如图6-21(b)所示。

(2)利用相应的变形协调条件建立补充方程。

支座 B 处的变形协调条件是简支梁 AB 的截面 B 转角和简支梁 BC 的截面 B 转角相等，即

$$\theta'_B = \theta''_B \tag{a}$$

利用表6-3可得

$$\theta'_B = -\frac{ql^3}{24EI} - \frac{M_B l}{3EI} \tag{b}$$

$$\theta''_B = \frac{Fl^2}{16EI} + \frac{M_B l}{3EI} \tag{c}$$

将式(b)和式(c)代入式(a)，得补充方程

$$-\frac{20\times4^3}{24EI} - \frac{M_B\times4}{3EI} = \frac{20\times4^2}{16EI} + \frac{M_B\times4}{3EI}$$

(3)解方程求 M_B，再利用平衡方程求其他支反力，绘制梁的弯矩图和剪力图。

解上面的方程，可得

$$M_B = -27.5\ \text{kN}\cdot\text{m}$$

其中，负号表示支座 B 处的弯矩与假设方向相反，即为上侧受拉的负弯矩。

求出多余约束力 M_B 后，可由基本结构根据平衡条件求得其余支反力分别为 $F_A = 33.125\ \text{kN}$，$F_B = 63.75\ \text{kN}$，$F_C = 3.125\ \text{kN}$。然后在基本结构上绘出剪力图(见图6-21

(c))和弯矩图(见图 6-21(d))。

【例 6-14】 如图 6-22(a)所示超静定梁 AB,跨中截面作用集中力 $F = 1$ kN。已知 $l=1$ m,抗弯刚度 $EI=30$ kN·m^2,弹簧支座 B 的弹簧刚度(产生单位位移所需施加的力)为 $k = 175$ kN/m。试求截面 B 的挠度。

解 (1)解除多余约束,建立基本结构。

在力 F 作用下,梁的自由端与弹簧支座接触并压缩弹簧,弹簧产生竖直向上的反力 F_B。因此,该梁应按一次超静定梁求解。解除弹簧支座 B,用弹簧反力 F_B 来代替,建立基本结构,如图 6-22(b)所示。

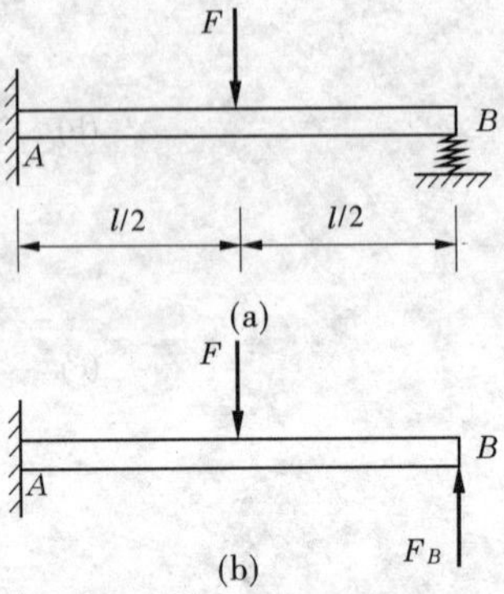

图 6-22　例 6-14 图

(2)利用相应的变形协调条件建立补充方程。

该结构的变形协调条件是:梁在自由端 B 截面的挠度是集中力 F 和弹簧反力 F_B 共同作用下产生的,又等于弹簧支座的压缩量,即

$$y_B = y_{B1} + y_{B2} = \frac{5Fl^3}{48EI} - \frac{F_B l^3}{3EI} = \frac{F_B}{k}$$

(3)解方程求 F_B,代入上述方程求 B 截面挠度。

解上面方程,可得

$$F_B = \frac{5kFl^3}{16 \times (3EI + kl^3)} = \frac{5 \times 175 \times 1 \times 1^3}{16 \times (3 \times 30 + 175 \times 1^3)} = 0.206\ (\text{kN})$$

于是

$$y_B = \frac{F_B}{k} = \frac{0.206}{175} = 1.18 \times 10^{-3}(\text{m}) = 1.18\ \text{mm}$$

即梁在 B 截面的挠度为 1.18 mm。

小　结

本章主要研究平面弯曲梁在小变形前提下的变形计算,介绍了求梁变形的两种方法:积分法和叠加法。

一、积分法求梁变形

积分法求梁变形的步骤如下:

(1)外力分析。列平衡方程,求出支反力,并校核计算结果。

(2)内力分析。用截面法列出任一截面的弯矩方程。在列弯矩方程时,需按集中力、集中力偶作用截面及分布荷载的始终点截面分段。此外,还应在材料弹性模量 E 及截面惯性矩 I 突变处及中间铰处分段。上述分段原则很重要。

(3)列出梁的挠曲线近似微分方程,并对其逐次积分,用数学知识求不定积分。

$$\frac{d^2y}{dx^2} = \frac{-M(x)}{EI} \tag{a}$$

式(a)是以教材所选坐标系和对弯矩、挠度、转角等正负号规定为前提建立的挠曲线近似微分方程。在列挠曲线近似微分方程时,要对正负号予以充分注意。当前面的弯矩方程分段列出时,对应区段的挠曲线方程也要分段列出。

(4)利用位移边界条件和变形连续条件确定积分常数,它是积分法的关键。

位移边界条件是由支座的约束性质决定的,而连续条件通常是指弯矩方程分段处的分界截面两侧挠度和转角相等。

(5)将积分常数代入,建立转角方程和挠度方程。

(6)求最大转角、最大挠度或指定截面的转角和挠度。

积分法适用于计算简单荷载作用下梁的变形,可以建立一般情况下的转角方程和挠度方程。

二、叠加法

(1)叠加原理:梁在多种荷载作用下任一截面的转角和挠度等于该梁在每一种荷载单独作用下,同一截面转角和挠度的总和。

(2)叠加原理的适用条件:梁的变形很小,材料服从虎克定律。

(3)熟练掌握直接叠加法求梁的位移:由表6-3可以查得基本形式梁在单一荷载作用下的挠曲线方程、端截面转角及绝对值最大的挠度。但要注意对比题中与表中各物理量(荷载及长度)的符号、方向和大小,若有差异,应作代换,切忌生搬硬套。

(4)理解间接叠加法与直接叠加法的区别。间接叠加法是把位移分解为基本部分的牵连位移与附属部分的附加位移两部分来计算,其中附属部分的位移等于牵连位移与附加位移之和。间接叠加法主要适用于外伸梁、变截面悬臂梁和折杆的位移计算。

叠加法利用已有简单荷载作用下的位移公式,可以方便地求出梁的变形,在材料力学中有广泛的应用。

三、梁的刚度分析

(1)梁的刚度条件是

$$\frac{y_{\max}}{l} \leqslant \left[\frac{y}{l}\right]$$

$$\theta_{\max} \leqslant [\theta]$$

可从有关设计规范或手册中查得 $[\theta]$ 及 $\left[\frac{y}{l}\right]$ 值。

(2)梁的刚度条件的应用包括刚度校核、截面设计及确定许用荷载三方面。

(3)提高梁的刚度的措施:选择合理的截面形状和尺寸、增大惯性矩、提高材料的弹性模量、合理安排梁的支座与加载方式、减小梁的跨度或有关长度等。

四、超静定梁

未知支反力的数目多于独立平衡方程数目的梁称为超静定梁。

力法求解超静定梁的步骤如下:

(1)确定超静定次数。

(2)解除多余约束,建立基本结构。解除多余约束,并在该处施加相应的多余约束反力,形成一个有已知荷载和未知多余约束反力共同作用下的静定梁,称为原超静定梁的基本结构。选择合适的基本结构,便于解题。

(3)建立补充方程。基本结构在荷载和未知多余约束反力共同作用下的变形与原超静定梁的变形一致,据此列出变形协调条件。同时,列出力与变形的物理关系,从而构成补充方程。

(4)解补充方程,求出多余约束反力。多余约束反力求出以后,解原超静定梁的问题就变为求静定梁的问题。

(5)进行梁的内力计算、强度和刚度计算。

思考题

6-1　用什么量度量梁的变形?这些量有什么几何意义?它们之间有什么关系?

6-2　什么是挠曲线?挠曲线近似微分方程是如何建立的?

6-3　如何利用积分法计算梁的变形?如何利用梁的边界条件和挠曲线的连续条件确定积分常数?

6-4　如何确定挠度和转角的方向?

6-5　什么是求梁变形的叠加法?叠加法求位移的适用条件是什么?

6-6　什么是直接叠加法?什么是间接叠加法?二者有什么区别?

6-7　如何进行梁的刚度校核?

6-8　从刚度条件方面选取梁合理截面的原则是什么?

6-9　在设计中,一受弯的碳素钢轴刚度不够,为了提高刚度而改用优质合金钢是否合理?为什么?

6-10　承受均布荷载作用的简支梁,跨度为 l,均布荷载集度为 q,为减小跨中的挠度值可以采取哪些措施?其中最有效的措施是什么?

6-11　如图 6-23 所示,为使荷载 F 作用点的挠度等于零,试求荷载 F 与 q 之间的关系。

6-12　已知某单跨等直梁的挠曲线 $y=\dfrac{qx}{360EIl}(3x^4-10l^2x^2+7l^4)$,梁跨为 l。试求:

(1)梁跨中弯矩及最大弯矩;

(2)梁上荷载变化规律;

(3)梁的支承情况。

6-13　如图 6-24 所示等截面直梁 AB 的跨度为 l,重量为 F,放置在水平刚性基础上。若在梁端作用向上的拉力 $F/5$,未提起的一部分仍与基础密切接触,试求梁从基础上被提起的长度 a 及 A 端被提起的高度。

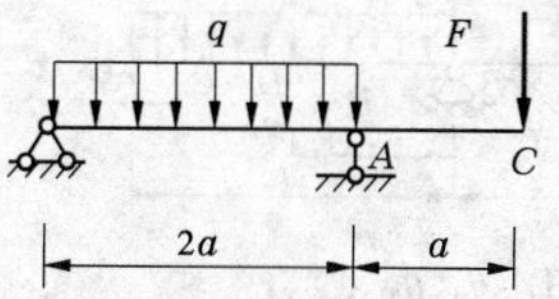

图 6-23　思考题 6-11 图

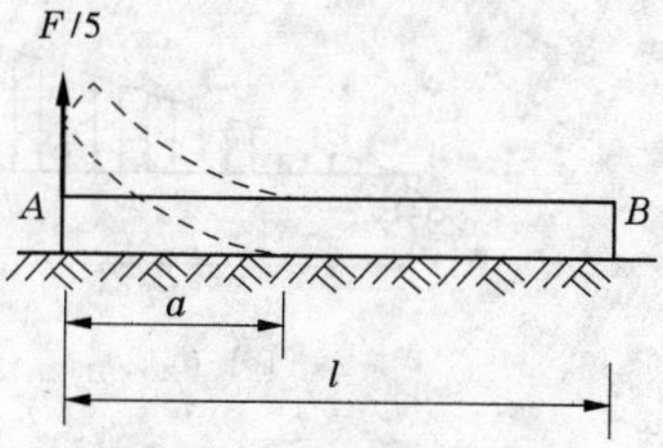

图 6-24　思考题 6-13 图

6-14　在图 6-25 所示各梁中，哪些是超静定梁？并判定超静定次数。

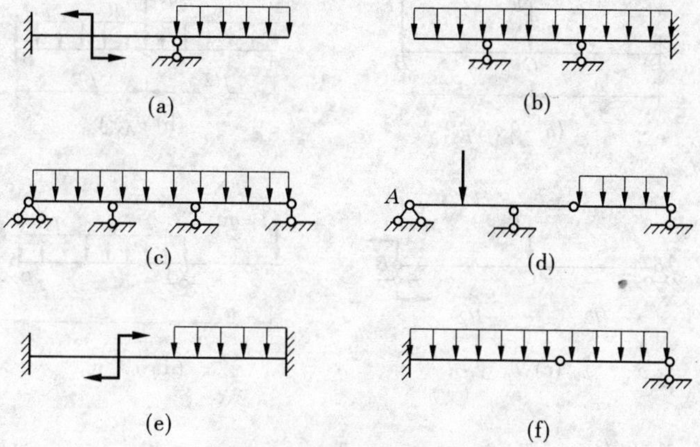

图 6-25　思考题 6-14 图

6-15　在图 6-25 所示各超静定梁中，选择几种常用的基本结构，并分别列出它们的变形协调条件。

习　题

6-1　用积分法求图 6-26 所示各梁指定截面的转角和挠度，已知抗弯刚度 EI 为常数。

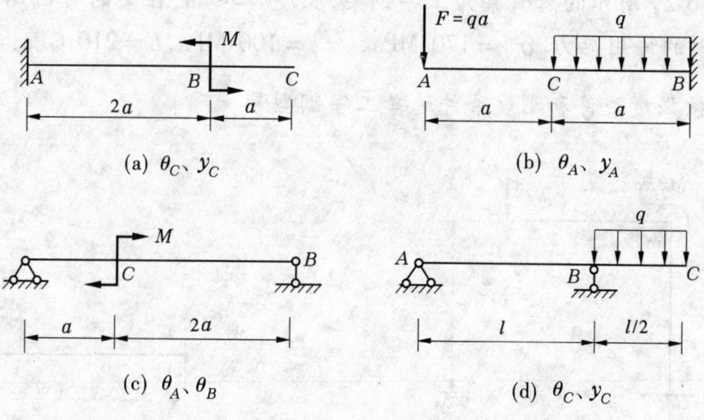

图 6-26　习题 6-1 图

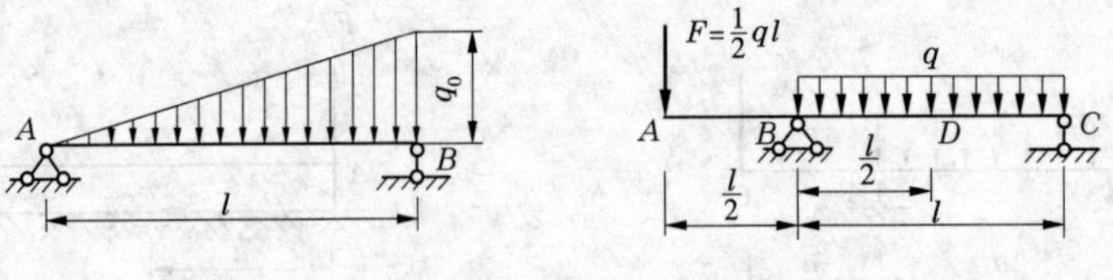

(e) θ_A、θ_B　　　(f) θ_A、θ_B、y_A、y_D

续图 6-26

6-2　用叠加法求图 6-27 所示各梁指定截面的转角和挠度，已知抗弯刚度 EI 为常数。

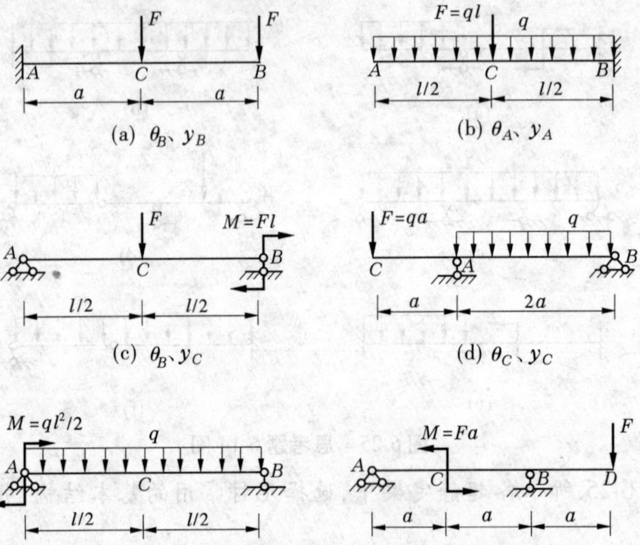

(a) θ_B、y_B　　　(b) θ_A、y_A

(c) θ_B、y_C　　　(d) θ_C、y_C

(e) θ_A、y_C　　　(f) θ_B、y_D

图 6-27　习题 6-2 图

6-3　试求图 6-28 所示平面折杆自由端 C 处的垂直位移 Δ_{CV} 和水平位移 Δ_{CH}。已知各杆段的横截面面积均为 A，抗弯刚度均为 EI。

6-4　如图 6-29 所示的悬臂梁为工字钢梁，长度 $l=4$ m，在梁的自由端作用有力 $F=10$ kN，已知钢材的许用应力 $[\sigma]=170$ MPa，$[\tau]=100$ MPa，$E=210$ GPa，梁的许用挠度 $[y]=\dfrac{l}{400}$。试按强度条件和刚度条件选择工字钢型号。

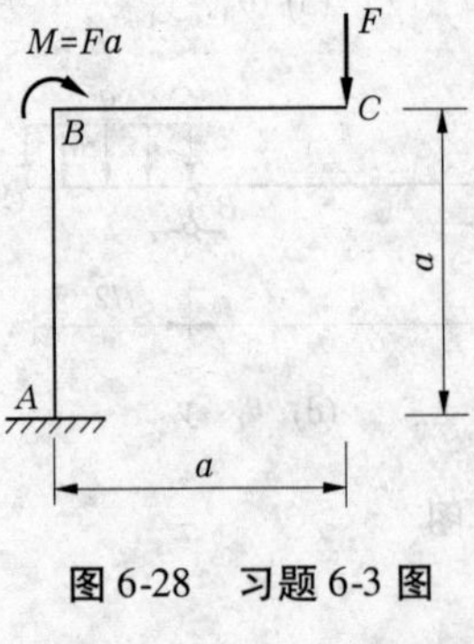

图 6-28　习题 6-3 图

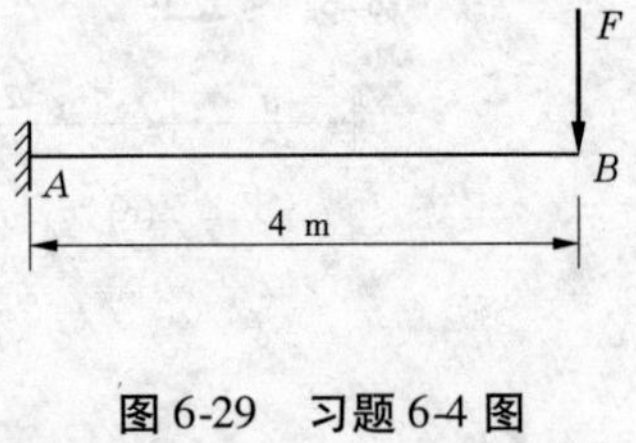

图 6-29　习题 6-4 图

6-5　如图 6-30 所示一两端简支的输气管道，已知其外径 $D=114$ mm，壁厚 $\delta=4$ mm，自重 $q=106$ kN/m，材料的弹性模量 $E=210$ GPa。设管道的许用相对挠度 $\left[\frac{y}{l}\right]=\frac{1}{500}$，试确定此管道的最大跨度。

6-6　由 45a 工字钢制成的简支梁，跨度 $l=10$ m，承受满跨均布荷载作用，已知材料的弹性模量 $E=210$ GPa。设管道的许用相对挠度 $\left[\frac{y}{l}\right]=\frac{1}{600}$，求最大均布荷载集度 q。

6-7　悬臂梁承受荷载如图 6-31 所示，已知截面为 22a 工字钢，跨度 $l=2$ m，材料的弹性模量 $E=200$ GPa，钢材的许用应力 $[\sigma]=170$ MPa，许用相对挠度 $\left[\frac{y}{l}\right]=\frac{1}{500}$。试求最大均布荷载集度 q。

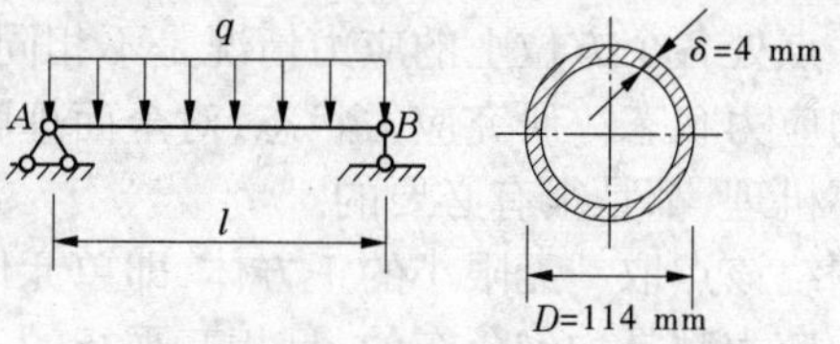

图 6-30　习题 6-5 图

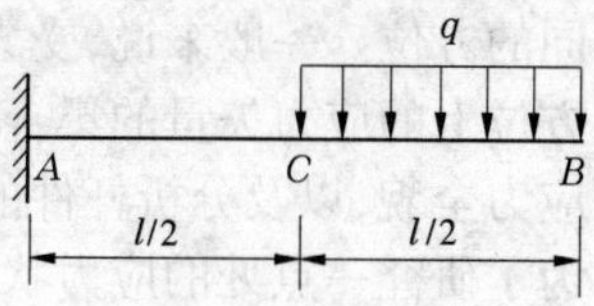

图 6-31　习题 6-7 图

6-8　求图 6-32 所示各超静定梁的支反力，并绘制弯矩图和剪力图。各梁的 EI 均为常数。

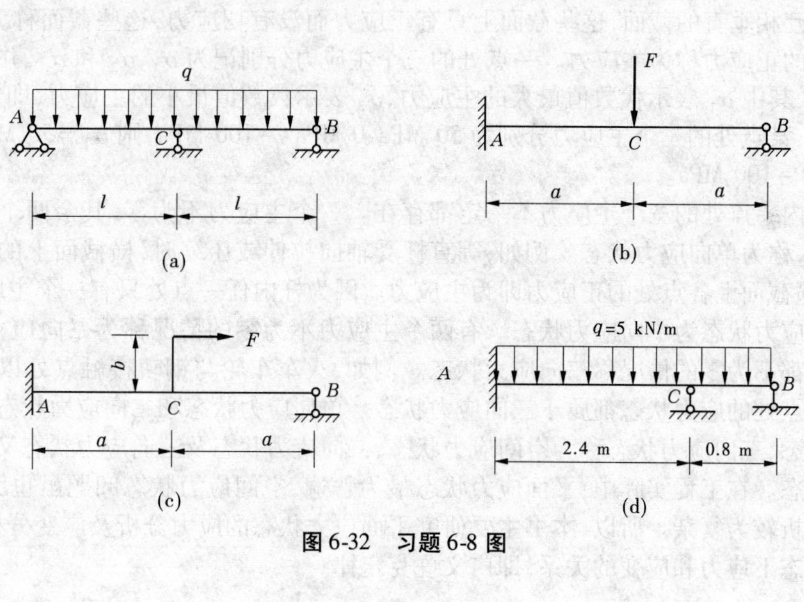

图 6-32　习题 6-8 图

第七章　应力状态与强度理论

第一节　应力状态的概念

前面章节中分析了拉压杆件、扭转杆件和平面弯曲杆件横截面上各点处与横截面正交方向的正应力或沿横截面方向的切应力,这统称为横截面方位上的应力。而受力杆件中的任一点可以看做是横截面上的点,也可以看做是斜截面或纵截面上的点,而斜截面又有不同的方位。一般来说,受力杆件中任一点处各个方位上的应力情况是不相同的,一点处各方位上的应力矢量的集合,称为该点的应力状态。研究应力状态,对全面理解受力杆件的应力全貌,以及分析杆件的强度和破坏机理,都是很有必要的。

为了研究一点处的应力状态,通常是围绕该点取一无限小的正方体,即单元体。因为单元体无限小,所以可以认为其每个面上的应力都是均匀分布的,且相互平行的一对面上的应力大小相等、符号相同。由后面的分析可知,只要知道了某点处所取任一单元各面上的应力,就可以求得该单元体其他各个方位截面上的应力情况,该点的应力状态就完全确定了,这种方法称为取单元体法。可以证明,通过一点处的各个不同方位的截面中,一定存在三个互相垂直的截面,这些截面上只有正应力而没有切应力,这些截面称为主平面。主平面上的正应力称为主应力。一点处的三个主应力分别记为 σ_1、σ_2 和 σ_3,并满足从大至小排列,其中 σ_1 表示代数值最大的主应力,σ_3 表示代数值最小的主应力,即 $\sigma_1 \geqslant \sigma_2 \geqslant \sigma_3$。例如,某点处的三个主应力分别为 50 MPa、0 MPa、-100 MPa,则 $\sigma_1 = 50$ MPa,$\sigma_2 = 0$ MPa,$\sigma_3 = -100$ MPa。

物体内一点处的三个主应力不一定都存在。一个主应力不为零,其余两个主应力为零的情况,称为单向应力状态。例如,等直杆受轴向拉伸或压缩时,横截面上的切应力为零,所以横截面上各点处的正应力即为主应力。因为杆内任一点处只有一个主应力,故任一点处的应力状态为单向应力状态。有两个主应力不为零的情况称为二向应力状态,三个主应力都不为零的情况称三向应力状态。例如,火车车轮与钢轨接触点处以及柱子和地基接触点处的应力状态都属于三向应力状态。单向应力状态和二向应力状态合称为平面应力状态,三向应力状态称为空间应力状态,二向应力状态及三向应力状态又统称为复杂应力状态。在工程实际中,平面应力状态最为普遍,空间应力状态问题虽也大量存在,但全面分析较为复杂。所以,本书主要研究平面应力状态的应力分析及应变分析,以及复杂应力状态下应力和应变的关系,即广义虎克定律。

第二节　平面应力状态分析

一、解析法求解斜截面上的应力

如图 7-1(a)所示一单元体,左、右两个面上作用有正应力 σ_x 和切应力 τ_x,上、下两个

面上作用有正应力 σ_y 和切应力 τ_y，前、后两个面上没有应力。所有的应力均在同一平面（平行于纸面）内，是平面应力状态的一般情况。现用图 7-1(b) 所示的平面图形表示该单元体。外法线和 x 轴重合的面称为 x 面，x 面上的正应力和切应力均加脚标“x”；外法线和 y 轴重合的面称为 y 面，y 面上的正应力和切应力均加脚标“y”。如果已知这些应力的大小，则可求出任意斜截面（其法线在 xy 平面内）上的应力。

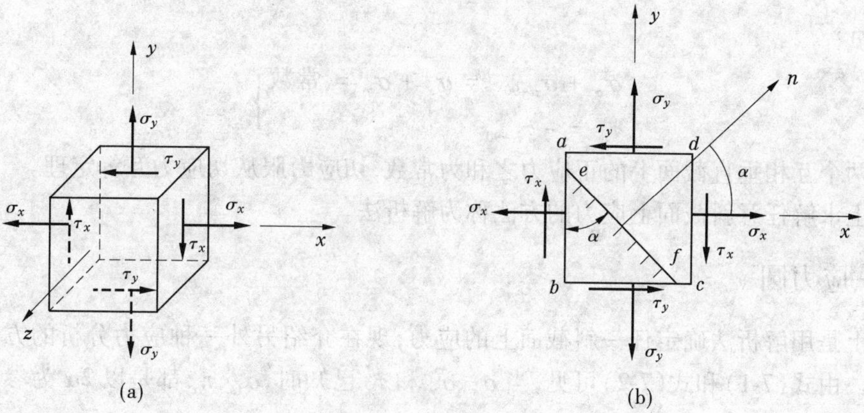

图 7-1　应力单元体

在表示符号方面要遵循以下规定：应力符号通常有两个脚标，第一个脚标表示应力所在的平面，第二个脚标表示其沿坐标轴方向，如图 7-1(a) 所示一单元体，右面上作用有正应力 σ_{xx} 和切应力 τ_{xy}，两个脚标重合，只写一个；又根据切应力互等定理，$\tau_{xy}=\tau_{yx}$，τ_{xy} 通常简写为 τ_x。

设 ef 为任一斜截面，其外法线与 x 轴成 α 角，称为 α 面，如图 7-1(b) 所示。α 角以逆时针旋转为正，顺时针旋转为负。为求该斜截面上的应力，首先假设沿 ef 截面将单元体截开，取下部分进行研究，如图 7-2 所示。在 ef 截面上一般作用有正应力和切应力，用 σ_α 和 τ_α 表示，并设 σ_α 和 τ_α 为正。设 ef 面的面积为 $\mathrm{d}A$，则 eb 和 bf 面的面积分别是 $\mathrm{d}A\cos\alpha$ 和 $\mathrm{d}A\sin\alpha$。取 n 轴和 τ 轴为投影轴，写出平衡方程

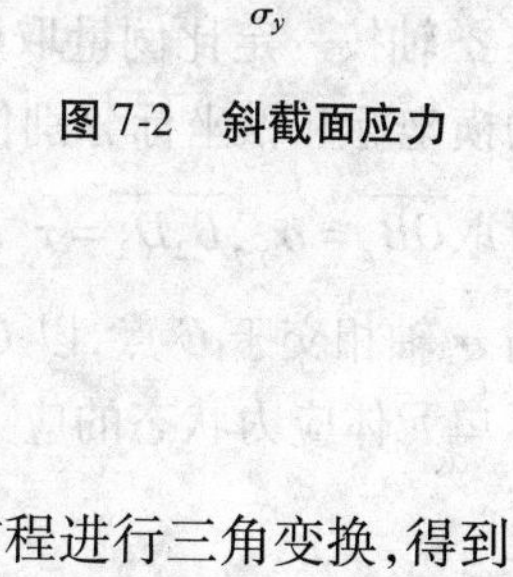

图 7-2　斜截面应力

$$\sum n=0 \qquad \sigma_\alpha \mathrm{d}A+(\tau_x \mathrm{d}A\cos\alpha)\sin\alpha-(\sigma_x \mathrm{d}A\cos\alpha)\cos\alpha+(\tau_y \mathrm{d}A\sin\alpha)\cos\alpha-(\sigma_y \mathrm{d}A\sin\alpha)\sin\alpha=0$$

$$\sum \tau=0 \qquad \tau_\alpha \mathrm{d}A-(\tau_x \mathrm{d}A\cos\alpha)\cos\alpha-(\sigma_x \mathrm{d}A\cos\alpha)\sin\alpha+(\tau_y \mathrm{d}A\sin\alpha)\sin\alpha+(\sigma_y \mathrm{d}A\sin\alpha)\cos\alpha=0$$

由切应力互等定理可知，τ_x 和 τ_y 大小相等。再对上述平衡方程进行三角变换，得到

$$\sigma_\alpha=\frac{\sigma_x+\sigma_y}{2}+\frac{\sigma_x-\sigma_y}{2}\cos2\alpha-\tau_x\sin2\alpha \tag{7-1}$$

$$\tau_\alpha=\frac{\sigma_x-\sigma_y}{2}\sin2\alpha+\tau_x\cos2\alpha \tag{7-2}$$

式(7-1)和式(7-2)就是平面应力状态下求任一斜截面上正应力和切应力的公式。

如果需求与斜截面 ef 垂直的截面上的应力，只要将式(7-1)和式(7-2)中的 α 用 $\alpha+90°$ 代入，即可得到

$$\sigma_{\alpha+90°}=\frac{\sigma_x+\sigma_y}{2}-\frac{\sigma_x-\sigma_y}{2}\cos2\alpha+\tau_x\sin2\alpha$$

$$\tau_{\alpha+90°}=-\frac{\sigma_x-\sigma_y}{2}\sin2\alpha-\tau_x\cos2\alpha$$

由此可见

$$\left.\begin{aligned}&\sigma_\alpha+\sigma_{\alpha+90°}=\sigma_x+\sigma_y=\text{常数}\\&\tau_\alpha=-\tau_{\alpha+90°}\end{aligned}\right\}\tag{7-3}$$

即任意两个互相垂直截面上的正应力之和为常数，切应力服从切应力互等定理。

以上求解任意斜截面上应力的方法称为解析法。

二、应力圆

以上是用解析法确定任一斜截面上的应力，现在介绍另外一种应力分析的方法——图解法。由式(7-1)和式(7-2)可见，当 σ_x、σ_y 和 τ_x 已知时，σ_α、τ_α 都是以 2α 为参变量的参数方程。现将式(7-1)改写为

$$\sigma_\alpha-\frac{\sigma_x+\sigma_y}{2}=\frac{\sigma_x-\sigma_y}{2}\cos2\alpha-\tau_x\sin2\alpha$$

将上式与式(7-2)两边分别平方后相加，消去参变量 2α，得到

$$\left(\sigma_\alpha-\frac{\sigma_x+\sigma_y}{2}\right)^2+\tau_\alpha^2=\left(\frac{\sigma_x-\sigma_y}{2}\right)^2+\tau_x^2\tag{7-4}$$

式(7-4)只有 σ_α 和 τ_α 是变量，故为圆的方程。若以直角坐标系的横轴为 σ 轴，纵轴为 τ 轴，则式(7-4)所表示的圆的圆心坐标为 $\left(\frac{\sigma_x+\sigma_y}{2},0\right)$，圆的半径为 $\sqrt{\left(\frac{\sigma_x-\sigma_y}{2}\right)^2+\tau_x^2}$。这样的圆称为应力圆，它是德国工程师莫尔(Mohr)于1895年提出的，故又称莫尔圆。

应力圆的作法如下：设一单元体及各面上的应力如图7-3(a)所示。取 $\sigma O\tau$ 坐标系，在 σ 轴按一定比例量取 $\overline{OB_1}=\sigma_x$，再在 B_1 点量取纵坐标 $\overline{B_1D_1}=\tau_x$，得 D_1 点。由于 D_1 点的横坐标和纵坐标分别代表 x 面上的正应力和切应力，因此可认为 D_1 点对应于 x 面。再量取 $\overline{OB_2}=\sigma_y$，$\overline{B_2D_2}=\tau_y$，得 D_2 点，D_2 点对应于 y 面。作直线连接 D_1 点和 D_2 点，该直线与 σ 轴相交于 C 点，以 C 点为圆心、$\overline{CD_1}$ 或 $\overline{CD_2}$ 为半径作圆。这个圆就是表示图7-3(a)所示单元体应力状态的应力圆，如图7-3(b)所示。由图可以看出

$$\overline{OC}=\frac{1}{2}(\overline{OB_1}-\overline{OB_2})+\overline{OB_2}=\frac{\sigma_x+\sigma_y}{2}$$

$$\overline{CD_1}=\overline{CD_2}=\sqrt{\overline{CB}_1^2+\overline{B_1D}_1^2}=\sqrt{\left(\frac{\sigma_x-\sigma_y}{2}\right)^2+\tau_x^2}$$

这就证明了该圆即为式(7-4)所表示的圆。

利用应力圆，可以求得任意 α 截面上的应力，由于 α 角是从 x 平面的外法线量起的，

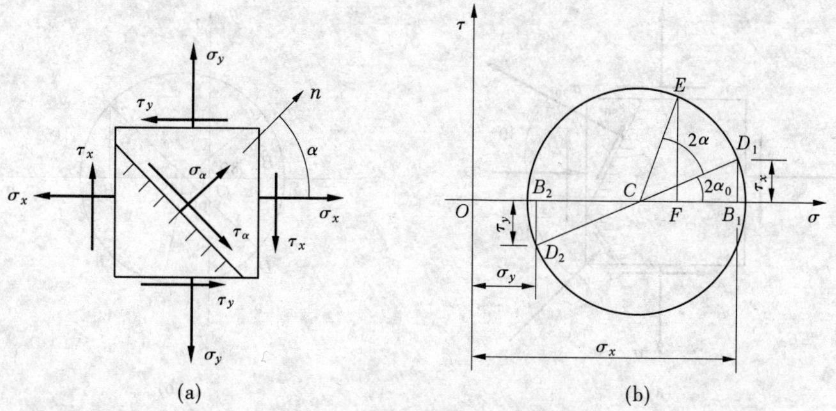

图 7-3　平面应力状态应力圆

且规定逆时针旋转为正向，并且 σ_α 和 τ_α 的参变量是 2α，所以取$\overline{CD_1}$为起始半径，按 α 的转动方向量取 2α 角，得到半径$\overline{CE}$。E 点的横坐标和纵坐标就代表 α 截面上的正应力和切应力。现证明如下。由图 7-3(b)可见

$$\begin{aligned}\overline{OF} &= \overline{OC} + \overline{CF} = \overline{OC} + \overline{CE}\cos(2\alpha_0 + 2\alpha) = \overline{OC} + \overline{CE}\cos2\alpha_0\cos2\alpha - \overline{CE}\sin2\alpha_0\sin2\alpha \\ &= \overline{OC} + (\overline{CD_1}\cos2\alpha_0)\cos2\alpha - (\overline{CD_1}\sin2\alpha_0)\sin2\alpha \\ &= \overline{OC} + \overline{CB_1}\cos2\alpha - \overline{B_1D_1}\sin2\alpha \\ &= \frac{\sigma_x + \sigma_y}{2} + \frac{\sigma_x - \sigma_y}{2}\cos2\alpha - \tau_x\sin2\alpha = \sigma_\alpha\end{aligned}$$

$$\begin{aligned}\overline{EF} &= \overline{CE}\sin(2\alpha_0 + 2\alpha) = \overline{CD_1}\cos2\alpha_0\sin2\alpha + \overline{CD_1}\sin2\alpha_0\cos2\alpha \\ &= \frac{\sigma_x - \sigma_y}{2}\sin2\alpha + \tau_x\cos2\alpha = \tau_\alpha\end{aligned}$$

作应力圆时，需要注意几点：

(1)点和面的对应，即应力圆上的一点对应于单元体中一个截面。

(2)起始要对应，即在应力圆上选择哪个半径作起始半径，需视单元体 α 角从哪个坐标轴量起。若 α 角自 x 轴(x 面的外法线)量起，则选$\overline{CD_1}$ 为起始半径；若 α 角自 y 轴(y 面的外法线)量起，则选$\overline{CD_2}$ 为起始半径。

(3)转向一致对应和角度 2 倍对应，即在单元体上，斜截面的角度为 α 时，在应力圆上则自起始半径量 2α 角，并且它们的转向一致。

(4)在作应力圆量取线段$\overline{OB_1}$、$\overline{OB_2}$、$\overline{B_1D_1}$和$\overline{B_2D_2}$时，需根据单元体上相应的应力正负量取正坐标或负坐标。

【例 7-1】　如图 7-4(a)所示单元体上，有 $\sigma_x = -30$ MPa，$\sigma_y = 60$ MPa，$\tau_x = -40$ MPa。试用解析法和图解法确定 $\alpha_1 = 30°$和 $\alpha_2 = -40°$两截面上的应力。

解　(1)解析法。

由式(7-1)和式(7-2)，求得

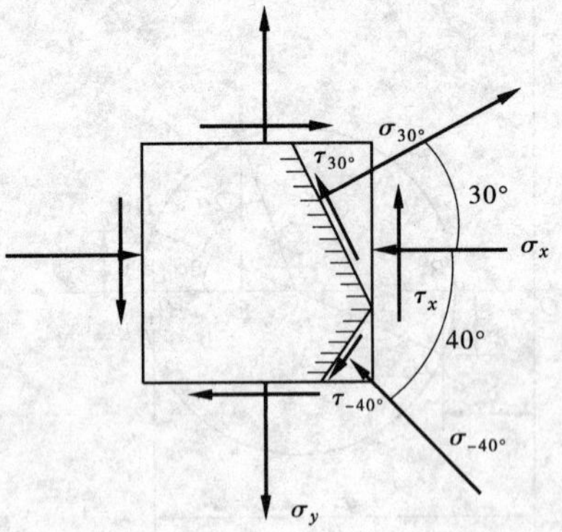

(a)

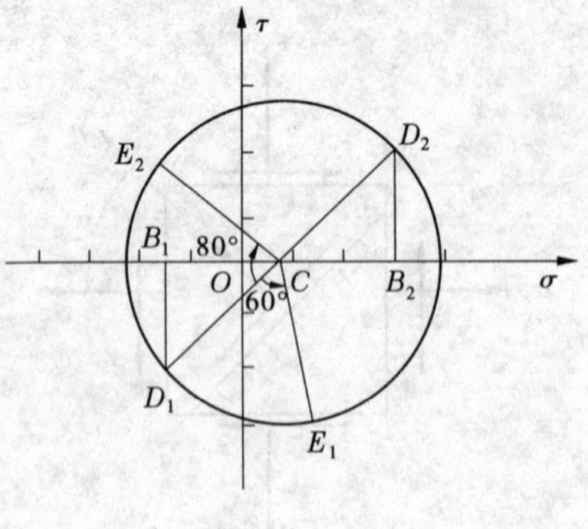

(b)

图 7-4 例 7-1 图

$$\sigma_{30^\circ}=\frac{-30+60}{2}+\frac{-30-60}{2}\cos 60^\circ-(-40)\sin 60^\circ=27.14(\text{MPa})$$

$$\tau_{30^\circ}=\frac{-30-60}{2}\sin 60^\circ+(-40)\cos 60^\circ=-58.97(\text{MPa})$$

$$\sigma_{-40^\circ}=\frac{-30+60}{2}+\frac{-30-60}{2}\cos(-80^\circ)-(-40)\sin(-80^\circ)=-32.21(\text{MPa})$$

$$\tau_{-40^\circ}=\frac{-30-60}{2}\sin(-80^\circ)+(-40)\cos(-80^\circ)=37.37(\text{MPa})$$

(2)图解法。

①在 $\sigma O\tau$ 坐标系中作应力圆，按一定比例量取$\overline{OB_1}=\sigma_x=-30$ MPa，$\overline{B_1D_1}=\tau_x=-40$ MPa，得到 D_1 点；量取$\overline{OB_2}=\sigma_y=60$ MPa，$\overline{B_2D_2}=\tau_y=40$ MPa，得 D_2 点，连接 D_1 点和 D_2 点，该直线与 σ 轴相交于 C 点，以 C 点为圆心，$\overline{CD_1}$或$\overline{CD_2}$为半径作圆，如图 7-4(b)所示。

②求 $\alpha=30^\circ$截面上的应力。因单元体上的 α 自 x 轴逆时针量得，取$\overline{CD_1}$为起始半径，逆时针转 $2\alpha=60^\circ$，在圆上得到 E_1 点，E_1 点对应于 $\alpha=30^\circ$的斜截面。量取 E_1 点的横坐标及纵坐标，即为 $\alpha=30^\circ$截面上的正应力和切应力，它们分别为

$$\sigma_{30^\circ}=27\text{ MPa}\qquad \tau_{30^\circ}=-59\text{ MPa}$$

③求 $\alpha=-40^\circ$截面上的应力。仍以$\overline{CD_1}$为起始半径，顺时针旋转 $2\alpha=80^\circ$在圆上得到 E_2 点。量取 E_2 点的横坐标和纵坐标，即为 $\alpha=-40^\circ$截面上的正应力和切应力，它们分别为

$$\sigma_{-40^\circ}=-32.5\text{ MPa}\qquad \tau_{-40^\circ}=37\text{ MPa}$$

【例 7-2】 如图 7-5 所示单元体，在两个方向有主应力，试用应力圆确定 $\alpha=-30^\circ$截面上的正应力和切应力。

解 (1)作应力圆。在 $\sigma O\tau$ 坐标系中的 σ 轴上按一定比例量取$\overline{OA_1}=10$ MPa，得到 A_1 点；再在 σ 轴上量取$\overline{OA_2}=-4$ MPa，得 A_2 点，以$\overline{A_1A_2}$为直径作圆。这个圆就如图 7-5(b)所示。

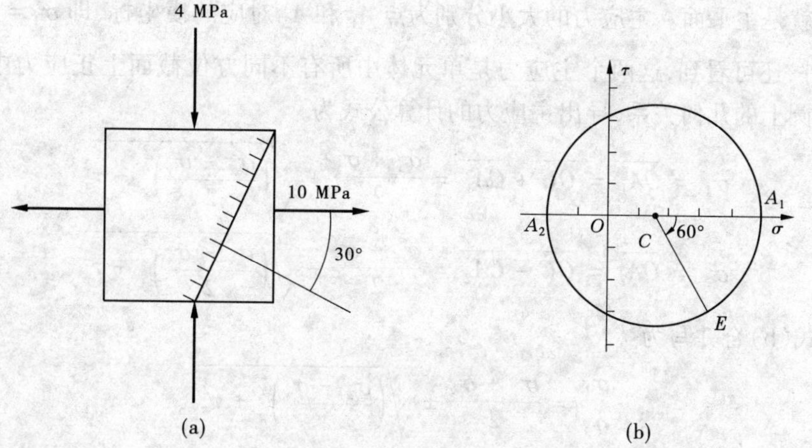

图 7-5　例 7-2 图

(2)求 $\alpha=-30°$截面上的应力。取$\overline{OA_1}$为起始半径顺时针转 $2\alpha=60°$得到 E 点。量取 E 点的横坐标及纵坐标,即为 $\alpha=-30°$截面上的正应力和切应力,它们分别为

$$\sigma_{30°}=6.5\ \text{MPa}\qquad \tau_{30°}=-6\ \text{MPa}$$

显然,可用式(7-1)和式(7-2)检查以上结果的正确性。

三、主平面和主应力

前面已经指出,在单元体中,切应力等于零的截面称为主平面,主平面上的正应力称为主应力,σ_1 称为第一主应力,σ_2 称为第二主应力,σ_3 称为第三主应力。现在来确定一点处的主平面和主应力。

一点处的主平面和主应力可以由式(7-1)及式(7-2)用解析方法确定。但是,用应力圆确定比较直观、简便,所以现在用应力圆确定主平面和主应力。

图 7-6(a)表示一平面应力状态单元体,相应的应力圆如图 7-6(b)所示。由应力圆可见,点 A_1 和 A_2 的纵坐标为零,这表明在单元体中与点 A_1 和 A_2 对应的面上,切应力为零。

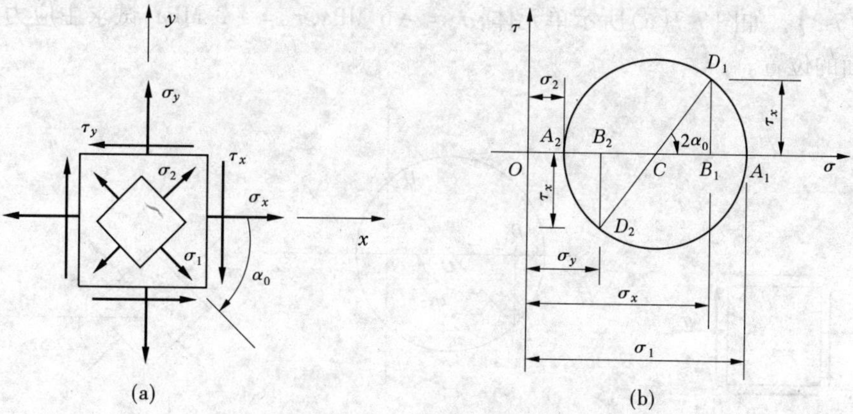

图 7-6　主平面和主应力

这两个面就是主平面。主应力的大小分别为点 A_1 和 A_2 对应的横坐标，即 $\sigma_1=\overline{OA_1}$，$\sigma_2=\overline{OA_2}$。此外，还可看到，这两个主应力是单元体中所有不同方位截面上正应力中的极值。现由应力圆上的几何关系，导出主应力的计算公式为

$$\sigma_1=\overline{OA_1}=\overline{OC}+\overline{CA_1}=\frac{\sigma_x+\sigma_y}{2}+\sqrt{\left(\frac{\sigma_x-\sigma_y}{2}\right)^2+\tau_x^2} \tag{a}$$

$$\sigma_2=\overline{OA_2}=\overline{OC}-\overline{CA_2}=\frac{\sigma_x+\sigma_y}{2}-\sqrt{\left(\frac{\sigma_x-\sigma_y}{2}\right)^2+\tau_x^2} \tag{b}$$

式(a)和式(b)合并写为

$$\begin{matrix}\sigma_1\\\sigma_2\end{matrix}=\frac{\sigma_x+\sigma_y}{2}\pm\sqrt{\left(\frac{\sigma_x-\sigma_y}{2}\right)^2+\tau_x^2} \tag{7-5}$$

现在确定主平面的位置。在图 7-6(b)所示的应力圆上，以 $\overline{CD_1}$ 为起始半径，顺时针旋转 $2\alpha_0$ 到 $\overline{OA_1}$ 得到点 A_1。在单元体上，由 x 轴顺时针旋转 α_0 角，就确定了 σ_1 所在主平面的外法线，也就确定了该主平面的位置。由应力圆可看出，$\overline{OA_2}$ 与 $\overline{OA_1}$ 相差 180°，因此 σ_2 所在主平面与 σ_1 所在主平面互相垂直。下面由应力圆导出 α_0 的计算公式。由图可见

$$\tan(-2\alpha_0)=\frac{\overline{B_1D_1}}{\overline{CB_1}}=\frac{\tau_x}{\frac{1}{2}(\sigma_x-\sigma_y)} \tag{7-6}$$

等号左边 $2\alpha_0$ 前面加负号是因为起始半径 $\overline{CD_1}$ 是顺时针旋转至 $\overline{CA_1}$ 的。由式(7-6)求出 α_0 后，即得到 σ_1 所在主平面的位置。主应力单元体图示于图 7-6(a)的原始单元体内。

也可用解析方法导出式(7-5)和式(7-6)，并可证明 σ_1 和 σ_2 为单元体中各不同方位截面上正应力中的极值。

另外，再给大家提供一个快速确定第一主应力 σ_1 的方法：首先确定 τ_x 的指向，只要保证 σ_1 指向和 τ_x 指向的夹角为锐角，然后由其和 x 轴的夹角去确定，读者可以自行验证之。

【例 7-3】 如图 7-7(a)所示单元体，$\sigma_x=-6$ MPa，$\tau_x=-3$ MPa，试求主应力的大小和主平面的位置。

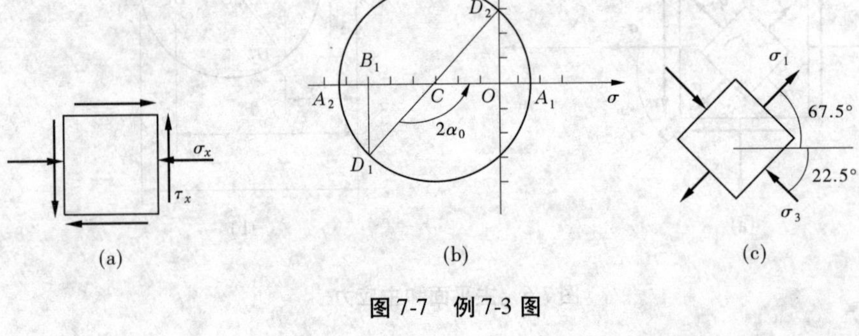

图 7-7 例 7-3 图

解　(1)图解法。

在 $\sigma O\tau$ 坐标系中的 σ 轴上按一定比例量取$\overline{OB_1}=-6$ MPa，在 τ 轴上量取$\overline{B_1D_1}=-3$ MPa 得到点 D_1；由于 $\sigma_y=0$，只需要量取$\overline{OD_2}=3$ MPa，得到点 D_2；连接点 D_1、点 D_2 的直线交 σ 轴于点 C；以点 C 为圆心、$\overline{CD_1}$（或$\overline{CD_2}$）为半径作圆，即得应力圆，如图 7-7(b)所示。量取$\overline{OA_1}$和$\overline{OA_2}$的长度，即得两个主应力的大小，它们是 $\sigma_1=1.3$ MPa，$\sigma_3=-7.25$ MPa。

在应力圆上量得 $\angle D_1CA_1=2\alpha_0=135°$，并取$\overline{CD_1}$为起始半径逆时针转到$\overline{CA_1}$，故在单元体上，$\sigma_1$ 所在主平面的法线和 x 轴成逆时针角，$\alpha_0=67.5°$。σ_3 所在主平面和 σ_1 所在主平面垂直。主应力单元体如图 7-7(c)所示。

(2)解析法。

由式(7-5)得

$$\left.\begin{matrix}\sigma_1\\ \sigma_2\end{matrix}\right\}=\frac{\sigma_x}{2}\pm\sqrt{\left(\frac{\sigma_x}{2}\right)^2+\tau_x^2}=\frac{-6}{2}\pm\sqrt{\left(\frac{-6}{2}\right)^2+(-3)^2}=\begin{matrix}1.24\\ -7.24\end{matrix}\ (\text{MPa})$$

由式(7-6)得

$$\tan2\alpha_0=\frac{-2\tau_x}{\sigma_x}=\frac{-2\times(-3)}{-6}=-1$$

因上式中的分子为正，分母为负，故 $2\alpha_0$ 在第二象限，并且 $2\alpha_0=135°$，故 $\alpha_0=67.5°$。即 σ_1 所在主平面的法线和 x 轴成 67.5°，σ_3 所在主平面的法线和 x 轴成 −22.5°。

【例 7-4】　一纯切应力状态的单元体如图 7-8(a)所示。试用图解法求主应力的大小和方向。

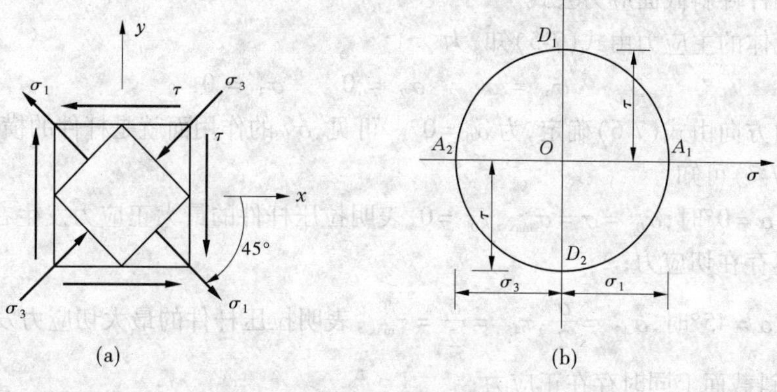

图 7-8　例 7-4 图

解　在坐标系中按一定比例量取$\overline{OD_1}=\tau$，$\overline{OD_2}=-\tau$，得到点 D_1 和 D_2；连接点 D_1 和 D_2 的直线交 σ 轴于 O 点，以 O 为圆心，$\overline{OD_1}$（或$\overline{OD_2}$）为半径所作的圆即为应力圆，如图 7-8(b)所示。由应力圆上量得

$$\sigma_1=OA_1=\tau$$

$$\sigma_3=OA_2=-\tau$$

因为起始半径$\overline{OD_1}$顺时针旋转 90°至$\overline{OA_1}$，故 σ_1 所在主平面的外法线和 x 轴成 −45°，

σ_3 所在主平面的外法线和 x 轴成 $+45°$。主应力单元体画在图 7-8(a)的原始单元体内。可见,该单元体为二向应力状态。

第三节　基本变形杆件的应力状态分析

一、拉压杆件应力状态分析

从图 7-9(a)所示的拉伸杆件内任一点处取一单元体,其中左右一对面为杆件横截面的一部分。由于该单元体只有左右一对面上的拉应力 σ,可见其处于单向应力状态。

对于单向应力状态单元体(见图 7-9(b)),任意 α 斜面上的正应力 σ_α 和切应力 τ_α 可由式(7-1)和式(7-2)得到,令 $\sigma_x=\sigma,\sigma_y=0,\tau_x=0$,则得

$$\sigma_\alpha = \sigma\cos^2\alpha \tag{7-7a}$$

$$\tau_\alpha = \frac{\sigma}{2}\sin2\alpha \tag{7-7b}$$

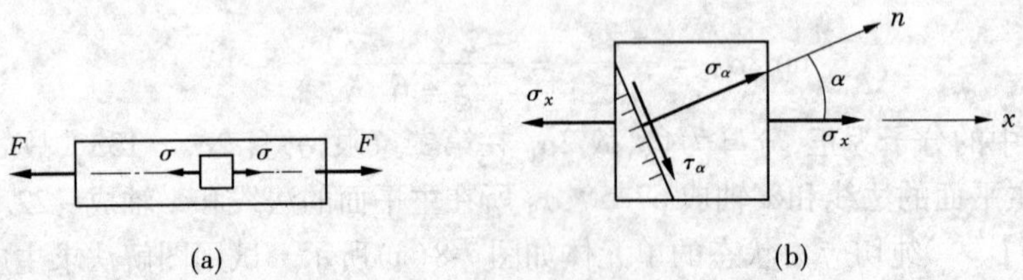

图 7-9　拉伸杆内一点的应力状态

这就是拉压杆件斜截面应力公式。

该单元体的主应力由式(7-5)知,为

$$\sigma_1 = \sigma \qquad \sigma_2 = 0 \qquad \sigma_3 = 0$$

主应力方向由式(7-6)确定,为 $\alpha_0=0°$。可见,σ_1 的作用面就是杆件的横截面。

由式(7-7)可知:

(1)当 $\alpha=0°$时,$\sigma_{0°}=\sigma=\sigma_{max},\tau_{0°}=0$,表明拉压杆件的最大正应力发生在横截面上,该截面上不存在切应力;

(2)当 $\alpha=45°$时,$\sigma_{45°}=\dfrac{\sigma}{2},\tau_{45°}=\dfrac{\sigma}{2}=\tau_{max}$,表明拉压杆件的最大切应力发生在 45°斜截面上,该斜截面上同时存在正应力;

(3)当 $\alpha=90°$时,$\sigma_{90°}=0,\tau_{90°}=0$,表明拉压杆件纵截面上不存在任何应力。

二、扭转杆件应力状态分析

从图 7-10(a)所示扭转圆杆内任一点处取一单元体,左右一对面为杆件横截面的一部分。由于该单元体的左右、上下两对面上有数值相等的切应力 τ,可见其处于纯剪切应力状态。

对于纯剪切应力状态单元体(见图 7-10(b)),任意 α 斜截面上的正应力 σ_α 和切应力

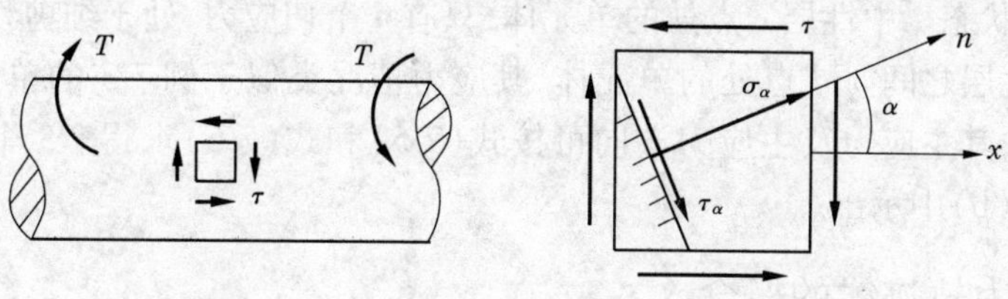

(a)　　　　(b)

图 7-10　扭转圆杆内一点的应力状态

τ_α 也可以由式(7-1)和式(7-2)得到。令 $\sigma_x=0,\sigma_y=0,\tau_x=\tau$，则得

$$\sigma_\alpha = -\tau\sin 2\alpha \tag{7-8a}$$

$$\tau_\alpha = \tau\cos 2\alpha \tag{7-8b}$$

该单元体的主应力及其方向在例 7-4 中已作了分析。

由式(7-8)可知，当 $\alpha=0°$ 时，$\sigma_{0°}=0,\tau_{0°}=\tau=\tau_{\max}$，表明扭转圆杆的最大切应力发生在横截面上，该横截面不存在正应力。

非圆截面扭转杆件的应力状态也可类似地进行分析。

三、梁的应力状态

如图 7-11(a)所示一简支梁，在梁的任一横截面 m—m 上，从梁顶到梁底各点的应力状态并不相同。现沿 m—m 的 a、b、c、d、e 5 个点处，分别取 5 个单元体(见图 7-11(b))进行分析。梁顶 a 点处的单元体只有一对压应力，梁底 e 点处的单元体只有一对拉应力，均

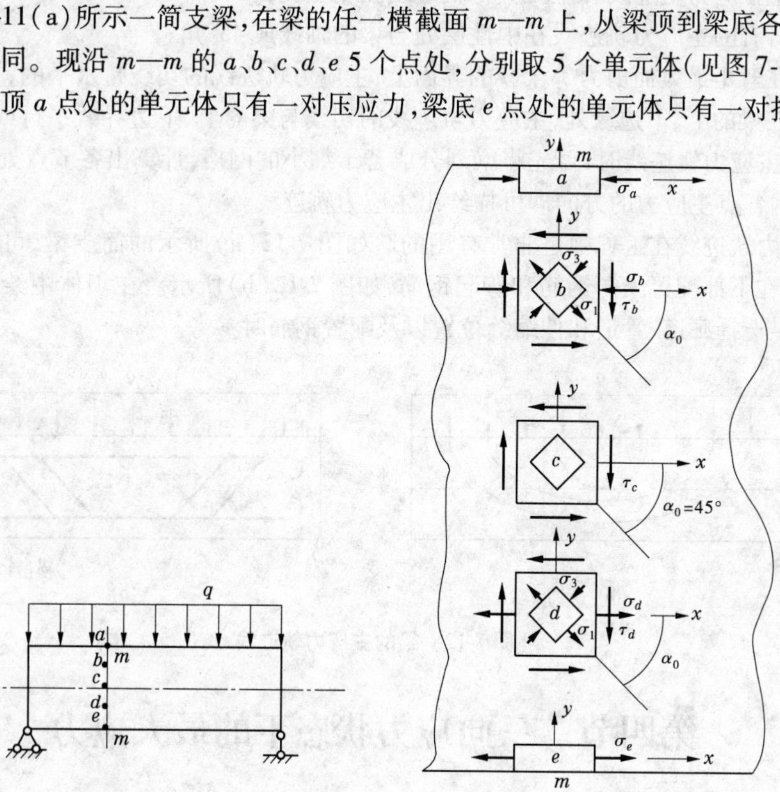

(a)　　　　(b)

图 7-11　梁内各点的应力状态

处于单向应力状态。中性层 c 点处的单元体，只有 4 个切应力，处于纯剪切应力状态。梁顶、梁底与中性层之间 b、d 点处的单元体，其应力情况类似于例 7-3 的单元体，均为一般二向应力状态，其主应力及主应力方向可按式（7-5）和式（7-6）求得。5 个点处的主应力方向在图 7-11（b）中示出。

四、主应力轨迹线的概念

对于平面结构，可用上述方法求出结构内任一点处的两个主应力的大小及其方向。在工程结构的设计中，往往需要知道结构内各点主应力方向的变化规律。如钢筋混凝土结构，由于混凝土的抗拉能力很差，因此设计时需知道结构内各点主拉应力方向的变化情况，以便配置钢筋。为了知道结构内各点的主应力方向，需绘制主应力轨迹线。所谓主应力轨迹线，是指两组正交的曲线：其中一组曲线是主拉应力轨迹线，在这些曲线上，每点的切线方向表示该点的主拉应力方向；另一组曲线是主压应力轨迹线，在这些曲线上，每点的切线方向表示该点的主压应力方向。下面以梁为例说明如何绘制主应力轨迹线。

用梁的应力状态分析的方法，可求出如图 7-11（a）所示梁内各点处的主应力方向。

已知梁内各点处的主应力方向后，即可绘制出梁的主应力轨迹线如图 7-12（a）所示。图中实线为主拉应力轨迹线，虚线为主压应力轨迹线。梁的主应力轨迹线有如下特点：

（1）主拉应力轨迹线和主压应力轨迹线互相正交；

（2）所有的主应力轨迹线在中性层处与梁的轴线成 45°角；

（3）在弯矩最大而剪力等于零的界面上，主应力轨迹线的切线是水平的；

（4）在梁的上、下边缘处，主应力轨迹线的切线与梁的上、下边界线平行或正交。

绘制主应力轨迹线时，可先将梁划分成若干细小的网格，计算出各节点处的主应力方向，再根据各点主应力的方向即可描绘出主应力轨迹线。

主应力轨迹线在工程中是非常有用的。如图 7-12（a）所示的简支梁，可根据主拉应力轨迹线在下部配置纵向钢筋和弯起钢筋，如图 7-12（b）所示。在坝体中绘制主应力轨迹线，可供选择廊道、管道和伸缩缝位置以及配置钢筋时参考。

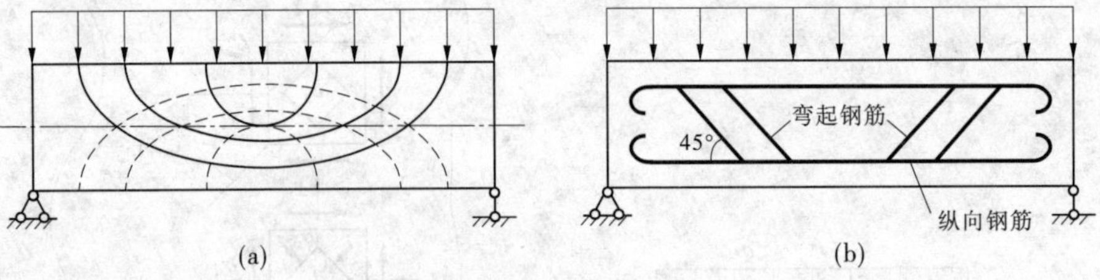

图 7-12　梁的主应力轨迹线

第四节　三向应力状态下的最大应力

受力构件中一点处的三个主应力都不为零时，该点处于三向应力状态。本节研究一点处是三向应力状态时，该点处的最大应力。如图 7-13（a）所示，一单元体受三个主应力的作用。首先分析三类特殊截面上的应力：

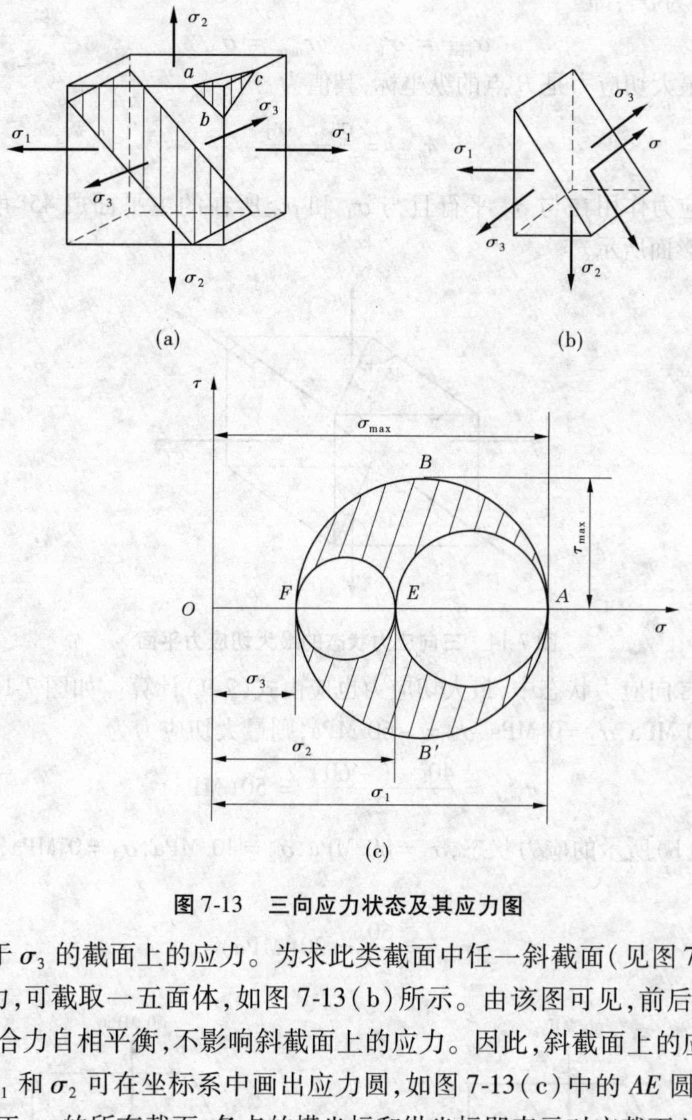

图 7-13　三向应力状态及其应力图

(1)平行于 σ_3 的截面上的应力。为求此类截面中任一斜截面(见图 7-13(a)中的阴影面)上的应力,可截取一五面体,如图 7-13(b)所示。由该图可见,前后两个三角形面上,应力 σ_3 的合力自相平衡,不影响斜截面上的应力。因此,斜截面上的应力只由 σ_1 和 σ_2 决定。由 σ_1 和 σ_2 可在坐标系中画出应力圆,如图 7-13(c)中的 AE 圆。该圆上的各点对应于平行于 σ_3 的所有截面,各点的横坐标和纵坐标即表示对应截面上的正应力和切应力。

(2)平行于 σ_2 的截面上的应力。这类截面上的应力只由 σ_1 和 σ_3 决定,因此由 σ_1 和 σ_3 可画出应力圆,如图 7-13(c)中的 AF 圆。根据这一应力圆上点的坐标就可求出这类截面上的应力。

(3)平行于 σ_1 的截面上的应力。这类截面上的应力只由 σ_2 和 σ_3 决定,因此由 σ_2 和 σ_3 可画出应力圆,如图 7-13(c)中的 EF 圆。根据这一应力圆上点的坐标就可求出这类截面上的应力。

进一步的研究可以证明,与三个主应力均不平行的任一斜截面(见图 7-13(a)中的 abc 截面)上的应力,可由图 7-13(c)所示阴影面中各点的坐标决定。

由图 7-13(c)的应力圆中看到,一点处是三向应力状态时,该点处的最大正应力为 σ_1,最小正应力为 σ_3,即

$$\sigma_{max} = \sigma_1 \qquad \sigma_{min} = \sigma_3$$

该点处的最大切应力是 B 点的纵坐标,其值为

$$\tau_{max} = \frac{\sigma_1 - \sigma_3}{2} \tag{7-9}$$

此最大切应力作用在与 σ_2 平行且与 σ_1 和 σ_3 所在的主平面成 45°角的截面上,如图 7-14中的阴影面所示。

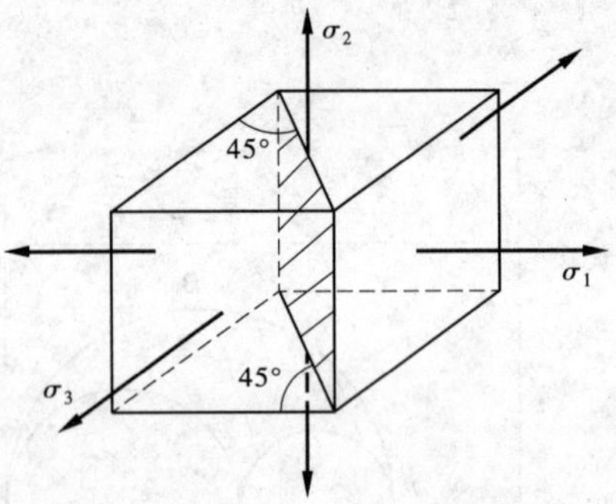

图 7-14　三向应力状态的最大切应力平面

在单向和二向应力状态中,最大切应力也应由式(7-9)计算。如图 7-15(a)所示的应力状态,$\sigma_1 = 40$ MPa,$\sigma_2 = 0$ MPa,$\sigma_3 = -60$ MPa,则最大切应力为

$$\tau_{max} = \frac{40 - (-60)}{2} = 50(\text{MPa})$$

如图 7-15(b)所示的应力状态,$\sigma_1 = 60$ MPa,$\sigma_2 = 40$ MPa,$\sigma_3 = 0$ MPa,故最大切应力为

$$\tau_{max} = \frac{60}{2} = 30(\text{MPa})$$

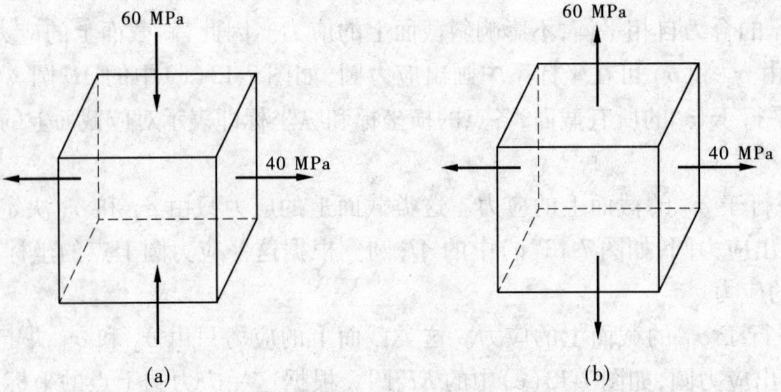

图 7-15　平面应力状态单元体

建议读者标出这两种应力状态下,最大切应力所在截面的位置。

第五节　广义虎克定律体积应变

一、广义虎克定律

单向应力状态的虎克定律，其表达式为

$$\sigma = E\varepsilon \text{ 或 } \varepsilon = \frac{\sigma}{E}$$

现在分析三向应力状态下应力和应变的关系。

如图 7-16 所示为一从受力构件中某点处取出的单元体，其上存在着三个主应力 σ_1、σ_2、σ_3。在三个主应力作用下，单元体在每个主应力方向都要产生线应变。主应力方向的线应变称为主应变。现分别求三个主应力方向的主应变。

首先求 σ_1 方向的主应变。三个主应力都会使单元体在 σ_1 方向产生线应变，现分别求出每个主应力在 σ_1 方向引起的线应变，然后叠加，即可得到 σ_1 方向总的线应变。

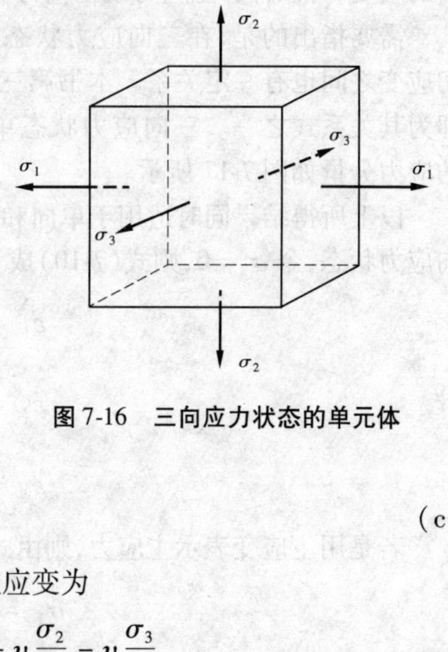

图 7-16　三向应力状态的单元体

由 σ_1 引起的为纵向线应变，其大小为

$$\varepsilon_1' = \frac{\sigma_1}{E} \tag{a}$$

由 σ_2 引起的为横向线应变，其大小为

$$\varepsilon_1'' = -\upsilon\frac{\sigma_2}{E} \tag{b}$$

由 σ_3 引起的也为横向线应变，其大小为

$$\varepsilon_1''' = -\upsilon\frac{\sigma_3}{E} \tag{c}$$

将式(a)、式(b)、式(c)相加，即得 σ_1 方向的主应变为

$$\varepsilon_1 = \varepsilon_1' + \varepsilon_1'' + \varepsilon_1''' = \frac{\sigma_1}{E} - \upsilon\frac{\sigma_2}{E} - \upsilon\frac{\sigma_3}{E}$$

同理，可求出 σ_2 和 σ_3 方向的主应变。合并可写为

$$\left.\begin{aligned}\varepsilon_1 &= \frac{1}{E}[\sigma_1 - \upsilon(\sigma_2 + \sigma_3)]\\ \varepsilon_2 &= \frac{1}{E}[\sigma_2 - \upsilon(\sigma_3 + \sigma_1)]\\ \varepsilon_3 &= \frac{1}{E}[\sigma_3 - \upsilon(\sigma_1 + \sigma_2)]\end{aligned}\right\} \tag{7-10}$$

若单元体上不仅有正应力，也有切应力，即成为三向应力状态的一般情况，如图 7-17 所示。可以证明，在小变形条件下，切应力引起的线应变与正应力引起的线应变相比是高阶微量，可以忽略。因此，线应变和正应力之间的关系也可写成为与式(7-10)类似的形式

$$\left.\begin{aligned}\varepsilon_x &= \frac{1}{E}[\sigma_x - \upsilon(\sigma_y + \sigma_z)]\\ \varepsilon_y &= \frac{1}{E}[\sigma_y - \upsilon(\sigma_z + \sigma_x)]\\ \varepsilon_z &= \frac{1}{E}[\sigma_z - \upsilon(\sigma_x + \sigma_y)]\end{aligned}\right\} \tag{7-11}$$

式(7-10)和式(7-11)表示在三向应力状态下线应变和正应力之间的关系,称为广义虎克定律。它表明各向同性材料在弹性范围内应力和应变之间的线性本构关系。广义虎克定律应用非常广泛。例如,弹性力学分析物体的应力和应变时,需用它作为物理方程;在试验应力分析中,根据某点处测出的应变,可以计算主应力或正应力。

需要指出的是,在三向应力状态下,切应力和切应变之间也有一定关系。本书第三章的式(3-4)即为其关系式之一。三向应力状态单元体各面上的应力分量如图 7-17 所示。

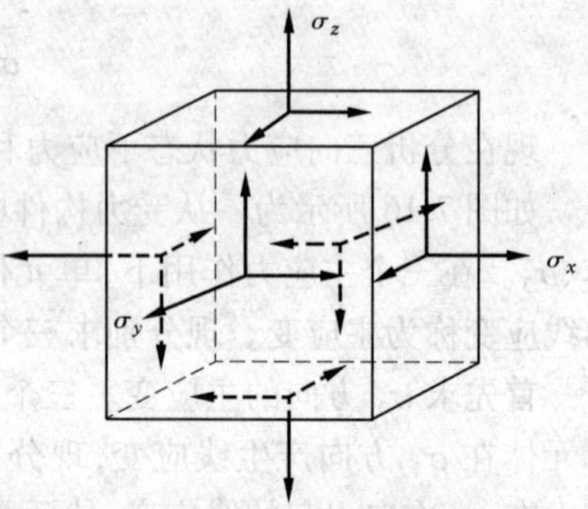

图 7-17 三向应力状态单元体各面上的应力分量

以上所得结果同时适用于单向和二向应力状态。例如,对于主应力为 σ_1 和 σ_2 的二向应力状态,令 $\sigma_3 = 0$,则式(7-10)成为

$$\left.\begin{aligned}\varepsilon_1 &= \frac{1}{E}(\sigma_1 - \upsilon\sigma_2)\\ \varepsilon_2 &= \frac{1}{E}(\sigma_2 - \upsilon\sigma_1)\\ \varepsilon_3 &= -\frac{\upsilon}{E}(\sigma_1 + \sigma_2)\end{aligned}\right\} \tag{7-12}$$

若是用主应变表示主应力,则由式(7-12)可得到

$$\left.\begin{aligned}\sigma_1 &= \frac{E}{1-\upsilon^2}(\varepsilon_1 + \upsilon\varepsilon_2)\\ \sigma_2 &= \frac{E}{1-\upsilon^2}(\varepsilon_2 + \upsilon\varepsilon_1)\end{aligned}\right\} \tag{7-13}$$

若单元体上既有正应力,又有切应力,即为一般二向应力状态,在这种情况下,正应力和线应变之间的关系类似于式(7-12)和式(7-13)。

【例 7-5】 已知一受力构件中某点处为二向应力状态,并测得两个主应变为 $\varepsilon_1 = 240 \times 10^{-6}$,$\varepsilon_3 = -160 \times 10^{-6}$。若构件的材料为 Q235 钢,弹性模量 $E = 2.1 \times 10^5$ MPa,泊松比 $\upsilon = 0.3$,试求该点处的主应力,并求出主应变 ε_2。

解 因该点处 $\sigma_2 = 0$ MPa,故由式(7-10)得

$$\sigma_1 = \frac{E}{1-\upsilon^2}(\varepsilon_1 + \upsilon\varepsilon_3) = \frac{2.1 \times 10^5}{1 - 0.3^2}(240 - 0.3 \times 160) \times 10^{-6} = 44.3(\text{MPa})$$

$$\sigma_3 = \frac{E}{1-\upsilon^2}(\varepsilon_3 + \upsilon\varepsilon_1) = \frac{2.1 \times 10^5}{1 - 0.3^2}(-160 + 0.3 \times 240) \times 10^{-6} = -20.3(\text{MPa})$$

再由式(7-10)得

$$\varepsilon_2 = -\frac{\upsilon}{E}(\sigma_1 + \sigma_3) = -\frac{0.3}{2.1\times10^{11}}(44.3\times10^6 - 20.3\times10^6) = -34.3\times10^{-6}$$

【例 7-6】 在一槽形钢块内,放置一边长为 10 mm 的立方形铝块。铝块与槽壁间无空隙,如图 7-18(a)所示。当铝块受到合力 $F = 6$ kN 的压力时,试求铝块内任一点的应力,设铝块的泊松比为 $\upsilon = 0.33$。

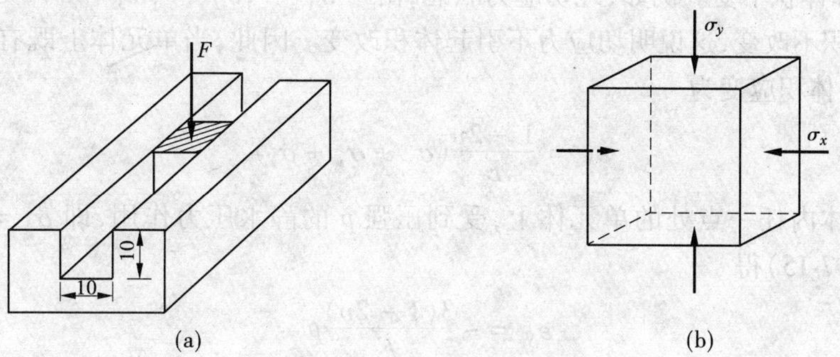

图 7-18　例 7-6 图　(单位:mm)

解　当铝块受到 F 的压缩后,水平截面上将产生均匀的压应力,用 σ_y 表示,则

$$\sigma_y = -\frac{F}{A} = -\frac{6\times10^3}{0.01\times0.01} = -6\times10^7(\text{Pa}) = -60\ \text{MPa}$$

同时,铝块的变形受到左、右两侧槽壁的限制,因此产生侧向的压应力,用 σ_x 表示。在铝块内任一点处取一单元体,连同所受应力,如图 7-18(b)所示。根据平衡条件无法求出 σ_x,故需利用变形谐调条件。因铝较软,可假设槽形钢块为刚体,故铝块左、右方向无变形,即 $\varepsilon_x = 0$。由式(7-11)可得

$$\varepsilon_x = \frac{1}{E}(\sigma_x - \upsilon\sigma_y) = 0$$

$$\sigma_x = \upsilon\sigma_y = 0.33\times(-60) = -19.8(\text{MPa})$$

如果采用主应力记号,则铝块内任一点的应力为

$$\sigma_1 = 0\ \text{MPa}\qquad \sigma_2 = -19.8\ \text{MPa}\qquad \sigma_3 = -60\ \text{MPa}$$

二、体积应变

如图 7-19 所示单元体,边长为 dx、dy 和 dz。在三个主应力作用下,边长将发生变化,现求其体积的改变。

单元体原来的体积为 $V_0 = \mathrm{d}x\mathrm{d}y\mathrm{d}z$。受力变形后,单元体的体积设为 V,则单元体的体积改变为

$$\begin{aligned}\Delta V = V - V_0 &= (\mathrm{d}x + \varepsilon_1\mathrm{d}x)(\mathrm{d}y + \varepsilon_2\mathrm{d}y)(\mathrm{d}z + \varepsilon_3\mathrm{d}z) - \mathrm{d}x\mathrm{d}y\mathrm{d}z \\ &= (1+\varepsilon_1)(1+\varepsilon_2)(1+\varepsilon_3)\mathrm{d}x\mathrm{d}y\mathrm{d}z - \mathrm{d}x\mathrm{d}y\mathrm{d}z\end{aligned}$$

略去应变的高阶微量后,得

$$\Delta V = (\varepsilon_1 + \varepsilon_2 + \varepsilon_3)\mathrm{d}x\mathrm{d}y\mathrm{d}z$$

单位体积的改变称为体积应变,用 ε_V 表示,则

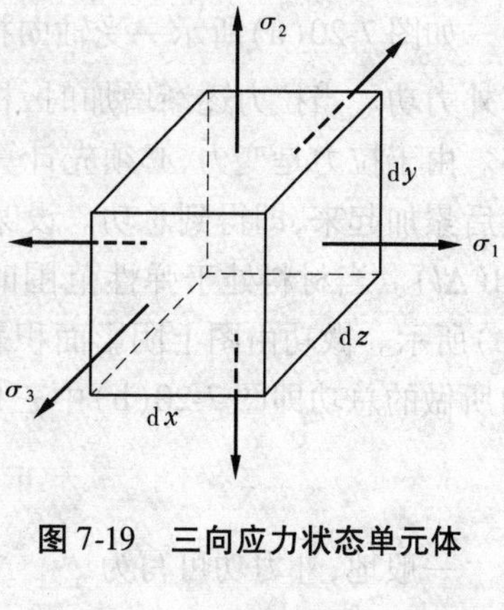

图 7-19　三向应力状态单元体

$$\varepsilon_V = \frac{\Delta V}{V_0} = \varepsilon_1 + \varepsilon_2 + \varepsilon_3 \tag{7-14}$$

将式(7-10)代入后,体积应变可用主应力表示为

$$\varepsilon_V = \frac{1-2v}{E}(\sigma_1 + \sigma_2 + \sigma_3) \tag{7-15}$$

由式(7-15)可见,体积应变和三个主应力之和成正比。如果三个主应力之和为零,则 ε_V 等于零,即体积不变。例如,纯切应力状态,由于 $\sigma_1 = \tau, \sigma_2 = 0, \sigma_3 = -\tau$,则 $\sigma_1 + \sigma_2 + \sigma_3 = 0$,故体积不改变,这说明切应力不引起体积改变。因此,当单元体上既有正应力,又有切应力时,体积应变为

$$\varepsilon_V = \frac{1-2v}{E}(\sigma_x + \sigma_y + \sigma_z)$$

如果物体内任一点处的单元体上,受到压强 p 的静水压力作用,即 $\sigma_1 = \sigma_2 = \sigma_3 = -p$,则由式(7-15)得

$$\varepsilon_V = -\frac{3(1-2v)}{E}p \tag{7-16}$$

或

$$\frac{-p}{\varepsilon_V} = K = \frac{E}{3(1-2v)} \tag{7-17}$$

式中　K——体积模量或压缩模量。

第六节　应变能和比能

弹性体在外力作用下产生变形,外力作用点也同时产生位移,因此外力要做功。按照功能转换原理,如不计热能、电磁能的变化,则外力所做的功以应变能的形式积蓄在弹性体内。当外力除去后,应变能又从弹性体内释放出来,并使弹性变形消失。这种应变能又称为弹性应变能,它在数值上等于外力所做的功。如用 V_E 表示应变能,W 表示外力功,则

$$V_E = W \tag{7-18}$$

一、轴向拉压杆件的应变能和比能

如图 7-20(a)所示一受轴向拉伸的直杆。拉力由零逐渐增加到最后的数值 F_1,现计算外力功。当拉力逐渐增加时,杆也随之伸长,杆的伸长就等于加力点沿加力方向的位移。由于拉力是变力,必须先计算加力过程中某一时刻的拉力在伸长增量上所做的微功,然后累加起来,即得到总功。设某一时刻的拉力为 F,杆的伸长增量是 $\mathrm{d}(\Delta l)$,则微功为 $F\mathrm{d}(\Delta l)$。当材料处于弹性范围时,拉力和伸长成线性关系,$F \sim \Delta l$ 图为直线,如图 7-20(b)所示。微功由图上阴影面积表示。当拉力增加到最后数值 F_1 时,杆的伸长为 Δl_1,外力所做的总功即图 7-20(b)中三角形面积 OAB,即

$$W = \int_0^{\Delta l_1} F\mathrm{d}(\Delta l) = \frac{1}{2}F_1 \Delta l_1$$

一般地,外力功可写为

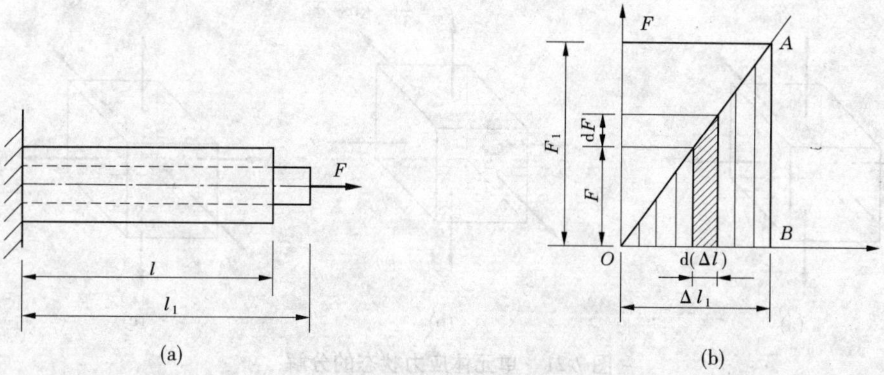

图 7-20　拉杆应变能

$$W = \frac{1}{2}F\Delta l$$

由式(7-18)可得,杆的应变能也为

$$V_E = \frac{1}{2}F\Delta l$$

由于图 7-20(a)所示拉杆的内力为 $F_N = F$,伸长 $\Delta l = \frac{F_N l}{EA}$,故上式可写为

$$V_E = \frac{1}{2}F\Delta l = \frac{F_N^2 l}{2EA} \tag{7-19}$$

杆件应变能与杆件体积之比称为比能或应变能密度,用 ν 表示。由于拉杆内各点的应力状态相同,故将应变能除以杆的体积,即得比能为

$$\nu = \frac{V_E}{V} = \frac{1}{2}F\Delta l/Al = \frac{1}{2}\sigma\varepsilon \tag{7-20}$$

在国际单位制中,应变能的单位是焦耳(J),1 J = 1 N · m,比能的单位是焦耳/米^3(J/m^3)。

以上导出的应变能计算公式也适用于杆件受压缩的情况,而比能的计算公式则适用于所有单向应力状态。

二、三向应力状态的比能

利用式(7-20),可以求得三向应力状态的比能。图 7-21(a)所示为一主应力单元体,设应力 σ_1、σ_2、σ_3 按同一比例由零逐渐增加到最后的数值。将每一个主应力所引起的比能相加,即可得到单元体的总比能为

$$\nu = \frac{1}{2}\sigma_1\varepsilon_1 + \frac{1}{2}\sigma_2\varepsilon_2 + \frac{1}{2}\sigma_3\varepsilon_3$$

将广义虎克定律式(7-10)代入上式,经化简后得到总比能为

$$\nu = \frac{1}{2E}\left[\sigma_1^2 + \sigma_2^2 + \sigma_3^2 - 2\nu(\sigma_1\sigma_2 + \sigma_2\sigma_3 + \sigma_3\sigma_1)\right] \tag{7-21}$$

在一般情况下,三向应力状态下的单元体将同时产生体积改变和形状改变,因此总比

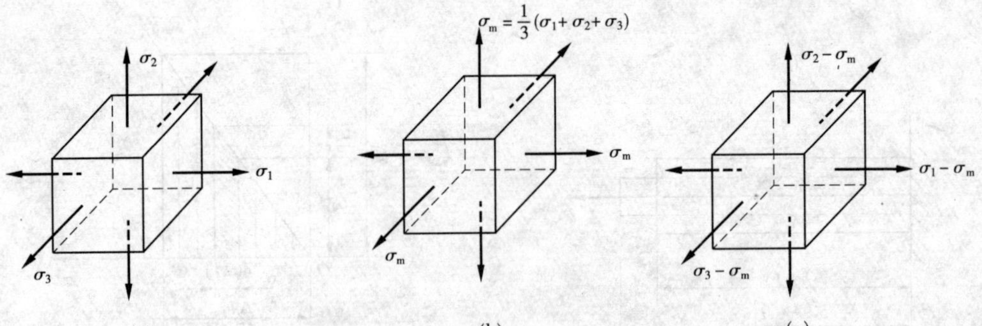

(a) (b) (c)

图 7-21 单元体应力状态的分解

能也可分为与之相应的体积改变比能 ν_V 和形状改变比能 ν_d。为了求得这两部分比能,可将图 7-21(a)所示的应力状态分解成图 7-21(b)和图 7-21(c)所示的两种应力状态。在图 7-21(b)所示的单元体上,各面上作用有相等的主应力。显然,该单元体只发生体积改变而无形状改变。由式(7-15)可知,其体积应变和图 7-21(a)所示单元体的体积应变相同。因此,体积改变比能可求得为

$$\nu_V = 3 \cdot \frac{1}{2} \cdot \sigma_m \cdot \varepsilon_m = \frac{3}{2}\sigma_m\varepsilon_m \tag{a}$$

式中,ε_m 是图 7-21(b)所示单元体的主应变。由式(7-10)可得

$$\varepsilon_m = \frac{1}{E}[\sigma_m - v(\sigma_m + \sigma_m)] = \frac{1-2v}{E}\sigma_m \tag{b}$$

将式(b)代入式(a),得体积改变比能为

$$\nu_V = \frac{3}{2}\sigma_m \frac{1-2v}{E}\sigma_m = \frac{1-2v}{6E}(\sigma_1 + \sigma_2 + \sigma_3)^2 \tag{7-22}$$

在图 7-21(c)所示的单元体上,三个主应力之和为零,由式(7-15)可知,其体积应变 $\varepsilon_V = 0$,即该单元体只有形状改变。这一单元体的应变比能即为形状改变比能 ν_d,其等于单元体的总比能减去体积改变比能。由式(7-21)和式(7-22)可得

$$\nu_d = \nu - \nu_V = \frac{1+v}{6E}[(\sigma_1 - \sigma_2)^2 + (\sigma_2 - \sigma_3)^2 + (\sigma_3 - \sigma_1)^2] \tag{7-23}$$

第七节 强度理论

前面几章中,曾介绍了构件在拉伸(或压缩)、扭转和弯曲时的强度条件,这些强度条件是建立在试验的基础上的。但如果构件受力后变形复杂,其危险点处主应力就不止一个,在这种情况下,通过试验来确定构件的强度几乎是不可能的。

为了建立复杂应力状态下材料的强度条件,需要探求导致材料破坏的规律。综合分析材料在基本变形试验中发生的破坏现象,认为因强度不足将引起两种破坏类型:一类是脆性材料,如铸铁,在无明显的塑性变形的情况下即发生断裂,断面较粗糙,且多发生在垂直于最大正应力的截面上,这种形式的破坏称为脆性断裂;另一类是塑性材料,如低碳钢,破坏前发生显著的塑性变形,破坏断面粒子较光滑,且多发生在最大切应力面上,这种形

式的破坏称为塑性屈服。长期以来,通过对材料破坏现象的综合分析,人们提出了许多关于材料破坏原因的假设。一些假设认为,对于同一种材料而言,不论是处于何种应力状态,相同的破坏形式有相同的失效原因,即材料的破坏与应力状态无关,这类假设就是强度理论。因此,可利用拉伸试验的结果建立复杂应力状态下的强度条件。

对于材料的主要破坏形式,解释材料破坏的强度理论也分为两类:一类解释脆性断裂,有最大拉应力理论和最大伸长线应变理论;另一类解释塑性屈服,有最大切应力理论和形状改变比能理论。下面主要介绍经过试验和实践检验,在工程中常用的四个强度理论。

一、最大拉应力理论(第一强度理论)

这一理论认为最大拉应力是引起断裂破坏的主要因素,即认为无论是简单或复杂的应力状态,只要最大拉应力达到材料的某一极限值,材料就发生脆性断裂。既然最大拉应力与应力状态无关,那么其极限值可通过单轴拉伸试验来确定。当单轴拉伸试样中 σ_1 达到强度极限 σ_b 时,发生断裂。于是,按照这一理论,脆性断裂的条件是

$$\sigma_1 = \sigma_b \tag{a}$$

将式(a)中的极限应力除以安全系数,得材料的许用应力[σ],所以这一强度理论对应的强度条件为

$$\sigma_1 \leqslant [\sigma] \tag{7-24}$$

试验证明,该强度理论较好地解释了石料、铸铁等脆性材料沿最大拉应力所在截面发生断裂的现象;而对于单向受压或三向受压等没有拉应力的情况则不适合。其缺点是未考虑其他两个主应力的影响。

二、最大伸长线应变理论(第二强度理论)

这一理论认为最大伸长线应变是引起断裂破坏的主要因素,即认为无论是简单或复杂的应力状态,只要最大伸长线应变达到材料的某一极限值,材料就发生脆性断裂。既然最大伸长线应变与应力状态无关,那么其极限值可通过单轴拉伸试验来确定。假定直到发生断裂,材料仍服从虎克定律,所以单轴拉伸试样的伸长线应变的极限值为 $\varepsilon_u = \dfrac{\sigma_b}{E}$。于是,按照这一理论,脆性断裂的条件是

$$\varepsilon_1 = \varepsilon_u = \frac{\sigma_b}{E} \tag{b}$$

由广义虎克定律知,在线弹性范围内,复杂应力状态下一点处的最大伸长线应变为

$$\varepsilon_1 = \frac{1}{E}[\sigma_1 - \upsilon(\sigma_2 + \sigma_3)] \tag{c}$$

将式(c)代入式(b),于是破坏条件可改写为

$$\sigma_1 - \upsilon(\sigma_2 + \sigma_3) = \sigma_b \tag{d}$$

将式(d)中的极限应力除以安全因数,得材料的许用应力[σ],所以这一强度理论对应的强度条件为

$$\sigma_1 - \upsilon(\sigma_2 + \sigma_3) \leqslant [\sigma] \tag{7-25}$$

试验证明,该强度理论较好地解释了石料、混凝土等脆性材料受轴向压缩时,沿受力方向发生断裂的现象。但是,其试验结果只与很少的材料吻合,因此已经很少使用。其缺点是不能广泛解释脆断破坏的一般规律。

三、最大切应力理论(第三强度理论)

这一理论认为最大切应力 τ_{max} 是引起材料塑性屈服的主要因素,即认为无论是简单或复杂的应力状态,只要最大切应力 τ_{max} 达到材料的某一极限值,材料就发生塑性屈服。既然最大切应力与应力状态无关,那么其极限值可通过单轴拉伸试验来确定。低碳钢等塑性材料在单轴拉伸时,当横截面上的正应力达到 σ_s 时,材料沿最大切应力所在的45°斜面发生滑移,即产生塑性屈服。这时,45°斜面上的切应力 $\tau_{max} = \sigma_s/2$。可见,$\sigma_s/2$ 就是导致材料屈服的最大切应力的极限值。同时,复杂应力状态下,$\tau_{max} = \dfrac{\sigma_1 - \sigma_3}{2}$。于是,按照这一理论,塑性屈服的条件是

$$\sigma_1 - \sigma_3 = \sigma_s \tag{e}$$

将式(d)中的极限应力除以安全因数,得材料的许用应力$[\sigma]$,所以这一强度理论对应的强度条件为

$$\sigma_1 - \sigma_3 \leqslant [\sigma] \tag{7-26}$$

试验证明,这一理论可以较好地解释塑性材料的屈服现象。该理论形式简单,概念明确,适用于塑性材料的一般情况。其缺点是没有考虑 σ_2 的影响,在二向应力状态下,按这一理论设计的构件偏于安全。

四、形状改变比能理论(第四强度理论)

这一理论认为形状改变比能 ν_d 是引起材料塑性屈服的主要因素,即认为无论是简单或复杂的应力状态,只要形状改变比能 ν_d 达到材料的某一极限值,材料就发生塑性屈服。既然形状改变比能 ν_d 与应力状态无关,那么其极限值可通过单轴拉伸试验来确定。单轴拉伸时,由式(7-23)可得到与屈服应力 σ_s 相应的形状改变比能为$\dfrac{1+\upsilon}{6E}(2\sigma_s^2)$,这即是导致材料屈服的形状改变比能 ν_d 的极限值。于是,按照这一理论,塑性屈服的条件是

$$\nu_d = \frac{1+\upsilon}{6E}(2\sigma_s^2) \tag{f}$$

将式(7-23)代入式(f),于是屈服条件可改写为

$$\sqrt{\frac{1}{2}[(\sigma_1 - \sigma_2)^2 + (\sigma_2 - \sigma_3)^2 + (\sigma_3 - \sigma_1)^2]} = \sigma_s \tag{g}$$

将式(g)中的极限屈服应力 σ_s 除以安全系数,得材料的许用应力$[\sigma]$,所以这一强度理论对应的强度条件为

$$\sqrt{\frac{1}{2}[(\sigma_1 - \sigma_2)^2 + (\sigma_2 - \sigma_3)^2 + (\sigma_3 - \sigma_1)^2]} \leqslant [\sigma] \tag{7-27}$$

根据钢、铜、铝等几种塑性材料的试验资料，表明形状改变比能理论（第四强度理论）比第三强度理论更符合试验结果。在纯剪切下，按第三强度理论和第四强度理论的计算结果差别最大，这时，由第三强度理论的屈服条件得出的结果比第四强度理论的计算结果大15%。

综合式(7-24)～式(7-27)，按照四个强度理论所建立的四个强度条件可统一写成

$$\sigma_r \leqslant [\sigma] \tag{7-28}$$

式中，σ_r 是根据不同强度理论而得到的构件危险点处三个主应力的某种组合，称为相当应力。按照从第一到第四强度理论的顺序，相当应力分别为

$$\left.\begin{aligned}\sigma_{r1} &= \sigma_1 \\ \sigma_{r2} &= \sigma_1 - \nu(\sigma_2 + \sigma_3) \\ \sigma_{r3} &= \sigma_1 - \sigma_3 \\ \sigma_{r4} &= \sqrt{\frac{1}{2}[(\sigma_1 - \sigma_2)^2 + (\sigma_2 - \sigma_3)^2 + (\sigma_3 - \sigma_1)^2]}\end{aligned}\right\} \tag{7-29}$$

关于强度理论的选择，一般来说，铸铁、混凝土、石料等脆性材料通常以断裂的形式破坏，宜采用第一强度理论和第二强度理论；碳钢、铜、铝等塑性材料通常以屈服的形式破坏，宜采用第三强度理论和第四强度理论。

需要注意的是，在选择强度理论时：一方面要保证破坏原因与破坏形式的一致性，理论计算与试验结果要接近；另一方面要注意材料的破坏形式与应力状态有关，也与速度、温度有关。同一种材料在不同情况下，破坏形式不同，适用的强度理论也应不同。如低碳钢单向受拉时，产生塑性变形，宜采用第三强度理论和第四强度理论；三向均受拉时，产生断裂破坏，宜采用第一强度理论和第二强度理论。而铸铁单向受拉时，产生断裂破坏，宜采用第一强度理论和第二强度理论；三向均受压时，产生塑性屈服，宜采用第三强度理论和第四强度理论。

进行复杂应力状态下的强度计算时，可按下面几个步骤进行：

(1)确定危险点并画出单元体，计算出主应力 σ_1、σ_2、σ_3（见图7-22(a)）。

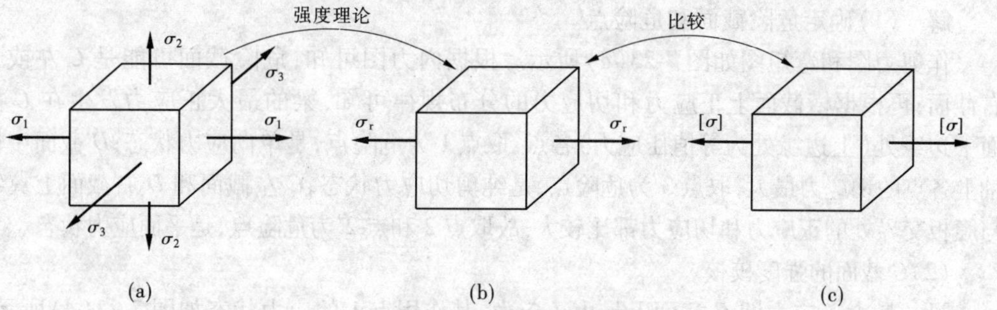

图7-22　强度计算步骤

(2)选择适当的强度理论，计算相当应力 σ_r，把复杂应力状态转换为等效的单向应力状态（见图7-22(b)）。

(3)确定材料的许用拉应力$[\sigma]$，将其与 σ_r 对比（见图7-22(c)），从而对构件进行强

度计算。

【例 7-7】　一工字形截面焊接钢梁受力如图 7-23(a)所示,其截面几何尺寸如图 7-23(b)所示。已知 $F=80$ kN,$q=10$ kN/m,截面的惯性矩 $I_z=91.6\times10^{-6}$ m^4,材料的许用应力$[\sigma]=120$ MPa。试对梁的强度作全面校核。

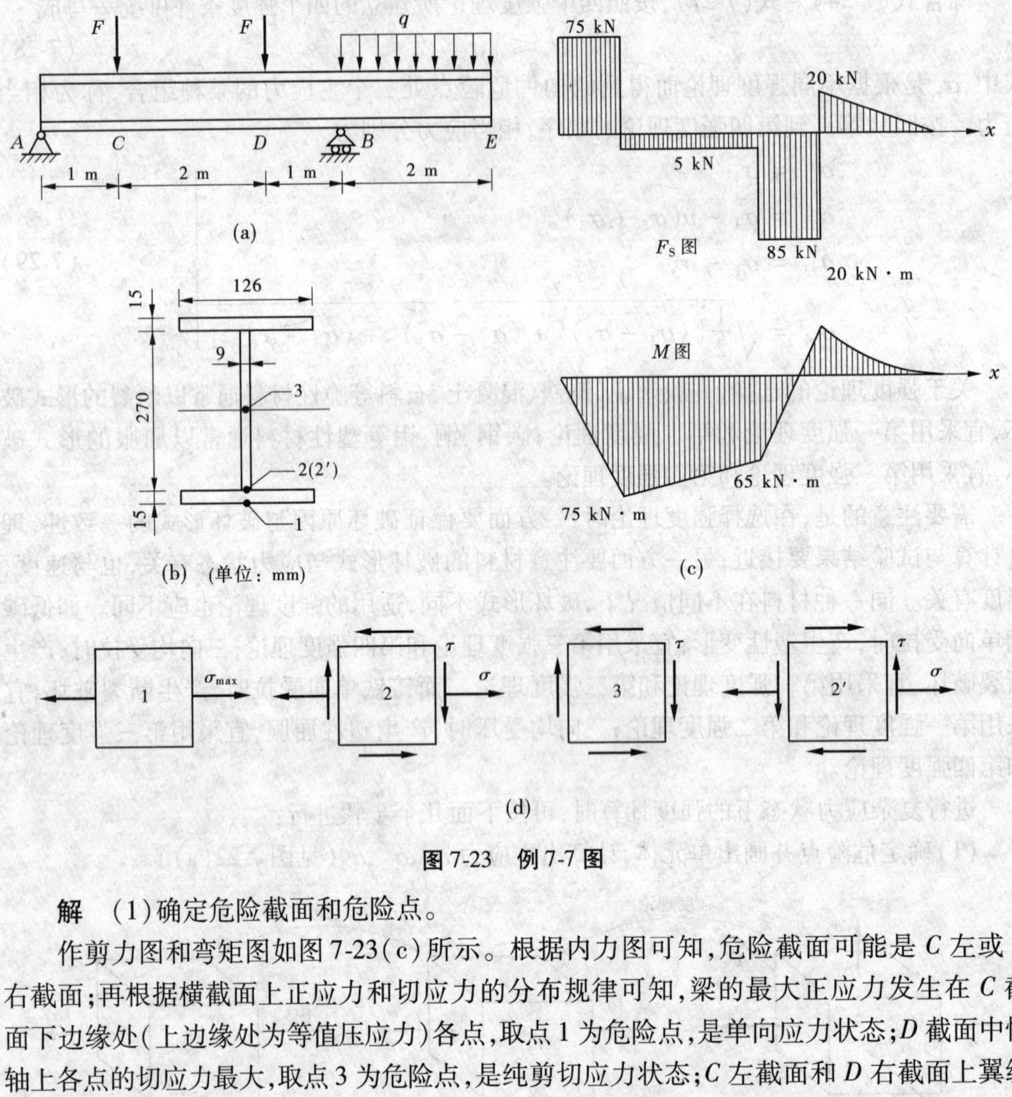

图 7-23　例 7-7 图

解　(1)确定危险截面和危险点。

作剪力图和弯矩图如图 7-23(c)所示。根据内力图可知,危险截面可能是 C 左或 D 右截面;再根据横截面上正应力和切应力的分布规律可知,梁的最大正应力发生在 C 截面下边缘处(上边缘处为等值压应力)各点,取点 1 为危险点,是单向应力状态;D 截面中性轴上各点的切应力最大,取点 3 为危险点,是纯剪切应力状态;C 左截面和 D 右截面上翼缘与腹板交界处的正应力和切应力都比较大,故取点 2 和点 2′为危险点,是平面应力状态。

(2)C 截面的强度校核。

梁的最大正应力即 C 截面上最大正应力,其作用点 1 的应力状态如图 7-23(d)所示,$\sigma_1=\sigma_{\max}$,$\sigma_2=\sigma_3=0$,代入第三强度理论和第四强度理论所得的强度条件是一致的,即

$$\sigma_{\max}\leqslant[\sigma]$$

求 C 截面上的最大正应力 $\sigma_{\max}$

$$\sigma_{max}=\frac{M_{max}y_{max}}{I_z}=\frac{75\times10^3\times150\times10^{-3}}{91.6\times10^{-6}}=122.8\times10^6(\mathrm{Pa})=122.8\ \mathrm{MPa}>[\sigma]=120\ \mathrm{MPa}$$

但

$$\frac{\sigma_{max}-[\sigma]}{[\sigma]}=2.3\%<5\%$$

故仍在工程容许范围内,认为是安全的。

对于翼缘与腹板交界处的点2,其

$$S_z^*=126\times15\times142.5\times10^{-9}=2.69\times10^{-4}(\mathrm{m}^3)$$

C 左截面上的点2,其应力状态如图7-23(d)所示,其中

$$\sigma=\frac{M_Cy}{I_z}=\frac{75\times10^3\times135\times10^{-3}}{91.6\times10^{-6}}=110.5\times10^6(\mathrm{Pa})=110.5\ \mathrm{MPa}$$

$$\tau=\frac{F_{SC}S_z^*}{I_zb}=\frac{75\times10^3\times2.69\times10^{-4}}{91.6\times10^{-6}\times9\times10^{-3}}=24.5\times10^6(\mathrm{Pa})=24.5\ \mathrm{MPa}$$

求出 σ_1、σ_3 代入式(7-26),得到按第三强度理论校核的计算公式

$$\sigma_{r3}=\sqrt{\sigma^2+4\tau^2}=121\ \mathrm{MPa}>[\sigma]$$

但$\frac{\sigma_{r3}-[\sigma]}{[\sigma]}<5\%$,故 C 左截面上的点2也是安全的。

同样,代入式(7-27),得到按第四强度理论校核的计算公式

$$\sigma_{r4}=\sqrt{\sigma^2+3\tau^2}=118.4\ \mathrm{MPa}<[\sigma]$$

故 C 截面的强度条件满足。

(3) D 截面的强度校核。

梁的最大切应力即 D 截面上最大切应力,其作用点3的应力状态如图7-23(d)所示,对于点3,其

$$S_z^*=126\times15\times142.5\times10^{-9}+135\times9\times\frac{135}{2}\times10^{-9}=3.51\times10^{-4}(\mathrm{m}^3)$$

$$\tau=\frac{F_{SD}\cdot S_z^*}{I_zb}=\frac{85\times10^3\times3.51\times10^{-4}}{91.6\times10^{-6}\times9\times10^{-3}}=36.2\times10^6(\mathrm{Pa})=36.2\ \mathrm{MPa}$$

于是,将 $\sigma_1=\tau,\sigma_2=0,\sigma_3=-\tau$ 代入第三强度理论和第四强度理论,得

$$\sigma_{r3}=\sigma_1-\sigma_3=72.4\ \mathrm{MPa}<[\sigma]$$

$$\sigma_{r4}=\sqrt{3}\tau=62.7\ \mathrm{MPa}$$

对于 D 左截面上的 $2'$ 点,其应力状态如图7-23(d)所示,其中

$$\sigma=\frac{M_Dy}{I_z}=\frac{65\times10^3\times135\times10^{-3}}{91.6\times10^{-6}}=95.8\times10^6(\mathrm{Pa})=95.8\ \mathrm{MPa}$$

$$\tau=\frac{F_{SD}\cdot S_z^*}{I_zb}=\frac{85\times10^3\times2.69\times10^{-4}}{91.6\times10^{-6}\times9\times10^{-3}}=27.7\times10^6(\mathrm{Pa})=27.7\ \mathrm{MPa}$$

按第三强度理论和第四强度理论校核,有

$$\sigma_{r3}=\sqrt{\sigma^2+4\tau^2}=110.7\ \mathrm{MPa}<[\sigma]$$

$$\sigma_{r4} = \sqrt{\sigma^2 + 3\tau^2} = 107.1 \text{ MPa} < [\sigma]$$

故 D 截面的强度条件满足。

结论：虽然 C 截面上点 1 和点 2 的应力较大，但仍在工程容许范围内，故认为是安全的。其他危险点处的强度足够，故全梁强度条件均满足。从本例可以看出，对于焊接工字形截面的梁，在弯矩和剪力均较大的截面上，翼缘和腹板连接处的点可能是危险点，应对该部位的点进行强度校核。

第八节 弹性常数 E、G、υ 的关系

第三章曾经指出，材料的弹性常数 E、G 和 υ 之间存在着一定的关系。现导出该关系式。取一纯切应力状态的单元体，如图 7-24 所示。设单元体的边长为 dx、dy 和 dz（dz 为厚度），单元体的剪应变为 γ，则单元体的上面相对于下面错动的量为 $\overline{aa'} = \gamma dy$。单元体由切应力作用所引起的应变能在数值上等于单元体上面上的切应力的合力所做的功，即

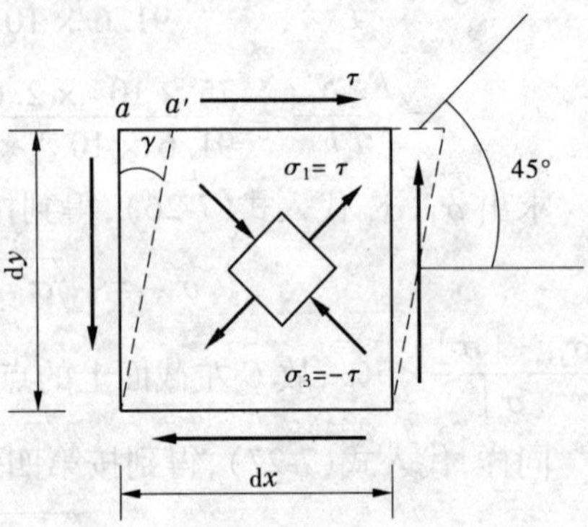

图 7-24 纯切单元体

$$dV_E = \frac{1}{2}(\tau dxdz)(\gamma dy) = \frac{1}{2}\tau\gamma dxdydz \quad \text{(a)}$$

将剪切虎克定律式 $\tau = G\gamma$ 代入式(a)后，得到

$$dV_E = \frac{1}{2}\frac{\tau^2}{G}dxdydz \quad \text{(b)}$$

由此得到比能为

$$\nu = \frac{dV_E}{dxdydz} = \frac{1}{2}\frac{\tau^2}{G} = \frac{1}{2}\tau\gamma \tag{7-30}$$

单元体在纯切应力作用下，在 45°和 135°方向存在着主应力。单元体上的三个主应力分别为 $\sigma_1 = \tau$，$\sigma_2 = 0$，$\sigma_3 = -\tau$。将三个主应力代入式(7-21)，得到主应力引起的比能为

$$\nu = \frac{1+\upsilon}{E}\tau^2 \quad \text{(c)}$$

在任一点处，由切应力和主应力得到的比能应该相等。因此，由式(7-30)和式(c)得到

$$\frac{1}{2}\frac{\tau^2}{G} = \frac{1+\upsilon}{E}\tau^2$$

故

$$G = \frac{E}{2(1+\upsilon)} \tag{7-31}$$

第九节 平面应力状态下的应变分析

结构物和机器往往由于形状和受载情况复杂，很难用理论方法分析和计算其应力。

这时,可用试验方法测出一点处的某些应变,然后求出该点处的主应变,再利用广义虎克定律就可计算出该点处的主应力。为此,需研究一点处的应变状态,找出一点处各个方向应变之间的关系,并求出主应变。

一、任意方向的应变

在变形前的物体中任一点 A 处,取一单元体 $ABCD$。在 xOy 坐标系中,其边长为 $\mathrm{d}x$ 和 $\mathrm{d}y$,如图 7-25 所示。物体受力后,A、B、C、D 点分别移动到 A'、B'、C'、D'。线段 AB 成为 $A'B'$,并转过微小角度 β;线段 AC 成为 $A'C'$,并转过微小角度 φ。因此,线段 AB 的线应变即 A 点处沿 x 方向的线应变,为 $\varepsilon_x=\dfrac{\overline{A'B''}-\overline{AB}}{\mathrm{d}x}$;线段 AC 的线应变即 A 点处沿 y 方向的线应变为 $\varepsilon_y=\dfrac{\overline{A'C''}-\overline{AC}}{\mathrm{d}y}$。此外,$A$ 点处的切应变 $\gamma_{xy}=\beta+\varphi$。根据 A 点处的三个应变 ε_x、ε_y、γ_{xy} 就可求出 A 点处沿任一方向的线应变和切应变。

设单元体的对角线 AD 代表 A 点处任意方向的线段,它与 x 轴成 α 角,如图 7-25 所示。α 角规定从 x 轴逆时针旋转为正。当单元体变形后,线段 AD 变为 $A'D'$,因此任意方向产生了线应变 ε_α,这一线应变是由 ε_x、ε_y、γ_{xy} 共同引起的。因为变形很小,可先分别研究由 ε_x、ε_y、γ_{xy} 各自引起的 ε_α,然后叠加,即得到总的线应变 ε_α。在以下分析中,不考虑单元体的刚性位移,从而 A' 点与 A 点重合。

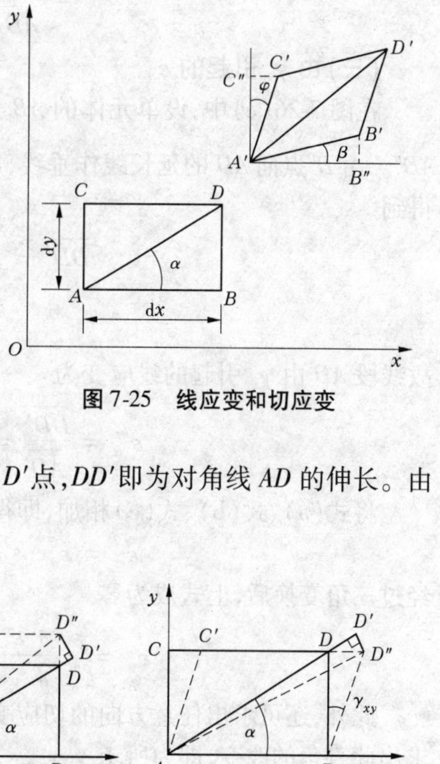

图 7-25　线应变和切应变

(一)由 ε_x 引起的 ε_α

在图 7-26(a)中,设单元体只有 x 方向的线应变 ε_x 时,B 点移动至 B' 点,$\overline{BB'}=\varepsilon_x\mathrm{d}x$。对角线 AD 变为 AD''。由 D''点向 AD 的延长线作垂线,得到 D'点,DD'即为对角线 AD 的伸长。由几何关系得到

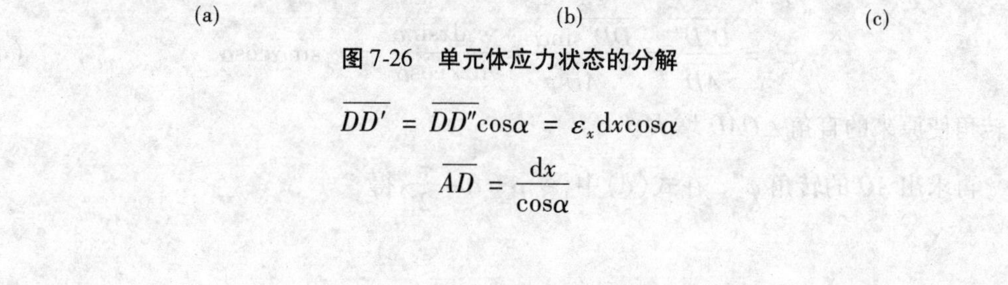

图 7-26　单元体应力状态的分解

$$\overline{DD'}=\overline{DD''}\cos\alpha=\varepsilon_x\mathrm{d}x\cos\alpha$$

$$\overline{AD}=\frac{\mathrm{d}x}{\cos\alpha}$$

故线段$\overline{AD}$由 ε_x 引起的线应变为

$$\varepsilon'_\alpha = \frac{\overline{DD'}}{\overline{AD}} = \frac{\varepsilon_x \mathrm{d}x\cos\alpha}{\mathrm{d}x/\cos\alpha} = \varepsilon_x\cos^2\alpha \tag{a}$$

(二)由 ε_y 引起的 ε_α

在图 7-26(b)中,设单元体只有 y 方向的应变时,C 点移至 C'点,$\overline{CC'}=\varepsilon_y\mathrm{d}y$。对角线 AD 变为 AD''。由 D''点向 AD 的延长线作垂线,得到 D'点,$\overline{DD'}$即为对角线 AD 的伸长。由几何关系得到

$$\overline{DD'} = \overline{DD''}\sin\alpha = \varepsilon_y\mathrm{d}y\sin\alpha$$

$$\overline{AD} = \frac{\mathrm{d}y}{\sin\alpha}$$

故线段$\overline{AD}$由 ε_y 引起的线应变为

$$\varepsilon''_\alpha = \frac{\overline{DD'}}{\overline{AD}} = \frac{\varepsilon_y\mathrm{d}y\sin\alpha}{\mathrm{d}y/\sin\alpha} = \varepsilon_y\sin^2\alpha \tag{b}$$

(三)由 γ_{xy} 引起的 ε_α

在图 7-26(c)中,设单元体的 AB 边固定,由于单元体的切应变 γ_{xy},对角线 AD 变为 AD''。由 D''点向 AD 的延长线作垂线,即得 D'点,$\overline{DD'}$即为对角线 AD 的伸长。由几何关系得到

$$\overline{DD'} = \overline{DD''}\cos\alpha = \gamma_{xy}\mathrm{d}y\cos\alpha$$

$$\overline{AD} = \frac{\mathrm{d}y}{\sin\alpha}$$

故线段 AD 由 γ_{xy}引起的线应变为

$$\varepsilon'''_\alpha = \frac{\overline{DD'}}{\overline{AD}} = \frac{\gamma_{xy}\mathrm{d}y\cos\alpha}{\mathrm{d}y/\sin\alpha} = \gamma_{xy}\sin\alpha\cos\alpha \tag{c}$$

将式(a)、式(b)、式(c)相加,即得到线段 AD 总的线应变为

$$\varepsilon_\alpha = \varepsilon_x\cos^2\alpha + \varepsilon_y\sin^2\alpha + \gamma_{xy}\sin\alpha\cos\alpha \tag{7-32a}$$

经过三角变换后,上式成为

$$\varepsilon_\alpha = \frac{\varepsilon_x+\varepsilon_y}{2} + \frac{\varepsilon_x-\varepsilon_y}{2}\cos2\alpha + \frac{\gamma_{xy}}{2}\sin2\alpha \tag{7-32b}$$

此外,还可求出任意方向的切应变,即切应变 γ_α。在图 7-26(a)中,画出直角$\angle QAD$,求出此直角的改变,即为所求 γ_α。

首先求出由 ε_x 引起的 γ_α。由于 ε_x,对角线 AD 转过 φ'角至 AD'',由几何关系,可得

$$\varphi' = \frac{\overline{D'D''}}{\overline{AD}} = \frac{\overline{DD''}\sin\alpha}{\overline{AD}} = \frac{\varepsilon_x\mathrm{d}x\sin\alpha}{\mathrm{d}x/\cos\alpha} = \varepsilon_x\sin\alpha\cos\alpha \tag{d}$$

此转角使原来的直角$\angle QAD$ 增大。

再求出 AQ 的转角 φ''。在式(d)中,令 $\alpha=\alpha+\dfrac{\pi}{2}$,得

$$\varphi'' = \varepsilon_x \sin(\alpha + \frac{\pi}{2})\cos(\alpha + \frac{\pi}{2}) = -\varepsilon_x \sin\alpha\cos\alpha$$

式中，负号表示φ''角的转向与φ'角的转向相反，即φ''角也使原来的直角增大。现规定使直角减小的切应变为正，使直角增大的切应变为负。

因此，由ε_x引起的切应变为负，即

$$\gamma'_\alpha = -\varphi' + \varphi'' = -2\varepsilon_x \sin\alpha\cos\alpha = -\varepsilon_x \sin 2\alpha$$

同理，可求出由ε_y和γ_{xy}引起的切应变分别为

$$\gamma''_\alpha = \varepsilon_y \sin 2\alpha$$

$$\gamma'''_\alpha = \gamma_{xy} \cos 2\alpha$$

三者相加，得总的切应变为

$$\gamma_\alpha = \gamma'_\alpha + \gamma''_\alpha + \gamma'''_\alpha = -\varepsilon_x \sin 2\alpha + \varepsilon_y \sin 2\alpha + \gamma_{xy} \cos 2\alpha \qquad (7\text{-}33a)$$

或

$$-\frac{\gamma_\alpha}{2} = \frac{\varepsilon_x - \varepsilon_y}{2}\sin 2\alpha - \frac{\gamma_{xy}}{2}\cos 2\alpha \qquad (7\text{-}33b)$$

比较式(7-32b)、式(7-33b)和式(7-1)、式(7-2)可见，只要将式(7-1)和式(7-2)中的σ_x、σ_y、σ_α换成ε_x、ε_y、ε_α；τ_x和τ_α换成$-\frac{1}{2}\gamma_{xy}$和$-\frac{1}{2}\gamma_\alpha$，就得到式(7-32b)和式(7-33b)。因此，在平面应变分析中，也可作应变圆分析一点的应变状态。在图7-3(b)的应力圆上，将D_1点的横坐标σ_x换成ε_x，纵坐标τ_x换成$-\frac{1}{2}\gamma_{xy}$，即得到应变圆上的D_1点；将应力圆上D_2点的横坐标σ_y换成ε_y，纵坐标$-\tau_y$换成$\frac{1}{2}\gamma_{xy}$，即得应变圆上的D_2点。以$\overline{D_1D_2}$为直径所作的圆即为应变圆，如图7-27所示。

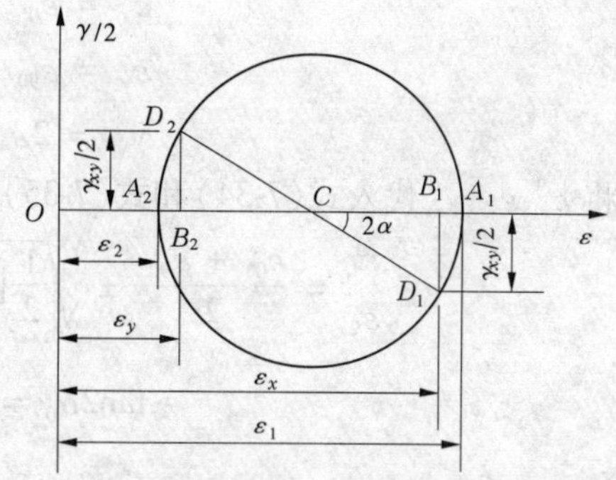

图7-27　平面应变圆

二、主应变的大小和方向

由应变圆可见，A_1点和A_2点的纵坐标为零，它们的横坐标分别代表一点处的最大线应变和最小线应变，即主应变ε_1和ε_2。因半径CA_1和CA_2成180°，故ε_1和ε_2的方向互相垂直。由应变圆上可以导出主应变大小为

$$\left.\begin{matrix}\varepsilon_1\\ \varepsilon_2\end{matrix}\right\} = \frac{\varepsilon_x + \varepsilon_y}{2} \pm \sqrt{\left(\frac{\varepsilon_x - \varepsilon_y}{2}\right)^2 + \left(\frac{\gamma_{xy}}{2}\right)^2} \qquad (7\text{-}34)$$

主应变的方向由下式决定

$$\tan 2\alpha = \frac{\gamma_{xy}}{\varepsilon_x - \varepsilon_y} \qquad (7\text{-}35)$$

对于弹性各向同性的材料，主应变的方向和主应力的方向是一致的。

三、应变的量测

在试验应力分析中，利用电阻片作为传感器，可测出一点处的应变，然后利用广义虎克定律可求出该点处的主应力。

当测点处的两个主应力方向已知时，可以测出这两个方向的主应变，再由式(7-13)，求出这两个主应力。

当测点处的主应力方向未知时，可在该点处测出任意三个方向的线应变，分别代入式(7-32a)或式(7-32b)，联立求解出 ε_x、ε_y、γ_{xy}。再将所得的 ε_x、ε_y、γ_{xy} 代入式(7-34)，即可求出主应变 ε_1 和 ε_2；代入式(7-35)，即可求出主应变的方向(即主应力的方向)。再将 ε_1 和 ε_2 代入式(7-13)，即可求出主应力的大小。

在实际量测应变时，通常采用直角应变花和△形应变花两种类型。

(一)直角应变花

在测点处，沿 $\alpha=0°$、$45°$、$90°$三个方向粘贴三个电阻片，组成直角应变花，如图7-28(a)所示。将所测得的三个方向的应变 $\varepsilon_{0°}$、$\varepsilon_{45°}$、$\varepsilon_{90°}$ 代入式(7-32b)，得到

$$\left.\begin{aligned}\varepsilon_{0°}&=\varepsilon_x\\ \varepsilon_{45°}&=\frac{\varepsilon_x+\varepsilon_y}{2}+\frac{\gamma_{xy}}{2}\\ \varepsilon_{90°}&=\varepsilon_y\end{aligned}\right\}$$

联立求解，得

$$\left.\begin{aligned}\varepsilon_x&=\varepsilon_{0°}\\ \varepsilon_y&=\varepsilon_{90°}\\ \gamma_{xy}&=2\varepsilon_{45°}-(\varepsilon_{0°}+\varepsilon_{90°})\end{aligned}\right\}$$

再将 ε_x、ε_y、γ_{xy} 代入式(7-34)和式(7-35)，得到

$$\begin{matrix}\varepsilon_1\\ \varepsilon_2\end{matrix}=\frac{\varepsilon_{0°}+\varepsilon_{90°}}{2}\pm\sqrt{\frac{1}{2}\left[(\varepsilon_{0°}-\varepsilon_{45°})^2+(\varepsilon_{45°}-\varepsilon_{90°})^2\right]} \tag{7-36}$$

$$\tan 2\alpha_0=\frac{2\varepsilon_{45°}-\varepsilon_{0°}-\varepsilon_{90°}}{\varepsilon_{0°}-\varepsilon_{90°}} \tag{7-37}$$

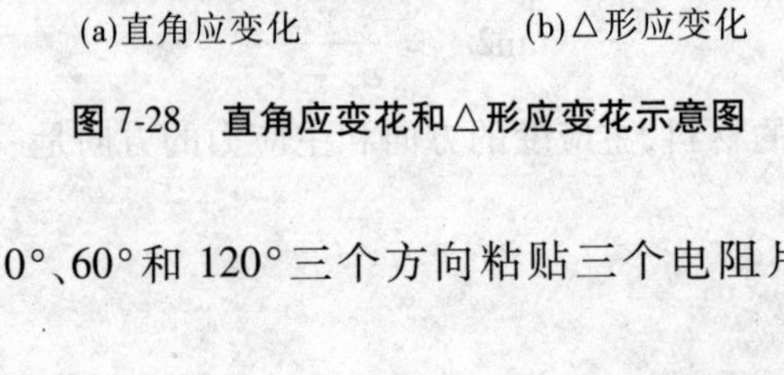

图7-28 直角应变花和△形应变花示意图

(二)△形应变花

在测点处，沿 $\alpha=0°$、$60°$和 $120°$三个方向粘贴三个电阻片，组成△形应变花，如

图 7-28(b)所示。将所测得的三个方向的应变 $\varepsilon_{0°}$、$\varepsilon_{60°}$、$\varepsilon_{120°}$代入式(7-32b),得到

$$\left.\begin{aligned} \varepsilon_x &= \varepsilon_{0°} \\ \varepsilon_y &= \frac{-\varepsilon_{0°}+2\varepsilon_{60°}+2\varepsilon_{120°}}{3} \\ \gamma_{xy} &= \frac{2(\varepsilon_{60°}-\varepsilon_{120°})}{\sqrt{3}} \end{aligned}\right\}$$

再将 ε_x、ε_y、γ_{xy}代入式(7-34)及式(7-35),得到

$$\left.\begin{matrix}\varepsilon_1\\ \varepsilon_2\end{matrix}\right. = \frac{\varepsilon_{0°}+\varepsilon_{60°}+\varepsilon_{120°}}{3} \pm \frac{\sqrt{2}}{3}\sqrt{(\varepsilon_{0°}-\varepsilon_{60°})^2+(\varepsilon_{0°}-\varepsilon_{120°})^2+(\varepsilon_{60°}-\varepsilon_{120°})^2}$$

$$\tan 2\alpha_0 = \frac{\sqrt{3}(\varepsilon_{60°}-\varepsilon_{120°})}{2\varepsilon_{0°}-\varepsilon_{60°}-\varepsilon_{120°}}$$

小　结

(1)应力状态是指通过一点不同截面上的应力情况,它可以用围绕该点三对相互垂直的微面构成的微正六面体来表示,如果作用于三对微面上的应力分量已知,则该点的应力状态即为已知。

(2)应力分析即根据已知应力状态求解任意指定斜截面上应力及相应方位微元体的三对微面上的应力。本章着重对平面一般应力状态作应力分析,利用平衡条件可求得平行 z 轴且与 x 轴成 α 倾角的斜截面上应力表达式为

$$\sigma_\alpha = \frac{\sigma_x+\sigma_y}{2}+\frac{\sigma_x-\sigma_y}{2}\cos 2\alpha-\tau_x\sin 2\alpha \tag{a}$$

$$\tau_\alpha = \frac{\sigma_x-\sigma_y}{2}\sin 2\alpha+\tau_x\cos 2\alpha \tag{b}$$

(3)主应力即正应力极值,或切应力为零的微面上的正应力,平面一般应力状态一般有两个非零主应力,即

$$\left.\begin{matrix}\sigma_1\\ \sigma_2\end{matrix}\right. = \frac{\sigma_x+\sigma_y}{2}\pm\sqrt{\left(\frac{\sigma_x-\sigma_y}{2}\right)^2+\tau_x^2}$$

位于与 x 面成 α_0、$\alpha_0+90°$倾角的两个主平面上,α_0 的表达式为

$$\tan(-2\alpha_0) = \frac{\tau_x}{\frac{1}{2}(\sigma_x-\sigma_y)}$$

主切应力即切应力极值。两个主切应力大小相等,方向相反,即遵循切应力互等定理,并且大小等于两个主应力之差的一半,有

$$\left.\begin{matrix}\tau_{\max}\\ \tau_{\min}\end{matrix}\right. = \pm\sqrt{\left(\frac{\sigma_x-\sigma_y}{2}\right)^2+\tau_x^2} = \pm\left(\frac{\sigma_3+\sigma_1}{2}\right)$$

其作用面与主平面成 ±45°。

(4)应力分析除上述解析法外,图解法(应力圆法)也非常简单、方便。正确掌握微元

体上的“面”与应力圆上的“点”的对应关系是应用应力圆法求解指定截面上应力的关键。

(5)空间一般应力状态具有三个非零主应力 $\sigma_1 \geqslant \sigma_2 \geqslant \sigma_3$。约定:三个主应力按代数值从大到小排列。

(6)广义虎克定律描述线弹性材料在弹性范围内,小变形条件下的应力分量与应变分量的关系。对于各向同性材料,主应力形式的表达式为

$$\left.\begin{aligned}\varepsilon_1 &= \frac{1}{E}[\sigma_1 - \upsilon(\sigma_2 + \sigma_3)]\\ \varepsilon_2 &= \frac{1}{E}[\sigma_2 - \upsilon(\sigma_3 + \sigma_1)]\\ \varepsilon_3 &= \frac{1}{E}[\sigma_3 - \upsilon(\sigma_1 + \sigma_2)]\end{aligned}\right\}$$

思考题

7-1 研究一点应力状态的意义是什么?

7-2 最大正应力所在面上的剪应力一定为零,最大剪应力所在面上的正应力是否也一定为零?

7-3 试举出单向应力状态、二向应力状态、三向应力状态的工程实例。

7-4 试定性画出轴向拉伸、轴向压缩、扭转圆轴、一般受弯杆件危险点处的应力单元体及其对应的应力圆。

7-5 二向应力状态单元体($\sigma_1 \neq 0, \sigma_2 \neq 0, \sigma_3 = 0$),已知主应变 $\varepsilon_1 \neq 0, \varepsilon_2 \neq 0$,材料泊松比为 υ,其主应变 ε_3 是否是 $-\upsilon(\varepsilon_1 + \varepsilon_2)$?

7-6 一个二向应力状态与另一个二向应力状态叠加的结果是什么应力状态?

习　题

7-1 木制构件中的微元受力如图 7-29 所示,其中所示的角度为木纹方向与铅垂方向的夹角。试求:

(1)微元面内平行于木纹方向的切应力;

(2)垂直于木纹方向的正应力。

7-2 层合板构件中微元受力如图 7-30 所示,各层板之间用胶黏接,接缝方向如图中所示。若已知胶层切应力不得超过 1 MPa。试分析是否满足这一要求。

7-3 如图 7-31 所示,结构中某点处的应力状态为两种应力状态的叠加结果。试求叠加后所得应力状态的主应力、面内最大切应力和该点处的最大切应力。

7-4 如图 7-32 所示,已知平面应力状态的最大正应力发生在与外力作用的自由表面 AB 相垂直的面上,其值为 σ_0。试求应力分量 σ_x、σ_y 和 τ_{xy}。

7-5 从构件中取出的微元受力如图 7-33 所示,其中 AC 为自由表面(无外力作用)。试求 σ_x 和 τ_{xy}。

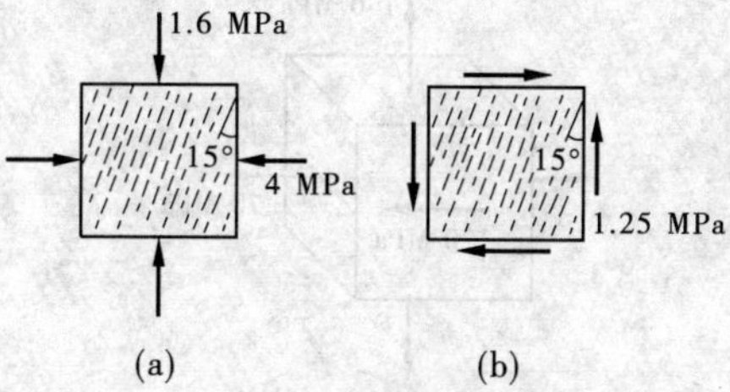

图 7-29　习题 7-1 图

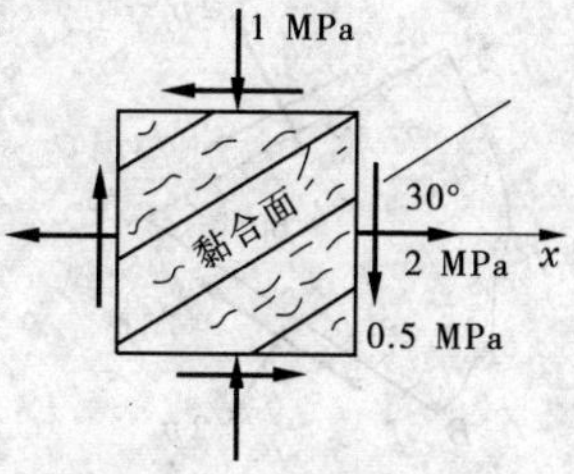

图 7-30　习题 7-2 图

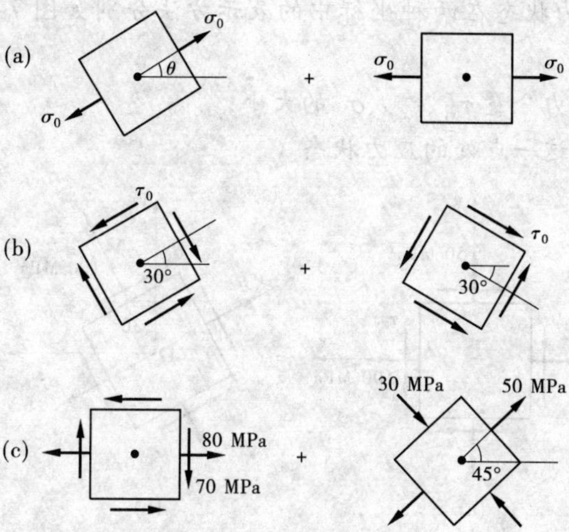

图 7-31　习题 7-3 图

7-6　构件微元表面 AC 上作用有数值为 14 MPa 的压应力，其余受力如图 7-34 所示。试求 σ_x 和 τ_{xy}。

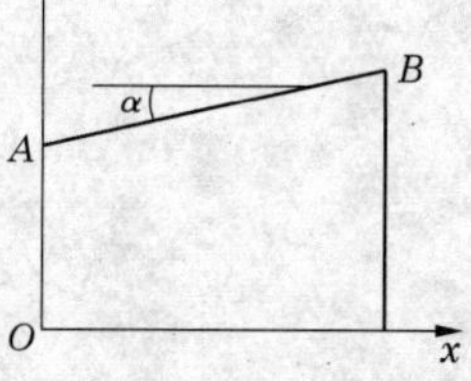

图 7-32　习题 7-4 图

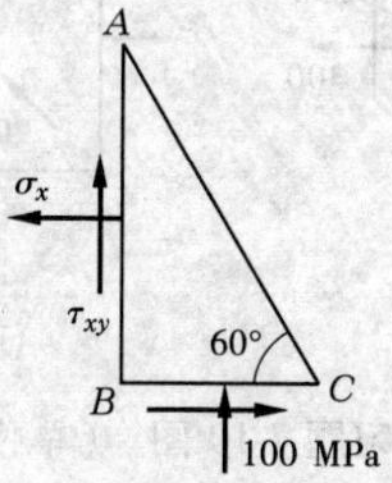

图 7-33　习题 7-5 图

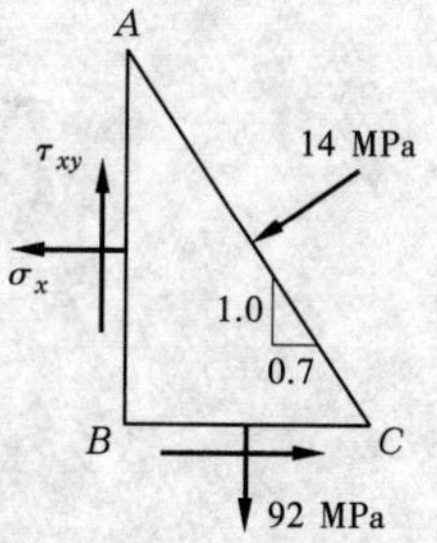

图 7-34　习题 7-6 图

7-7　受力物体中某一点处的应力状态如图 7-35 所示（图中 p 为单位面积上的力）。试求该点处的主应力。

7-8　从构件中取出的微元，受力如图 7-36 所示。试求：

(1) 主应力和最大切应力；

(2) 确定主平面和最大切应力作用面位置。

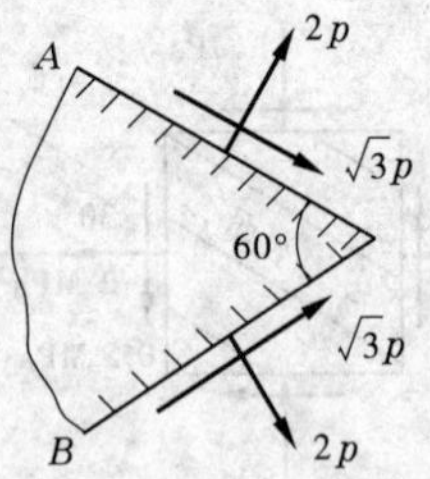

图 7-35　习题 7-7 图

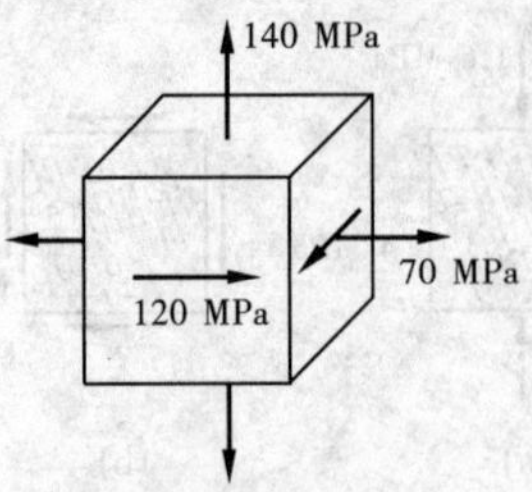

图 7-36　习题 7-8 图

7-9　一点处的应力状态在两种坐标中的表示方法分别如图 7-37(a)、(b) 所示。试求：

(1) 确定未知的应力分量 τ_{xy}、$\tau_{x'y'}$、$\sigma_{y'}$ 的大小；

(2) 用主应力表示这一点处的应力状态。

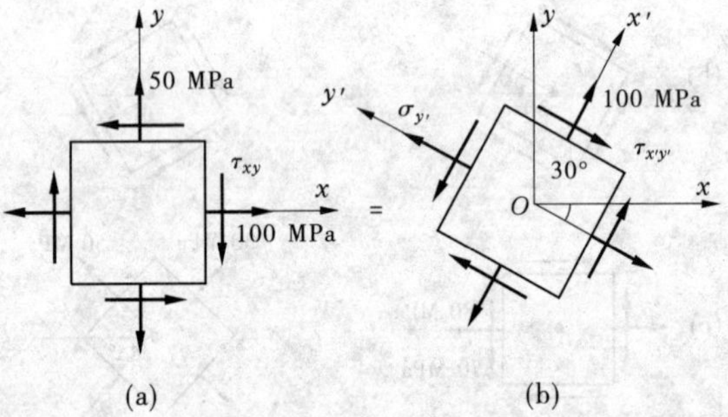

图 7-37　习题 7-9 图

7-10　试确定图 7-38 所示应力状态中的最大正应力和最大切应力。

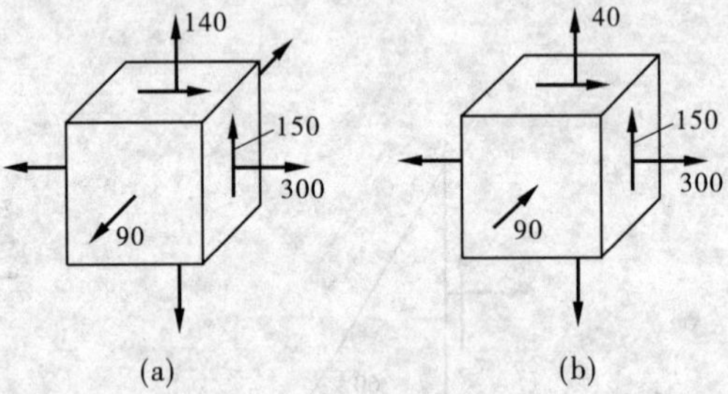

图 7-38　习题 7-10 图　(单位：MPa)

7-11　对于图 7-39 所示的应力状态，若要求其中的最大切应力 $\tau_{\max} < 160$ MPa，试求 τ_{xy} 取何值。

7-12　对于图 7-40 所示的应力状态，若要求垂直于 xy 平面的面内最大切应力 $\tau' \leqslant 150$ MPa，试求 σ_y 的取值范围。

7-13　如图 7-41 所示外径为 300 mm 的钢管由厚度为 8 mm 的钢带沿 20°角的螺旋线卷曲焊接而成。试求下列情形下，焊缝上沿焊缝方向的切应力和垂直于焊缝方向的正应力：

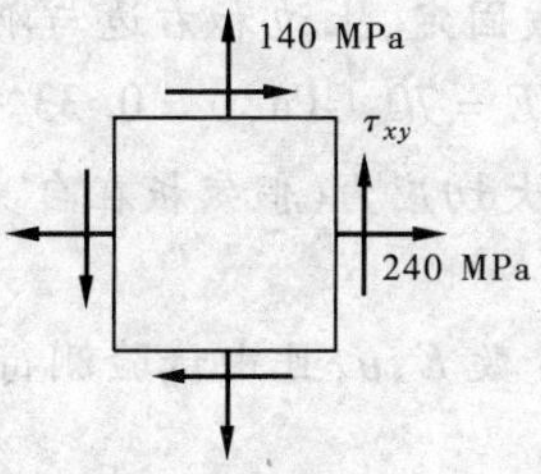

图 7-39　习题 7-11 图

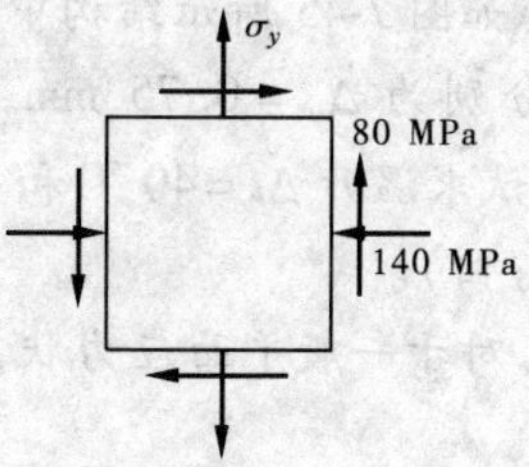

图 7-40　习题 7-12 图

(1) 只承受轴向荷载 $F_P=250$ kN;

(2) 只承受内压 $p=5.0$ MPa(两端封闭);

(3) 同时承受轴向荷载 $F_P=250$ kN 和内压 $p=5.0$ MPa(两端封闭)。

7-14　如图 7-42 所示的薄壁圆筒由厚度为 8 mm 的钢板制成,平均直径 1 m。已知钢板表面上点 A 沿图示方向正应力为 60 MPa。试求圆筒承受的内压 p。

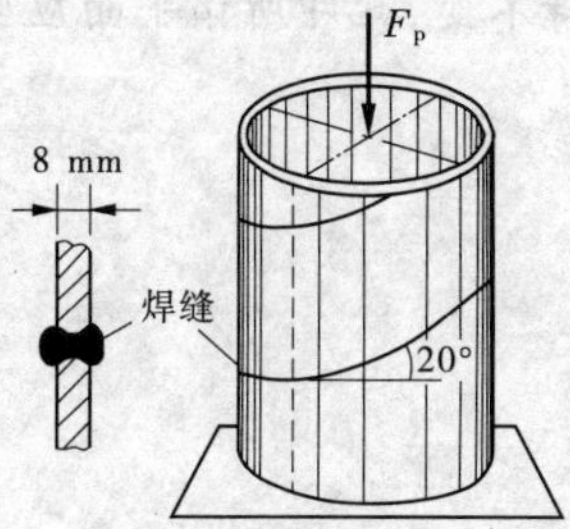

图 7-41　习题 7-13 图

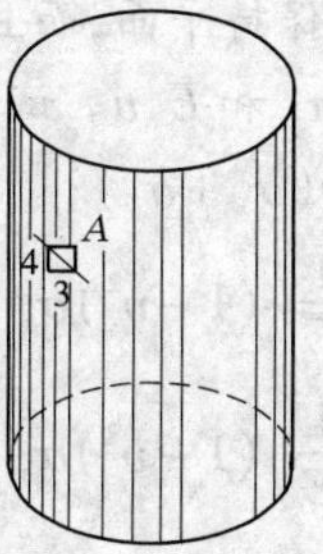

图 7-42　习题 7-14 图

7-15　如图 7-43 所示外径 $D=760$ mm、壁厚 $\delta=11$ mm 的钢管,上端与蓄水池 A 连接,下端与泵房 B 连接。已知水的密度 $\rho=1\ 000\ \mathrm{kg/m^3}$。试求钢管在静态下的最大正应力与最大切应力。

7-16　结构中某一点处的应力状态如图 7-44 所示。试求:

(1) 当 $\tau_{xy}=0,\sigma_x=200$ MPa,$\sigma_y=100$ MPa 时,测得由 σ_x、σ_y 引起的 x、y 方向的正应变分别为 $\varepsilon_x=2.42\times10^{-3}$,$\varepsilon_y=0.49\times10^{-3}$。求结构材料的弹性模量 E 的数值。

(2) 在上述所示的 E、υ 值条件下,当切应力 $\tau_{xy}=80$ MPa,$\sigma_x=200$ MPa,$\sigma_y=100$ MPa 时,求 γ_{xy}。

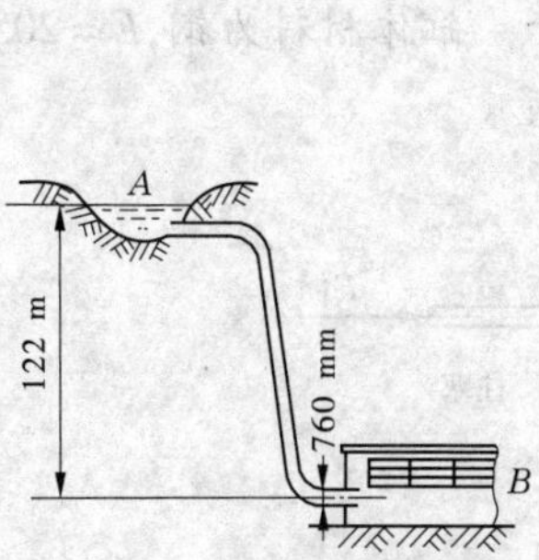

图 7-43　习题 7-15 图

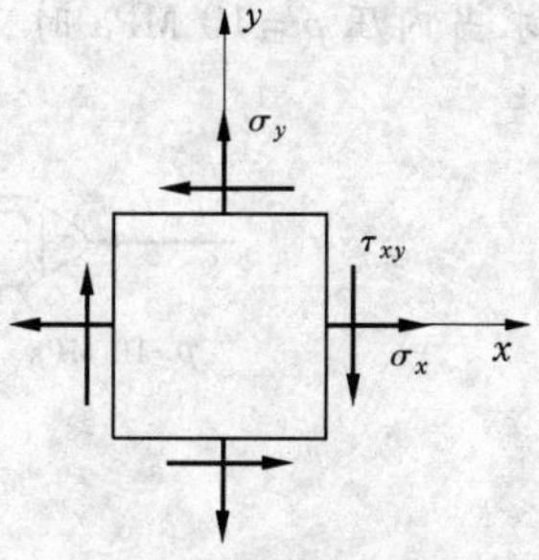

图 7-44　习题 7-16 图

7-17　如图 7-45 所示结构中，铝板的左边和下边被固定，上边和右边与刚性物体之间的间隙分别为 $\Delta_y = 0.75$ mm，$\Delta_x = 1.0$ mm。已知 $E = 70$ GPa，$\upsilon = 0.33$。$\alpha = 24 \times 10^{-6}/℃$。试求温升 $\Delta t = 40$ ℃和 $\Delta t = 80$ ℃时板中的最大切应力（假定板在自身平面内受力不发生弯曲）。

7-18　对于一般平面应力状态，已知材料的弹性常数 E、υ，且由试验测得 ε_x 和 ε_y。试证明：

（1）$\sigma_x = E\dfrac{\varepsilon_x + \upsilon\varepsilon_y}{1-\upsilon^2}$；

（2）$\sigma_y = E\dfrac{\varepsilon_y + \upsilon\varepsilon_x}{1-\upsilon^2}$；

（3）$\varepsilon_z = -\dfrac{\upsilon}{1-\upsilon}(\varepsilon_x + \varepsilon_y)$。

7-19　如图 7-46 所示构件在 z 方向上的正应变被限制为零，即 $\varepsilon_z = 0$。这时垂直这一方向上的截面保持平面，而且两相邻截面间的距离保持不变，此即所谓平面应变问题的一种。已知 σ_x、σ_y 和 E、υ。试证明：

（1）$\sigma_z = \upsilon(\sigma_x + \sigma_y)$；

（2）$\varepsilon_x = \dfrac{1}{E}[(1-\upsilon^2)\sigma_x - \upsilon(1+\upsilon)\sigma_y]$；

（3）$\varepsilon_y = \dfrac{1}{E}[(1-\upsilon^2)\sigma_y - \upsilon(1+\upsilon)\sigma_x]$。

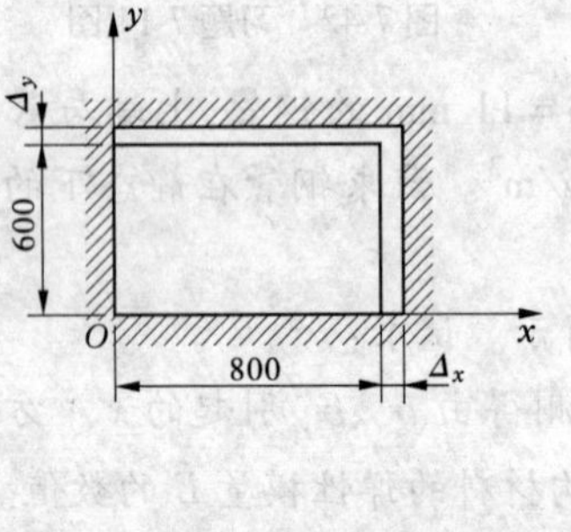

图 7-45　习题 7-17 图　（单位：mm）

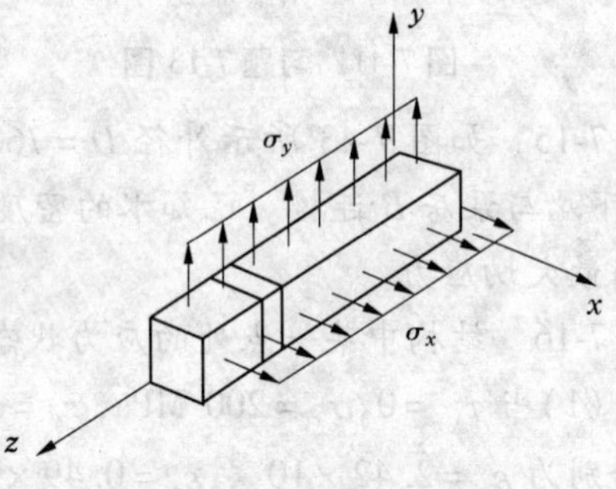

图 7-46　习题 7-19 图

7-20　液压缸及柱形活塞的纵剖面如图 7-47 所示。缸体材料为钢，$E = 205$ GPa，$\upsilon = 0.30$。试求当内压 $p = 10$ MPa 时，液压缸内径的改变量。

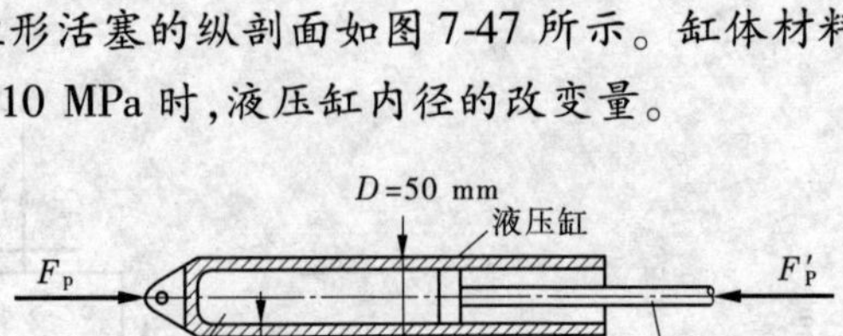

图 7-47　习题 7-20 图

7-21　试证明对于一般应力状态，若应力与应变关系保持线性，则应变比能为

$$\nu_\varepsilon = \frac{1}{2E}[\sigma_x^2 + \sigma_y^2 + \sigma_z^2 - 2v(\sigma_x\sigma_y + \sigma_y\sigma_z + \sigma_z\sigma_x)] + \frac{1}{2G}(\tau_{xy}^2 + \tau_{yz}^2 + \tau_{zx}^2)$$

7-22　试求图 7-48(a)所示的纯切应力状态旋转 45°后各面上的应力分量，并将其标于图 7-48(b)中。然后，应用习题 7-21 中的结果，分别计算图 7-48(a)、(b)两种情形下的应变比能，并令二者相等，从而证明

$$G = \frac{E}{2(1+v)}$$

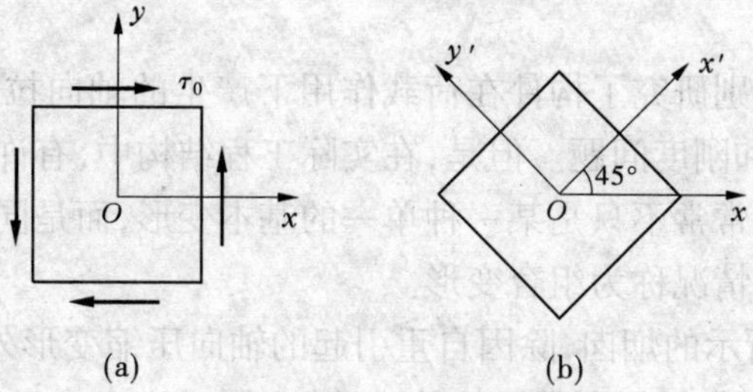

图 7-48　习题 7-22 图

7-23　一直径 $d=25$ mm 的实心钢球承受静水压力，压强为 14 MPa，它的体积会减少多少？(已知钢球的 $E=210$ GPa，$v=0.3$)

7-24　一直径为 $d=0.1$ m 的铸铁圆杆，其受力如图 7-49 所示，$T=7$ kN · m，$P=50$ kN，$[\sigma]=40$ MPa，试用第一强度理论校核杆的强度。

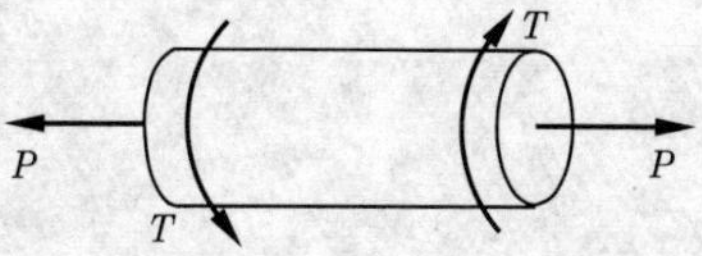

图 7-49　习题 7-24 图

7-25　如图 7-50 所示两端封闭的铸铁圆筒，承受内压 $P=5$ MPa、轴向压力 $F=100$ kN 和力偶矩 $M=3$ kN · m 的共同作用，若其内径 $d=100$ mm，壁厚 $t=10$ mm，铸铁的许用拉应力$[\sigma]=40$ MPa，泊松比 $v=0.25$。试按第二强度理论校核其强度。

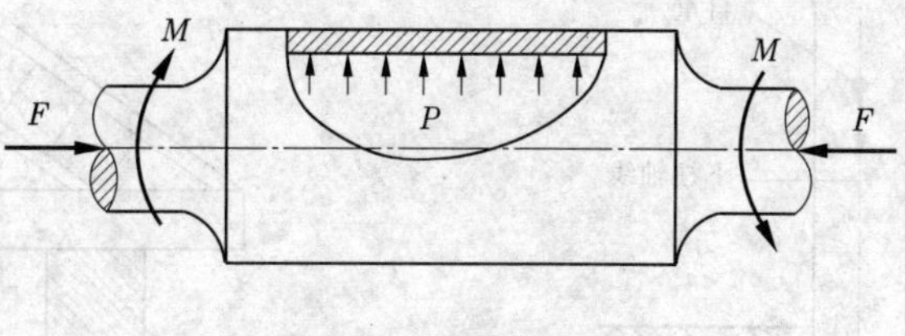

图 7-50　习题 7-25 图

7-26　车轮与钢轨接触点的主应力为 −800 MPa、−900 MPa、−1 100 MPa。$[\sigma]=300$ MPa，试对接触点作强度校核。

第八章 组合变形

第一节 概 念

在前面各章中,分别研究了构件在荷载作用下产生的轴向拉压、剪切、扭转和弯曲四种基本变形时的强度和刚度问题。但是,在实际工程结构中,有许多构件的受力情况是很复杂的,受力后的变形常常不只是某一种单一的基本变形,而是同时发生两种或两种以上的基本变形,这类变形情况称为组合变形。

例如,图 8-1(a)所示的烟囱,除因自重引起的轴向压缩变形外,还有因水平方向的风荷载引起的弯曲变形;图 8-1(b)所示的挡土墙,也同时产生自重引起的压缩变形和土壤

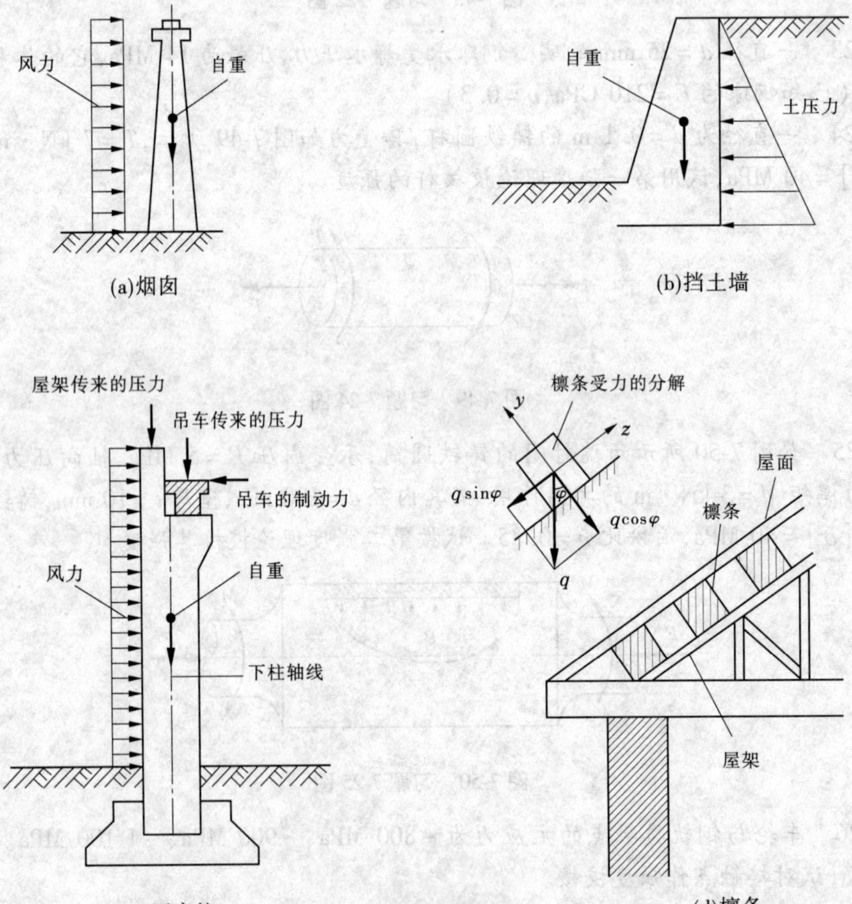

图 8-1 组合变形构件示例

侧压力产生的弯曲变形；图 8-1(c)所示的厂房柱，由于多种偏心压力和水平力的共同作用下，也产生了压缩与弯曲变形的联合作用；图 8-1(d)所示的屋架上的檩条，由于屋面传来的荷载不是作用在檩条的纵向对称平面内，因而将由两个平面内的弯曲变形组合成斜弯曲。

对于组合变形的构件，只要构件的变形很小，材料服从虎克定律，即在线弹性范围内，力的独立作用原理是成立的，即每一种荷载引起的变形和内力不受其他荷载的影响，因此可以应用叠加法来解决组合变形问题。叠加法的要点是将杆上的复杂荷载分解为几种简单荷载，然后分别计算构件在分解后的每一种简单荷载作用下由基本变形所产生的应力，最后将各应力进行叠加，进一步分析危险点的应力状态，从而进行强度计算。按照上述思路，把组合变形构件的强度计算问题的分析方法归结如下：

(1)外力分析。首先将作用在杆件上的实际外力进行简化。横向力向弯曲中心简化，并沿截面的形心主轴方向进行分解；纵向力向截面形心简化。简化后的各外力分别对应着一种基本变形。

(2)内力分析。根据杆上作用的外力，进行内力分析，必要时绘出内力图，从而确定危险截面，并求出危险截面上的内力值。

(3)应力分析。按危险截面上的内力值分析危险截面上的应力分布，确定危险点所在位置，并求出危险截面上危险点的应力值。

(4)强度分析。根据危险点的应力状态和杆件的材料按强度理论进行强度计算。

第二节　斜弯曲

一、斜弯曲的概念

在前面的学习中，曾讨论了至少具有一个对称轴的梁，当横向外力作用在梁的纵向对称平面内时，梁变形后的轴线所在平面与外力作用平面相重合，这种弯曲称为平面弯曲。在实际工程中，作用在梁上的横向荷载有时通过形心，但并不在纵向对称平面内，则梁变形后其轴线所在平面与外力作用平面不重合，这种弯曲称为斜弯曲。斜弯曲是两个平面弯曲的组合变形，下面将按照组合变形的强度计算思路分别来讨论斜弯曲的应力和强度计算。

二、斜弯曲的强度计算

(一)外力分析

现以图 8-2 所示的具有两个对称轴的悬臂梁为例来说明斜弯曲应力计算的一般步骤。

设矩形截面的悬臂梁在自由端处作用一个垂直于梁轴并通过截面形心的集中荷载 F，它与截面的形心主轴 y 轴成 φ 角(见图 8-2(a))。

由于外力 F 的作用平面虽然通过截面的弯曲中心，但它并不通过也不平行于杆件的任一形心主轴，则梁不发生平面弯曲。此时，可将力 F 沿两个形心主轴 y、z 方向分解，得到两个分力

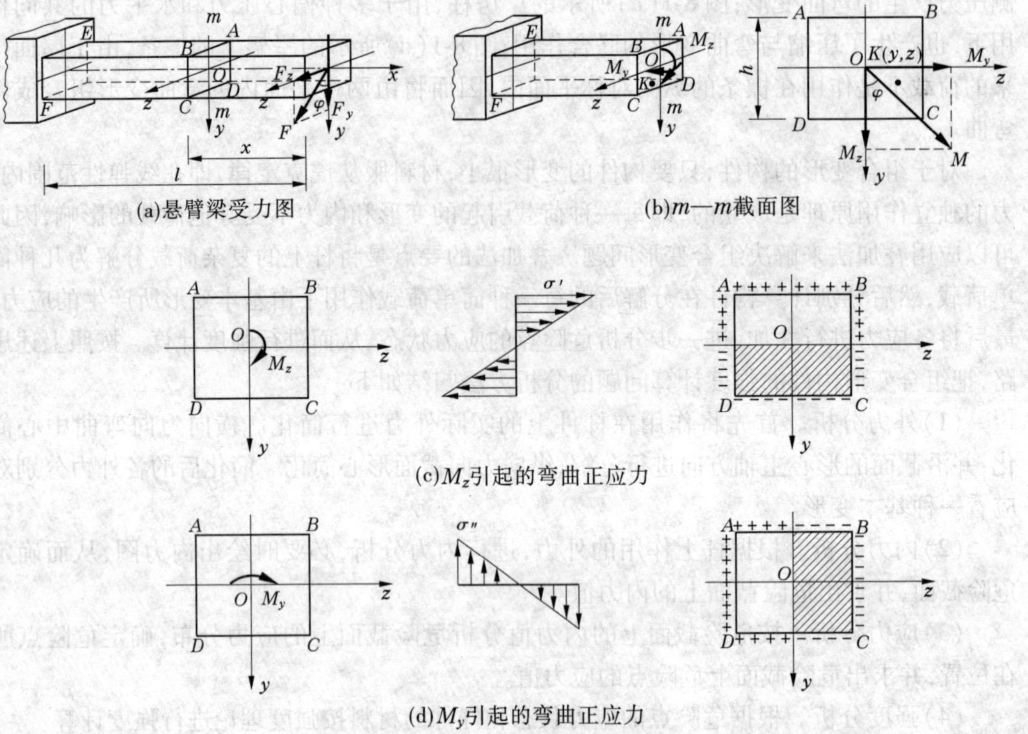

(a)悬臂梁受力图　　(b)m—m截面图

(c)M_z引起的弯曲正应力

(d)M_y引起的弯曲正应力

图 8-2　斜弯曲悬臂梁

$$F_y = F\cos\varphi \qquad F_z = F\sin\varphi$$

在 F_y 作用下,梁将在 xOy 平面内弯曲;在 F_z 作用下,梁将在 xOz 平面内弯曲,两者均属平面弯曲情况。因此,梁在倾斜力作用下,相当于受到两个方向的平面弯曲,梁的挠曲线不在外力作用的平面内,通常把这种弯曲称为斜弯曲。

(二)内力分析

与平面弯曲情况一样,在斜弯曲梁的横截面上也有剪力和弯矩两种内力。但由于剪力在一般情况下影响较小,因此在进行内力分析时,主要计算弯矩的影响。

在分力 F_y 和 F_z 分别作用下,梁上距自由端为 x 的任一截面 m—m 的弯矩为

$$M_z = F_y x = F\cos\varphi \cdot x$$

$$M_y = F_z x = F\sin\varphi \cdot x$$

令 $M = Fx$,它表示力 F 对截面 m—m 引起的总弯矩。如图 8-2(b)所示,总弯矩 M 与作用在纵向对称平面内的弯矩 M_y 和 M_z 有如下关系

$$M_z = M\cos\varphi \qquad M_y = M\sin\varphi$$

$$M = \sqrt{M_z^2 + M_y^2}$$

M_z 和 M_y 将分别使梁在 xOy 和 xOz 两个形心主惯性平面内发生平面弯曲。因此,斜弯曲即为两个平面内的平面弯曲变形的组合。

(三)应力分析

应用平面弯曲时的正应力计算公式,即可求得截面 m—m 上任意一点 $K(y,z)$ 处由 M_z 和 M_y 所引起的弯曲正应力,它们分别是

$$\sigma' = \frac{M_z y}{I_z} = \frac{M\cos\varphi \cdot y}{I_z}$$

$$\sigma'' = \frac{M_y z}{I_y} = \frac{M\sin\varphi \cdot z}{I_y}$$

根据叠加原理,梁的横截面上的任意一点 $K(y,z)$ 处总的弯曲正应力为这两个正应力的代数和,即

$$\sigma = \sigma' + \sigma'' = \pm\frac{M_z y}{I_z} \pm \frac{M_y z}{I_y} = \pm\frac{M\cos\varphi \cdot y}{I_z} \pm \frac{M\sin\varphi \cdot z}{I_y} \tag{8-1}$$

式(8-1)中的 I_z 和 I_y 分别为梁的横截面对形心主轴 z 和 y 的形心主惯性矩。至于正应力的正负号,可以直接观察由弯矩 M_z 和 M_y 分别引起的正应力是拉应力还是压应力来决定。以正号表示拉应力,负号表示压应力。

(四)强度计算

进行强度计算时,首先应确定危险截面和危险截面上危险点的位置。显然,对图 8-2(a)所示的悬臂梁来说,危险截面就在固定端截面处,其上 M_z 和 M_y 同时达到最大值。计算最大正应力 σ_{max} 时,应该先确定危险点的位置。对于工程中常用的工字形、矩形等对称截面梁,斜弯曲时梁内的最大正应力都发生在危险截面的角点处,当将斜弯曲分解为两个平面弯曲后,很容易找到最大正应力 σ_{max} 所在的位置。如图 8-2 所示的矩形截面悬臂梁,当 $x = l$ 时,E、F 两点与 A、C 两点重合,而危险点就是 E、F 两点,其中 E 点有最大拉应力,F 点有最大压应力,其两点的应力分布与图 8-2(c)、(d)所示的 A、C 两点相同。叠加由 M_{zmax} 和 M_{ymax} 引起的正应力,得最大正应力 σ_{max} 为

$$\sigma_{max} = \sigma'_{max} + \sigma''_{max} = \frac{M_{zmax} y_{max}}{I_z} + \frac{M_{ymax} z_{max}}{I_y} = \frac{M_{zmax}}{W_z} + \frac{M_{ymax}}{W_y}$$

若材料的抗拉压强度相等,则斜弯曲梁的强度条件可表示为

$$\sigma_{max} = M_{max}\left(\frac{\cos\varphi}{W_z} + \frac{\sin\varphi}{W_y}\right) = \frac{M_{max}}{W_z}\left(\cos\varphi + \frac{W_z}{W_y}\sin\varphi\right) \leqslant [\sigma] \tag{8-2}$$

式中　M_{max}——构件危险截面上的最大总弯矩。

与平面弯曲相同,由式(8-2)的强度条件可以解决工程中常见的三类典型问题,即强度校核、选择截面和确定许用荷载。在选择截面时,需要先确定一个 $\frac{W_z}{W_y}$ 的比值,然后根据强度条件式(8-2)计算出杆件所需的 W_z 值,再确定截面尺寸。对于矩形截面,$\frac{W_z}{W_y} = \frac{h}{b}$,故在截面设计时,总是先假设高宽比;对于工字钢截面,从型钢表可知,其 $\frac{W_z}{W_y}$ 比值一般为 5 ~ 15,因而设计截面时可在此范围内假设(一般可先假设为 8 ~ 10)。

三、斜弯曲时截面中性轴的位置

通过以上的分析可知,对于工程中常用的矩形、工字形等截面梁,其横截面都有两个相互垂直的对称轴,且截面的周边具有棱角,危险点的位置必在截面的棱角处。对于没有棱角的截面,要先确定中性轴的位置,然后才能定出危险点的位置。下面讨论斜弯曲时中

性轴的确定，因为中性轴上各点的应力为零，所以把中性轴上任一点的坐标(z_0，y_0)代入式(8-1)后，应有

$$\sigma = \pm M\left(\frac{\cos\varphi \cdot y_0}{I_z} \pm \frac{\sin\varphi \cdot z_0}{I_y}\right) = 0$$

故中性轴的方程式为

$$\frac{\cos\varphi \cdot y_0}{I_z} \pm \frac{\sin\varphi \cdot z_0}{I_y} = 0 \tag{8-3}$$

可见，中性轴是通过截面形心的一条斜直线，如图 8-3(a)所示，其与 z 轴的夹角是

$$\tan\alpha = \left|\frac{y_0}{z_0}\right| = \frac{I_z}{I_y}\tan\varphi$$

中性轴将截面分成两个区域：一部分为受拉区，一部分为受压区。当截面形状没有明显的棱角时，如图 8-3(b)所示，距中性轴最远的点，应力绝对值最大，必为危险点。因此，可以作两条与中性轴平行的直线与截面周边相切，其切点 A、C 就是危险点。

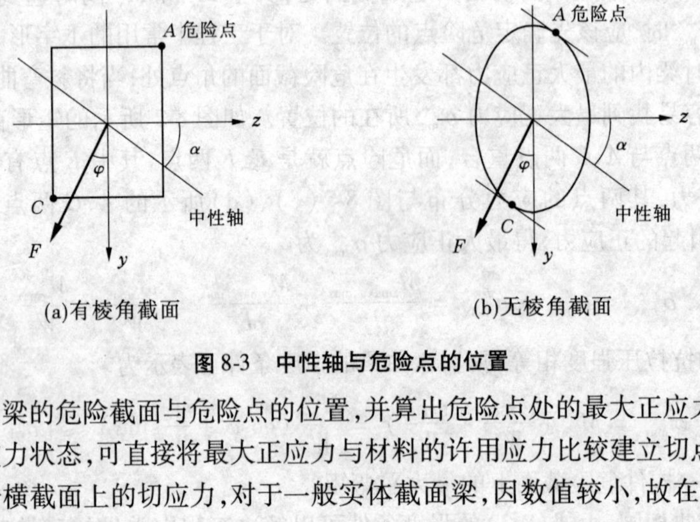

(a)有棱角截面　　(b)无棱角截面

图 8-3　中性轴与危险点的位置

在确定了梁的危险截面与危险点的位置，并算出危险点处的最大正应力后，由于危险点处是单轴应力状态，可直接将最大正应力与材料的许用应力比较建立切点条件，进行强度计算。至于横截面上的切应力，对于一般实体截面梁，因数值较小，故在强度计算中可不必考虑。

【例 8-1】　如图 8-4 所示，一屋架上的木檩条采用的矩形截面为 100 mm × 150 mm，跨度 $l = 4$ m，简支在屋架上，承受屋面分布荷载 $q = 1$ kN/m(包括檩条自重)，q 与 y 轴夹角 $\varphi = 30°$。设木材许用应力$[\sigma] = 10$ MPa，试验算檩条的强度。

解　(1)内力计算。

把檩条看做简支梁，在分布荷载作用下，跨中截面为危险截面，最大弯矩为

$$M_{max} = \frac{1}{8}ql^2 = \frac{1}{8} \times 1 \times 4^2 = 2(\text{kN} \cdot \text{m})$$

(2)截面几何性质的计算。

由已知截面尺寸可算得

$$W_z = \frac{1}{6} \times 100 \times 150^2 = 375 \times 10^3(\text{mm}^3)$$

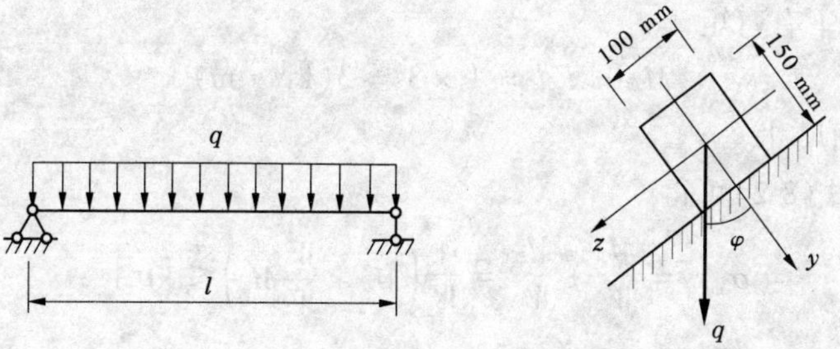

图 8-4　例 8-1 图

$$W_y = \frac{1}{6} \times 150 \times 100^2 = 250 \times 10^3 (\mathrm{mm}^3)$$

(3)强度校核。

根据强度条件式(8-2),可算得檩条的最大正应力为

$$\sigma_{\max} = M_{\max}\left(\frac{\cos\varphi}{W_z} + \frac{\sin\varphi}{W_y}\right) = 2 \times 10^6 \times \left(\frac{\cos 30^\circ}{375 \times 10^3} + \frac{\sin 30^\circ}{250 \times 10^3}\right)$$
$$= 8.62(\mathrm{MPa}) \leqslant [\sigma] = 10\ \mathrm{MPa}$$

故认为檩条的强度条件满足要求。

【例 8-2】　如图 8-5 所示,一悬臂钢梁横截面为矩形,跨度 $l = 3$ m,承受的荷载如图所示,$q = 5$ kN/m,$F = 2$ kN,与 y 轴的夹角为 $\varphi = 30°$。已知钢材许用应力$[\sigma] = 170$ MPa,矩形截面 $h/b = 3/2$。试确定梁的截面尺寸。

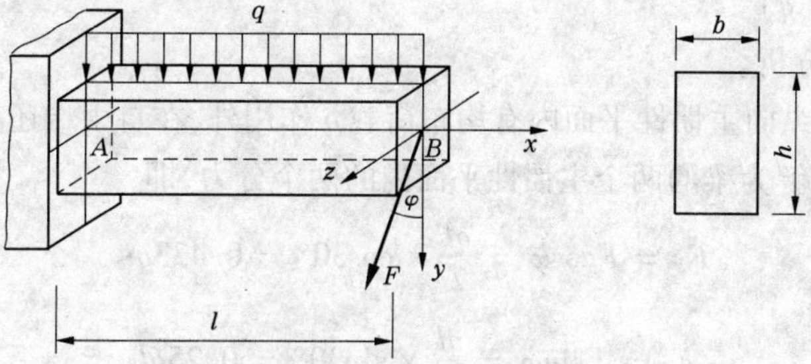

图 8-5　例 8-2 图

解　(1)外力分析。

该悬臂梁除在纵向主惯性平面内有均布荷载 q 作用外,在自由端还有集中力 $F = 2$ kN($\varphi = 30°$)作用,因此首先要将 F 分解为梁的两个主惯性平面内的两个分力,即

$$F_y = F\cos\varphi = 2 \times \cos 30^\circ = 1.732(\mathrm{kN})$$
$$F_z = F\sin\varphi = 2 \times \sin 30^\circ = 1(\mathrm{kN})$$

(2)内力分析。

显然,该梁在固定端截面上将有最大弯矩,其值分别为:

在 q 和 F_y 作用下有弯矩

$$M_z = F_y l + \frac{1}{2} q l^2 = 1.732 \times 3 + \frac{1}{2} \times 5 \times 3^2 = 27.696(\mathrm{kN \cdot m})$$

在 F_z 的作用下有弯矩

$$M_y = F_z l = 1 \times 3 = 3(\text{kN} \cdot \text{m})$$

(3)确定截面尺寸。

由强度条件式(8-2)可得

$$\sigma_{\max} = \frac{M_z}{W_z} + \frac{M_y}{W_y} = \frac{1}{W_z}\left(M_z + \frac{W_z}{W_y}M_y\right) \leqslant [\sigma]$$

则有

$$W_z \geqslant \frac{1}{[\sigma]}\left(M_z + \frac{h}{b}M_y\right) = \frac{1}{170 \times 10^6}\left(27.696 + \frac{3}{2} \times 3\right) \times 10^3$$

$$= 189.4 \times 10^{-6}(\text{m}^3)$$

又 $W_z = \frac{1}{6}bh^2$，$h/b = 3/2$，得

$$W_z = \frac{1}{6}bh^2 = \frac{1}{6}b\left(\frac{3}{2}b\right)^2 = \frac{3}{8}b^3 \geqslant 189.4 \times 10^{-6}\ \text{m}^3$$

$$b = 7.96 \times 10^{-2}\ \text{m} = 7.96\ \text{cm} \approx 8\ \text{cm}$$

$$h = \frac{3}{2}b = 11.94\ \text{cm} \approx 12\ \text{cm}$$

【例 8-3】 如图 8-6(a)所示，20a 工字钢悬臂梁承受均布荷载 q 和集中力 $F = \frac{ql}{2}$ 作用，F 与 y 轴的夹角为 $\varphi = 30°$。已知钢材许用弯曲正应力 $[\sigma] = 160$ MPa，$l = 1$ m。试求梁的许用荷载集度 $[q]$。

解　(1)外力分析。

该悬臂梁除在纵向主惯性平面内有均布荷载 q 作用外，在自由端还有集中力 F 作用，因此首先要将 F 分解为梁的两个主惯性平面内的两个分力，即

$$F_y = F\cos\varphi = \frac{ql}{2} \times \cos 30° = 0.433ql$$

$$F_z = F\sin\varphi = \frac{ql}{2} \times \sin 30° = 0.25ql$$

(2)内力分析。

作梁的计算简图如图 8-6(b)所示，分别绘出两个主惯性平面内的弯矩图如图 8-6(c)、(d)所示。由弯矩图可以看出，该梁在截面 A 和截面 D 上弯矩都比较大，不易直接判断出危险截面，其弯矩值分别为：

在 q 和 F_y 作用下有弯矩

$$M_{Az} = F_y \times 2l - \frac{1}{2}ql^2 = 0.433ql \times 2l - \frac{1}{2}ql^2 = 0.366ql^2$$

$$M_{Dz} = F_y \times (l + 0.433l) - \frac{1}{2}q \times (0.433l)^2 = 0.527ql^2$$

在 F_z 的作用下有弯矩

$$M_{Ay} = F_z \times 2l = 0.5ql^2$$

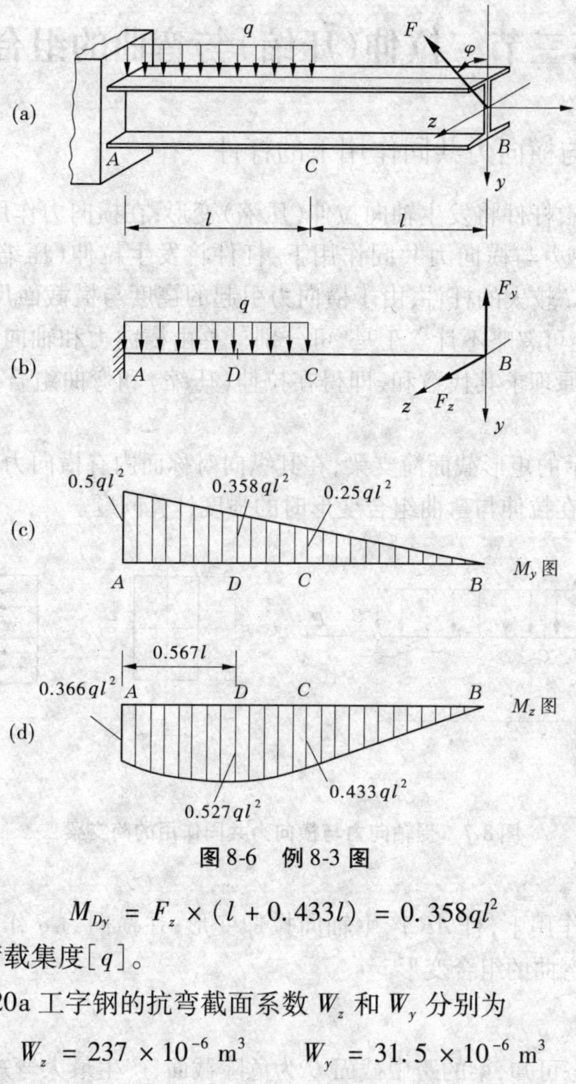

图 8-6　例 8-3 图

$$M_{Dy} = F_z \times (l + 0.433l) = 0.358ql^2$$

(3)确定许用荷载集度$[q]$。

由型钢表查得 20a 工字钢的抗弯截面系数 W_z 和 W_y 分别为

$$W_z = 237 \times 10^{-6}\ \text{m}^3 \qquad W_y = 31.5 \times 10^{-6}\ \text{m}^3$$

根据工字钢截面 $W_y \neq W_z$ 的特点并结合内力图,按叠加原理分别计算截面 A 和截面 D 上的最大拉应力,即

$$(\sigma_{\max})_A = \frac{M_{Az}}{W_z} + \frac{M_{Ay}}{W_y} = \frac{0.366q \times 1^2}{237 \times 10^{-6}} + \frac{0.5q \times 1^2}{31.5 \times 10^{-6}} = (17.42 \times 10^3\ \text{m}^{-1})q$$

$$(\sigma_{\max})_D = \frac{M_{Dz}}{W_z} + \frac{M_{Dy}}{W_y} = \frac{0.527q \times 1^2}{237 \times 10^{-6}} + \frac{0.358q \times 1^2}{31.5 \times 10^{-6}} = (13.59 \times 10^3\ \text{m}^{-1})q$$

由此可见,梁的危险点在固定端截面 A 的棱角处。由强度条件可得

$$\sigma_{\max} = (\sigma_{\max})_A = (17.42 \times 10^3\ \text{m}^{-1})q \leqslant [\sigma] = 160\ \text{MPa}$$

从而解得

$$[q] = \frac{160 \times 10^6}{17.42 \times 10^3} = 9.19 \times 10^3(\text{N/m}) = 9.19\ \text{kN/m}$$

第三节　拉伸(压缩)与弯曲的组合

一、在轴向力与横向力共同作用下的杆件

在轴向力作用下,杆件将发生轴向拉伸(压缩)变形;在横向力作用下,杆件将发生平面弯曲变形。在轴向力与横向力共同作用下,杆件将发生拉伸(压缩)与弯曲的组合变形。对于抗弯刚度 EI 较大的杆件,由于横向力引起的挠度与横截面尺寸相比很小,因此由轴向力引起的弯矩可忽略不计。于是,可分别计算由横向力和轴向力引起的杆横截面上的正应力,按叠加原理求其代数和,即得在拉伸(压缩)和弯曲组合变形下杆件横截面上的正应力。

如图 8-7(a)所示的矩形截面简支梁,在其纵向对称面内有横向力 q 和轴向力 F 共同作用,以此说明其杆在拉伸与弯曲组合变形时的强度计算问题。

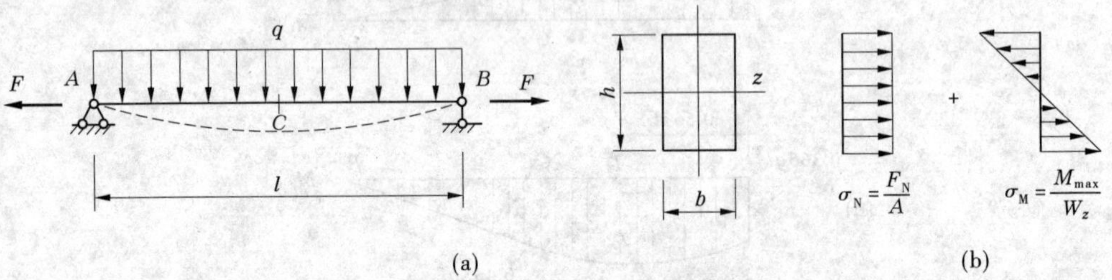

图 8-7　受轴向力与横向力共同作用的简支梁

(一)外力分析

在轴向拉力 F 作用下,杆 AB 产生轴向拉伸变形;在横向力 q 作用下将产生平面弯曲,杆 AB 为拉伸与弯曲的组合变形。

(二)内力分析

由梁的受力状态可知,梁的跨中截面 C 为危险截面,产生最大弯矩 $M_{max}=\frac{1}{8}ql^2$,还有轴力 $F_N=F$。

(三)应力分析

轴力引起的应力 $\sigma_N=\frac{F_N}{A}=\frac{F}{A}$,弯矩引起的应力 $\sigma_M=\frac{M_{max}}{W_z}=\frac{ql^2}{8W_z}$,如图 8-7(b)所示,由叠加原理可知最大拉应力发生在跨中截面的下边缘。

(四)强度条件

由叠加原理得 $\sigma_{max}=\sigma_N+\sigma_M=\frac{F}{A}+\frac{ql^2}{8W_z}\leqslant[\sigma]$。

应该注意,当材料的许用拉应力和许用压应力不相等时,杆内的最大拉应力和最大压应力必须分别满足杆件的拉、压强度条件。

【例 8-4】　如图 8-8(a)所示,三角形托架的横梁 AB 采用 18 号工字钢,承受的荷载

$q=20\ \text{kN/m}$。已知材料的许用应力$[\sigma]=100\ \text{MPa}$,试校核横梁 AB 的强度。

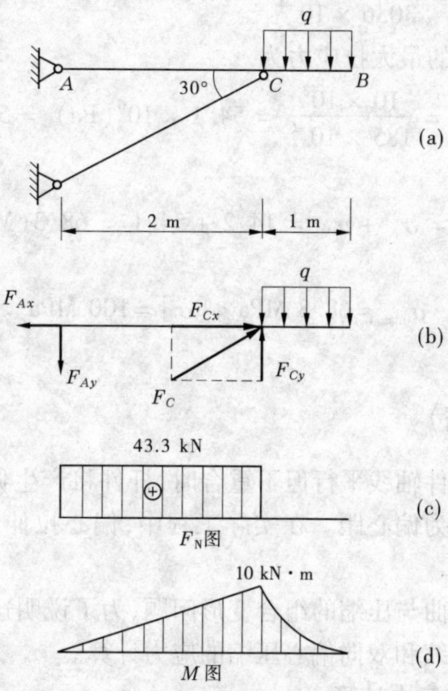

图 8-8　例 8-4 图

解　(1)外力分析。

取横梁 AB 为研究对象,作受力图如图 8-8(b)所示。列平衡方程$\sum M_A=0$,得

$$F_C\sin30°\times2-20\times1\times2.5=0$$

解得

$$F_C=\frac{20\times1\times2.5}{2\times\sin30°}=50(\text{kN})$$

再由$\sum F_x=0$和$\sum F_y=0$求得 A 处的支座反力为

$$F_{Ax}=43.3\ \text{kN}\qquad F_{Ay}=5\ \text{kN}$$

在轴向力 F_{Ax}和 F_{Cx}作用下,横梁 AB 的 AC 段发生拉伸变形;在横向力 F_{Ay}、F_{Cy}和 q 作用下,横梁 AB 的 AC 段发生弯曲变形。所以,AC 段发生拉伸与弯曲的组合变形。

(2)内力分析。

由横梁 AB 的轴力图(见图 8-8(c))和弯矩图(见图 8-8(d))可知,危险截面为 C 左侧截面,其内力值为

$$F_{NC}=43.3\ \text{kN}\qquad M_C=10\ \text{kN}\cdot\text{m}$$

(3)应力分析。

在轴力 F_{NC}单独作用下,危险截面上的应力为均匀分布的拉应力;在弯矩 M_C 单独作用下,危险截面上的应力为上侧受拉下侧受压的线性分布。在两种内力共同作用下,由叠加可知,危险截面上边缘各点为危险点,产生最大拉应力。

由型钢表可查得 18 号工字钢的截面面积 $A=30.6\ \text{cm}^2$,弯曲截面系数 $W_z=185\ \text{cm}^3$,所以在危险点由轴力引起的拉应力为

$$\sigma_N = \frac{F_{NC}}{A} = \frac{43.3 \times 10^3}{30.6 \times 10^{-4}} = 14.2 \times 10^6 (\text{Pa}) = 14.2 \text{ MPa}$$

由弯矩引起的危险点的最大拉应力为

$$\sigma_M = \frac{M}{W_z} = \frac{10 \times 10^3}{185 \times 10^{-6}} = 54.1 \times 10^6 (\text{Pa}) = 54.1 \text{ MPa}$$

总的拉应力为

$$\sigma_{max} = \sigma_N + \sigma_M = 14.2 + 54.1 = 68.3 (\text{MPa})$$

(4)强度校核。

由于 $\sigma_{max} = 68.3 \text{ MPa} < [\sigma] = 100 \text{ MPa}$

故横梁 AB 满足强度要求。

二、偏心拉伸(压缩)

当荷载作用线只与杆件轴线平行但不重合时,杆件将产生偏心拉伸(压缩)。荷载作用线到杆件轴线的距离称为偏心距。在实际工程中,偏心拉伸(压缩)的情况很多,下面只介绍偏心受压的问题。

偏心受压实际上是弯曲与压缩的组合变形问题,为了说明这类问题的具体计算方法,以下分别介绍单向偏心压缩和双向偏心压缩的应力计算。

(一)单向偏心压缩的应力计算

1. 外力分析

如图 8-9(a)所示为一偏心压缩的杆件。外力 F 作用点在截面的一根形心主轴上,其作用点到截面形心 O 的距离 e 称为偏心距。由于外力作用在一根形心主轴上而产生的偏心压缩,称为单向偏心压缩。

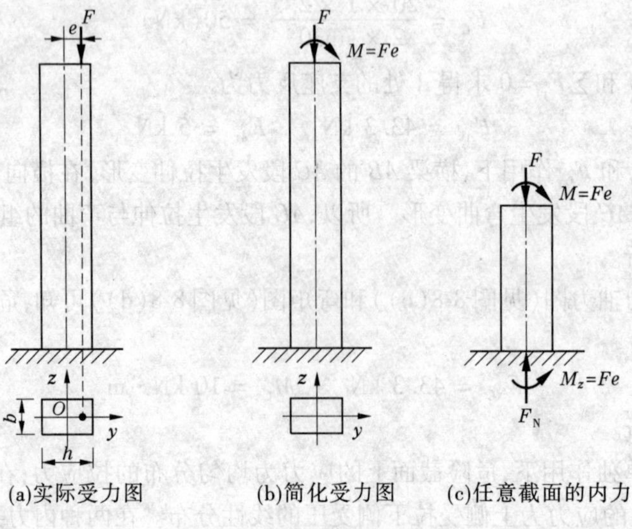

(a)实际受力图 (b)简化受力图 (c)任意截面的内力

图 8-9 单向偏心受压构件

2. 内力分析

为了分析图 8-9(a)所示杆件的内力,可将偏心力 F 向截面形心简化,其结果形成如

图 8-9(b)所示的两种荷载的共同作用,即一个通过杆轴线的压力 F 和一个力偶矩 $M=Fe$。用截面法可求得该杆件任意截面上的内力,如图 8-9(c)所示,有轴向力 $F_N=-F$,弯矩 $M_z=Fe$。

3. 应力计算

根据叠加原理,将轴力 F_N 引起的正应力 $\sigma_N=-\frac{F_N}{A}$(受压)和弯矩 M_z 引起的正应力 $\sigma_M=\pm\frac{M_z}{I_z}y$ 相加,就可以得到这种单向偏心压缩时杆件中任意横截面上任一点的正应力计算式

$$\sigma=\sigma_N+\sigma_M=-\frac{F_N}{A}\pm\frac{M_z}{I_z}y$$

考虑到 $F_N=-F,M_z=Fe$,故有

$$\sigma=-\frac{F}{A}\pm\frac{Fe}{I_z}y \tag{8-4}$$

显然,最大正应力和最小正应力分别发生在横截面的左、右两条边缘线上,其计算式分别为

$$\sigma_{\min}^{\max}=-\frac{F}{A}\pm\frac{Fe}{W_z} \tag{8-5}$$

由图 8-9(a)可以看出:单向偏心压缩时,距偏心力 F 较近的一侧边缘总是产生压应力,其值为 $\sigma_{\min}=-\frac{F}{A}-\frac{Fe}{W_z}$;而最大正应力 $\sigma_{\max}=-\frac{F}{A}+\frac{Fe}{W_z}$ 总发生在距偏心力较远的一侧边缘处,其值可能是压应力,也可能是拉应力或等于零。对于矩形截面杆件,若将面积 $A=bh$ 和抗弯截面模量 $W_z=\frac{1}{6}bh^2$ 代入式(8-5)即得

$$\sigma_{\min}^{\max}=-\frac{F}{bh}\pm\frac{Fe}{\frac{1}{6}bh^2}=-\frac{F}{bh}(1\mp\frac{6e}{h}) \tag{8-6}$$

(二)双向偏心压缩的应力计算

1. 外力分析

当偏心压力 F 的作用点不在横截面的形心主轴上时,即偏心压力 F 对两个形心主轴均有偏心时,可将偏心力简化为作用在截面形心的轴向力 F 和力偶矩 $M_y=Fe_z,M_z=Fe_y$,如图 8-10 所示,这种情况称为双向偏心压缩。e_y 是偏心力 F 对 z 轴的偏心距,e_z 是偏心力 F 对 y 轴的偏心距(见图 8-10(a))。

2. 内力分析

由截面法可求得图 8-10(b)所示双向偏心压缩杆件中任意横截面上的内力为

$$F_N=-F\qquad M_y=Fe_z\qquad M_z=Fe_y$$

3. 应力计算

用叠加原理可以得到杆件内任一截面上任一点处的正应力为

$$\sigma=\sigma_N+\sigma_{M_y}+\sigma_{M_z}=\frac{F_N}{A}\pm\frac{M_y}{I_y}z\pm\frac{M_z}{I_z}y \tag{8-7a}$$

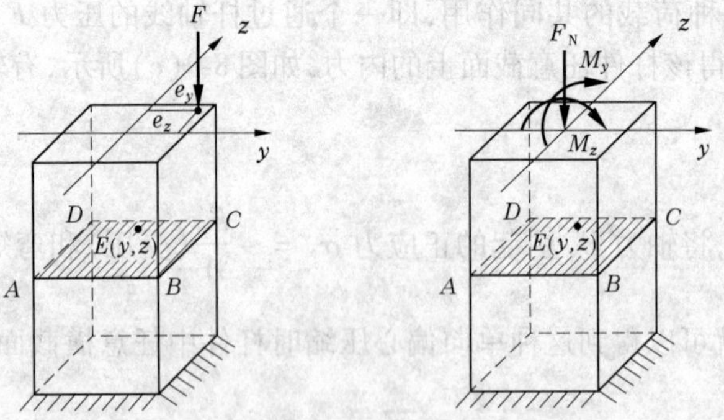

(a)实际受力图　　(b)简化受力图

图 8-10　双向偏心受压构件

式中，σ_N 为压应力，取负号；σ_{M_y}、σ_{M_z}的正负号要根据截面上的内力情况来确定。

如图 8-10(a)所示阴影截面上 A、B、C、D 四点处的正应力分别为

$$\sigma_A = -\frac{F}{A} + \frac{Fe_z}{W_y} + \frac{Fe_y}{W_z}$$

$$\sigma_B = -\frac{F}{A} + \frac{Fe_z}{W_y} - \frac{Fe_y}{W_z}$$

$$\sigma_C = -\frac{F}{A} - \frac{Fe_z}{W_y} - \frac{Fe_y}{W_z}$$

$$\sigma_D = -\frac{F}{A} - \frac{Fe_z}{W_y} + \frac{Fe_y}{W_z}$$

可见，对于截面内任一点 $E(y,z)$ 处的正应力计算式为

$$\sigma = -\frac{F}{A} \pm \frac{M_y}{I_y}z \pm \frac{M_z}{I_z}y = -\frac{F}{A} \pm \frac{Fe_z}{I_y}z \pm \frac{Fe_y}{I_z}y = -\frac{F}{A}(1 \mp \frac{Ae_z}{I_y}z \mp \frac{Ae_y}{I_z}y)$$

若引进惯性半径

$$i_y = \sqrt{\frac{I_y}{A}} \qquad i_z = \sqrt{\frac{I_z}{A}}$$

则

$$\sigma = -\frac{F}{A}\left(1 \mp \frac{e_z z}{i_y^2} \mp \frac{e_y y}{i_z^2}\right) \tag{8-7b}$$

4. 强度计算

偏心受压杆件的危险点仍为单轴应力状态，求得最大正应力后，可根据材料的许用应力建立强度条件。由以上双向偏心受压的应力计算可知，其最大压应力

$$\sigma_{\min} = -\frac{F}{A} - \frac{Fe_z}{W_y} - \frac{Fe_y}{W_z}$$

强度条件为

$$|\sigma_{\min}| \leqslant [\sigma_c] \tag{8-8}$$

若存在最大拉应力，则其强度条件为

$$\sigma_{\max} = -\frac{F}{A} + \frac{Fe_z}{W_y} + \frac{Fe_y}{W_z} \leqslant [\sigma_t] \tag{8-9}$$

如材料的许用拉、压应力$[\sigma_t]$和$[\sigma_c]$不相等，则同一截面上这两种最大应力均须验算。对于单向偏心受压，其应力计算只须考虑一个方向的偏心弯矩即可，强度条件与双向偏心受压类同。

对于没有棱角的截面，应先确定中性轴的位置，再采用前面所述的方法确定危险点的位置，进而建立强度条件。这部分内容将在第四节中介绍。

【例 8-5】 如图 8-11 所示单向偏心受压矩形截面柱，$F = 120$ kN，$e = 50$ mm，$b = 200$ mm。试问 h 为多大时，截面将不产生拉应力？并计算取所选的截面尺寸时，截面的最大压应力。

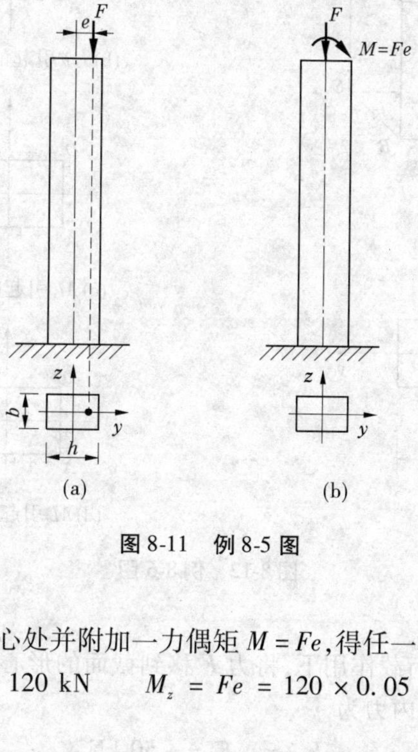

图 8-11　例 8-5 图

解　(1)内力计算。

将力 F 移到截面的形心处并附加一力偶矩 $M = Fe$，得任一横截面的内力为

$$F_N = -F = -120\ \text{kN} \qquad M_z = Fe = 120 \times 0.05 = 6(\text{kN} \cdot \text{m})$$

(2)应力计算。

F_N 作用下横截面上各点均产生压应力，M_z 作用下横截面上 z 轴左侧受拉，最大拉应力发生在截面的左边缘处。欲使截面不产生拉应力，应使 F_N 和 M_z 共同作用下横截面左边缘处的正应力小于或等于零，即

$$\sigma_{\max} = \frac{F_N}{A} + \frac{M_z}{W_z} \leqslant 0$$

即
$$-\frac{120 \times 10^3}{0.2h} + \frac{6 \times 10^3}{\frac{1}{6} \times 0.2h^2} \leqslant 0$$

解得
$$h \geqslant 0.3\ \text{m}$$

(3)计算截面最大压应力。

取截面尺寸为 $h=0.3$ m，$b=0.2$ m，最大压应力发生在横截面的右边缘处，其值为

$$\sigma_{\min}=\frac{F_N}{A}-\frac{M_z}{W_z}=-\frac{120\times10^3}{0.2\times0.3}-\frac{6\times10^3}{\frac{1}{6}\times0.2\times0.3^2}=-4\times10^6(\text{Pa})=-4\text{ MPa}$$

【例 8-6】 如图 8-12 所示一松木矩形短柱，截面尺寸 $b\times h=120$ mm$\times200$ mm，受一偏心压力 $F=50$ kN 作用，对两轴的偏心距分别为 $e_y=80$ mm，$e_z=40$ mm。松木的许用应力 $[\sigma_t]=10$ MPa，$[\sigma_c]=12$ MPa。试校核该柱的强度。

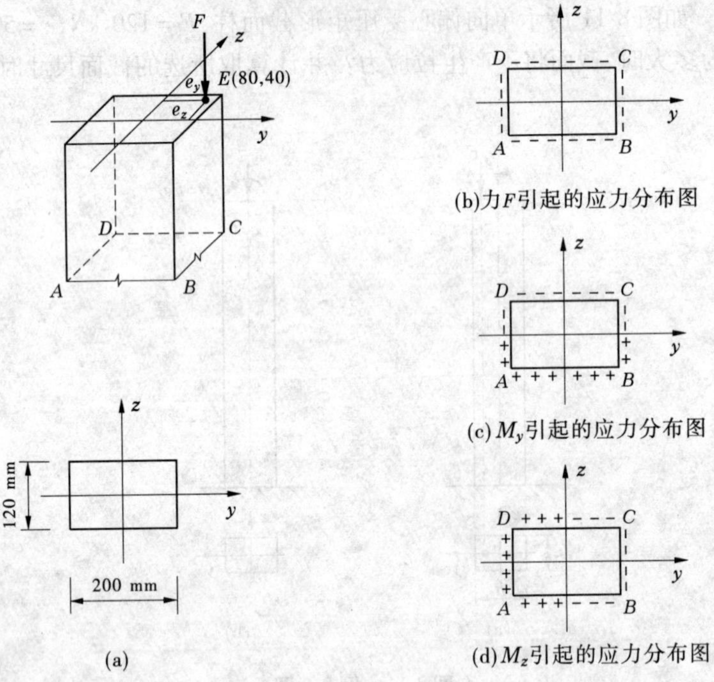

图 8-12　例 8-6 图

解　(1)内力计算。

如图 8-12(a)所示的荷载作用下，将力 F 移到截面的形心处并附加产生两个力偶矩 M_z 和 M_y，得任一横截面的内力为

$$F_N=-F=-50\text{ kN}$$
$$M_z=Fe_y=50\times0.08=4(\text{kN}\cdot\text{m})$$
$$M_y=Fe_z=50\times0.04=2(\text{kN}\cdot\text{m})$$

(2)应力计算。

F_N 作用下横截面上各点均产生压应力，其应力分布图如图 8-12(b)所示；M_y 作用下横截面上 y 轴下侧受拉，上侧受压，最大拉应力发生在截面的下边缘处，最大压应力发生在截面的上边缘处，其应力分布图如图 8-12(c)所示；M_z 作用下横截面上 z 轴左侧受拉，右侧受压，最大拉应力发生在截面的左边缘处，最大压应力发生在截面的右边缘处，其应力分布图如图 8-12(d)所示。

欲求截面上的最大正应力，要考虑 F_N 和 M_z、M_y 的共同作用，即利用叠加法有：

最大压应力为

$$\sigma_{\min} = -\frac{F}{A} - \frac{M_y}{W_y} - \frac{M_z}{W_z} = -\frac{50\times10^3}{120\times200} - \frac{2\times10^6}{\frac{1}{6}\times200\times120^2} - \frac{4\times10^6}{\frac{1}{6}\times120\times200^2}$$

$$= -11.25(\text{MPa})$$

最大拉应力为

$$\sigma_{\max} = -\frac{F}{A} + \frac{M_y}{W_y} + \frac{M_z}{W_z} = -\frac{50\times10^3}{120\times200} + \frac{2\times10^6}{\frac{1}{6}\times200\times120^2} + \frac{4\times10^6}{\frac{1}{6}\times120\times200^2}$$

$$= 7.08(\text{MPa})$$

(3)强度计算。

由于材料的许用拉、压应力不同,故应分别验算。

最大压应力　　$|\sigma_{\min}| = 11.25\ \text{MPa} \leqslant [\sigma_c] = 12\ \text{MPa}$

最大拉应力　　$\sigma_{\max} = 7.08\ \text{MPa} \leqslant [\sigma_t] = 10\ \text{MPa}$

均满足强度条件。

第四节　截面核心

一、偏心压缩时截面中性轴的位置

偏心压缩的构件如果横截面周边没有棱角,如图 8-13 所示的截面,y、z 轴为形心主轴,这时危险点难以由观察确定,需先找到中性轴的位置,即 $\sigma=0$ 所对应的应力线。以 (y_0,z_0) 表示中性轴上任一点的坐标,将 (y_0,z_0) 代入式(8-7b)应有

$$\sigma = -\frac{F}{A}\left(1 + \frac{e_z z_0}{i_y^2} + \frac{e_y y_0}{i_z^2}\right) = 0$$

于是得到中性轴的方程式为

$$1 + \frac{e_z z_0}{i_y^2} + \frac{e_y y_0}{i_z^2} = 0 \tag{8-10}$$

可见,中性轴是一条不通过横截面形心的直线。只要求出它在 y、z 轴上的截距就可确定中性轴的位置。在式(8-10)中分别令 $z_0=0$ 和 $y_0=0$,得中性轴在 y 轴和 z 轴上的截距分别为

$$\left.\begin{aligned} a_y &= -\frac{i_z^2}{e_y} \\ a_z &= -\frac{i_y^2}{e_z} \end{aligned}\right\} \tag{8-11}$$

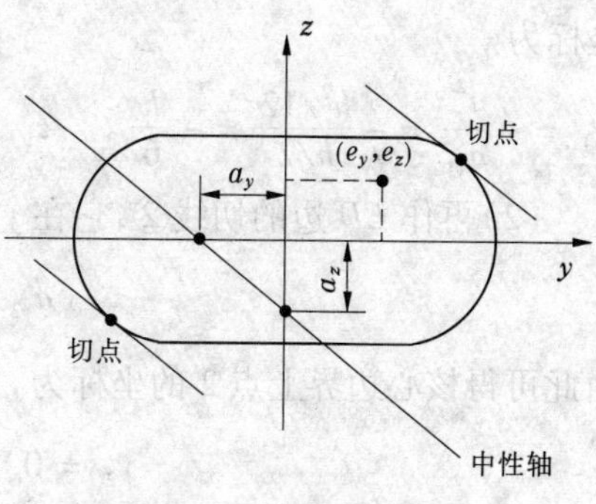

图 8-13　截面核心示例

由式(8-11)可确定中性轴的位置,如图 8-13 所示。然后作两条与中性轴平行而与截面四周边相切的

直线，其切点就是危险点，如图 8-13 所示。将两个切点的坐标分别代入式（8-7b），就可求得横截面上的最大拉应力和最大压应力。

二、截面核心的概念

由式（8-11）可知，中性轴在 y、z 轴上的截距（a_y，a_z）与偏心力作用点的坐标（e_y，e_z）符号相反，所以中性轴与偏心力的作用点总是位于截面形心的相对两侧。中性轴将截面分为两部分：一部分为压应力区，另一部分为拉应力区。同时，a_y 与 e_y 及 a_z 与 e_z 的绝对值分别成反比，表明偏心力作用点离形心越近，中性轴就离形心越远。作为极端情况，当偏心距为零时，中性轴就位于无穷远处。因此，当偏心力的作用点位于形心附近的一个界限上时，可以使得中性轴恰与截面的周边相切，这时横截面上只出现压应力。截面形心附近的这样一个界限所围的区域就称为截面核心。

对于砖、石或混凝土等脆性材料制成的构件，由于它们的抗拉强度较低，在设计这类材料的偏心受压杆时，最好使横截面上不出现拉应力。当外力作用点位于截面核心内时，就可以保证中性轴不穿过横截面，此时整个横截面全部为受压区。因此，确定截面核心是很有实际意义的。

利用式（8-11），只要作一系列与截面周边相切的直线作为中性轴，由每一条中性轴在 y、z 轴上的截距即可求得其对应的偏心力作用点的坐标。有了一系列这样的点以后，便能描出截面核心的边界。下面通过两个例子来具体说明。

【例 8-7】　如图 8-14 所示，确定边长为 $b\times h$ 的矩形截面的截面核心。图中的 y、z 轴均为对称轴。

解　（1）先作矩形 BC 边的切线①，将它看做是中性轴，它在 y、z 轴上的截距分别为

$$a_{y1}=\frac{h}{2}\qquad a_{z1}=\infty$$

该矩形截面的

$$i_y^2=\frac{I_y}{A}=\frac{hb^3/12}{bh}=\frac{b^2}{12}\qquad i_z^2=\frac{h^2}{12}$$

将这些值代入式（8-11），即得核心边界上点 1 的坐标为

$$y_1=-\frac{i_z^2}{a_{y1}}=-\frac{h^2/12}{h/2}=-\frac{h}{6}\qquad z_1=-\frac{i_y^2}{a_{z1}}=0$$

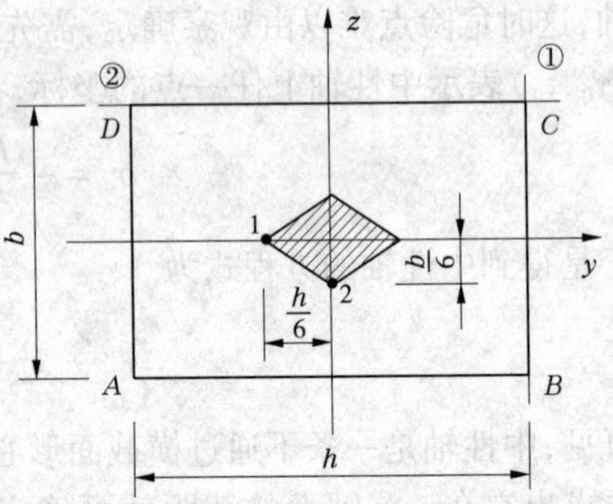

图 8-14　例 8-7 图

（2）再作 CD 边的切线②，它在 y、z 轴上的截距分别为

$$a_{y2}=\infty\qquad a_{z2}=\frac{b}{2}$$

由此可得核心边界上点 2 的坐标为

$$y_2=0\qquad z_2=-\frac{b^2/12}{b/2}=-\frac{b}{6}$$

当中性轴①按逆时针方向绕 C 点旋转到②时，有无数多中性轴通过 C 点，但均未进入横截面之内。将 C 点的坐标代入中性轴的方程式（8-10）得

$$1 + \frac{z_C}{i_y^2}e_z + \frac{y_C}{i_z^2}e_y = 0$$

可见,中性轴绕 C 点旋转的过程中,偏心力作用点移动的轨迹为直线。因此,连接点 1 与点 2 的直线,即为截面核心边界的一部分。

因为 y、z 轴为横截面的对称轴,所以核心边界对 y 轴和 z 轴应分别对称。于是,得到矩形截面的截面核心为一菱形。菱形的对角线长度分别为 $h/3$ 和 $b/3$。

【例 8-8】　求图 8-15 中直径为 d 的圆截面的截面核心。

解　如图 8-15 过 B 点作圆周的切线①,将它看做是中性轴,它在 y、z 轴上的截距分别为

$$a_{y1} = \frac{d}{2} \qquad a_{z1} = \infty$$

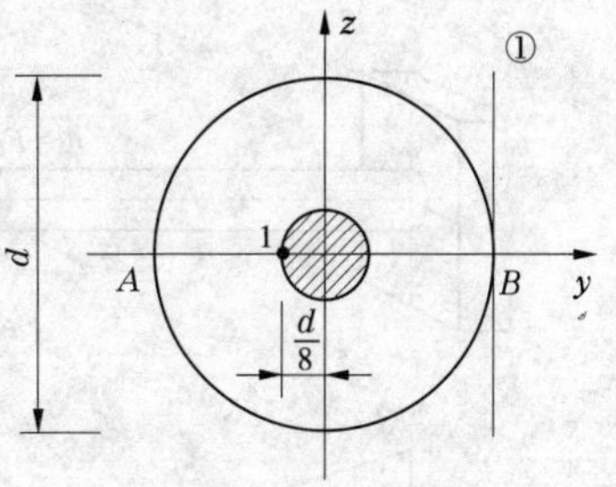

图 8-15　例 8-8 图

该圆截面的

$$i_y^2 = i_z^2 = \frac{I_y}{A} = \frac{\pi d^4/64}{\pi d^2/4} = \frac{d^2}{16}$$

将这些值代入式(8-11),即得核心边界上点 1 的坐标为

$$y_1 = -\frac{i_z^2}{a_{y1}} = -\frac{d^2/16}{d/2} = -\frac{d}{8} \qquad z_1 = -\frac{i_y^2}{a_{z1}} = 0$$

由于截面对于圆心 O 是极对称的,因而核心边界对于圆心也应该是极对称的,所以圆截面的核心边界是一个半径为 $d/8$ 的圆。

第五节　扭转与弯曲的组合

扭转与弯曲的组合变形是机械工程中最常见的情况,机器中的大多数转轴都是以扭转与弯曲组合的方式工作的。当杆件发生扭转与弯曲的组合变形时,与前面讲过的几种组合变形不同的是,杆件内的危险点不再处于单向应力状态,而是处于复杂应力状态,须应用强度理论对杆件进行强度计算。

本节重点讨论圆杆在扭转与弯曲组合变形时的强度计算,下面以一个典型的扭转与弯曲组合的圆杆来说明。如图 8-16(a)所示为一处于水平位置的直角曲拐,曲拐中的 AB 段是圆杆,杆轴直径为 d,A 端为固定端,在手柄的 C 端作用有铅垂向下的集中力 F。

(1)外力分析。将作用在 C 端的集中力 F 向 AB 杆的 B 截面形心平移,得到一个力 F 和一个作用在 B 截面内的力偶 $m = Fa$,如图 8-16(b)所示。横向力 F 使 AB 杆发生平面弯曲,而力偶 m 使杆发生扭转,故 AB 杆发生的是扭转与弯曲的组合变形。

(2)内力分析。作 AB 杆的弯矩图和扭矩图,如图 8-16(c)、(d)所示。可见,固定端截面为危险截面,其上的内力分别为

$$M = Fl \qquad T = m = Fa$$

(3)应力计算。A 截面为危险截面,其上必存在弯曲正应力 σ 与扭转剪应力 τ,应力分布如图 8-16(e)所示。从图上可以看出,D、E 两点为危险点,其应力为

$$\sigma = \frac{M}{W_z} \qquad \tau = \frac{T}{W_P}$$

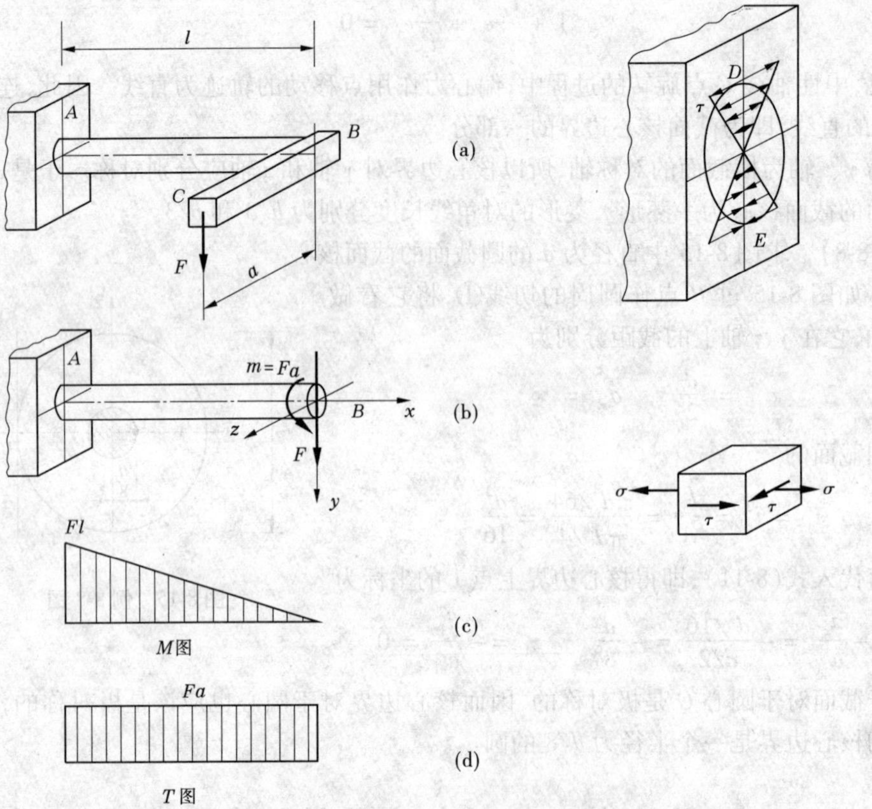

图 8-16　扭转与弯曲组合的圆杆

式中，$W_z = \frac{\pi d^3}{32}$，$W_p = 2W_z = \frac{\pi d^3}{16}$，它们分别为圆轴的抗弯截面模量和抗扭截面模量。

(4)强度计算。D 点的应力状态如图 8-16(f)所示。对由塑性材料制成的轴，在危险点 D、E 中只需校核一点的强度即可。由图 8-16(f)可知，D 点处于平面应力状态，应按第三、第四强度理论建立强度条件，即

$$\sigma_{r3} = \sqrt{\sigma^2 + 4\tau^2} \leqslant [\sigma] \text{ 或 } \sigma_{r3} = \frac{\sqrt{M^2 + T^2}}{W_z} \leqslant [\sigma] \tag{8-12}$$

$$\sigma_{r4} = \sqrt{\sigma^2 + 3\tau^2} \leqslant [\sigma] \text{ 或 } \sigma_{r4} = \frac{\sqrt{M^2 + 0.75T^2}}{W_z} \leqslant [\sigma] \tag{8-13}$$

【例 8-9】　如图 8-17 所示某传动钢轴，已知圆轴直径 $d = 50$ mm，$F = 6$ kN，$m = 1$ kN · m，钢材的许用应力$[\sigma] = 160$ MPa，试按第三强度理论校核该轴的强度。

解　(1)外力分析。

如图 8-17(a)所示，圆轴在力偶 m 的作用下受扭，在力 F 作用下受弯，其变形是扭转与弯曲的组合变形。

(2)内力分析。

作轴的扭矩图和弯矩图，如图 8-17(b)、(c)所示，B 截面为危险截面。该截面上的内力值为

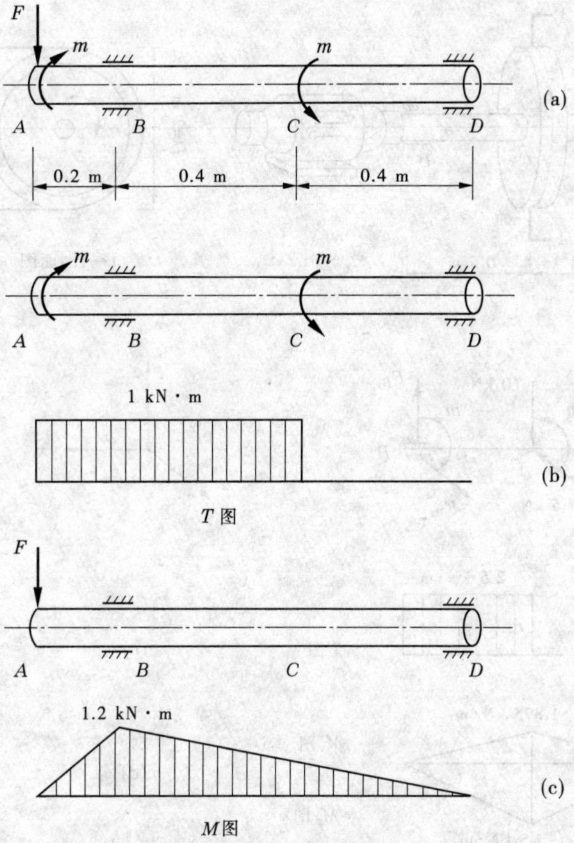

图 8-17　例 8-9 图

$$T = 1\ \text{kN} \cdot \text{m} \qquad M = 1.2\ \text{kN} \cdot \text{m}$$

(3)强度校核。

由式(8-12)得

$$\sigma_{r3} = \frac{\sqrt{M^2 + T^2}}{W_z} = \frac{\sqrt{(1.2 \times 10^3)^2 + (1 \times 10^3)^2}}{\pi \times (50 \times 10^{-3})^3/32}$$

$$= 127.4 \times 10^6(\text{Pa}) = 127.4\ \text{MPa} \leqslant [\sigma] = 160\ \text{MPa}$$

故该轴强度满足要求。

【例 8-10】　如图 8-18(a)所示,电动机带动一装有皮带轮的轴,皮带拉力分别为 2.5 kN 和 5 kN,皮带轮自重 $G=10$ kN,轴的许用应力$[\sigma]=80$ MPa,试用第三强度理论设计该轴直径 d。

解　(1)外力分析。

将皮带拉力向 C 截面形心简化,得到一个力和一个力偶 m。画出轴 AB 的受力图,如图 8-18(b)所示,其中 F_{Ay}和 F_{By}、F_{Az}和 F_{Bz}分别为 A、B 两支座在皮带轮自重和皮带拉力作用下的支座反力,m 为皮带拉力向 C 截面形心简化得到的力偶,其值分别为

$$F_{Ay} = F_{By} = \frac{10}{2} = 5(\text{kN})$$

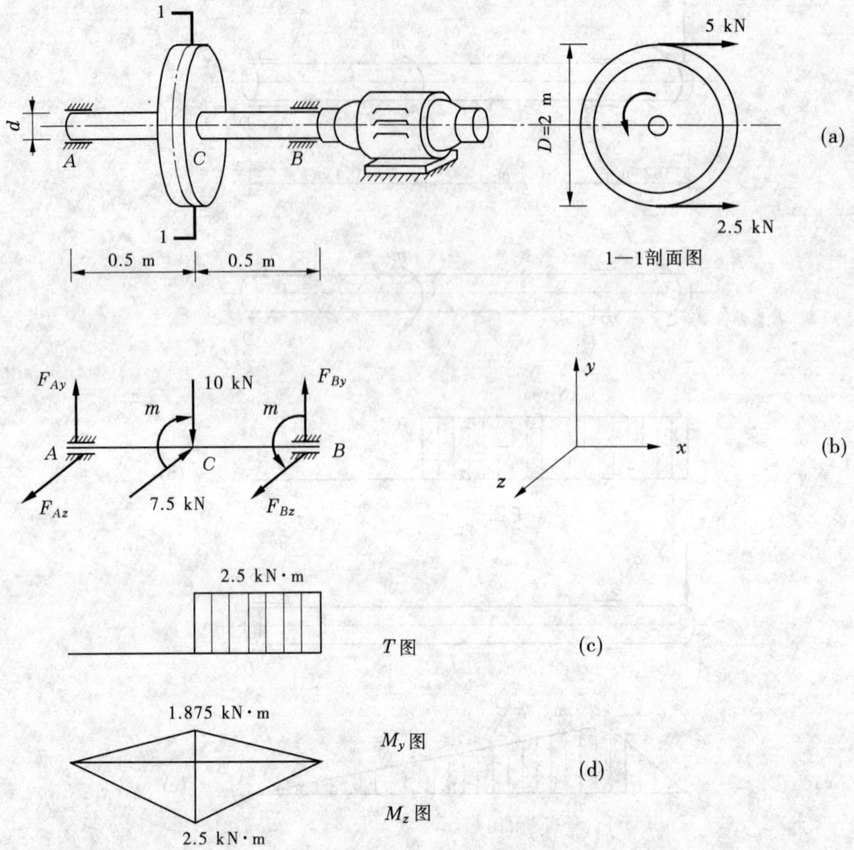

图 8-18 例 8-10 图

$$F_{Az} = F_{Bz} = \frac{7.5}{2} = 3.75(\text{kN})$$

$$m = (5 - 2.5) \times \frac{2}{2} = 2.5(\text{kN} \cdot \text{m})$$

圆轴在力偶 m 的作用下受扭,在皮带拉力和皮带轮自重作用下分别在两个主惯性平面内受弯。可见,轴 AB 为扭转与在两个相互垂直的主惯性平面内的平面弯曲的组合变形。

(2)内力分析。

作轴的扭矩图和弯矩图,如图 8-18(c)、(d)所示,C 截面为危险截面。该截面上的内力值为

$$T = 2.5\ \text{kN} \cdot \text{m} \qquad M_z = 2.5\ \text{kN} \cdot \text{m} \qquad M_y = 1.875\ \text{kN} \cdot \text{m}$$

(3)设计轴 AB 的直径。

由第三强度理论设计轴径 d,即由式(8-12)得

$$W_z \geqslant \frac{\sqrt{M^2 + T^2}}{[\sigma]}$$

因 $M^2 = M_z^2 + M_y^2$,所以

$$W_z \geqslant \frac{\sqrt{2.5^2 + 1.875^2 + 2.5^2} \times 10^3}{80 \times 10^6} = 50 \times 10^{-6}(\mathrm{m}^3) = 50\ \mathrm{cm}^3$$

又

$$W_z = \frac{\pi d^3}{32} \geqslant 50\ \mathrm{cm}^3$$

得

$$d \geqslant \sqrt[3]{\frac{32 \times 50}{\pi}} = 7.99\ \mathrm{cm}$$

取轴径 $d = 8$ cm。

小 结

(1)本章主要研究在小变形前提下线弹性杆件在组合变形下的应力与强度计算,计算原理采用的是叠加的方法,即把组合变形分解为基本变形,然后分别计算各基本变形下的应力,再将结果相加。

(2)对组合变形进行分解时,依据静力等效和变形等效的原理,首先将不通过横截面形心的横向力或纵向力向横截面形心平移,得到平移后的力和相应的绕轴线或绕中性轴的力偶;对作用于纵向对称平面过横截面形心的斜向力要分解为横向力和轴向力。然后按各种基本变形所受荷载的特点,可将组合变形分解为几种基本变形。

(3)组合变形强度计算的关键是确定危险截面和危险点。根据内力图和横截面尺寸的变化情况确定危险截面,一般发生在内力分布峰值处或较小截面尺寸处;根据各种基本变形引起的应力沿危险截面的分布规律确定危险点,一般常位于危险截面的周边。因此,熟练掌握各种基本变形内力和应力的分析与计算,成为解决这一关键的基础。

(4)分析组合变形强度问题的步骤是:

①将作用于杆件上的荷载分解为几种基本变形的荷载。

②计算各荷载引起的内力,确定危险截面。

③计算危险截面上的应力,并叠加,确定危险点。

④计算危险点的相当应力。对斜弯曲、拉伸(压缩)与弯曲的组合变形的杆件,因危险点处于单向应力状态,可将两种基本变形引起的正应力直接叠加,求出总应力,即为相当应力;对扭转与弯曲组合变形,因危险点处于复杂应力状态,须按所选不同强度理论计算相当应力。

⑤进行强度计算。单向应力状态的强度条件为 $\sigma_{\max} \leqslant [\sigma]$,复杂应力状态的强度条件为 $\sigma_r \leqslant [\sigma]$。

(5)解决组合变形问题的关键在于将组合变形分解为有关的基本变形,应明确:

①斜弯曲——分解为两个互相垂直的平面弯曲,其任意截面上任一点的应力计算为

$$\sigma = \sigma' + \sigma'' = \pm \frac{M_z y}{I_z} \pm \frac{M_y z}{I_y} = \pm \frac{M\cos\varphi \cdot y}{I_z} \pm \frac{M\sin\varphi \cdot z}{I_y}$$

其强度条件为

$$\sigma_{\max} = M_{\max}\left(\frac{\cos\varphi}{W_z} + \frac{\sin\varphi}{W_y}\right) = \frac{M_{\max}}{W_z}\left(\cos\varphi + \frac{W_z}{W_y}\sin\varphi\right) \leqslant [\sigma]$$

②偏心受压。

单向偏心受压——分解为轴向压缩与一个平面弯曲，其任一截面上任一点的应力计算为

$$\sigma = -\frac{F}{A} \pm \frac{Fe}{I_z}y$$

其最大拉应力强度条件为

$$\sigma_{\max} = -\frac{F}{A} + \frac{Fe}{W_z} \leqslant [\sigma_t]$$

其最大压应力强度条件为

$$|\sigma_{\min}| = \left| -\frac{F}{A} - \frac{Fe}{W_z} \right| \leqslant [\sigma_c]$$

双向偏心受压——分解为轴向压缩与两个平面弯曲，其任一截面上任一点的应力计算为

$$\sigma = \sigma_N + \sigma_{M_y} + \sigma_{M_z} = \frac{F_N}{A} \pm \frac{M_y}{I_y}z \pm \frac{M_z}{I_z}y$$

其最大压应力强度条件为

$$|\sigma_{\min}| = \left| -\frac{F}{A} - \frac{Fe_z}{W_y} - \frac{Fe_y}{W_z} \right| \leqslant [\sigma_c]$$

若存在最大拉应力，则其强度条件为

$$\sigma_{\max} = -\frac{F}{A} + \frac{Fe_z}{W_y} + \frac{Fe_y}{W_z} \leqslant [\sigma_t]$$

③扭转与弯曲组合——分解为平面扭转与弯曲两种变形，产生两种应力，其危险截面上危险点的弯曲正应力计算公式为

$$\sigma = \frac{M}{W_z}$$

其危险截面上的危险点的扭转剪应力计算公式为

$$\tau = \frac{T}{W_\rho}$$

扭转与弯曲组合的危险点处于二向应力状态，可按第三强度理论或第四强度理论建立强度条件如下

$$\sigma_{r3} = \sqrt{\sigma^2 + 4\tau^2} = \frac{\sqrt{M^2 + T^2}}{W_z} \leqslant [\sigma]$$

$$\sigma_{r4} = \sqrt{\sigma^2 + 3\tau^2} = \frac{\sqrt{M^2 + 0.75T^2}}{W_z} \leqslant [\sigma]$$

(6)了解截面核心的概念及圆形、矩形截面的截面核心位置和形状。

思考题

8-1　什么是组合变形？组合变形杆件横截面上的应力如何计算？

8-2　用叠加法计算组合变形杆件的内力和应力时，其限制条件是什么？为什么必须满足这些条件？

8-3　如何确定组合变形杆件的危险截面和危险点？

8-4　双对称截面梁在两个相互垂直的平面内发生对称弯曲时，采用什么样的截面形状最为合理？为什么？

8-5　杆件发生弯曲与拉伸(压缩)组合变形时，在什么条件下可按叠加原理计算其横截面上的最大正应力？

8-6　为什么对斜弯曲、拉伸(压缩)与弯曲的组合变形的杆件进行强度计算时，不用强度理论，而在扭转与弯曲组合变形时，必须用强度理论？

8-7　什么是截面核心？它在工程应用中有什么意义？

8-8　悬臂梁在自由端受集中力 F 的作用(见图 8-19(a))，该力通过截面形心。设梁截面形状以及力 F 在自由端截面平面内的方向分别如图 8-19(b)～(g)所示，其中图 8-19(b)、(c)、(g)中的 φ 为任意角。试判别哪种情况属于斜弯曲？哪种情况属于平面弯曲？

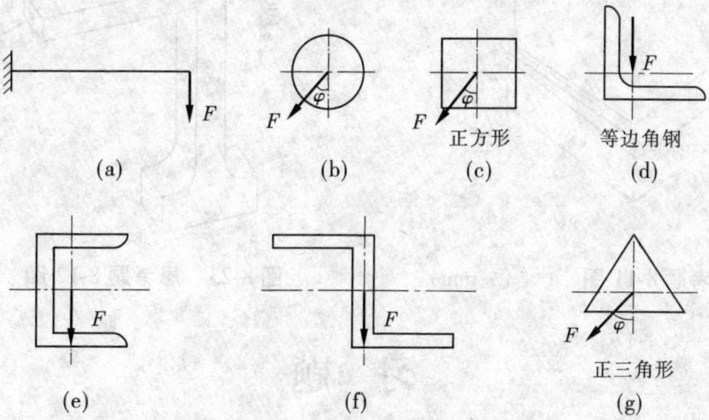

图 8-19　思考题 8-8 图

8-9　承受偏心拉伸的矩形截面杆如图 8-20 所示，现用电测法测得该杆上、下两侧面的纵向应变 ε_1 和 ε_2。试证明偏心距 e 与应变 ε_1、ε_2 在弹性范围内满足下列关系式

$$e=\frac{\varepsilon_1-\varepsilon_2}{\varepsilon_1+\varepsilon_2}\cdot\frac{h}{6}$$

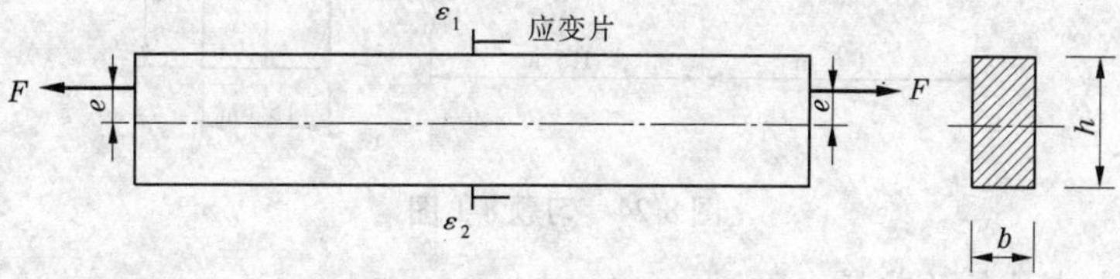

图 8-20　思考题 8-9 图

8-10　试确定如图 8-21 所示各截面的截面核心边界。

8-11　曲拐受力如图 8-22 所示，其圆杆部分的直径 $d=50$ mm。试画出表示 A 点处应力状态的单元体，并求其主应力及最大切应力。

8-12　折杆的横截面为边长 12 mm 的正方形。用单元体表示 A 点的应力状态，确定

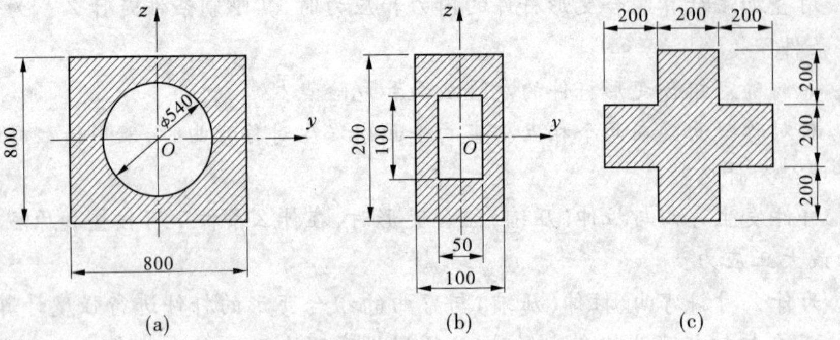

图 8-21　思考题 8-10 图　（单位：mm）

其主应力，如图 8-23 所示。

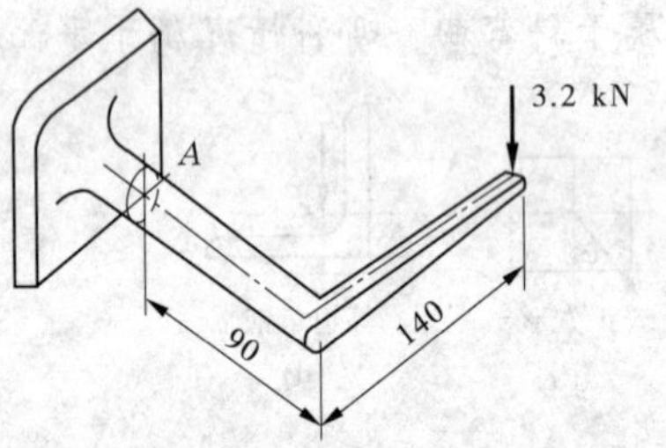

图 8-22　思考题 8-11 图　（单位：mm）

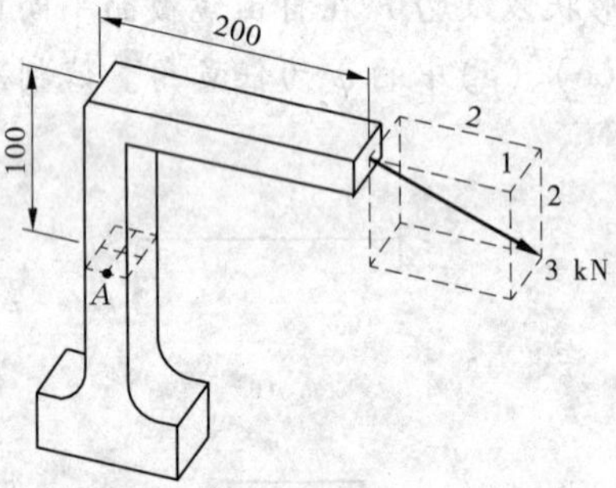

图 8-23　思考题 8-12 图　（单位：mm）

习　题

8-1　矩形截面木制简支梁 AB，在跨度中点 C 处承受一与垂直方向成 $\varphi=15°$ 的集中力 $F=10$ kN 的作用，如图 8-24 所示，已知木材的弹性模量 $E=1.0\times10^4$ MPa。试确定：

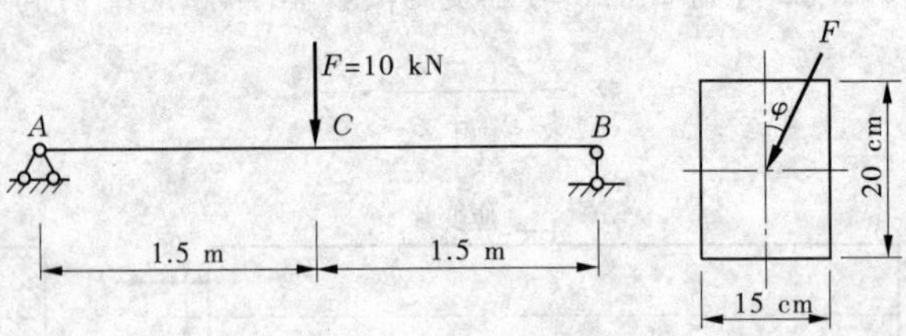

图 8-24　习题 8-1 图

（1）截面上中性轴的位置；

（2）危险截面上的最大正应力。

8-2　如图 8-25 所示一悬臂滑车架，杆 AB 为 18 号工字钢，其长度为 $l=2.6$ m。试求当荷载 $F=25$ kN 作用在 AB 的中点 D 处时，杆内的最大正应力。设工字钢的自重可略去不计。

8-3　如图 8-26 所示 14 号工字钢悬臂梁，承受的荷载 $F_1=2.5$ kN，$F_2=1.0$ kN，$l=1$ m。试求危险截面的最大正应力。

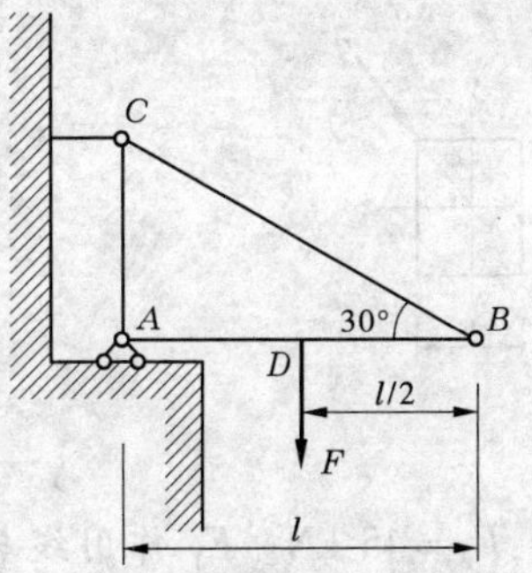

图 8-25　习题 8-2 图

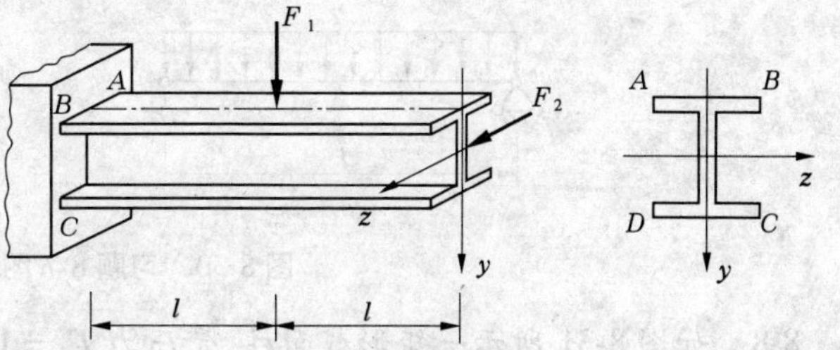

图 8-26　习题 8-3 图

8-4　如图 8-27 所示一矩形截面悬臂木梁，在自由端平面内作用一通过形心的集中力 F，F 与 y 轴夹角 $\varphi=30°$，求固定端截面上 A、B、C、D 四点的正应力，并进行强度校核。已知木材许用应力$[\sigma]=10$ MPa，矩形截面尺寸 $b\times h=120$ mm $\times$ 200 mm，$F=2$ kN，$l=2$ m。

8-5　悬臂钢梁承受的荷载如图 8-28 所示，$q=20$ kN/m，$F=10$ kN，$l=2$ m。已知钢材许用应力$[\sigma]=160$ MPa，试按下列两种情况确定梁的截面尺寸：

(1) 截面为矩形，$h=2b$；

(2) 截面为圆形。

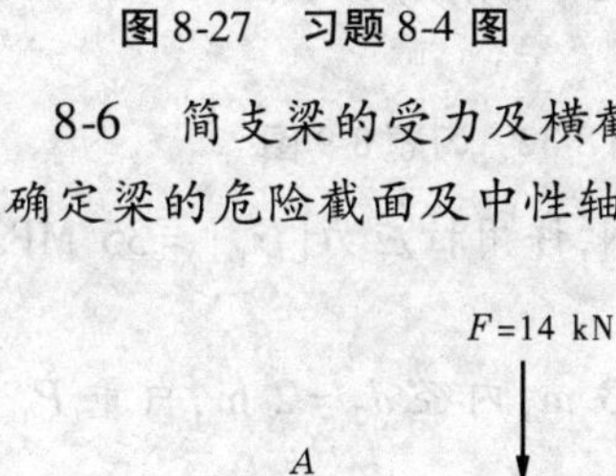

图 8-27　习题 8-4 图

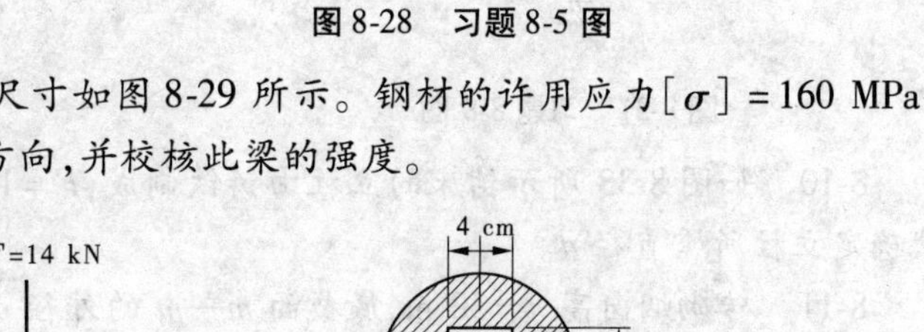

图 8-28　习题 8-5 图

8-6　简支梁的受力及横截面尺寸如图 8-29 所示。钢材的许用应力$[\sigma]=160$ MPa，试确定梁的危险截面及中性轴的方向，并校核此梁的强度。

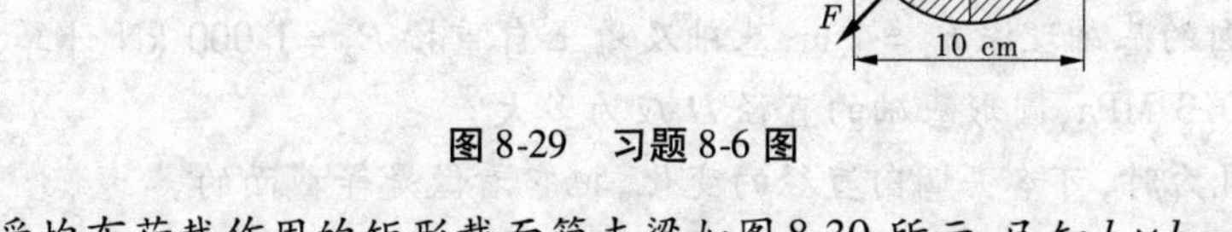

图 8-29　习题 8-6 图

8-7　承受均布荷载作用的矩形截面简支梁如图 8-30 所示，已知 $b\times h=100$ mm $\times$ 150 mm, $l=4$ m,材料的许用应力$[\sigma]=10$ MPa,均布荷载 q 与 y 轴夹角 $\varphi=15°$,求梁所能承受的最大分布荷载 q_{max}。

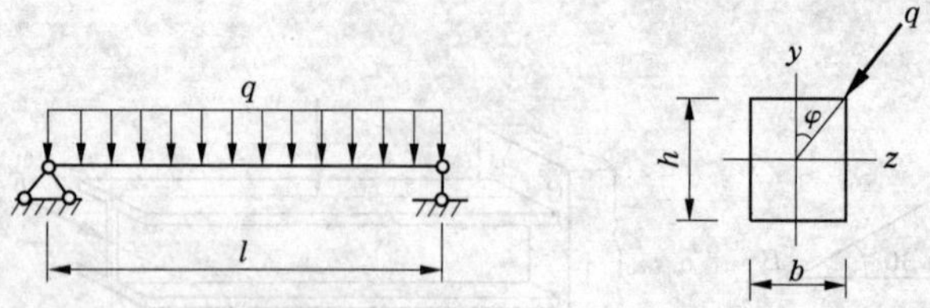

图 8-30　习题 8-7 图

8-8　如图 8-31 所示一矩形截面柱,受压力 $F_1=100$ kN, $F_2=45$ kN。F_1 作用线与柱轴线重合, F_2 与柱轴线的偏心距 $e=200$ mm, $b=180$ mm, $h=300$ mm。

(1)求最大应力和最小应力。

(2)如柱截面内不出现拉应力,试问截面高度应为多少?

8-9　有一木质压杆如图 8-32 所示,截面原为边长为 a 的正方形,压力 F 与杆轴重合。后因使用上的需要,在杆长的某段范围内开一宽$\dfrac{a}{2}$的切口。试求 m—m 截面上的最大拉应力和最大压应力,并问此最大压应力是截面削弱前的几倍?

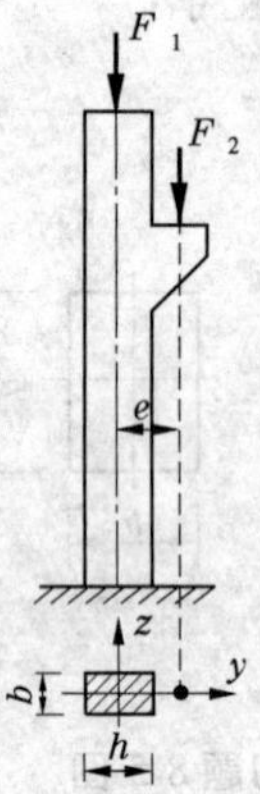

图 8-31　习题 8-8 图

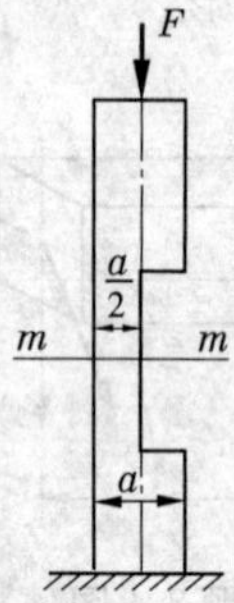

图 8-32　习题 8-9 图

8-10　如图 8-33 所示钻床的立柱由铸铁制成, $F=15$ kN,许用拉应力$[\sigma_t]=35$ MPa。试确定立柱所需直径 d。

8-11　砖砌烟囱高 $h=30$ m,底截面 m—m 的外径 $d_1=3$ m,内径 $d_2=2$ m,自重 $P_1=2\ 000$ kN,受 $q=1$ kN/m 的风力作用,如图 8-34 所示。试求:

(1)烟囱底截面上的最大压应力。

(2)若烟囱的基础埋深 $h_0=4$ m,基础及填土自重按 $P_2=1\ 000$ kN 计算,土壤的许用压应力$[\sigma]=0.3$ MPa,圆形基础的直径 D 应为多大?

注:计算风力时,可略去烟囱直径的变化,把它看做是等截面的。

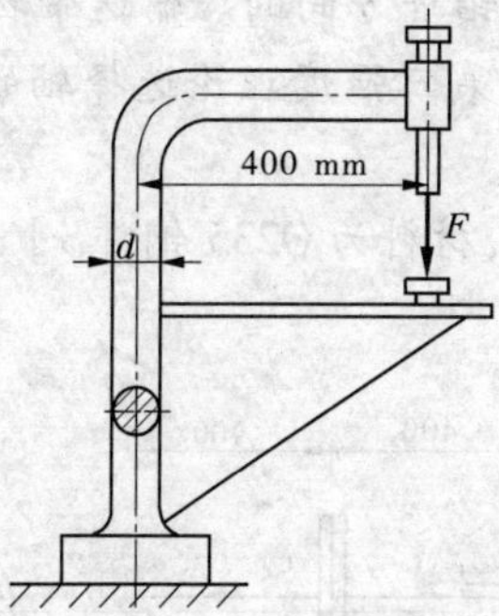

图 8-33　习题 8-10 图

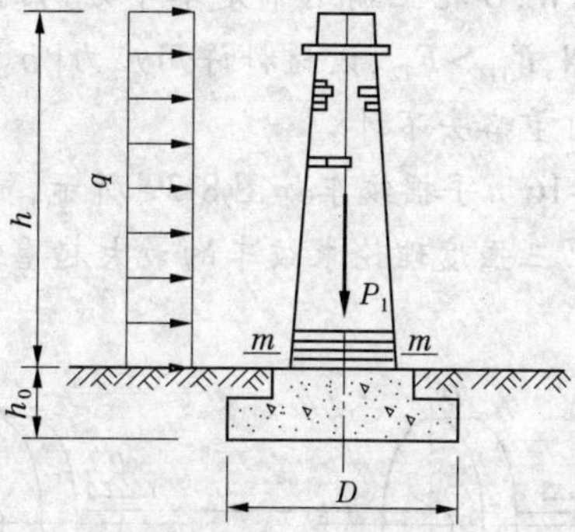

图 8-34　习题 8-11 图

8-12　矩形截面偏心受压杆如图 8-35 所示，受偏心压力 $F=100$ kN 的作用，其截面尺寸 $b\times h=100$ mm $\times 150$ mm，试求固定端截面上角点 A、B、C、D 的正应力。

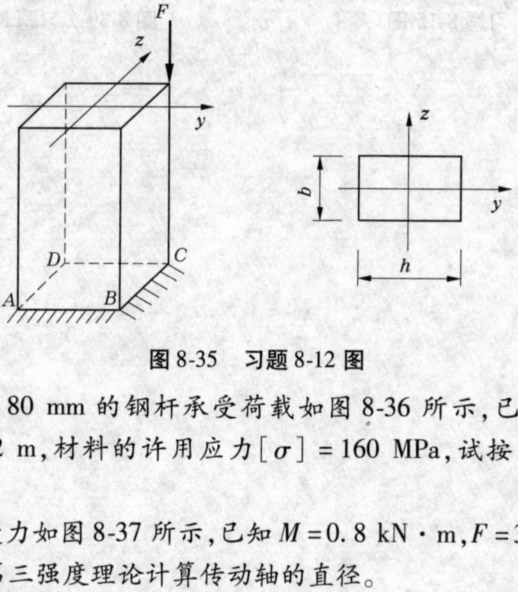

图 8-35　习题 8-12 图

8-13　一直径 $d=80$ mm 的钢杆承受荷载如图 8-36 所示，已知 $q=2$ kN/m，$M=4$ kN·m，杆轴长度 $l=2$ m，材料的许用应力 $[\sigma]=160$ MPa，试按第三强度理论校核其强度。

8-14　某传动轴受力如图 8-37 所示，已知 $M=0.8$ kN·m，$F=3$ kN，材料的许用应力 $[\sigma]=160$ MPa，试按第三强度理论计算传动轴的直径。

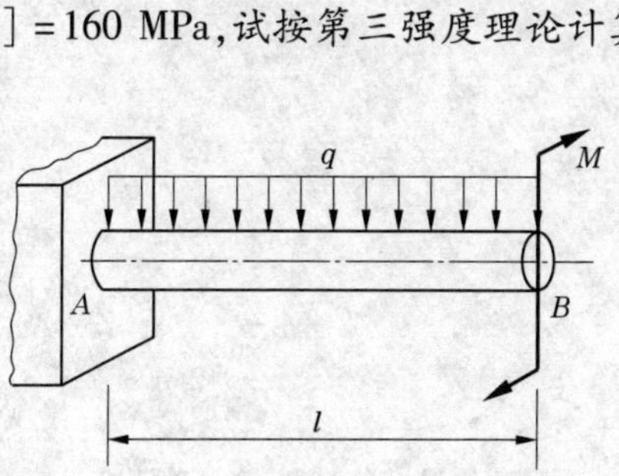

图 8-36　习题 8-13 图

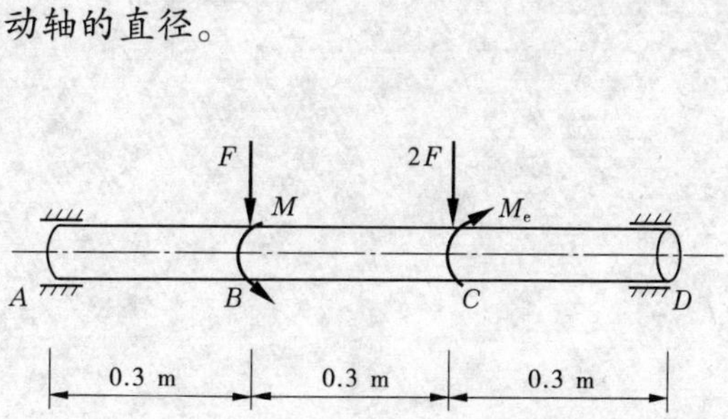

图 8-37　习题 8-14 图

8-15　如图 8-38 所示直径为 60 cm 的两个相同带轮，$n=100$ r/min 时传递功率 $P=$

7.36 kW,C 轮上输送带是水平方向的,D 轮上输送带是铅垂方向的。输送带拉力 F_{T2} = 1.5 kN,$F_{T1} > F_{T2}$,设材料许用应力$[\sigma]$ = 80 MPa,试根据第三强度理论选择轴的直径,带轮的自重略去不计。

8-16 手摇绞车如图 8-39 所示,轴的直径 d = 30 mm,材料为 Q235 钢,$[\sigma]$ = 80 MPa。试按第三强度理论求绞车的最大起重量 P。

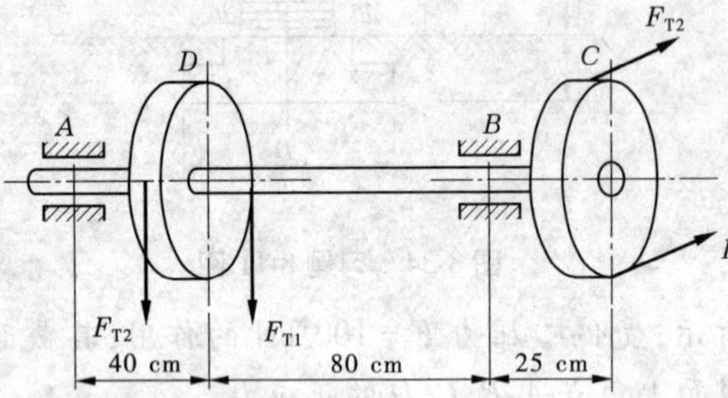

图 8-38 习题 8-15 图

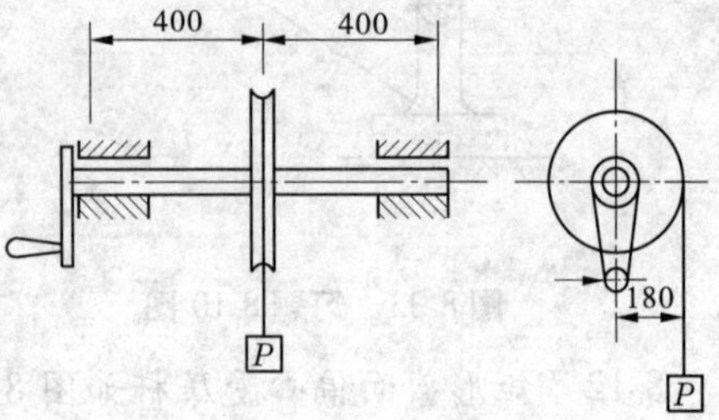

图 8-39 习题 8-16 图 (单位:mm)

第九章　压杆稳定

第一节　压杆稳定性的概念

在绪论中,我们归纳了构件正常工作必须同时满足的三个条件:强度、刚度和稳定性的要求。前面各章节,根据所研究各类杆件在工程实际受力情况下可能出现的破坏情况,着重分析了强度和刚度的计算问题。根据强度条件可知,当轴向压缩杆件横截面上的正应力不超过材料的许用应力时,从强度上保证了杆件的正常工作。而在实际结构中,受压柱的横截面尺寸一般都超出强度要求,且其横截面的形状通常与梁的横截面形状接近,如工业厂房中的钢柱采用双槽钢或工字形截面。可通过以下实例来说明其原因。

取一长为 300 mm 的钢直尺,其横截面尺寸为 20 mm×1 mm。若钢的许用应力为$[\sigma]=196$ MPa,则按强度条件算得钢直尺所能承受的轴向压力应为$F_N=196\times10^6\times20\times1\times10^{-6}=3\ 920(\mathrm{N})=3.92$ kN,但若将此钢直尺竖立在桌面上,在其上端施加轴向压力,当压力值小于 40 N 时,钢直尺便被明显压弯而发生破坏,从而不能承受更大的压力。显然,该压力值较 3.92 kN 小了两个数量级。可见,钢直尺轴向压缩时的承载能力并不取决于其抗压强度,而与直尺受压时抵抗弯曲变形的能力有关。再取一张普通卡片纸来做一简单试验。将该纸竖立在桌面上,其在自重作用下便可能变弯。但若将该纸片折成类似于角钢的形状(见图 9-1(a)),要使其变弯,就须在其顶端施加一定的压力。如将该纸片粘成圆筒形状(见图 9-1(b)),要使其变弯,则须在其顶部施加更大数值的压力,在折叠过程中杆件的横截面面积大小未发生改变。由此进一步说明,压杆是否会变弯与杆横截面的抗弯刚度有关,因此要改善压杆的承载能力,就得提高其截面抗弯刚度。同时,工程中的压杆在制造过程中其轴线难免存在初始曲率,作用在压杆上的外力的合力作用线也不可能绝对通过其轴线,压杆的材料本身也存在一定的不均匀性。上述各因素都可能导致压杆在轴向压力作用下发生压弯组合变形。

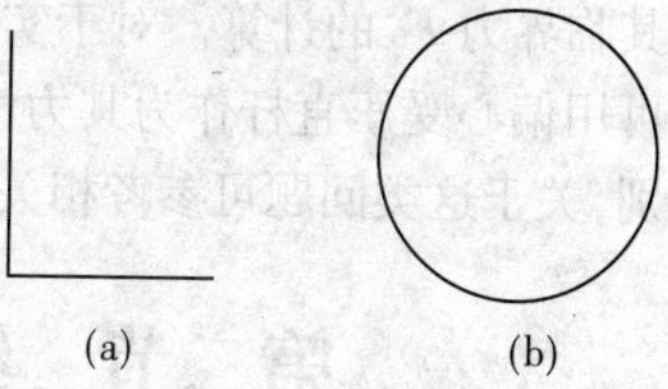

图 9-1　卡片纸截面形状

为了便于对压杆的承载能力进行理论研究,我们通常将实际压杆抽象为由均质材料制成、轴线为直线、外力的合力作用线与压杆轴线重合的理想“中心受压直杆”的力学模型。在该模型中,因不存在导致压杆产生弯曲变形的初始因素,因此压杆在轴向压力下就不会出现弯曲现象。这与实际压杆的变形是不一致的,为此,在借用中心受压直杆进行分析时,先给压杆施加一轴向压力 F(见图 9-2(a)),再假想地在杆上施加一个微小的横向外力 F'(见图 9-2(a)),使杆件产生弯曲变形,然后撤去 F'。试验表明,当轴向压力不太大时,撤去 F'后,杆的轴线将恢复直线平衡形态(见图 9-2(b)),则称压杆原来在直线形态下的平衡是稳定的平衡；当轴向力增大到一定的界限值时，撤去 F'后，杆的轴线将保持弯曲的平衡形态，而不能恢复直线平衡形态（见图 9-2（c）），则称压杆原来在直线形态下的平衡是不稳定的平衡。我们将中心受压直杆在直线形态下的平衡，由稳定平衡转化为不稳定平衡时所承受的轴向压力的界限值称为临界压力（简称临界力），记为 F_{cr}。将中心受压直杆在临界力 F_{cr} 作用下，丧失其原来直线形态的稳定平衡称为失稳。通过分析可知，只要控制压杆的实际轴向压力 F 小于临界力 F_{cr}，即可使其处于稳定的平衡状态。于是，研究压杆稳定平衡的问题即转化为求实际压杆的临界力 F_{cr}的问题。

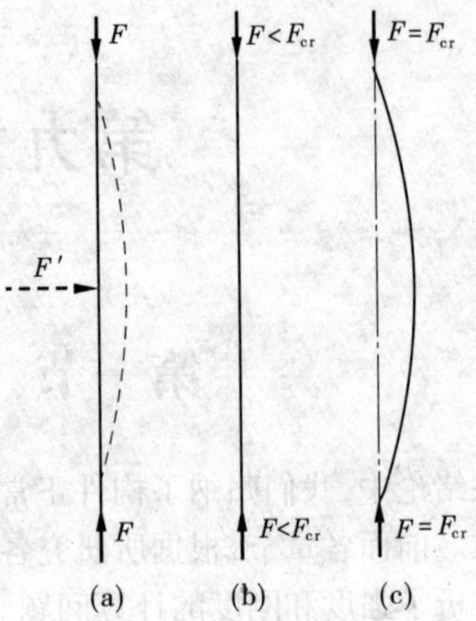

图 9-2 直杆受压模型

本章主要以中心受压直杆这一力学模型为研究对象，来研究压杆平衡稳定性的问题及其临界力 F_{cr}的计算。对于实际的压杆，由于存在导致压杆受压时弯曲的初始因素，通常可用偏心受压直杆作为其力学模型，其失稳的概念与中心受压直杆的力学模型有本质区别，关于这类问题可参考相关资料。

第二节 细长压杆临界力的欧拉公式

一、两端铰支细长压杆的临界力

细长中心受压直杆（简称细长压杆）在临界力作用下，处于不稳定平衡的直线形态下，其材料仍处于理想的线弹性范围内，该类稳定问题的求解可采用相应的弹性理论知识解决。

现取一个两端铰支、长为 l 的等截面细长压杆（见图 9-3（a）），设其处于临界状态，我们以它为例来推导其临界力 F_{cr}的计算公式。

建立如图所示的坐标系，则压杆任意 x 截面处的弯矩 $M(x)$（见图 9-3（b））为

$$M(x) = F_{cr}\omega \qquad (a)$$

式中：弯矩 $M(x)$的正负按第五章中的规定确定；临界力 F_{cr}以压力为正；挠度 ω 沿 y 轴正方向为正。

将上式代入挠曲线近似微分方程，可得

$$EI\omega'' = -M(x) = -F_{cr}\omega \qquad (b)$$

式中 I——压杆沿全长各横截面的最小形心

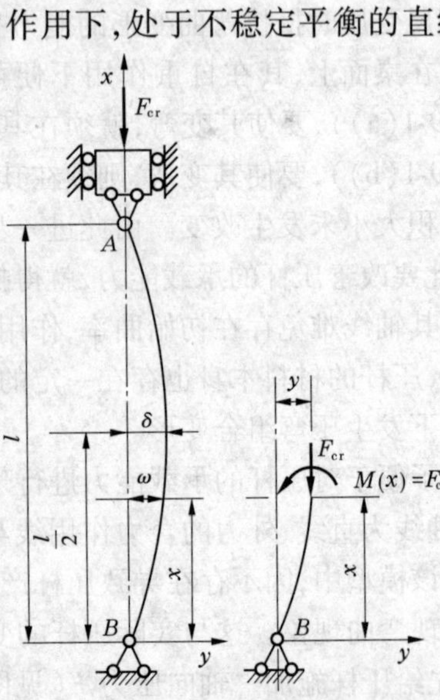

图 9-3 两端铰支压杆

主惯性矩。

将式(b)两端同时除以 EI,并令

$$k^2 = \frac{F_{cr}}{EI}$$

则有

$$\omega'' + k^2\omega = 0 \tag{c}$$

式(c)为一个二阶常系数线性齐次微分方程。其通解为

$$\omega = A\sin kx + B\cos kx \tag{d}$$

A、B 两个待定常数可由边界条件来确定。

由边界条件 $\omega(0)=0$,$\omega(l)=0$,可得

$$B = 0 \quad A\sin kl = 0$$

A 不能为 0,否则 $\omega\equiv 0$,压杆的轴线将始终保持直线状态。

所以,有

$$\sin kl = 0$$

即有

$$kl = n\pi \text{ 或 } k = \frac{n\pi}{l}(n = 0,1,2,\cdots) \tag{e}$$

式(e)表明,使杆件保持为曲线平衡状态的压力理论上是多值的。但是,状态变化过程中的临界值只有一个,是所有 n 值中的最小值。若取 $n=0$,则 $\omega\equiv 0$,与杆件处于曲线平衡状态相矛盾。所以,应取 $n=1$ 为符合实际要求的压力最小值。即有

$$k = \frac{\pi}{l} = \sqrt{\frac{F_{cr}}{EI}} \tag{f}$$

可得临界力 F_{cr} 为

$$F_{cr} = \frac{\pi^2 EI}{l^2} \tag{9-1}$$

式(9-1)即为两端铰支、轴心受压细长压杆临界力 F_{cr} 的计算公式。因该式最早由欧拉导出,所以通常称为欧拉公式。

二、其他支承条件下细长压杆的临界力

等截面细长压杆在不同杆端支承条件下,边界条件可能各不相同,因此临界力 F_{cr} 的表达式也可能不同,但因基本分析方法相同,其临界力 F_{cr} 的欧拉公式可统一写成

$$F_{cr} = \frac{\pi^2 EI}{(\mu l)^2} \tag{9-2}$$

式中 μ——细长压杆的长度因数,与杆端的支承情况有关;

μl——原来压杆的相当长度,其物理意义是表 9-1 中所给出的几种理想支承条件下等截面细长压杆失稳时,挠曲线中半个正弦波正弦曲线的长度。

由表 9-1 所给的结果结合式(9-2)可以看出,细长压杆的临界力 F_{cr} 受到杆端支承条件的影响。对于同一杆件,其杆端支承越强,对应的 μl 值就越小,其临界力 F_{cr} 就越高,杆的抗弯能力就越强。表 9-1 中的 μ 值是在理想支承条件下得出的,实际工程中,杆件的支

承情况更为一般化，其长度因数 μ 值可从有关的设计手册或规范中查取。

表 9-1　各种支承条件下等截面细长压杆的长度因数值

支承情况	两端铰支	一端固定、一端铰支	两端固定	一端固定、一端自由	两端固定，但可沿水平相对移动
临界状态轴线形状	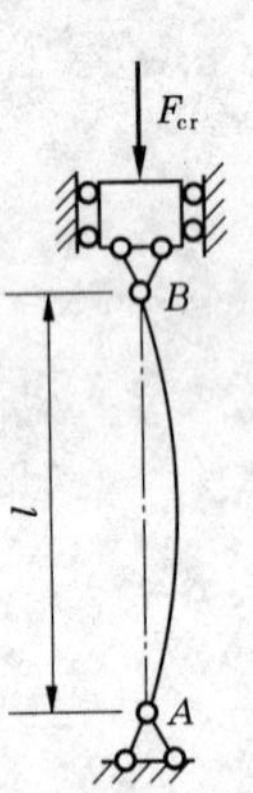	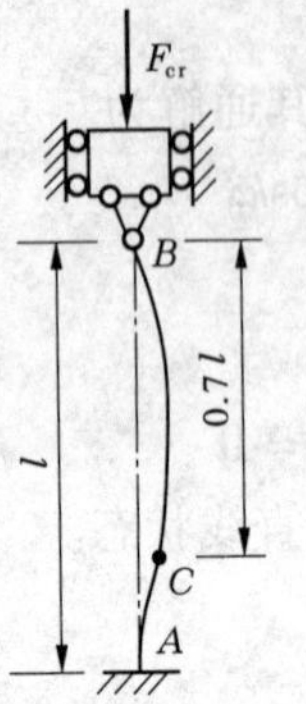 C为挠曲线拐点	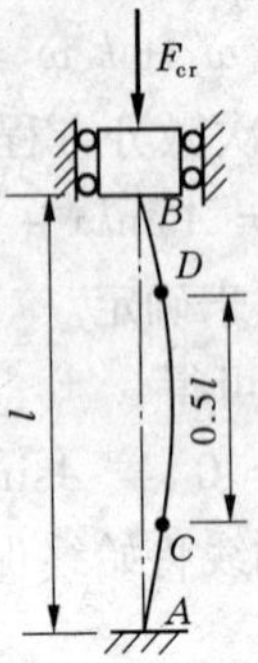 C、D为挠曲线拐点	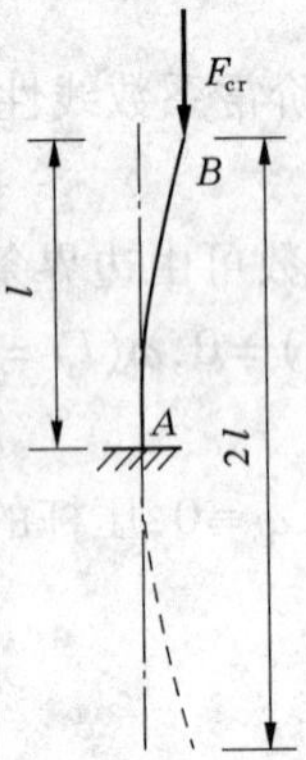	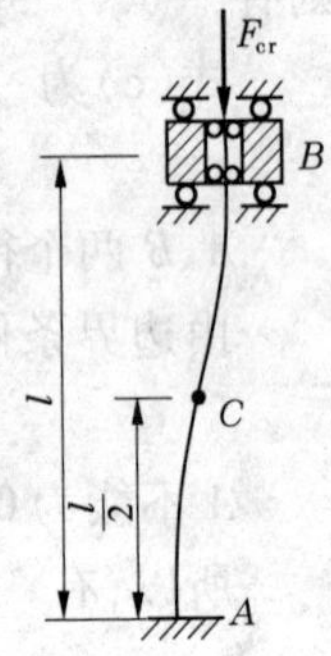 C为挠曲线拐点
长度因数	$\mu=1$	$\mu=0.7$	$\mu=0.5$	$\mu=2$	$\mu=1$

必须注意，细长压杆临界力的欧拉公式(9-1)和式(9-2)中，I 是压杆横截面对某一形心主惯性轴的惯性矩。若杆端在各个方向上的支承情况相同（如球形铰），则 I 取最小的形心主惯性矩；若杆端在各个方向上的支承情况不同（如柱形铰），则 I 应取变形后横截面对其中性轴的惯性矩。

第三节　临界应力

一、欧拉公式的应用范围

根据欧拉公式的推导过程可以知道，其仅适用于线弹性体系。这就要求在临界力 F_{cr} 作用下，压杆在直线状态下维持不稳定平衡时，横截面上的压应力不得超过杆件材料的比例极限 σ_p，即

$$\sigma_{cr}=\frac{F_{cr}}{A}\leqslant\sigma_p \tag{9-3}$$

式中　σ_{cr}——临界应力；

　　　A——压杆横截面面积。

将式(9-2)代入式(9-3)，可得

$$\sigma_{cr}=\frac{F_{cr}}{A}=\frac{\pi^2EI}{(\mu l)^2A}=\frac{\pi^2E}{(\mu l/i)^2}=\frac{\pi^2E}{\lambda^2} \tag{9-4}$$

式中　i——压杆横截面对中性轴的惯性半径，$i=\sqrt{\dfrac{I}{A}}$；

λ——压杆的长细比或柔度，是反映压杆长度、支承条件、截面尺寸和截面形状对压杆临界力影响的无量纲参数。

可以发现：杆件越细长，对应的 λ 值越大，其临界应力 σ_{cr} 越小，即压杆越细长越容易失稳；反之，杆件越粗短，对应的 λ 值越小，其临界应力 σ_{cr} 就越大，即压杆越粗短越不易失稳。所以，柔度 λ 是压杆稳定计算中的一个重要参数，其值为 $\lambda=\frac{\mu l}{i}$。

将式(9-4)代入式(9-3)后，可将欧拉公式的应用范围表示为

$$\sigma_{cr}=\frac{\pi^2 E}{\lambda^2}\leqslant\sigma_p$$

或改写为

$$\lambda\geqslant\sqrt{\frac{\pi^2 E}{\sigma_p}}=\pi\sqrt{\frac{E}{\sigma_p}}=\lambda_p \tag{9-5}$$

式中　λ_p——能够应用欧拉公式的压杆柔度的最小值。

式(9-5)说明只有当一个压杆的柔度 λ 值不小于 λ_p 时，才能应用欧拉公式计算其临界力。如已知 Q235 钢的弹性模量 $E=200$ GPa 和比例极限 $\sigma_p=200$ MPa，代入式(9-5)得

$$\lambda_p=\pi\sqrt{\frac{200\times10^9}{200\times10^6}}\approx100$$

所以，在工程中用 Q235 钢制成的压杆，只有当其柔度 $\lambda\geqslant100$ 时，才能应用欧拉公式计算其临界力。

二、压杆的分类

根据压杆柔度的大小，我们可将压杆分为如下三类。

(一)大柔度压杆

当压杆柔度 $\lambda\geqslant\lambda_p$ 时，称为大柔度压杆(即所谓的细长压杆)。此时，压杆将发生线弹性失稳，杆件在直线状态下维持不稳定平衡时，横截面上的正应力将不超过材料的比例极限 σ_p，可应用欧拉公式计算其临界力 F_{cr}。

(二)中柔度压杆

当压杆柔度 $\lambda<\lambda_p$，但不低于另一柔度极限值 λ_s($\lambda_s=\pi\sqrt{\frac{E}{\sigma_s}}$，其中 σ_s 为塑性材料的屈服极限)时，称为中柔度压杆(即所谓的中长压杆)。这类压杆在轴向压力作用下也会发生失稳，但在发生失稳时压杆横截面上的最大压应力已经超出比例极限 σ_p，属于非线性弹性失稳。此时，将不能应用欧拉公式计算其临界力 F_{cr}，多采用以试验结果为依据的经验公式计算其临界应力 σ_{cr}。

(三)小柔度压杆

当压杆柔度 $\lambda<\lambda_s$ 时，称为小柔度压杆(即所谓的粗短压杆)。这类压杆在受压时，不会发生失稳，而是因最大压应力达到材料的屈服极限 σ_s(塑性材料)或强度极限 σ_b(脆性材料)发生失效。

三、三类压杆的临界应力表达式

(一)细长压杆

对于 $\lambda \geqslant \lambda_p$ 的细长压杆,临界应力 σ_{cr} 可采用式(9-4)计算。

(二)中长压杆

对于 $\lambda_s \leqslant \lambda < \lambda_p$ 的中长压杆,欧拉公式已不再适用,这时的临界应力 σ_{cr} 可用经验公式来确定。常用的经验公式有直线公式和抛物线公式两种。其中,直线公式比较简单,应用方便,适用于合金钢、铝合金、铸铁和松木等材料;抛物线公式适用于结构钢和低合金结构钢等材料。

1. 直线公式

$$\sigma_{cr} = a - b\lambda \tag{9-6}$$

式中　a、b——与材料性质有关的常数,由表 9-2 选取。

在表 9-2 中给出了几种常用材料的直线经验公式常数 a、b 值,同时给出相应的 λ_p 和 λ_s 值。

表 9-2　常用材料直线公式中常数 a、b 值及 λ_p 和 λ_s 值

材料	a(MPa)	b(MPa)	λ_p	λ_s
Q235 钢	304	1.12	100	61.6
优质碳素钢	461	2.57	100	60
铸铁	332.2	1.45	80	
铝合金	373	2.15		
松木	28.7	0.19	110	40

2. 抛物线公式

抛物线公式将压杆临界应力 σ_{cr} 与柔度 λ 之间的关系表示为

$$\sigma_{cr} = a_1 - b_1\lambda^2 \tag{9-7}$$

式中　a_1、b_1——与材料性质有关的常数,由表 9-3 选取。

表 9-3　常用材料抛物线公式中常数 a_1、b_1 值　　(单位:MPa)

材料	a_1	b_1
Q235 钢　$\sigma_s = 235, \sigma_b \geqslant 372$	235	0.006 68
Q275 钢　$\sigma_s = 275, \sigma_b \geqslant 490$	275	0.008 53
16Mn 钢　$\sigma_s = 343, \sigma_b \geqslant 510$	343	0.014 3
铸铁　$\sigma_b \geqslant 392$	392	0.036 1

(三)粗短压杆

对于 $\lambda < \lambda_s$ 的粗短压杆,在轴向压力作用下,最终将发生强度失效,其临界应力 σ_{cr} 为

$$\sigma_{cr} = \sigma_s \text{ 或 } \sigma_{cr} = \sigma_b \tag{9-8}$$

由式(9-4)、式(9-6)和式(9-8)可将压杆临界应力 σ_{cr} 与其柔度 λ 之间的关系表示如

图 9-4 所示。当 $\lambda < \lambda_s$ 时，按强度问题计算，在图中表示为水平线段 AB；当 $\lambda_s \leqslant \lambda < \lambda_p$ 时，按经验公式计算，在图中表示为倾斜线段 BC；当 $\lambda \geqslant \lambda_p$ 时，按欧拉公式计算，在图中表示为曲线 CD 的实线部分。图 9-4 表示了临界应力 σ_{cr} 随柔度 λ 变化的情况，称为临界应力总图。

如将 $\lambda_s \leqslant \lambda < \lambda_p$ 阶段的中长压杆临界应力 σ_{cr} 表示为

$$\sigma_{cr} = \frac{\pi^2 E_r}{\lambda^2} \tag{9-9}$$

$$E_r = \frac{4E_\sigma E}{(\sqrt{E} + \sqrt{E_\sigma})^2}$$

式中　E_r——杆件材料的折减弹性模量；

E_σ——加载切线弹性模量；

E——卸载弹性模量。

对应的临界应力总图可表示为图 9-5。

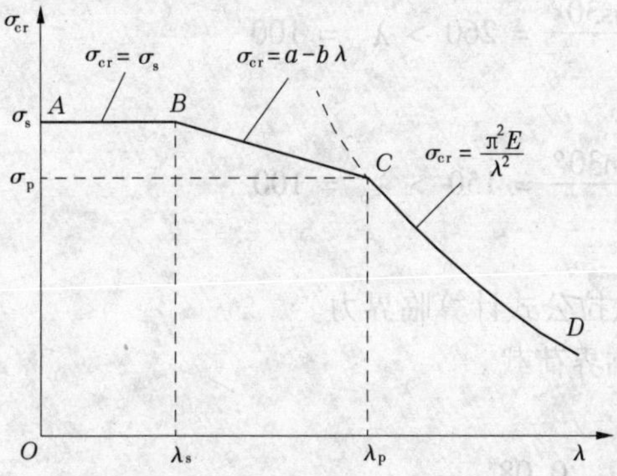

图 9-4　临界应力总图

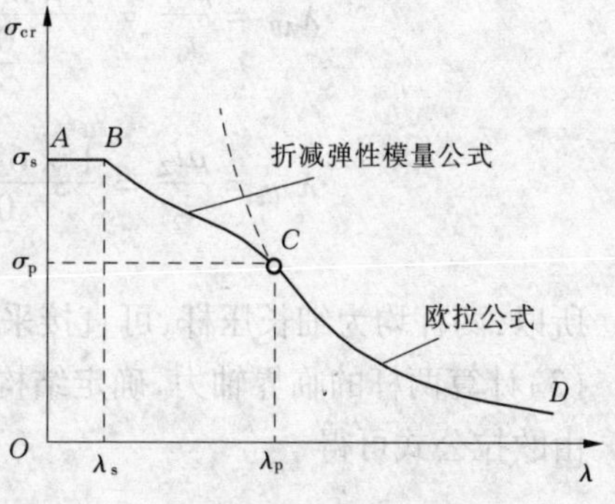

图 9-5　折减弹性模量对应的临界应力总图

在稳定计算中，欧拉公式和经验公式都是以杆件的整体变形为基础的，杆件截面的局部削弱（如螺栓孔）对杆件的整体变形影响很小，所以在采用公式计算临界应力 σ_{cr} 时，通常取杆件的原始截面面积 A 和惯性矩 I。当然，若按强度问题计算，应取截面削弱后的净截面面积。

【例 9-1】　如图 9-6 所示结构中，AB、AC 均为 Q235 钢制成的等截面圆杆，弹性模量 E 为 200 GPa，直径 d 都是 80 mm，试求该结构的临界荷载。

解　本题中两杆均为两端铰支的压杆，在确定了轴力 F_N 与外荷载 F 的关系后，先计算出压杆的临界轴力 F_{N1}、F_{N2}，再推算出各杆临界轴力对应的临界荷载 F_{cr1}、F_{cr2}，最后比较 F_{cr1} 和 F_{cr2} 的大小关系，选择较小者作为结构的临界荷载。

(1)求各杆的轴力。

根据平衡条件得

$$F_{N1} = F\cos 60^\circ = \frac{1}{2}F \qquad F = 2F_{N1}$$

$$F_{N2} = F\sin 60^\circ = \frac{\sqrt{3}}{2}F \qquad F = 1.15F_{N2}$$

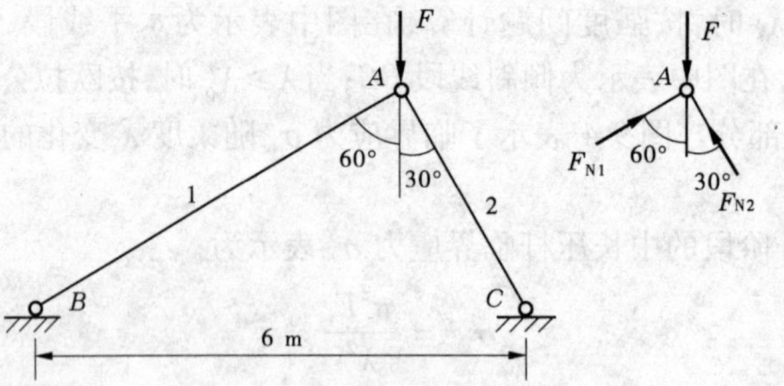

图 9-6　例 9-1 图

(2)计算各杆的柔度。

对于圆截面杆,其惯性半径 $i=\sqrt{\dfrac{I}{A}}=\sqrt{\dfrac{\pi d^4/64}{\pi d^2/4}}=\dfrac{d}{4}$,两杆端均为铰支,长度因数均为 $\mu=1$。两杆材料均为 Q235 钢,查表 9-2 得 $\lambda_p=100$。则有

$$\lambda_{AB}=\frac{\mu l_1}{i_1}=\frac{1\times 6\times\cos 30^\circ}{\dfrac{0.08}{4}}=260>\lambda_p=100$$

$$\lambda_{AC}=\frac{\mu l_2}{i_2}=\frac{1\times 6\times\sin 30^\circ}{\dfrac{0.08}{4}}=150>\lambda_p=100$$

所以,两杆均为细长压杆,可直接采用欧拉公式计算临界力。

(3)计算两杆的临界轴力,确定结构的临界荷载。

由欧拉公式可得

$$F_{N1}=\frac{\pi^2 EI}{(\mu l_1)^2}=\frac{\pi^2\times 200\times 10^9\times\pi\times\dfrac{0.08^4}{64}}{(1\times 6\times\cos 30^\circ)^2}=147\times 10^3(\text{N})=147\ \text{kN}$$

$$F_{N2}=\frac{\pi^2 EI}{(\mu l_2)^2}=\frac{\pi^2\times 200\times 10^9\times\pi\times\dfrac{0.08^4}{64}}{(1\times 6\times\sin 30^\circ)^2}=440\times 10^3(\text{N})=440\ \text{kN}$$

所以,有

$$F_{cr1}=2F_{N1}=294\ \text{kN}$$
$$F_{cr2}=1.15F_{N2}=506\ \text{kN}$$

选择较小者作为结构的临界荷载,即有 $F_{cr}=F_{cr1}=294$ kN。

【例 9-2】　如图 9-7 所示为 Q235 钢制成的矩形截面杆,两端均为销钉连接。杆长 $l=2\,200$ mm,横截面宽度 $b=40$ mm,高度 $h=70$ mm,材料弹性模量 $E=206$ GPa,试求此杆的临界荷载。

解　图示给定结构在 xOy 和 xOz 平面内支承情况不同,即 $\mu_y\neq\mu_z$,因此要确定临界荷载,必须判断杆件在哪个平面内柔度 λ 值较大,对应的临界力 F_{cr} 值较小,取较小值作为结构的临界荷载。

(1)计算两平面内的柔度。

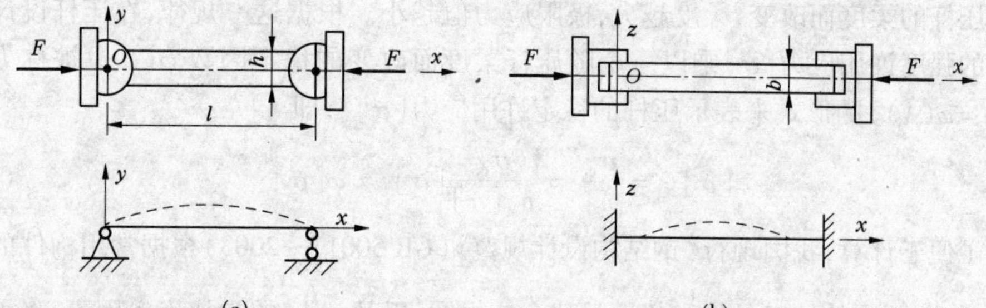

(a)　(b)

图 9-7　例 9-2 图

在 xOy 平面内失稳时(见图 9-7(a)),压杆两端可视为铰支,$\mu_z=1$,有

$$i_z=\sqrt{\frac{I_z}{A}}=\sqrt{\frac{\frac{bh^3}{12}}{bh}}=\sqrt{\frac{h^2}{12}}=\sqrt{\frac{70^2}{12}}=20.2(\text{mm})$$

$$\lambda_z=\frac{\mu_z l}{i_z}=\frac{1\times 2\,200}{20.2}=108.9$$

在 xOz 平面内失稳时(见图 9-7(b)),压杆两端可视为固定,$\mu_y=0.5$,有

$$i_y=\sqrt{\frac{I_y}{A}}=\sqrt{\frac{\frac{hb^3}{12}}{bh}}=\sqrt{\frac{b^2}{12}}=\sqrt{\frac{40^2}{12}}=11.5(\text{mm})$$

$$\lambda_y=\frac{\mu_y l}{i_y}=\frac{0.5\times 2\,200}{11.5}=95.7$$

因 $\lambda_y<\lambda_z$,所以结构将在 xOy 平面内首先失稳,达到临界值。

(2)计算临界荷载。

连杆由 Q235 钢制成,查表 9-2 得 $\lambda_p=100$。因 $\lambda_z>\lambda_p=100$,所以可用欧拉公式直接计算临界力 F_{cr}

$$F_{cr}=\frac{\pi^2 EI_z}{(\mu_z l)^2}=\frac{\pi^2\times 206\times 10^9\times(0.04\times 0.07^3)/12}{(1\times 2.2)^2}=4.8\times 10^5(\text{N})=480\text{ kN}$$

或 $F_{cr}=\sigma_{cr}A=\frac{\pi^2 E}{\lambda_z^2}bh=\frac{\pi^2\times 206\times 10^9}{108.9^2}\times 0.04\times 0.07=4.8\times 10^5(\text{N})=480\text{ kN}$

第四节　实际压杆的稳定因数

由于实际压杆的轴线不是理想的直线,压力合力的作用线与杆件轴线也不可能完全重合,以及实际结构因轧制、切割、焊接等作用造成截面残余应力的存在等不利因素,降低了压杆的临界力 F_{cr},即压杆的实际稳定许用应力$[\sigma]_{st}$小于按图 9-4 所得的临界应力 σ_{cr},工程中用大于 1 的系数 n_{st}(稳定安全因数)除 σ_{cr}来表示$[\sigma]_{st}$,即$[\sigma]_{st}=\frac{\sigma_{cr}}{n_{st}}$。此处,中心受压直杆的力学模型将不能反映实际压杆受力的变形情况,但压杆所能承受的极限应力随压杆的柔度而改变，柔度越大，极限应力值越小。根据这一规律，在压杆设计中可用材料的强度许用应力[σ]乘以一个随压杆柔度而改变的稳定因数 φ（φ 也被称为折减系数，$\varphi=\varphi(\lambda)$）的形式来表示压杆的稳定许用应力$[\sigma]_{st}$，即

$$[\sigma]_{st}=\frac{\sigma_{cr}}{n_{st}}=\frac{\sigma_{cr}}{n_{st}[\sigma]}[\sigma]=\varphi[\sigma] \tag{9-10}$$

为了便于计算，我国现行《钢结构设计规范》(GB 50017—2003)根据常用构件的截面形状和尺寸，不同的加工条件和相应的残余应力图，以及$\frac{l}{1\,000}$的初挠度等因素，将承载力相近的压杆截面归纳为 a、b、c、d 四类（其中，b 类截面最为常用，d 类主要用于厚板组成的截面），并给出四类截面在不同柔度 λ 值下的 φ 值。在实际计算中，根据杆件截面的类别和杆件柔度 λ 值查表即可得到要求的 φ 值。现将 Q235 钢材料制成的 a、b、c 类截面杆件的稳定因数 φ 值列于表 9-4 ~ 表 9-6。

表 9-4　Q235 钢 a 类截面轴心受压杆件的稳定因数 φ

λ	0	1	2	3	4	5	6	7	8	9
0	1.000	1.000	1.000	1.000	0.999	0.999	0.998	0.998	0.997	0.996
10	0.995	0.994	0.993	0.992	0.991	0.989	0.988	0.986	0.985	0.983
20	0.981	0.979	0.977	0.976	0.974	0.972	0.970	0.968	0.966	0.964
30	0.963	0.961	0.959	0.957	0.955	0.952	0.950	0.948	0.946	0.944
40	0.941	0.939	0.937	0.934	0.932	0.929	0.927	0.924	0.921	0.919
50	0.916	0.913	0.910	0.907	0.904	0.900	0.897	0.894	0.890	0.886
60	0.883	0.879	0.875	0.871	0.867	0.863	0.858	0.854	0.849	0.844
70	0.839	0.834	0.829	0.824	0.818	0.813	0.807	0.801	0.795	0.789
80	0.783	0.776	0.770	0.763	0.757	0.750	0.743	0.736	0.728	0.721
90	0.714	0.706	0.699	0.691	0.684	0.676	0.668	0.661	0.653	0.645
100	0.638	0.630	0.622	0.615	0.607	0.600	0.592	0.585	0.577	0.570
110	0.563	0.555	0.548	0.541	0.534	0.527	0.520	0.514	0.507	0.500
120	0.494	0.488	0.481	0.475	0.469	0.463	0.457	0.451	0.445	0.440
130	0.434	0.429	0.423	0.418	0.412	0.407	0.402	0.397	0.392	0.387
140	0.383	0.378	0.373	0.369	0.364	0.360	0.356	0.351	0.347	0.343
150	0.339	0.335	0.331	0.327	0.323	0.320	0.316	0.312	0.309	0.305
160	0.302	0.298	0.295	0.292	0.289	0.285	0.282	0.279	0.276	0.273
170	0.270	0.267	0.264	0.262	0.259	0.256	0.253	0.251	0.248	0.246
180	0.243	0.241	0.238	0.236	0.233	0.231	0.229	0.226	0.227	0.222
190	0.220	0.218	0.215	0.213	0.211	0.209	0.207	0.205	0.203	0.201
200	0.199	0.198	0.196	0.194	0.192	0.190	0.189	0.187	0.185	0.183
210	0.182	0.180	0.179	0.177	0.175	0.174	0.172	0.171	0.169	0.168
220	0.166	0.165	0.164	0.162	0.161	0.159	0.158	0.157	0.155	0.154
230	0.153	0.152	0.150	0.149	0.148	0.147	0.146	0.144	0.143	0.142
240	0.141	0.140	0.139	0.138	0.136	0.135	0.134	0.133	0.132	0.131
250	0.130									

表 9-5　Q235 钢 b 类截面轴心受压杆件的稳定因数 φ

λ	0	1	2	3	4	5	6	7	8	9
0	1.000	1.000	1.000	0.999	0.999	0.998	0.997	0.996	0.995	0.994
10	0.992	0.991	0.989	0.987	0.985	0.983	0.981	0.978	0.976	0.973
20	0.970	0.967	0.963	0.960	0.957	0.953	0.950	0.946	0.943	0.939
30	0.936	0.932	0.929	0.925	0.922	0.918	0.914	0.910	0.906	0.903
40	0.899	0.895	0.891	0.887	0.882	0.878	0.874	0.870	0.865	0.861
50	0.856	0.852	0.847	0.842	0.838	0.833	0.828	0.823	0.818	0.813
60	0.807	0.802	0.797	0.791	0.786	0.780	0.774	0.769	0.763	0.757
70	0.751	0.745	0.739	0.732	0.726	0.720	0.714	0.707	0.701	0.694
80	0.688	0.681	0.675	0.668	0.661	0.655	0.648	0.641	0.635	0.628
90	0.621	0.614	0.608	0.601	0.594	0.588	0.581	0.575	0.568	0.561
100	0.555	0.549	0.542	0.536	0.529	0.523	0.517	0.511	0.505	0.499
110	0.493	0.487	0.481	0.475	0.470	0.464	0.458	0.453	0.447	0.442
120	0.437	0.432	0.426	0.421	0.416	0.411	0.406	0.402	0.397	0.392
130	0.387	0.383	0.378	0.374	0.370	0.365	0.361	0.357	0.353	0.349
140	0.345	0.341	0.337	0.333	0.329	0.326	0.322	0.318	0.315	0.311
150	0.308	0.304	0.301	0.298	0.295	0.291	0.288	0.285	0.282	0.279
160	0.276	0.273	0.270	0.267	0.265	0.262	0.259	0.256	0.254	0.251
170	0.249	0.246	0.244	0.241	0.239	0.236	0.234	0.232	0.229	0.227
180	0.225	0.223	0.220	0.218	0.216	0.214	0.212	0.210	0.208	0.206
190	0.204	0.202	0.200	0.198	0.197	0.195	0.193	0.191	0.190	0.188
200	0.186	0.184	0.183	0.181	0.180	0.178	0.176	0.175	0.173	0.172
210	0.170	0.169	0.167	0.166	0.165	0.163	0.162	0.160	0.159	0.158
220	0.156	0.155	0.154	0.153	0.151	0.150	0.149	0.148	0.146	0.145
230	0.144	0.143	0.142	0.141	0.140	0.138	0.137	0.136	0.135	0.134
240	0.133	0.132	0.131	0.130	0.129	0.128	0.127	0.126	0.125	0.124
250	0.123									

表 9-6　Q235 钢 c 类截面轴心受压杆件的稳定因数 φ

λ	0	1	2	3	4	5	6	7	8	9
0	1.000	1.000	1.000	0.999	0.999	0.998	0.997	0.996	0.995	0.993
10	0.992	0.990	0.988	0.986	0.983	0.981	0.978	0.976	0.973	0.970
20	0.966	0.959	0.953	0.947	0.940	0.934	0.928	0.921	0.915	0.909
30	0.902	0.896	0.890	0.884	0.877	0.871	0.865	0.858	0.852	0.846
40	0.839	0.833	0.826	0.820	0.814	0.807	0.801	0.794	0.788	0.781
50	0.775	0.768	0.762	0.755	0.748	0.742	0.735	0.729	0.722	0.715
60	0.709	0.702	0.695	0.689	0.682	0.676	0.669	0.662	0.656	0.649
70	0.643	0.636	0.629	0.623	0.616	0.610	0.604	0.597	0.591	0.584
80	0.578	0.572	0.566	0.559	0.553	0.547	0.541	0.535	0.529	0.523
90	0.517	0.511	0.505	0.500	0.494	0.488	0.483	0.477	0.472	0.467
100	0.463	0.458	0.454	0.449	0.445	0.441	0.436	0.432	0.428	0.423
110	0.419	0.415	0.411	0.407	0.403	0.399	0.395	0.391	0.387	0.383
120	0.379	0.375	0.371	0.367	0.364	0.360	0.356	0.353	0.349	0.346
130	0.342	0.339	0.335	0.332	0.328	0.325	0.322	0.319	0.315	0.312
140	0.309	0.306	0.303	0.300	0.297	0.294	0.291	0.288	0.285	0.282
150	0.280	0.277	0.274	0.271	0.269	0.266	0.264	0.261	0.258	0.256
160	0.254	0.251	0.249	0.246	0.244	0.242	0.239	0.237	0.235	0.233
170	0.230	0.228	0.226	0.224	0.222	0.220	0.218	0.216	0.214	0.212
180	0.210	0.208	0.206	0.205	0.203	0.201	0.199	0.197	0.196	0.194
190	0.192	0.190	0.189	0.187	0.186	0.184	0.182	0.181	0.179	0.178
200	0.176	0.175	0.173	0.172	0.170	0.169	0.168	0.166	0.165	0.163
210	0.162	0.161	0.159	0.158	0.157	0.156	0.154	0.153	0.152	0.151
220	0.150	0.148	0.147	0.146	0.145	0.144	0.143	0.142	0.140	0.139
230	0.138	0.137	0.136	0.135	0.134	0.133	0.132	0.131	0.130	0.129
240	0.128	0.127	0.126	0.125	0.124	0.123	0.123	0.122	0.121	0.120
250	0.119									

木制压杆的稳定因数 φ 值,可查阅我国《木结构设计规范》(GB 50005—2003)。

【例 9-3】 如图 9-8 所示为一由 Q235 钢制成的两端球铰支承的中心受压直杆,其材料强度许用应力 $[\sigma]=170$ MPa,杆长 3.6 m,由两根 110 mm×70 mm×8 mm 的角钢通过缀条及缀板连接成整体,杆件截面类型为 b 类。试求压杆的稳定许用应力 $[\sigma]_{st}$。

解 图示给定结构在 xOy 和 xOz 平面内均为铰支,$\mu_y=\mu_z=1$。因此,要确定压杆的稳定许用应力 $[\sigma]_{st}$,必须判断杆件在哪个平面内柔度 λ 值较大,即在哪个平面内的惯性半径 i 值较小,压杆将在该平面内首先失稳,对应有压杆的稳定许用应力 $[\sigma]_{st}$。

(1)计算压杆的柔度。

由型钢表查的截面的相关几何特性,分别计算组合截面对其形心主轴 y、z 的惯性矩为

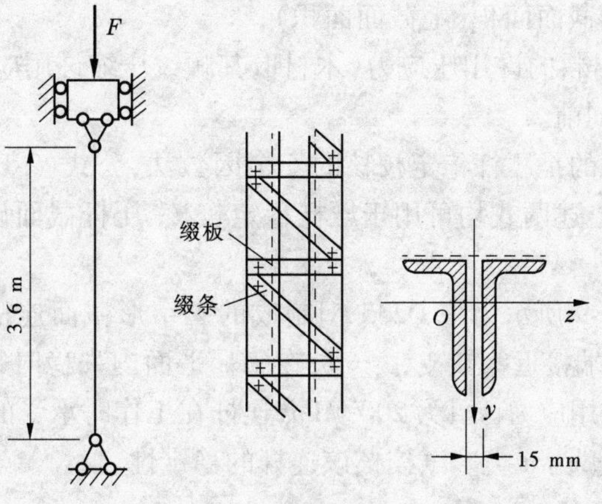

图 9-8　例 9-3 图

$$I_y = 2 \times (54.87 \times 10^4 + 1\,394.4 \times 24^2) = 270 \times 10^4 (\text{mm}^4)$$

$$I_z = 2 \times (172.04 \times 10^4) = 344 \times 10^4 (\text{mm}^4)$$

因 $I_z > I_y$，表明压杆对 y 轴的惯性半径较小，xOz 面内的柔度 λ_y 较大，压杆将在该平面内首先失稳，对应有

$$i_y = \sqrt{\frac{I_y}{A}} = \sqrt{\frac{270 \times 10^4}{2 \times 1\,394.4}} = 31.1 (\text{mm})$$

$$\lambda_y = \frac{\mu_y l}{i_y} = \frac{1 \times 3\,600}{31.1} = 115.8$$

（2）计算压杆的稳定许用应力。

根据柔度 $\lambda_y = 115.8$，杆件截面类型为 b 类，查表 9-5 得 $\varphi_y = 0.461$，代入式(9-10)，可得压杆的稳定许用应力 $[\sigma]_{st}$ 为

$$[\sigma]_{st} = \varphi_y [\sigma] = 0.461 \times 170 = 78.4 (\text{MPa})$$

第五节　压杆的稳定校核

综上所述，压杆的稳定条件为压杆横截面上的实际压应力 σ 不大于压杆的稳定许用应力 $[\sigma]_{st}$，即有

$$\sigma = \frac{F}{A} \leqslant [\sigma]_{st} = \frac{\sigma_{cr}}{n_{st}} = \varphi [\sigma] \tag{9-11a}$$

通常表示为

$$\frac{F_{cr}}{F} = n \geqslant n_{st} \tag{9-11b}$$

$$\frac{F}{\varphi A} \leqslant [\sigma] \tag{9-11c}$$

式中　n——压杆实际工作时的安全因数；

F——压杆横截面上的轴向压力；

A——杆件的横截面面积(毛截面面积);

$[\sigma]$——杆件材料的许用压应力(木材取其顺纹压缩许用应力);

其他字母含义同前。

公式(9-11b)表达的是压杆稳定校核的安全因数法,公式(9-11c)表达的是压杆稳定校核的折减系数法。上述两式均可用于压杆稳定校核、压杆截面设计和压杆许用荷载的计算。

【例 9-4】 如图 9-9 所示为一 Q235 钢制成的工字形截面连杆,两端为柱形铰,即在 xOy 平面内失稳时,两端接近为铰支,$\mu_z=1$;在 xOz 平面内失稳时,两端接近为固定,$\mu_y=0.6$。已知材料强度许用应力$[\sigma]$为 200 MPa,连杆在工作时承受的的最大轴向压力 F_{Nmax} 为 40 kN,杆件截面类型为 a 类。试校核该连杆的稳定性。

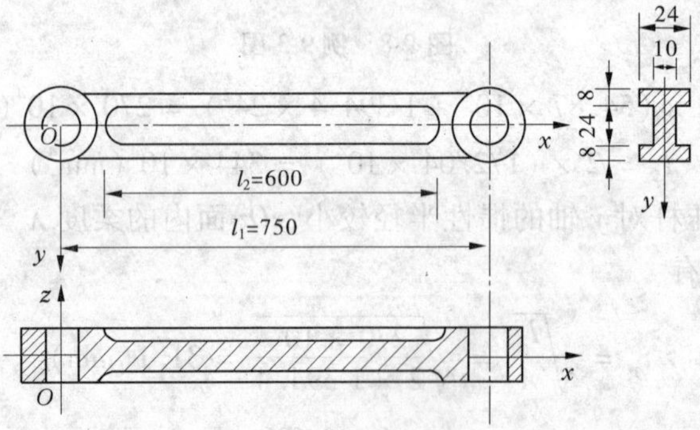

图 9-9　例 9-4 图　(单位:mm)

解　已知连杆材料强度许用应力$[\sigma]$值和杆件截面类型分类,要校核其稳定性,可采用折减系数法。由于结构在 xOy 和 xOz 平面内支承情况不同,即 $\mu_y\neq\mu_z$,且杆件截面对其形心主轴 y、z 的惯性矩也可能不相等,即 $I_y\neq I_z$,有可能造成杆件在两平面内的柔度 λ 值不等,即 $\lambda_y\neq\lambda_z$。所以,首先应分别求出杆件在两平面内的柔度 λ 值,比较 λ_y 和 λ_z 的大小,杆件将在 λ 值较大的平面内首先失稳,对应有压杆的稳定许用应力$[\sigma]_{st}$,根据式(9-11c)来确定杆件是否满足稳定性要求。

(1)计算压杆的柔度。

工字形截面的面积和对其形心主轴 y、z 轴的惯性矩为

$$A=10\times24+2\times24\times8=624(\text{mm}^2)$$

$$I_y=\frac{24\times10^3}{12}+2\times\frac{8\times24^3}{12}=2.04\times10^4(\text{mm}^4)$$

$$I_z=\frac{10\times24^3}{12}+2\times\left(\frac{24\times8^3}{12}+24\times8\times16^2\right)=11.19\times10^4(\text{mm}^4)$$

因 $I_z>I_y$,表明压杆对 y 轴的惯性半径 i_y 较小,但因 $\mu_y<\mu_z$,所以不能直接判断 λ_y 与 λ_z 的大小,需作如下计算

$$i_y=\sqrt{\frac{I_y}{A}}=\sqrt{\frac{2.04\times10^4}{624}}=5.72(\text{mm})$$

$$\lambda_y = \frac{\mu_y l_y}{i_y} = \frac{0.6 \times 600}{5.72} = 62.9$$

$$i_z = \sqrt{\frac{I_z}{A}} = \sqrt{\frac{11.19 \times 10^4}{624}} = 13.39(\text{mm})$$

$$\lambda_z = \frac{\mu_z l_z}{i_z} = \frac{1 \times 750}{13.39} = 56.0$$

(2)计算压杆的稳定许用应力。

因 $\lambda_y > \lambda_z$，在 xOz 平面内首先失稳。根据柔度 $\lambda_y = 62.9$，杆件截面类型为 a 类，查表 9-4 得 $\varphi_y = 0.87$，代入式(9-11c)，可得

$$\frac{F}{\varphi_y A} = \frac{40 \times 10^3}{0.87 \times 624 \times 10^{-6}} = 73.7(\text{MPa}) < [\sigma] = 200\ \text{MPa}$$

所以，连杆满足稳定性要求。

【例 9-5】　如图 9-10 所示为一 Q235 钢制成的两端铰支的细直杆，杆长 $l = 1.2$ m，直径 $d = 20$ mm，在 18 ℃时安装，安装后 A 端与刚性槽之间的空隙 $\delta = 0.25$ mm。材料弹性模量 $E = 206$ GPa，线膨胀系数 $\alpha = 11.2 \times 10^{-6}$/℃，稳定安全因数 $n_{st} = 2.6$。试求此杆所能承受的最高工作温度。

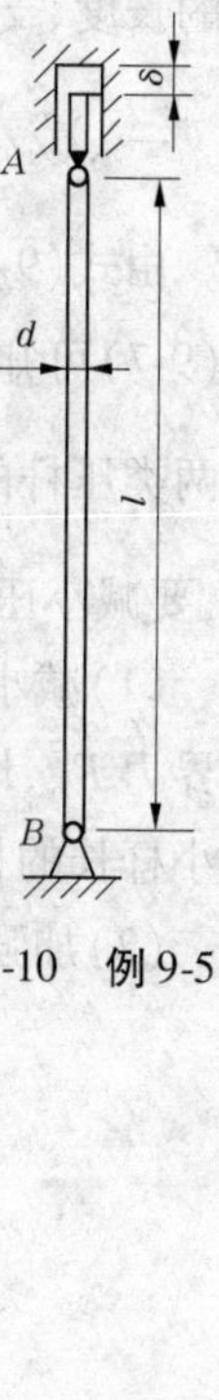

图 9-10　例 9-5 图

解　所谓最高工作温度，即当杆件因温度升高使杆件内产生温度应力最大值 σ 达到杆件稳定许用应力 $[\sigma]_{st}$ 时所对应的温度。随温度升高，杆件变形量超出空隙 δ 后，杆件内部将受到压力作用。

(1)计算杆件横截面上实际应力。

设温度升高 ΔT 时，温度应力 σ 达到杆件稳定许用应力 $[\sigma]_{st}$。

在整个过程中，杆件实际压缩量为

$$\Delta l = \Delta l_T - \delta = \alpha \Delta T l - \delta$$

对应杆件截面上的应力为

$$\sigma = E\varepsilon = E\frac{\Delta l}{l} = E\frac{\alpha \Delta T l - \delta}{l}$$

(2)计算杆件临界应力。

杆件由 Q235 钢制，查表 9-2 得 $\lambda_p = 100$。杆件柔度为

$$\lambda = \frac{\mu l}{i} = \frac{1 \times 1\,200}{\frac{20}{4}} = 240 > \lambda_p = 100$$

故该杆件为细长压杆，可按式(9-4)计算其临界应力 σ_{cr}

$$\sigma_{cr} = \frac{\pi^2 E}{\lambda^2} = \frac{\pi^2 \times 206 \times 10^9}{240^2} = 35.3 \times 10^6(\text{Pa}) = 35.3\ \text{MPa}$$

(3)杆件稳定性校核。

因本题已知稳定安全因数 n_{st}，且已得出临界应力 σ_{cr} 值和最高温度时截面上的实际工作应力 σ，所以可采用压杆稳定校核的安全因数法(式 9-11(b))来计算 ΔT。

由
$$n = \frac{35.3 \times 10^6 A}{E \dfrac{\alpha \Delta T l - \delta}{l} A} \geqslant n_{st}$$

得

$$\Delta T \leqslant \frac{35.3 \times 10^6}{\alpha E n_{st}} + \frac{\delta}{\alpha l} = \frac{35.3 \times 10^6}{11.2 \times 10^{-6} \times 206 \times 10^9 \times 2.6} + \frac{0.25}{11.2 \times 10^{-6} \times 1\,200} = 24.5(℃)$$

所以,杆件所能承受的最高温度 T_{max} 为

$$T_{max} = 18 + 24.5 = 42.5(℃)$$

第六节　提高压杆稳定性的措施

通过前面各节的讨论可知,要提高压杆的承载能力,必须综合考虑压杆的柔度(与压杆的长度、支承条件和截面形状及尺寸有关)和材料性能的影响。

一、减小压杆的柔度

由式(9-4)可知,细长压杆临界应力 σ_{cr} 值的大小与压杆柔度 λ 值的平方成反比;由式(9-7)可知,中长压杆临界应力 σ_{cr} 值的大小与柔度 λ 值的平方成负增长的关系。即上述两类压杆的柔度 λ 越小,临界应力 σ_{cr} 越大,压杆的稳定性能越好。根据公式 $\lambda = \dfrac{\mu l}{i}$ 可知,要减小压杆的柔度 λ,可采取下列措施:

(1)减小压杆长度 l。在结构允许的情况下,应尽可能减小杆长,可明显提高压杆的临界力 F_{cr},增加压杆的稳定性。若结构长度不允许变动,可在压杆中间增设支座来达到减小杆长的目的(见图 9-11(b))。

(2)加强杆端支承的刚度,减小压杆长度因数 μ(见图 9-11(c))。

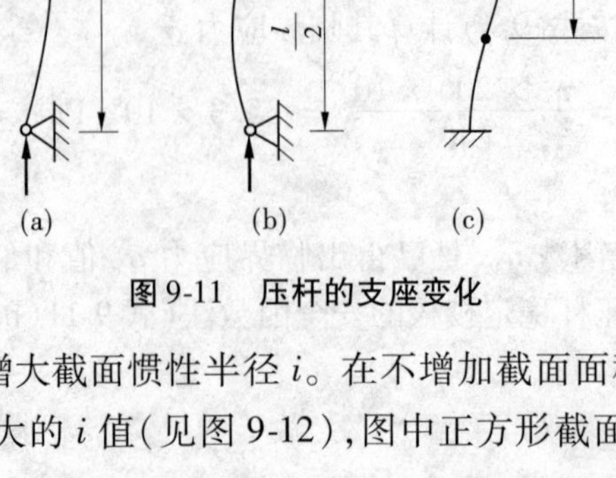

图 9-11　压杆的支座变化

(3)改变截面形状,增大截面惯性半径 i。在不增加截面面积的情况下,将材料放在远离截面形心处,可取较大的 i 值(见图 9-12),图中正方形截面或圆形截面较矩形截面

好；空心正方形或圆环形截面较实心截面好。应当注意：对于在两个纵向平面内杆端支承相同的压杆，尽量采用圆环形或空心正方形截面，使 $i_y = i_z$。对于在两个纵向平面内杆端支承不同的压杆，应使压杆横截面的惯性半径 $i_y \neq i_z$，而使其柔度 $\lambda_y = \lambda_z$，从而达到在两个方向上抵抗失稳能力相近的目的。

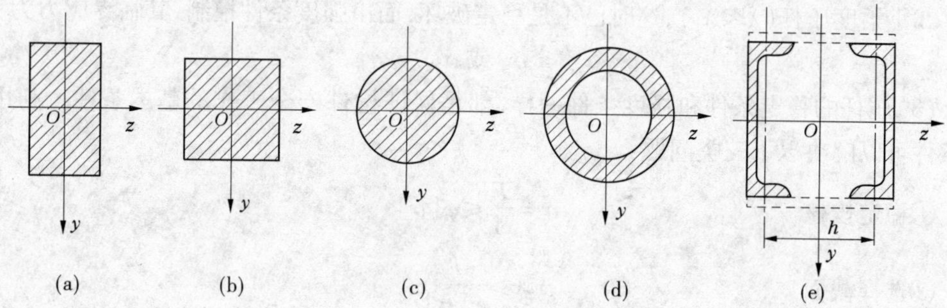

图 9-12　压杆的不同截面

二、合理选用材料

由式(9-2)和式(9-4)可知，细长压杆的临界力 F_{cr} 和临界应力 σ_{cr} 与杆件材料弹性模量 E 成正比。选用 E 值较大的材料，可以提高细长压杆的稳定性。但因各种钢材的 E 值相差不大，用高强度钢对其稳定性的提高效果并不明显，所以细长压杆用普通碳素钢制造，既经济又合理。由式(9-6)和式(9-7)可知，中长压杆的临界应力 σ_{cr} 取决于与材料性能有关的常数 a 和 a_1，即中长压杆的临界应力 σ_{cr} 与材料强度有关，材料强度越高，压杆的临界应力越高。由式(9-8)可知，粗短压杆的临界应力 σ_{cr} 与杆件材料的屈服强度 σ_s 和极限强度 σ_b 有关。因此，中长压杆和粗短压杆可用高强度钢制造，以提高其稳定性。

小　结

(1)本章主要研究杆件在轴向压力作用下的稳定问题及稳定条件的计算，要准确地理解压杆稳定的概念，正确地使用不同柔度压杆的临界应力的计算公式。

(2)解决压杆稳定问题的关键在于确定压杆的临界力及临界应力。对于不同柔度压杆，其计算公式分别如下所述。

①大柔度压杆($\lambda \geqslant \lambda_p$)，用欧拉公式计算压杆的临界力及临界应力，其公式为

$$F_{cr} = \frac{\pi^2 EI}{(\mu l)^2} = \frac{\pi^2 EI}{l_0^2}$$

$$\sigma_{cr} = \frac{\pi^2 E}{\lambda^2}$$

式中　λ——压杆的柔度(或长细比)，$\lambda = \frac{\mu l}{i}$。

②中柔度压杆（$\lambda_s \leqslant \lambda < \lambda_p$），用直线、抛物线等经验公式计算压杆临界应力，其公式为

$$\sigma_{cr} = a - b\lambda$$

$$\sigma_{cr} = a_1 - b_1\lambda^2$$

③小柔度压杆（$\lambda < \lambda_s$），这时已不是稳定破坏，而由强度条件控制，其临界应力为

$$\sigma_{cr} = \sigma_s \text{ 或 } \sigma_{cr} = \sigma_b$$

（3）压杆的稳定条件和强度条件一样，都是保证构件安全工作的基本条件。利用稳定条件可以解决以下三类问题：

①稳定校核　　$\sigma = \dfrac{F}{A} \leqslant \varphi[\sigma]$

②选择截面　　$A \geqslant \dfrac{F}{\varphi[\sigma]}$

③确定许用荷载　　$F \leqslant \varphi A[\sigma]$

思考题

9-1　为何梁的横截面通常做成矩形或工字形，而压杆则采用方形或圆形截面？

9-2　压杆的轴向压力一旦达到临界力，是否压杆就丧失了承载能力？

9-3　压杆的稳定性是根据其受到某一横向干扰力作用而偏移原来的直线平衡状态后，能否恢复原来的直线平衡形态来判断的。那么，压杆失稳的关键因素是否是干扰力的影响？

9-4　对于细长压杆，若用高强度钢代替普通碳素钢，能否明显提高压杆的稳定性？如果是中长压杆呢？

9-5　试推导一端固定、一端自由，杆长为 l，抗弯刚度为 EI 的细长压杆临界力 F_{cr}。

9-6　细长压杆的各种截面如图 9-13 所示，当其材料、杆端约束、长度及临界力值均相同时，试求各截面的截面面积之比。

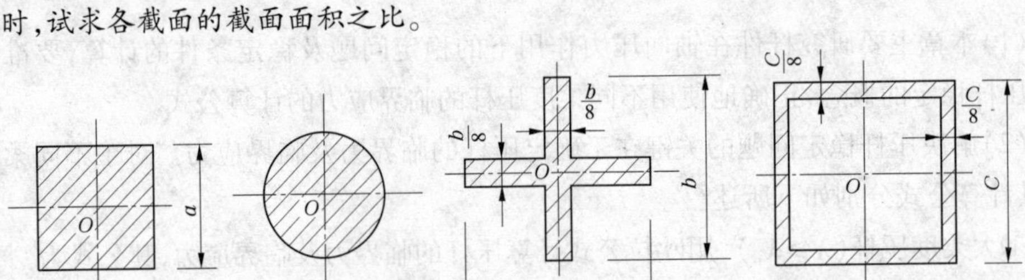

图 9-13　思考题 9-6 图

9-7　图 9-14 所示为一由 Q235 钢制成的两端铰支压杆，受轴向压力 F 作用，杆长 l = 3 m，由两根热轧 10 号槽钢焊接而成，截面符合《钢结构设计规范》（GB 50017—2003）中 b 类

截面中心受压杆的要求。材料强度许用应力[σ]为 200 MPa,试求压杆的许用压力。

9-8 图 9-15 所示蒸汽机的活塞杆 AB 由 Q235 钢制成,所受轴向压力 $F=100$ kN,杆长 $l=200$ cm,横截面是直径 $d=8$ cm 的圆形。材料弹性模量 $E=210$ GPa,比例极限$\sigma_p=200$ MPa,杆件稳定安全因数 $n_{st}=8$,试校核活塞杆的稳定性。

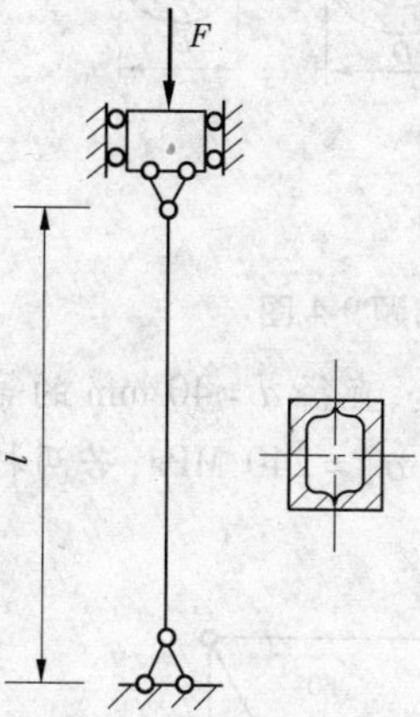

图 9-14 思考题 9-7 图

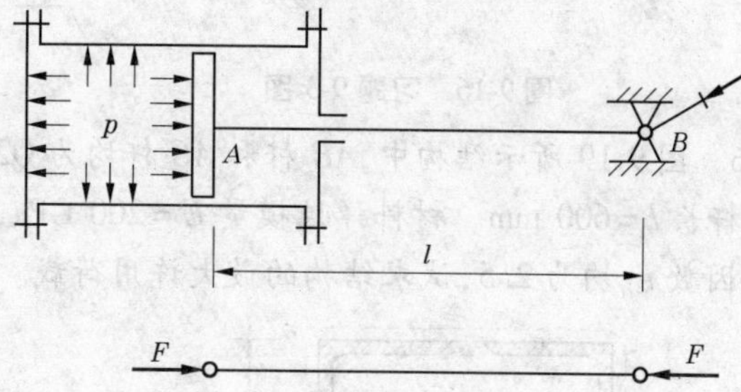

图 9-15 思考题 9-8 图

习 题

9-1 试推导一端固定、一端铰支,杆长为 l,抗弯刚度为 EI 的细长压杆的临界力 F_{cr}。

9-2 若压杆分别由以下材料制成:

(1) 弹性模量 $E=206$ GPa、比例极限 $\sigma_p=240$ MPa 的碳素钢;

(2) 弹性模量 $E=215$ GPa、比例极限 $\sigma_p=490$ MPa 的镍钢;

(3) 弹性模量 $E=11$ GPa、比例极限 $\sigma_p=20$ MPa 的松木。

试求可用欧拉公式计算临界力的最小柔度值。

9-3 图 9-16 所示铰接杆系 ABC 由两根具有相同材料和横截面的细长压杆组成。荷载 F 与杆 AB 轴线夹角为 $\theta(0°\leqslant\theta\leqslant90°)$,若杆件将在平面 ABC 内失稳,试确定荷载 F 的最大临界值,并求出此时的 θ 值。

9-4 图 9-17 所示为一由 Q235 钢制成两端固定的空心圆截面轴向受压杆,杆长为 l。材料弹性模量 E 为 206 GPa,设截面内、外径之比 $d:D$ 为1:2。试求:

(1) 可用欧拉公式计算临界力的杆长 l 和外径 D 的最小比值,以及此时的临界力。

(2) 若压杆改用实心圆截面,其材料、长度、杆端支承及临界力值均与空心圆截面时相同,求两杆的重量之比。

9-5 图 9-18 所示为一由 4 根 100 mm × 100 mm × 8 mm 角钢组成的两端铰支边柱,截面符合《钢结构设计规范》(GB 50017—2003) 中 b 类截面中心受压杆的要求。柱长 $l=8$ m,杆端轴向压力 $F=480$ kN,若材料为 Q235 钢,许用应力[σ] = 200 MPa,试求边柱横截面边长 a 的最小尺寸。

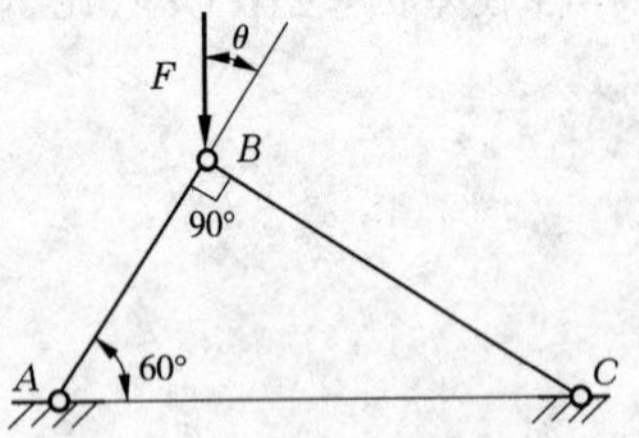

图 9-16　习题 9-3 图

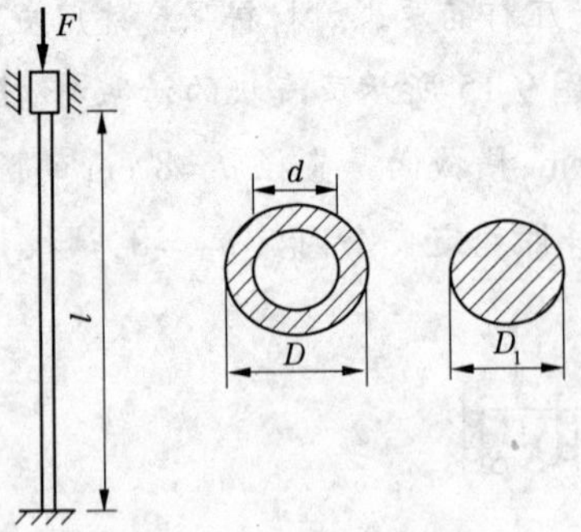

图 9-17　习题 9-4 图

9-6　图 9-19 所示结构中，AB 杆和 AC 杆均为 Q235 钢制成、直径 $d=40$ mm 的等截面杆，AB 杆长 $l=600$ mm。材料弹性模量 $E=200$ GPa，屈服极限 $\sigma_s=240$ MPa，若两杆的稳定安全因数 n_{st} 均为 2.5，试求结构的最大许用荷载。

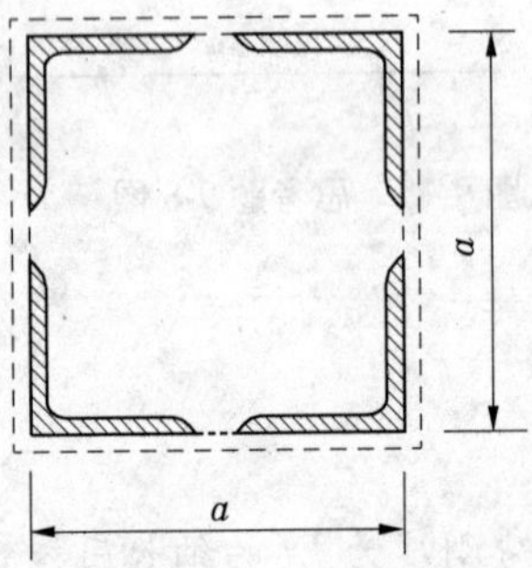

图 9-18　习题 9-5 图

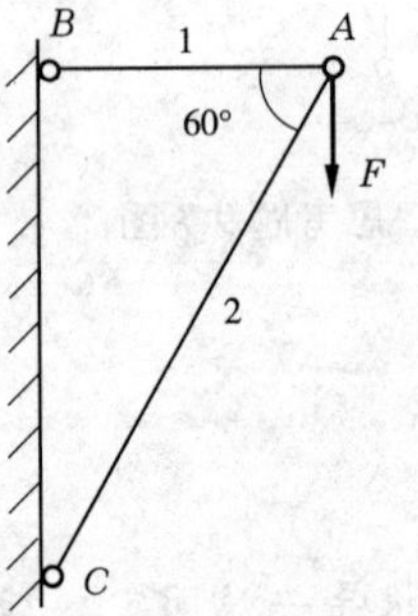

图 9-19　习题 9-6 图

9-7　图 9-20 所示结构中，两根直径为 d 的圆截面细长压杆，上、下两端分别与横梁和底座固定连接，试分析在合外力 F 作用下，压杆可能的失稳形式，并求出最小的临界荷载。

9-8　图 9-21 所示平面结构由三根相同材料、直径均为 d 的圆截面细长压杆组成，C 处为固定端，其余均为铰接，假设结构因杆件失稳而破坏，试确定结构荷载 F 的最大许用值。

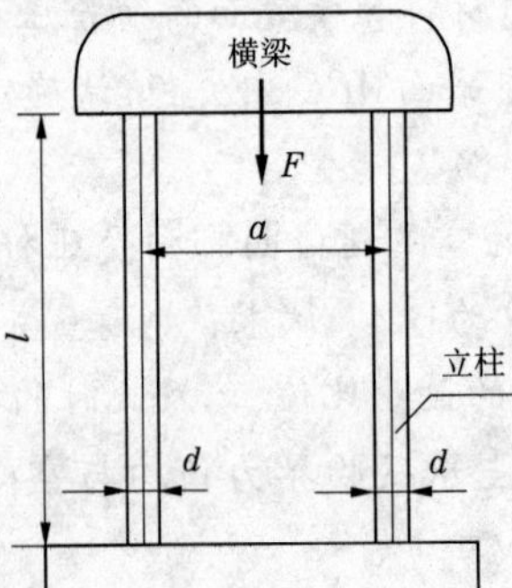

图 9-20　习题 9-7 图

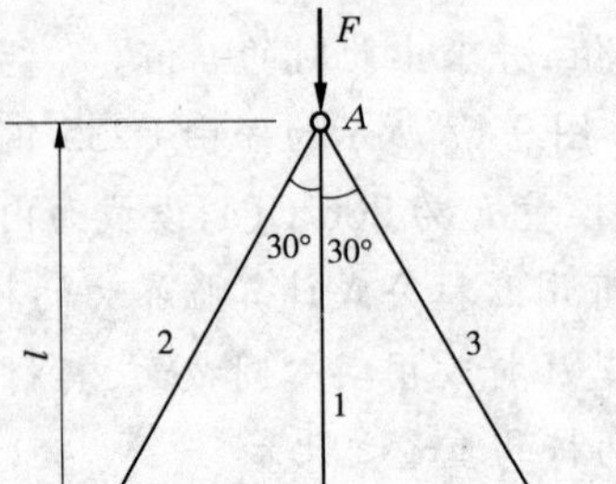

图 9-21　习题 9-8 图

9-9　图9-22所示结构中，截面为22a热轧工字钢的梁，A、B两端搁置在刚性支座上，中点C处由外径$D=12$ cm，内径$d=8$ cm的圆环形截面铸铁柱支承，全梁受均布荷载q（kN/m）作用。钢的弹性模量$E_{st}=206$ GPa；铸铁的弹性模量$E_c=150$ GPa，比例极限$\sigma_p=240$ MPa，强度极限$\sigma_b=600$ MPa，杆的稳定安全因数$n_{st}=4$。当梁具有足够强度时，试确定荷载q的最大值。

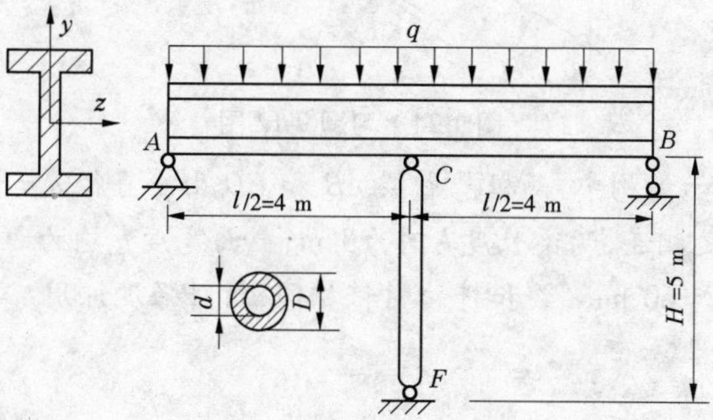

图9-22　习题9-9图

9-10　图9-23所示结构为一长度$l=6$ m、截面为10号槽钢的两端铰支立柱，承受轴向压力F作用。材料为Q235钢，弹性模量$E=200$ GPa。试求：

(1)单根钢柱的临界压力。

(2)若用两根同样的槽钢组合成立柱，则两槽钢的间距b、连接板的间距h以及组合柱的临界压力分别为多大？

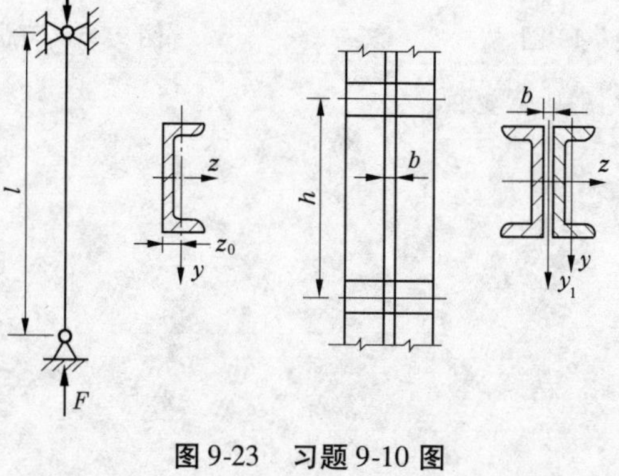

图9-23　习题9-10图

9-11　某型号柴油机的挺杆两端可视为铰支，杆件长度$l=26$ cm，截面是直径$d=8$ mm的圆，材料的弹性模量$E=210$ GPa，比例极限$\sigma_p=240$ MPa。挺杆所受的最大工作轴向压力$F=1.76$ kN，杆的稳定安全因数$n_{st}=2\sim5$，试校核挺杆的稳定性。

9-12　简易起重机如图9-24所示，其压杆BD为20a槽钢，材料为Q235钢。起重机的最大起吊量W为40 kN，杆的稳定安全因数n_{st}为5，试校核压杆BD的稳定性。

9-13　图9-25所示结构是由5根Q235钢为材料的圆截面杆铰接而成的正四边形，杆截面直径d均为6 cm，四边形边长$a=1$ m，强度许用应力$[\sigma]$为170 MPa。试求：

(1)此结构的临界荷载。

(2)若荷载F方向向外，此时结构的临界荷载为多大？

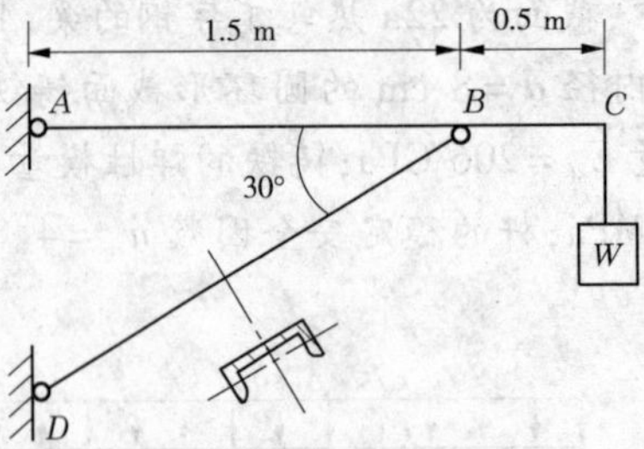

图 9-24　习题 9-12 图

9-14　图 9-26 所示结构中，两根悬臂梁 AB 和 CD 由一直径 $d=8.5$ mm，长 $a=0.4$ m 的圆杆 BD 用球铰与之相连，两梁长度 l 均为 1 m，截面宽度 b 均为 20 mm，梁 AB 高度 $h_1=40$ mm，梁 CD 高度 $h_2=60$ mm，梁和杆的材料相同，材料强度许用应力 $[\sigma]=80$ MPa。试求结构的许用荷载。

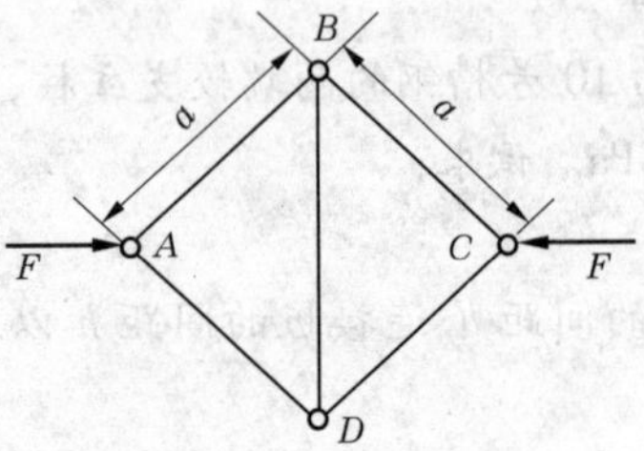

图 9-25　习题 9-13 图

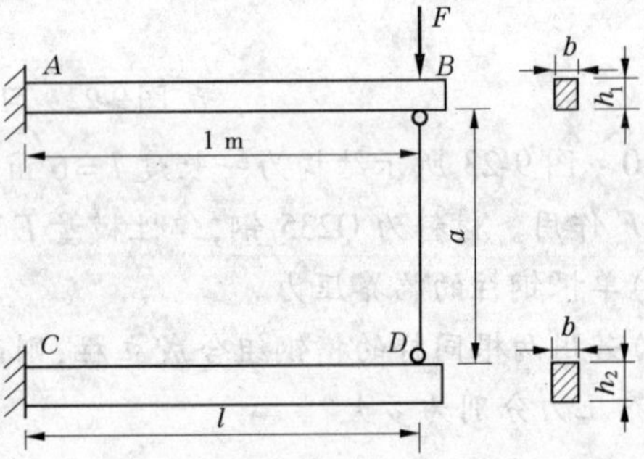

图 9-26　习题 9-14 图

附录一 试 验

试验一 拉伸试验

拉伸试验是测定在静荷载作用下材料力学性能的一个最基本、最重要的试验。通过拉伸试验中得到的屈服强度、抗拉强度、延伸率、截面收缩率等力学性能指标,是工程中强度和刚度计算的主要依据,也为工程设计中各种材料的选择提供了数据。在拉伸试验中,选择低碳钢与铸铁作为塑性材料和脆性材料的代表,分别进行试验。

一、试验目的

(1)测定低碳钢材料拉伸时的屈服极限 σ_s、强度极限 σ_b、延伸率 δ 和截面收缩率 ψ。

(2)测定铸铁材料拉伸时的强度极限 σ_b。

(3)观察两种材料拉伸过程中的各种现象、拉断后的断口情况,分析二者的力学性能。

二、试验设备

(1)WE－300 型、WE－600 型液压式万能材料试验机。

(2)试样打点机。

(3)游标卡尺。

三、拉伸试样

根据不同的材料和要求,对试样的形状、尺寸和加工在国家标准中均有规定,必须遵照执行。在拉伸试验中,试样按试件长度不同可划分为长试样($l_0=10d_0$)和短试样($l_0=5d_0$)。本次材料拉伸试验采用 $l_0=10d_0$(l_0 为标距即工作段长度,d_0 为直径,$d_0=10$ mm)圆形截面试样,见附图 1。为确保材料处于单向拉伸状态以衡量它的各种性能,拉伸试样有工作部分、过渡部分和夹持部分。其中,工作部分即标距处必须表面光滑,以保证材料表面的单向应力状态;过渡部分必须有适当的台肩和圆角,以降低应力集中,保证该处不会变形或断裂;试样两端的夹持部分是装入试验机夹头中的,起传递拉力的作用。

试验前,需对低碳钢试样打标距,用试样打点机或手工的方法在试样工作段确定 $l_0=100$ mm 的标记。由于塑性材料颈缩局部及其影响区的塑性变形在断后延伸率中占很大比重,显然,同种材料的断后延伸率不仅取决于材质,而且取决于试样的标距。试样越短,局部变形所占比例越大,δ 也就越大。为了便于相互比较,试样的长度应当标准化。

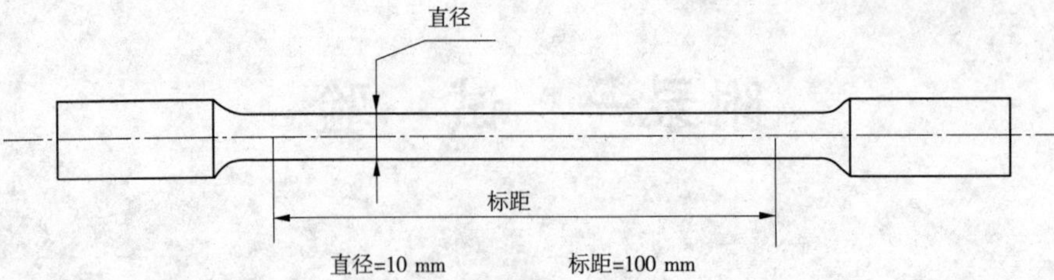

附图 1　拉伸试样

四、液压式万能材料试验机

液压式万能材料试验机可以完成拉伸、压缩、弯曲等试验，其主要特点是以相对紧凑的结构产生较大的工作荷载，主要由加力装置、测力装置组成，如附图 2 所示。

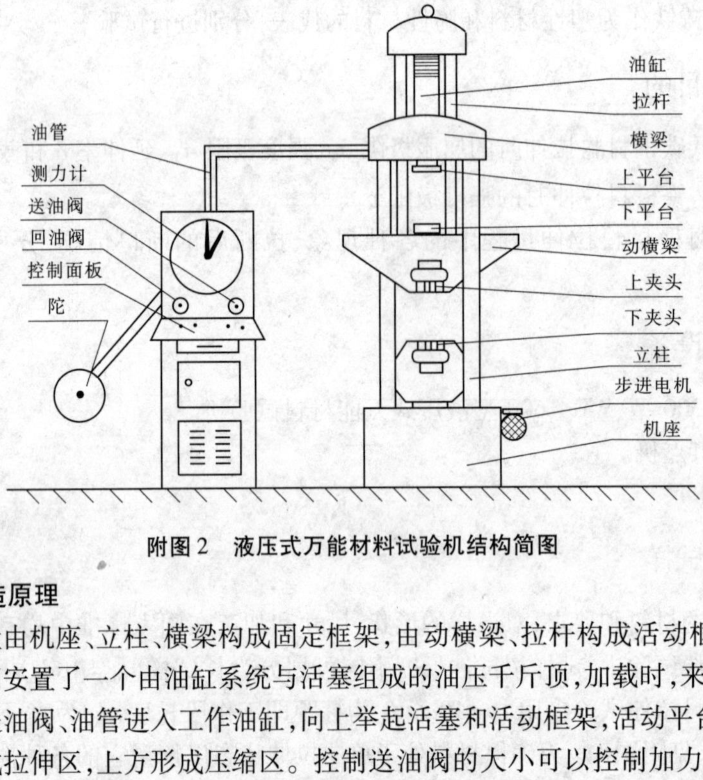

附图 2　液压式万能材料试验机结构简图

(一)构造原理

加力装置由机座、立柱、横梁构成固定框架，由动横梁、拉杆构成活动框架，在两个框架的横梁之间安置了一个由油缸系统与活塞组成的油压千斤顶，加载时，来自高压油泵的高压油经过送油阀、油管进入工作油缸，向上举起活塞和活动框架，活动平台上升，在活动平台下方形成拉伸区，上方形成压缩区。控制送油阀的大小可以控制加力速率。试验完成后，开启回油阀可将油缸内的油放回油箱。此外，试验前装夹试样时，动横梁调至5 ~ 10 mm，装夹上夹头，再开动下夹头的电机调整下夹头位置，但切忌用此电机给试样加载。

测力装置采用摆砣式重力平衡测力装置，测力度盘表示为相应的工作荷载。试验机一般配有 A、B、C 三个砣，以便获得不同的量程，单用 A 砣对应最小量程，A + B 砣对应中间量程，A + B + C 砣对应最大量程，试验前必须合理选定摆砣配置，使得试样的特征力(屈服力、最大力)在所选量程的 30% ~80% 范围内。

(二)液压式万能材料试验机操作步骤

液压式万能材料试验机操作步骤如下：

(1)开启总电源。

(2)估算所测材料破坏时的最大荷载,选择测力度盘。

(3)按开试验机操作面板上的电源开关、油泵开关,通电 10 min,使油路通畅。

(4)打开送油阀,动横梁上升 5 ~ 10 mm 后关闭送油阀。

(5)调节主动指针、从动指针均在零点上。

(6)安装试样,拉伸试样先装上夹头后装下夹头,压缩试样放于下平台的中央。

(7)开启送油阀,缓慢送油,读出特征力。

(8)试样破坏后关闭送油阀,取下试样。

(9)开启回油阀,动横梁回到零位后关闭回油阀。

(10)关闭油泵与电源,关闭总电源。

(11)清理试验现场。

五、试验方法

(一)试验前的准备工作

接到试样后,核对试样是否与要测试的材料相符,然后检查外观是否符合要求。对低碳钢试样打标距。

(二)试样的测量

试验前用游标卡尺测量低碳钢、铸铁材料的直径 d_0。工程中,对于长试样,测量时取试件的两端及中间三处两个相互垂直的方向各测一次,记录在试验报告的表格中。

(三)启动与调整试验机

试验前,试验机须预热半小时。试验时,按电源开关,然后再按油泵开关,使试验机启动。根据经验,在试验机上选择合适的测力度盘,调节测力指针与从动指针,使两指针与零位对齐,最后调整好自动绘图仪。

(四)安装试样

将动横梁由零位上升 5 ~ 10 mm,把试样拿到试验机的主机前,打开试验机上夹头装夹试样的一端,然后一直拉住下夹头,按住立柱上的上行按钮,直到试样的另一端处于下夹头中间位置,放松按钮后再放松下夹头。夹好试样后分别反复提拉上、下夹头,使试样对中并加紧。拉伸试样的装夹如附图 3 所示。

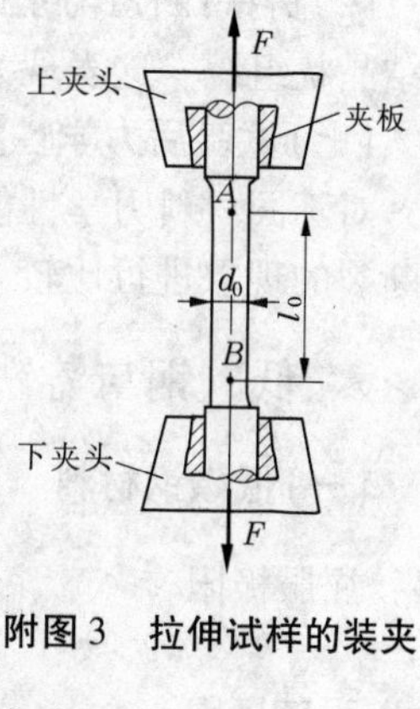

附图 3　拉伸试样的装夹

(五)进行试验

装夹完试样后,按照试验机操作步骤操作。打开送油阀,使试验机测力计的主动指针带动从动指针缓慢匀速转动。表盘上读出从动指针所指的屈服载荷 F_s、最大载荷 F_b,将其记录在表中。

低碳钢拉伸过程如下所述。

(1)弹性阶段:包括正比例阶段,其正切值 $\tan\alpha$ 为弹性模量 E,在此阶段任意一点处卸载,试样能沿着原来的曲线恢复到零点的状态。

(2)屈服阶段:荷载不增加而变形急剧增大,材料失去抵抗变形的能力,产生屈服。

对于未经过加工的低碳钢材料来说,屈服强度是其应用时的强度极限。

(3)强化阶段:继续加载,材料继续产生变形,这一阶段,低碳钢材料重新恢复了抵抗变形的能力,实际的生产中,对低碳钢加工,使其达到强化阶段,可使材料的强度极限提高,达到节约材料的目的。

(4)局部颈缩阶段:低碳钢产生明显的颈缩现象,断口处有热量产生。低碳钢拉伸图如附图 4 所示。

铸铁在拉伸时,变形很小即被拉断。铸铁拉伸图如附图 5 所示。

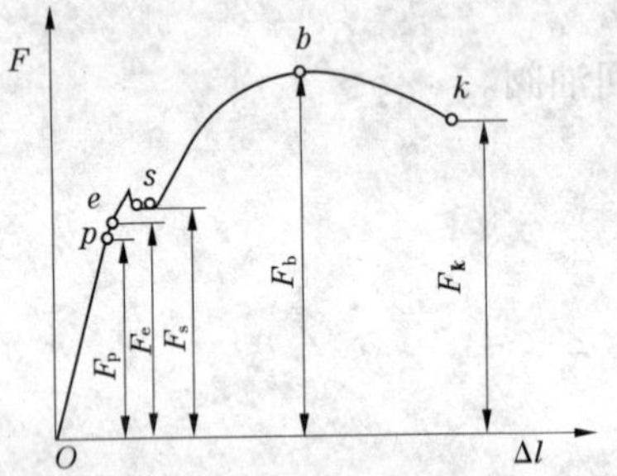

附图 4　低碳钢拉伸图

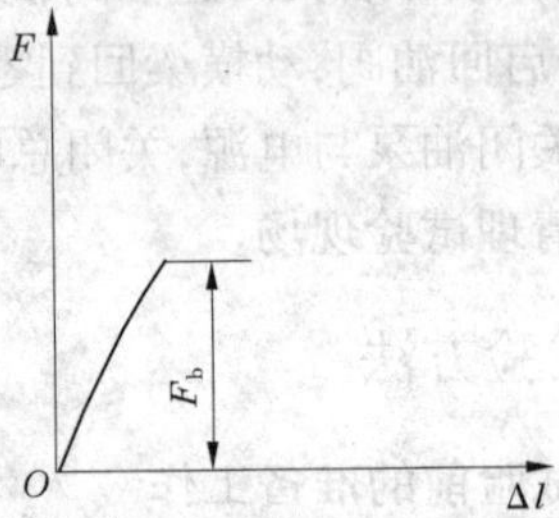

附图 5　铸铁拉伸图

(六)试验后的测量和断口的观察

低碳钢材料拉断后,须计算其延伸率和截面收缩率,因此要测量断后标距长度和断口(颈缩)处直径。

分析拉伸试样的断口,对于评价材料的质量是很重要的,而且还有助于判断材料的塑性、强度及其综合性能。观察低碳钢、铸铁两种材料的断口,并分析原因。

(1)低碳钢:断后有较大的宏观塑性变形,断口呈灰暗色、纤维状,不完全杯锥状,周边为 45°的剪切唇。这说明塑性较好。

(2)铸铁:断口与正应力方向垂直,没有颈缩现象,长度没有变化,断口齐平,为闪光的结晶状组织。这表现为脆性特征。

(七)试验后力学性能比较

对不同材料力学性能的比较,主要从拉伸过程中材料表现出的不同现象和试样拉断后断裂的现象进行比较。同学们在试验过程中要仔细观察。

六、低碳钢与铸铁强度指标与塑性指标的计算

(一)低碳钢材料

屈服极限　$$\sigma_s = \frac{F_s}{A_0}$$

强度极限　$$\sigma_b = \frac{F_b}{A_0}$$

延伸率　$$\delta = \frac{l_1 - l_0}{l_0} \times 100\%$$

截面收缩率　$$\psi = \frac{A_1 - A_0}{A_0} \times 100\% = \frac{d_0^2 - d_1^2}{d_0^2} \times 100\%$$

(二)铸铁材料

强度极限

$$\sigma_b = \frac{F_b}{A_0}$$

试验二　压缩试验

在实际工程中,有些构件承受压力,而材料由于受力形式的不同,其表现的机械性能也不同,因此除通过拉伸试验了解金属材料的拉伸性能外,有时还要做压缩试验来了解金属材料的压缩性能。一般对于铸铁、水泥、砖、石等主要承受压力的脆性材料才进行压缩试验,而对塑性金属或合金进行压缩试验主要是为了材料研究。例如,灰铸铁在拉伸和压缩时的极限不同,因此工程上就利用铸铁压缩强度较高这一特点来制造机床底座、床身、汽缸、泵体等。

一、压缩试验目的

(1)测定在压缩时低碳钢的屈服极限 σ_s、铸铁的强度极限 σ_b。

(2)观察两种材料的破坏现象,并比较这两种材料受压时的特性。

二、试验设备

(1)WE－300型、WE－600型液压式万能材料试验机。

(2)游标卡尺。

三、压缩试样

本次压缩试验用短试样如附图6所示。试样两端须经研磨平整,互相平行,且端面须垂直于轴线。试样尺寸$\frac{H}{D}$对压缩变形量和变形抗力均有很大影响。为使结果能互相比较,必须采取相同的$\frac{H}{D}$值。此外,试样端部的摩擦力不仅影响试验结果,而且改变破断形式,应尽量减少。试验试样规格 $H:D=5:3$。

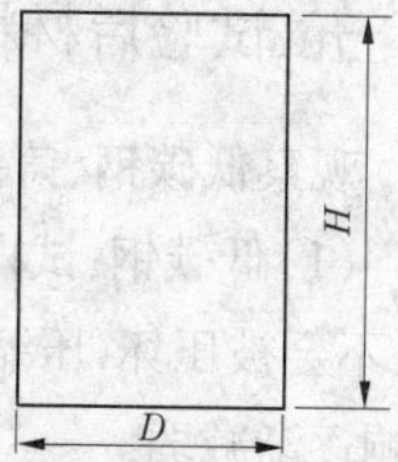

附图6　压缩试样

四、试验方法与步骤

(一)试验前的准备工作

接到试样后,核对压缩试样是否与要测试的材料相符,然后检查外观是否符合要求。工程中,对于短试样用游标卡尺正交测量两次,将数据记入表中。

(二)启动与调整试验机

试验前,试验机须预热半小时。根据经验,在试验机上选择合适的测力度盘,调节主动指针与从动指针,使两指针与零位对齐。

(三) 安装试样

将压缩试样放入试验机下平台的中心,多角度调正,使压缩时试样不产生歪斜。打开送油阀,使下平台缓慢上移,待试样上端与上平台快接触时关闭送油阀,最后调整好自动绘图仪。

(四) 进行试验

打开送油阀,使试验机测力计的主动指针带动从动指针缓慢匀速转动。试样逐渐压扁,待记录好低碳钢材料屈服荷载后,继续开送油阀,直至压成圆鼓形,观察其变形。

对铸铁材料加载时,眼睛要盯住主动指针加载,破坏时,记录最大荷载,迅速关闭送油阀,打开回油阀,取出试样,观察其变形。

低碳钢和铸铁压缩图分别如附图 7 和附图 8 所示。

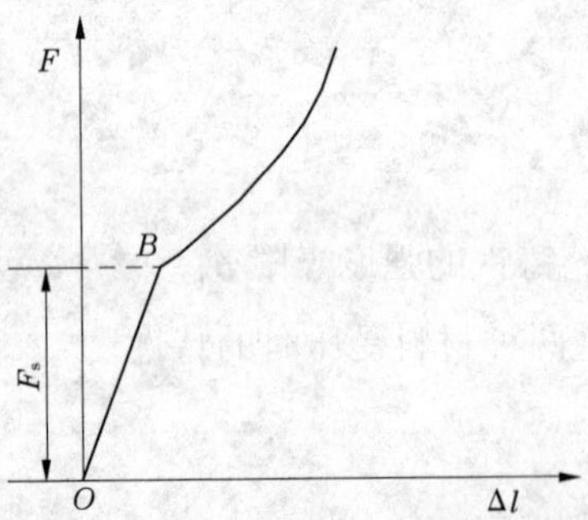

附图 7　低碳钢压缩图

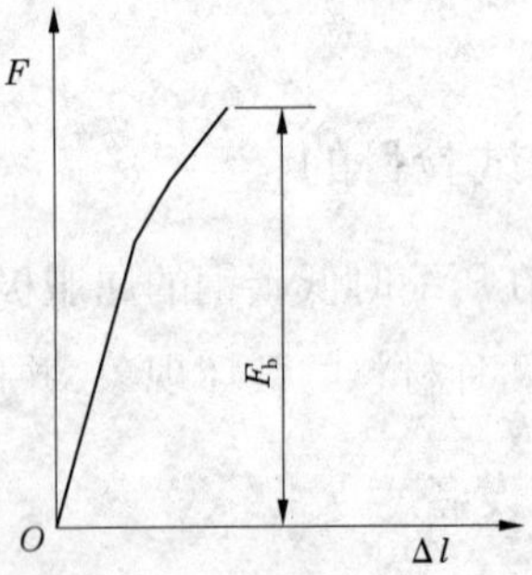

附图 8　铸铁压缩图

五、试验后材料破坏情况

观察低碳钢、铸铁两种材料的破坏变形情况,分析原因。

(1) 低碳钢:试样逐渐被压扁,形成圆鼓状,如附图 9(a) 所示。这种材料延展性很好,不会被压坏,压缩时产生很大的变形,上下两端面受摩擦力的牵制变形小,而中间受其影响逐渐减弱。

(2) 铸铁:压缩时变形很小,承受很大的力之后在大约 45°方向产生剪切断裂,如附图 9(b) 所示,说明铸铁材料受压时其抗剪能力小于抗压能力。

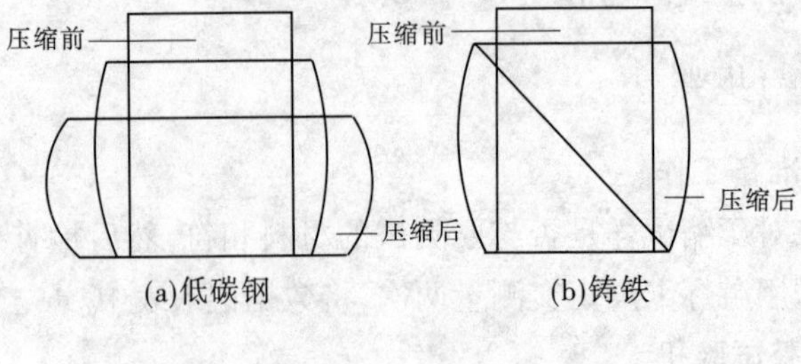

附图 9　低碳钢、铸铁压缩后变形图

六、强度指标的计算

(一)低碳钢材料

屈服极限 $$\sigma_s = \frac{F_s}{A_0}$$

(二)铸铁材料

强度极限 $$\sigma_b = \frac{F_b}{A_0}$$

附录二　型钢规格表

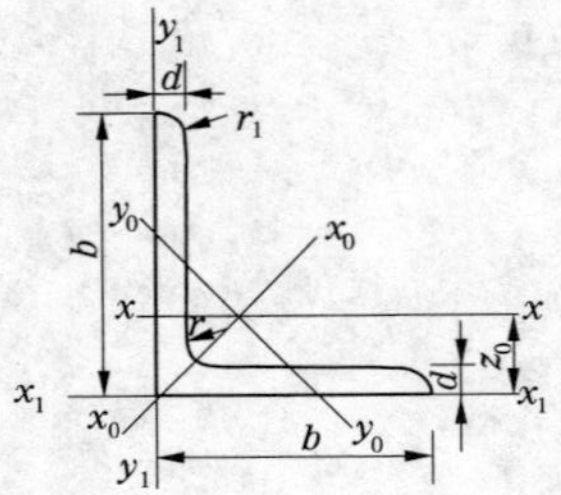

附表 1　热轧等边角钢(GB 9787—88)

符号意义：

b——边宽度；　　I——惯性矩；

d——边厚度；　　i——惯性半径；

r——内圆弧半径；　　W——弯曲截面系数；

r_1——边端内圆弧半径；　　z_0——重心距离。

角钢号数	尺寸(mm)			截面面积	理论质量	外表面积	参考数值										
							$x—x$			$x_0—x_0$			$y_0—y_0$			$x_1—x_1$	z_0
	b	d	r	(cm^2)	(kg/m)	(m^2/m)	I_x (cm^4)	i_x (cm)	W_x (cm^3)	I_{x_0} (cm^4)	i_{x_0} (cm)	W_{x_0} (cm^3)	I_{y_0} (cm^4)	i_{y_0} (cm)	W_{y_0} (cm^3)	I_{x_1} (cm^4)	(cm)
2	20	3	3.5	1.132	0.889	0.078	0.40	0.59	0.29	0.63	0.75	0.45	0.17	0.39	0.20	0.81	0.60
		4		1.459	1.145	0.077	0.50	0.58	0.36	0.78	0.73	0.55	0.22	0.38	0.24	1.09	0.64
2.5	25	3		1.432	1.124	0.098	0.82	0.76	0.46	1.29	0.95	0.73	0.34	0.49	0.33	1.57	0.73
		4		1.859	1.459	0.097	1.03	0.74	0.59	1.62	0.93	0.92	0.43	0.48	0.40	2.11	0.76
3.0	30	3	4.5	1.749	1.373	0.117	1.46	0.91	0.68	2.31	1.15	1.09	0.61	0.59	0.51	2.71	0.85
		4		2.276	1.786	0.117	1.84	0.90	0.87	2.92	1.13	1.37	0.77	0.58	0.62	3.63	0.89
3.6	36	3		2.109	1.656	0.141	2.58	1.11	0.99	4.09	1.39	1.61	1.07	0.71	0.76	4.68	1.00
		4		2.756	2.163	0.141	3.29	1.09	1.28	5.22	1.38	2.05	1.37	0.70	0.93	6.25	1.04
		5		3.382	2.654	0.141	3.95	1.08	1.56	6.24	1.36	2.45	1.65	0.70	1.09	7.84	1.07
4.0	40	3	5	2.359	1.852	0.157	3.59	1.23	1.23	5.69	1.55	2.01	1.49	0.79	0.96	6.41	1.09
		4		3.086	2.422	0.157	4.60	1.22	1.60	7.29	1.54	2.58	1.91	0.79	1.19	8.56	1.13
		5		3.791	2.976	0.156	5.53	1.21	1.96	8.76	1.52	3.01	2.30	0.78	1.39	10.74	1.17
4.5	45	3		2.689	2.088	0.177	5.17	1.40	1.58	8.20	1.76	2.58	2.14	0.90	1.24	9.12	1.22
		4		3.486	2.736	0.177	6.65	1.38	2.05	10.56	1.74	3.32	2.75	0.89	1.54	12.18	1.26
		5		4.292	3.369	0.176	8.04	1.37	2.51	12.74	1.72	4.00	3.33	0.88	1.81	15.25	1.30
		6		5.076	3.985	0.176	9.33	1.36	2.95	14.76	1.70	4.64	3.89	0.88	2.06	18.36	1.33

续附表 1

角钢号数	尺寸(mm)			截面面积	理论质量	外表面积	参考数值										
							x—x			x_0—x_0			y_0—y_0			x_1—x_1	z_0
	b	d	r	(cm²)	(kg/m)	(m²/m)	I_x (cm⁴)	i_x (cm)	W_x (cm³)	I_{x_0} (cm⁴)	i_{x_0} (cm)	W_{x_0} (cm³)	I_{y_0} (cm⁴)	i_{y_0} (cm)	W_{y_0} (cm³)	I_{x_1} (cm⁴)	(cm)
5	50	3	5.5	2.971	2.332	0.197	7.18	1.55	1.96	11.37	1.96	3.22	2.98	1.00	1.57	12.50	1.34
		4		3.897	3.059	0.197	9.26	1.54	2.56	14.70	1.94	4.16	3.82	0.99	1.96	16.69	1.38
		5		4.803	3.770	0.196	11.21	1.53	3.13	17.79	1.91	5.03	4.64	0.98	2.31	20.90	1.42
		6		5.688	4.465	0.196	13.05	1.52	3.68	20.68	1.91	5.85	5.42	0.98	2.63	25.14	1.46
5.6	56	3	6	3.343	2.624	0.221	10.19	1.75	2.48	16.14	2.20	4.08	4.24	1.13	2.02	17.56	1.48
		4		4.390	3.446	0.220	13.18	1.73	3.24	20.92	2.18	5.28	5.46	1.11	2.52	23.43	1.53
		5		5.415	4.251	0.220	16.02	1.72	3.97	25.42	2.17	6.42	6.61	1.10	2.98	29.33	1.57
		8	7	8.367	6.568	0.219	23.63	1.68	6.03	37.37	2.11	9.44	9.89	1.09	4.16	47.24	1.68
6.3	63	4	7	4.978	3.907	0.248	19.03	1.96	4.13	30.17	2.46	6.78	7.89	1.26	3.29	33.35	1.70
		5		6.143	4.822	0.248	23.17	1.94	5.08	36.77	2.45	8.25	9.57	1.25	3.90	41.73	1.74
		6		7.288	5.721	0.247	27.12	1.93	6.00	43.03	2.43	9.66	11.20	1.24	4.46	50.14	1.78
		8		9.515	7.468	0.247	34.46	1.90	7.75	54.56	2.40	12.25	14.33	1.23	5.47	67.11	1.85
		10		11.657	9.151	0.246	41.09	1.88	9.39	64.85	2.36	14.56	17.33	1.22	6.36	84.31	1.93
7	70	4	8	5.570	4.372	0.275	26.39	2.18	5.14	41.80	2.74	8.44	10.99	1.40	4.17	45.74	1.86
		5		6.875	5.397	0.275	32.21	2.16	6.32	51.08	2.73	10.32	13.34	1.39	4.95	57.21	1.91
		6		8.160	6.406	0.275	37.77	2.15	7.48	59.93	2.71	12.11	15.61	1.38	5.67	68.73	1.95
		7		9.424	7.398	0.275	43.09	2.14	8.59	68.35	2.69	13.81	17.82	1.38	6.34	80.29	1.99
		8		10.667	8.373	0.274	48.17	2.12	9.68	76.37	2.68	15.43	19.98	1.37	6.98	91.92	2.03
7.5	75	5	9	7.367	5.818	0.295	39.97	2.33	7.32	63.30	2.92	11.94	16.63	1.50	5.77	70.56	2.04
		6		8.797	6.905	0.294	46.95	2.31	8.64	74.38	2.90	14.02	19.51	1.49	6.67	84.55	2.07
		7		10.160	7.976	0.294	53.57	2.30	9.93	84.96	2.89	16.02	22.18	1.48	7.44	98.71	2.11
		8		11.503	9.030	0.294	59.96	2.28	11.20	95.07	2.88	17.93	24.86	1.47	8.19	112.97	2.15
		10		14.126	11.089	0.293	71.98	2.26	13.64	113.92	2.84	21.48	30.05	1.46	9.56	141.71	2.22

续附表 1

角钢号数	尺寸(mm)			截面面积	理论质量	外表面积	参考数值										
							x—x			x_0—x_0			y_0—y_0			x_1—x_1	z_0
	b	d	r	(cm^2)	(kg/m)	(m^2/m)	I_x (cm^4)	i_x (cm)	W_x (cm^3)	I_{x_0} (cm^4)	i_{x_0} (cm)	W_{x_0} (cm^3)	I_{y_0} (cm^4)	i_{y_0} (cm)	W_{y_0} (cm^3)	I_{x_1} (cm^4)	(cm)
		5		7.912	6.211	0.315	48.79	2.48	8.34	77.33	3.13	13.67	20.25	1.60	6.66	85.36	2.15
		6		9.397	7.376	0.314	57.35	2.47	9.87	90.89	3.11	16.08	23.72	1.59	7.65	102.50	2.19
8	80	7	9	10.860	8.525	0.314	65.58	2.46	11.37	104.07	3.10	18.40	27.09	1.58	8.58	119.70	2.23
		8		12.303	9.658	0.314	73.49	2.44	12.83	116.60	3.08	20.61	30.39	1.57	9.46	136.97	2.27
		10		15.126	11.874	0.313	88.43	2.42	15.64	140.09	3.04	24.76	36.77	1.56	11.08	171.74	2.35
		6		10.637	8.350	0.354	82.77	2.79	12.61	131.26	3.51	20.63	34.28	1.80	9.95	145.87	2.44
		7		12.301	9.656	0.354	94.83	2.78	14.54	150.47	3.50	23.64	39.18	1.78	11.19	170.30	2.48
9	90	8	10	13.944	10.946	0.353	106.47	2.76	16.42	168.97	3.48	26.55	43.97	1.78	12.35	194.80	2.52
		10		17.167	13.476	0.353	128.58	2.74	20.07	203.90	3.45	32.04	53.26	1.76	14.52	244.07	2.59
		12		20.306	15.940	0.352	149.22	2.71	23.57	236.21	3.41	37.12	62.22	1.75	16.49	293.76	2.67
		6		11.932	9.366	0.393	114.95	3.10	15.68	181.98	3.90	25.74	47.92	2.00	12.69	200.07	2.67
		7		13.796	10.830	0.393	131.86	3.09	18.10	208.97	3.89	29.55	54.74	1.99	14.26	233.54	2.71
		8		15.638	12.276	0.393	148.24	3.08	20.47	235.07	3.88	33.24	61.41	1.98	15.75	267.09	2.76
10	100	10	12	19.261	15.120	0.392	179.51	3.05	25.06	284.68	3.84	40.26	74.35	1.96	18.54	334.48	2.84
		12		22.800	17.898	0.391	208.90	3.03	29.48	330.95	3.81	46.80	86.84	1.95	21.08	402.34	2.91
		14		26.256	20.611	0.391	236.53	3.00	33.73	374.06	3.77	52.90	99.00	1.94	23.44	470.75	2.99
		16		29.627	23.257	0.390	262.53	2.98	37.82	414.16	3.74	58.57	110.89	1.94	25.63	539.80	3.06
		7		15.196	11.928	0.433	177.16	3.41	22.05	280.94	4.30	36.12	73.38	2.20	17.51	310.64	2.96
		8		17.238	13.532	0.433	199.46	3.40	24.95	316.49	4.28	40.69	82.42	2.19	19.39	355.20	3.01
11	110	10	12	21.261	16.690	0.432	242.19	3.38	30.60	384.39	4.25	49.42	99.98	2.17	22.91	444.65	3.09
		12		25.200	19.782	0.431	282.55	3.35	36.08	448.17	4.22	57.62	116.93	2.15	26.15	534.60	3.16
		14		29.056	22.809	0.431	320.71	3.32	41.31	508.01	4.18	65.31	133.40	2.14	29.14	625.16	3.24

续附表1

角钢号数	尺寸(mm) b	尺寸(mm) d	尺寸(mm) r	截面面积 (cm²)	理论质量 (kg/m)	外表面积 (m²/m)	x—x I_x (cm⁴)	x—x i_x (cm)	x—x W_x (cm³)	$x_0—x_0$ I_{x_0} (cm⁴)	$x_0—x_0$ i_{x_0} (cm)	$x_0—x_0$ W_{x_0} (cm³)	$y_0—y_0$ I_{y_0} (cm⁴)	$y_0—y_0$ i_{y_0} (cm)	$y_0—y_0$ W_{y_0} (cm³)	$x_1—x_1$ I_{x_1} (cm⁴)	z_0 (cm)
12.5	125	8	14	19.750	15.504	0.492	297.03	3.88	32.52	470.89	4.88	53.28	123.16	2.50	25.86	521.01	3.37
		10		24.373	19.133	0.491	361.67	3.85	39.97	573.89	4.85	64.93	149.46	2.48	30.62	651.93	3.45
		12		28.912	22.696	0.491	423.16	3.83	41.17	671.44	4.82	75.96	174.88	2.46	35.03	783.42	3.53
		14		33.367	26.193	0.490	481.65	3.80	54.16	763.73	4.78	86.41	199.57	2.45	39.13	915.61	3.61
14	140	10		27.373	21.488	0.551	514.65	4.34	50.58	817.27	5.46	82.56	212.04	2.78	39.20	915.11	3.82
		12		32.512	25.522	0.551	603.68	4.31	59.80	958.79	5.43	96.85	248.57	2.76	45.02	1 099.28	3.90
		14		37.567	29.490	0.550	688.81	4.28	68.75	1 093.56	5.40	110.47	284.06	2.75	50.45	1 284.22	3.98
		16		42.539	33.393	0.549	770.24	4.26	77.46	1 221.81	5.36	123.42	318.67	2.74	55.55	1 470.07	4.06
16	160	10	16	31.502	24.729	0.630	779.53	4.98	66.70	1 237.30	6.27	109.36	321.76	3.20	52.76	1 365.33	4.31
		12		37.411	29.391	0.630	916.58	4.95	78.98	1 455.68	6.24	128.67	377.49	3.18	60.74	1 639.57	4.39
		14		43.296	33.987	0.629	1 048.36	4.92	90.95	1 665.02	6.20	147.17	431.70	3.16	68.24	1 914.68	4.47
		16		49.067	38.518	0.629	1 175.08	4.89	102.63	1 865.57	6.17	164.89	484.59	3.14	75.31	2 190.82	4.55
18	180	12		42.241	33.159	0.710	1 321.35	5.59	100.82	2 100.10	7.05	165.00	542.61	3.58	78.41	2 332.80	4.89
		14		48.896	38.388	0.709	1 514.48	5.56	116.25	2 407.42	7.02	189.14	625.53	3.56	88.38	2 723.48	4.97
		16		55.467	43.542	0.709	1 700.99	5.54	131.13	2 703.37	6.98	212.40	698.60	3.55	97.83	3 115.29	5.05
		18		61.955	48.634	0.708	1 875.12	5.50	145.64	2 988.24	6.94	234.78	762.01	3.51	105.14	3 502.43	5.13
20	200	14	18	54.642	42.894	0.788	2 103.55	6.20	144.70	3 343.26	7.82	236.40	863.83	3.98	111.82	3 734.10	5.46
		16		62.013	48.680	0.788	2 366.15	6.18	163.65	3 760.89	7.79	265.93	971.41	3.96	123.96	4 270.39	5.54
		18		69.301	54.401	0.787	2 620.64	6.15	182.22	4 164.54	7.75	294.48	1 076.74	3.94	135.52	4 808.13	5.62
		20		76.505	60.056	0.787	2 867.30	6.12	200.42	4 554.55	7.72	322.06	1 180.04	3.93	146.55	5 347.51	5.69
		24		90.661	71.168	0.785	3 338.25	6.07	236.17	5 294.97	7.64	374.41	1 381.53	3.90	166.55	6 457.16	5.87

注：截面图中的 $r_1 = d/3$ 及表中 r 值的数据用于孔型设计，不作为交货条件。

附表 2　热轧不等边角钢（GB 9788—88）

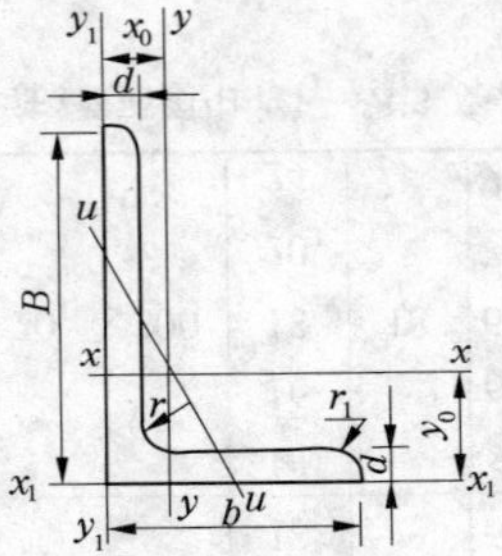

符号意义：

B——长边宽度；　b——短边宽度；

d——边厚度；　r——内圆弧半径；

r_1——边端内圆弧半径；　I——惯性矩；

i——惯性半径；　W——弯曲截面系数；

x_0——形心坐标；　y_0——形心坐标。

角钢号数	尺寸(mm)				截面面积	理论质量	外表面积	参考数值													
								x—x			y—y			x_1—x_1		y_1—y_1		u—u			
	B	b	d	r	(cm²)	(kg/m)	(m²/m)	I_x (cm⁴)	i_x (cm)	W_x (cm³)	I_y (cm⁴)	i_y (cm)	W_y (cm³)	I_{x_1} (cm⁴)	y_0 (cm)	I_{y_1} (cm⁴)	x_0 (cm)	I_u (cm⁴)	i_u (cm)	W_u (cm³)	tanα
2.5/1.6	25	16	3	3.5	1.162	0.912	0.080	0.70	0.78	0.43	0.22	0.44	0.19	1.56	0.86	0.43	0.42	0.14	0.34	0.16	0.392
			4		1.499	1.176	0.079	0.88	0.77	0.55	0.27	0.43	0.24	2.09	0.90	0.59	0.46	0.17	0.34	0.20	0.381
3.2/2	32	20	3		1.492	1.171	0.102	1.53	1.01	0.72	0.46	0.55	0.30	3.27	1.08	0.82	0.49	0.28	0.43	0.25	0.382
			4		1.939	1.522	0.101	1.93	1.00	0.93	0.57	0.54	0.39	4.37	1.12	1.12	0.53	0.35	0.42	0.32	0.374
4/2.5	40	25	3	4	1.890	1.484	0.127	3.08	1.28	1.15	0.93	0.70	0.49	6.39	1.32	1.59	0.59	0.56	0.54	0.40	0.386
			4		2.467	1.936	0.127	3.93	1.26	1.49	1.18	0.69	0.63	8.53	1.37	2.14	0.63	0.71	0.54	0.52	0.381
4.5/2.8	45	28	3	5	2.149	1.687	0.143	4.45	1.44	1.47	1.34	0.79	0.62	9.10	1.47	2.23	0.64	0.80	0.61	0.51	0.383
			4		2.806	2.203	0.143	5.69	1.42	1.91	1.70	0.78	0.80	12.13	1.51	3.00	0.68	1.02	0.60	0.66	0.380
5/3.2	50	32	3	5.5	2.431	1.908	0.161	6.24	1.60	1.84	2.02	0.91	0.82	12.49	1.60	3.31	0.73	1.20	0.70	0.68	0.404
			4		3.177	2.494	0.160	8.02	1.59	2.39	2.58	0.90	1.06	16.65	1.65	4.45	0.77	1.53	0.69	0.87	0.402
5.6/3.6	56	36	3	6	2.743	2.153	0.181	8.88	1.80	2.32	2.92	1.03	1.05	17.54	1.78	4.70	0.80	1.73	0.79	0.87	0.408
			4		3.590	2.818	0.180	11.45	1.79	3.03	3.76	1.02	1.37	23.39	1.82	6.33	0.85	2.23	0.79	1.13	0.408
			5		4.415	3.466	0.180	13.86	1.77	3.71	4.49	1.01	1.65	29.25	1.87	7.94	0.88	2.67	0.78	1.36	0.404
6.3/4	63	40	4	7	4.058	3.185	0.202	16.49	2.02	3.87	5.23	1.14	1.70	33.30	2.04	8.63	0.92	3.12	0.88	1.40	0.398
			5		4.993	3.920	0.202	20.02	2.00	4.74	6.31	1.12	2.71	41.63	2.08	10.86	0.95	3.76	0.87	1.71	0.396
			6		5.908	4.638	0.201	23.36	1.96	5.59	7.29	1.11	2.43	49.98	2.12	13.12	0.99	4.34	0.86	1.99	0.393
			7		6.802	5.339	0.201	26.53	1.98	6.40	8.24	1.10	2.78	58.07	2.15	15.47	1.03	4.97	0.86	2.29	0.389

续附表 2

角钢号数	尺寸(mm)				截面面积	理论质量	外表面积	参考数值															
								x—x			y—y			x_1—x_1		y_1—y_1		u—u			
	B	b	d	r	(cm²)	(kg/m)	(m²/m)	I_x (cm⁴)	i_x (cm)	W_x (cm³)	I_y (cm⁴)	i_y (cm)	W_y (cm³)	I_{x_1} (cm⁴)	y_0 (cm)	I_{y_1} (cm⁴)	x_0 (cm)	I_u (cm⁴)	i_u (cm)	W_u (cm³)	tanα
7/4.5	70	45	4	7.5	4.547	3.570	0.226	23.17	2.26	4.86	7.55	1.29	2.17	45.92	2.24	12.26	1.02	4.40	0.98	1.77	0.410
			5		5.609	4.403	0.225	27.95	2.23	5.92	9.13	1.28	2.65	57.10	2.28	15.39	1.06	5.40	0.98	2.19	0.407
			6		6.647	5.218	0.225	32.54	2.21	6.95	10.63	1.26	3.12	68.35	2.32	18.58	1.09	6.35	0.98	2.59	0.404
			7		7.657	6.011	0.225	37.22	2.20	8.03	12.01	1.25	3.57	79.99	2.36	21.84	1.13	7.16	0.97	2.94	0.402
(7.5/5)	75	50	5	8	6.125	4.808	0.245	34.86	2.39	6.83	12.61	1.44	3.30	70.00	2.40	21.04	1.17	7.41	1.10	2.74	0.435
			6		7.260	5.699	0.245	41.12	2.38	8.12	14.70	1.42	3.88	84.30	2.44	25.37	1.21	8.54	1.08	3.19	0.435
			8		9.467	7.431	0.244	52.39	2.35	10.52	18.53	1.40	4.99	112.50	2.52	34.23	1.29	10.87	1.07	4.10	0.429
			10		11.590	9.098	0.244	62.71	2.33	12.79	21.96	1.38	6.04	140.80	2.60	43.43	1.36	13.10	1.06	4.99	0.423
8/5	80	50	5	8	6.375	5.005	0.255	41.96	2.56	7.78	12.82	1.42	3.32	85.21	2.60	21.06	1.14	7.66	1.10	2.74	0.388
			6		7.560	5.935	0.255	49.49	2.56	9.25	14.95	1.41	3.91	102.53	2.65	25.41	1.18	8.85	1.08	3.20	0.387
			7		8.724	6.848	0.255	56.16	2.54	10.58	16.95	1.39	4.48	119.33	2.69	29.82	1.21	10.18	1.08	3.70	0.384
			8		9.867	7.745	0.254	62.83	2.52	11.92	18.85	1.38	5.03	136.41	2.73	34.32	1.25	11.38	1.07	4.16	0.381
9/5.6	90	56	5	9	7.212	5.661	0.287	60.45	2.90	9.92	18.32	1.59	4.21	121.32	2.91	29.53	1.25	10.98	1.23	3.49	0.385
			6		8.557	6.717	0.286	71.03	2.88	11.74	21.42	1.58	4.96	145.59	2.95	35.58	1.29	12.90	1.23	4.18	0.384
			7		9.880	7.756	0.286	81.01	2.868	13.49	24.36	1.57	5.70	169.66	3.00	41.71	1.33	14.67	1.22	4.72	0.382
			8		11.183	8.779	0.286	91.03	2.85	15.27	27.15	1.56	6.41	194.17	3.04	47.93	1.36	16.34	1.21	5.29	0.380
10/6.3	100	63	6	10	9.617	7.550	0.320	99.06	3.21	14.64	30.94	1.79	6.35	199.71	3.24	50.50	1.43	18.42	1.38	5.25	0.394
			7		11.111	8.722	0.320	113.45	3.20	16.88	35.26	1.78	7.29	233.00	3.28	59.14	1.47	21.00	1.38	6.02	0.393
			8		12.584	9.878	0.319	127.37	3.18	19.08	39.39	1.77	8.21	266.32	3.32	67.88	1.50	23.50	1.37	6.78	0.391
			10		15.467	12.142	0.319	153.81	3.15	23.32	47.12	1.74	9.98	333.06	3.40	85.73	1.58	28.33	1.35	8.24	0.387
10/8	100	80	6	10	10.637	8.350	0.354	107.04	3.17	15.19	61.24	2.40	10.16	199.83	2.95	102.68	1.97	31.65	1.72	8.37	0.627
			7		12.301	9.656	0.354	122.73	3.16	17.52	70.08	2.39	11.71	233.20	3.00	119.98	2.01	36.17	1.72	9.60	0.626
			8		13.944	10.945	0.353	137.92	3.14	19.81	78.58	2.37	13.21	266.61	3.04	137.37	2.05	40.58	1.71	10.80	0.625
			10		17.167	13.476	0.353	166.87	3.12	24.24	94.65	2.35	16.12	333.63	3.12	172.48	2.13	49.10	1.69	13.12	0.622

续附表2

角钢号数	尺寸(mm)				截面面积	理论质量	外表面积	参考数值														
								x—x			y—y			x_1—x_1		y_1—y_1		u—u				
	B	b	d	r	(cm^2)	(kg/m)	(m^2/m)	I_x (cm^4)	i_x (cm)	W_x (cm^3)	I_y (cm^4)	i_y (cm)	W_y (cm^3)	I_{x_1} (cm^4)	y_0 (cm)	I_{y_1} (cm^4)	x_0 (cm)	I_u (cm^4)	i_u (cm)	W_u (cm^3)	$\tan\alpha$	
11/7	110	70	6	10	10.637	8.350	0.354	133.37	3.54	17.85	42.92	2.01	7.90	265.78	3.53	69.08	1.57	25.36	1.54	6.53	0.403	
			7		12.301	9.656	0.354	153.00	3.53	20.60	49.01	2.00	9.09	310.07	3.57	80.82	1.61	28.95	1.53	7.50	0.402	
			8		13.944	10.946	0.353	172.04	3.51	23.30	54.87	1.98	10.25	354.39	3.62	92.70	1.65	32.45	1.53	8.45	0.401	
			10		17.167	13.476	0.353	208.39	3.48	28.54	65.88	1.96	12.48	443.13	3.70	116.83	1.72	39.20	1.51	10.29	0.397	
12.5/8	125	80	7	11	14.096	11.066	0.403	227.98	4.02	26.86	74.42	2.30	12.01	454.99	4.01	120.32	1.80	43.81	1.76	9.92	0.408	
			8		15.989	12.551	0.403	256.77	4.01	30.41	83.49	2.28	13.56	519.99	4.06	137.85	1.84	49.45	1.75	11.18	0.407	
			10		19.712	15.474	0.402	312.04	3.98	37.33	100.67	2.26	16.56	650.09	4.14	173.40	1.92	59.45	1.74	13.64	0.404	
			12		23.351	18.330	0.402	364.41	3.95	44.01	116.67	2.24	19.43	780.39	4.22	209.67	2.00	69.35	1.72	16.01	0.400	
14/9	140	90	8	12	18.038	14.160	0.453	365.64	4.50	38.48	120.69	2.59	17.34	730.53	4.50	195.79	2.04	70.83	1.98	14.31	0.411	
			10		22.261	17.475	0.452	445.50	4.47	47.31	146.03	2.56	21.22	913.20	4.58	245.92	2.12	85.82	1.96	17.48	0.409	
			12		26.400	20.724	0.451	521.59	4.44	55.87	169.79	2.54	24.95	1 096.09	4.66	296.89	2.19	100.21	1.95	20.54	0.406	
			14		30.456	23.908	0.451	594.10	4.42	64.18	192.10	2.51	28.54	1 279.26	4.74	348.82	2.27	114.13	1.94	23.52	0.403	
16/10	160	100	10	13	25.315	19.872	0.512	668.69	5.14	62.13	205.03	2.85	26.56	1 362.89	5.24	336.59	2.28	121.74	2.19	21.92	0.390	
			12		30.054	23.592	0.511	784.91	5.11	73.49	239.06	2.82	31.28	1 635.56	5.32	405.94	2.36	142.33	2.17	25.79	0.388	
			14		34.709	27.247	0.510	896.30	5.08	84.56	271.20	2.80	35.83	1 908.50	5.40	476.42	2.43	162.23	2.16	29.56	0.385	
			16		39.281	30.835	0.510	1 003.04	5.05	95.33	301.60	2.77	40.24	2 181.79	5.48	548.22	2.51	182.57	2.16	33.44	0.382	

续附表 2

角钢号数	尺寸(mm)				截面面积	理论质量	外表面积	参考数值													
								x—x			y—y			x_1—x_1		y_1—y_1		u—u			
	B	b	d	r	(cm²)	(kg/m)	(m²/m)	I_x (cm⁴)	i_x (cm)	W_x (cm³)	I_y (cm⁴)	i_y (cm)	W_y (cm³)	I_{x_1} (cm⁴)	y_0 (cm)	I_{y_1} (cm⁴)	x_0 (cm)	I_u (cm⁴)	i_u (cm)	W_u (cm³)	tanα
18/11	180	110	10	14	28. 373	22. 273	0. 571	956. 25	5. 80	78. 96	278. 11	3. 13	32. 49	1 940. 40	5. 89	447. 22	2. 44	166. 50	2. 42	26. 88	0. 376
			12		33. 712	26. 464	0. 571	1 124. 72	5. 78	93. 53	325. 03	3. 10	38. 32	2 328. 38	5. 98	538. 94	2. 52	194. 87	2. 40	31. 66	0. 374
			14		38. 967	30. 589	0. 570	1 286. 91	5. 75	107. 76	369. 55	3. 08	43. 97	2 716. 60	6. 06	631. 95	2. 59	222. 30	2. 39	36. 32	0. 372
			16		44. 139	34. 649	0. 569	1 443. 06	5. 72	121. 64	411. 85	3. 06	49. 44	3 105. 15	6. 14	726. 46	2. 67	248. 94	2. 38	40. 87	0. 369
20/12. 5	200	125	12		37. 912	29. 761	0. 641	1 570. 90	6. 44	116. 73	483. 16	3. 57	49. 99	3 193. 85	6. 54	787. 74	2. 83	285. 79	2. 74	41. 23	0. 392
			14		43. 867	34. 436	0. 640	1 800. 97	6. 41	134. 65	550. 83	3. 54	57. 44	3 726. 17	6. 62	922. 47	2. 91	326. 58	2. 73	47. 34	0. 390
			16		49. 739	39. 045	0. 639	2 023. 35	6. 38	152. 18	615. 44	3. 52	64. 69	4 258. 86	6. 70	1 058. 86	2. 99	366. 21	2. 71	53. 32	0. 388
			18		55. 526	43. 588	0. 639	2 238. 30	6. 35	169. 32	677. 19	3. 49	71. 74	4 792. 00	6. 78	1 197. 13	3. 06	404. 83	2. 70	59. 18	0. 385

注:1. 括号内型号不推荐使用。

2. 截面图中的 $r_1 = d/3$ 及表中 r 的数据用于孔型设计,不作为交货条件。

附表 3　热轧普通工字钢(GB 706—88)

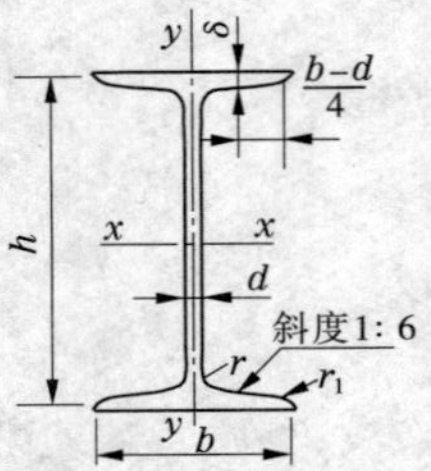

符号意义：

h——高度；

b——腿宽度；

d——腰厚度；

δ——平均腿厚度；

r——内圆弧半径；

r_1——腿端圆弧半径；

I——惯性矩；

W——弯曲截面系数；

i——惯性半径；

S——半截面的静矩。

型号	尺寸(mm)						截面面积	理论质量	参考数值						
									x—x				y—y		
	h	b	d	δ	r	r_1	(cm^2)	(kg/m)	I_x (cm^4)	W_x (cm^3)	i_x (cm)	$I_x:S_x$ (cm)	I_y (cm^4)	W_y (cm^3)	i_y (cm)
10	100	68	4. 5	7. 6	6. 5	3. 3	14. 3	11. 2	245	49	4. 14	8. 59	33	9. 72	1. 52
12. 6	126	74	5	8. 4	7	3. 5	18. 1	14. 2	488. 43	77. 529	5. 195	10. 85	46. 906	12. 677	1. 609
14	140	80	5. 5	9. 1	7. 5	3. 8	21. 5	16. 9	712	102	5. 76	12	64. 4	16. 1	1. 73
16	160	88	6	9. 9	8	4	26. 1	20. 5	1 130	141	6. 58	13. 8	93. 1	21. 1	1. 89
18	180	94	6. 5	10. 7	8. 5	4. 3	30. 6	24. 1	1 660	185	7. 36	15. 4	122	26	2
20a	200	100	7	11. 4	9	4. 5	35. 6	27. 9	2 370	237	8. 15	17. 2	158	31. 5	2. 12
20b	200	102	9	11. 4	9	4. 5	39. 5	31. 1	2 500	250	7. 96	16. 9	169	33. 1	2. 06
22a	220	110	7. 5	12. 3	9. 5	4. 8	42	33	3 400	309	8. 99	18. 9	225	40. 9	2. 31
22b	220	112	9. 5	12. 3	9. 5	4. 8	46. 4	36. 4	3 570	325	8. 78	18. 7	239	42. 7	2. 27
25a	250	116	8	13	10	5	48. 5	38. 1	5 023. 54	401. 88	10. 18	21. 58	280. 046	43. 283	2. 403
25b	250	118	10	13	10	5	53. 5	42	5 283. 96	422. 72	9. 938	21. 27	309. 297	52. 423	2. 404
28a	280	122	8. 5	13. 7	10. 5	5. 3	55. 45	43. 4	7 114. 14	508. 15	11. 32	24. 62	345. 051	56. 565	2. 495
28b	280	124	10. 5	13. 7	10. 5	5. 3	61. 05	47. 9	7 480	534. 29	11. 08	24. 24	379. 496	61. 209	2. 493
32a	320	130	9. 5	15	11. 5	5. 8	67. 05	52. 7	11 075. 5	692. 2	12. 84	27. 46	459. 93	70. 758	2. 619
32b	320	132	11. 5	15	11. 5	5. 8	73. 45	57. 7	11 621. 4	726. 33	12. 58	27. 09	501. 53	75. 989	2. 614
32c	320	134	13. 5	15	11. 5	5. 8	79. 95	62. 8	12 167. 5	760. 47	12. 34	26. 77	543. 81	81. 166	2. 608

续附表 3

型号	尺寸(mm)						截面面积 (cm^2)	理论质量 (kg/m)	参考数值						
									x—x				y—y		
	h	b	d	δ	r	r_1			I_x (cm^4)	W_x (cm^3)	i_x (cm)	$I_x : S_x$ (cm)	I_y (cm^4)	W_y (cm^3)	i_y (cm)
36a	360	136	10	15. 8	12	6	76. 3	59. 9	15 760	875	14. 4	30. 7	552	81. 2	2. 69
36b	360	138	12	15. 8	12	6	83. 5	65. 6	16 530	919	14. 1	30. 3	582	84. 3	2. 64
36c	360	140	14	15. 8	12	6	90. 7	71. 2	17 310	962	13. 8	29. 9	612	87. 4	2. 6
40a	400	142	10. 5	16. 5	12. 5	6. 3	86. 1	67. 6	21 720	1 090	15. 9	34. 1	660	93. 2	2. 77
40b	400	144	12. 5	16. 5	12. 5	6. 3	94. 1	73. 8	22 780	1 140	15. 6	33. 6	692	96. 2	2. 71
40c	400	146	14. 5	16. 5	12. 5	6. 3	102	80. 1	23 850	1 190	15. 2	33. 2	727	99. 6	2. 65
45a	450	150	11. 5	18	13. 5	6. 8	102	80. 4	32 240	1 430	17. 7	38. 6	855	114	2. 89
45b	450	152	13. 5	18	13. 5	6. 8	111	87. 4	33 760	1 500	17. 4	38	894	118	2. 84
45c	450	154	15. 5	18	13. 5	6. 8	120	94. 5	35 280	1 570	17. 1	37. 6	938	122	2. 79
50a	500	158	12	20	14	7	119	93. 6	46 470	1 860	19. 7	42. 8	1 120	142	3. 07
50b	500	160	14	20	14	7	129	101	48 560	1 940	19. 4	42. 4	1 170	146	3. 01
50c	500	162	16	20	14	7	139	109	50 640	2 080	19	41. 8	1 220	151	2. 96
56a	560	166	12. 5	21	14. 5	7. 3	135. 25	106. 2	65 585. 6	2 342. 31	22. 02	47. 73	1 370. 16	165. 08	3. 182
56b	560	168	14. 5	21	14. 5	7. 3	146. 45	115	68 512. 5	2 446. 69	21. 63	47. 17	1 486. 75	174. 25	3. 162
56c	560	170	16. 5	21	14. 5	7. 3	157. 85	123. 9	71 439. 4	2 551. 41	21. 27	46. 66	1 558. 39	183. 34	3. 158
63a	630	176	13	22	15	7. 5	154. 9	121. 6	93 916. 2	2 981. 47	24. 62	54. 17	1 700. 55	193. 24	3. 314
63b	630	178	15	22	15	7. 5	167. 5	131. 5	98 083. 6	3 163. 38	24. 2	53. 51	1 812. 07	203. 6	3. 289
63c	630	180	17	22	15	7. 5	180. 1	141	102 251. 1	3 298. 42	23. 82	52. 92	1 924. 91	213. 88	3. 268

注：截面图和表中标注的圆弧半径 r、r_1 的数据用于孔型设计，不作为交货条件。

附表 4　热轧槽钢(GB 707—88)

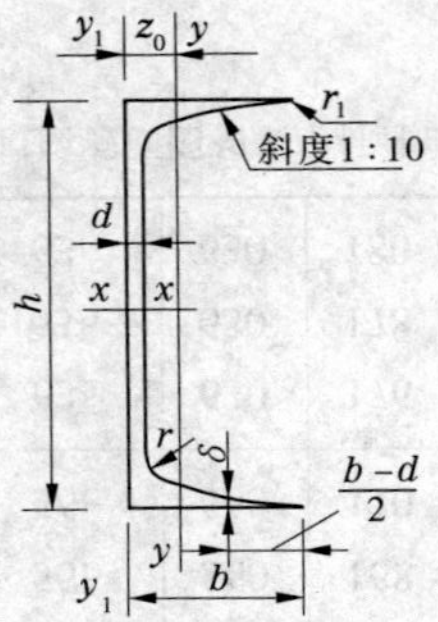

符号意义：

h——高度；
b——腿宽度；
d——腰厚度；
δ——平均腿厚度；
r——内圆弧半径；
r_1——腿端圆弧半径；
I——惯性矩；
W——弯曲截面系数；
i——惯性半径；
z_0——y—y 轴与 y_1—y_1 轴的间距。

型号	尺寸(mm)						截面面积 (cm^2)	理论质量 (kg/m)	参考数值							
									x—x			y—y			y_1—y_1	
	h	b	d	δ	r	r_1			W_x (cm^3)	I_x (cm^4)	i_x (cm)	W_y (cm^3)	I_y (cm^4)	i_y (cm)	I_{y_1} (cm^4)	z_0 (cm)
5	50	37	4.5	7	7	3.5	6.93	5.44	10.4	26	1.94	3.55	8.3	1.1	20.9	1.35
6.3	63	40	4.8	7.5	7.5	3.75	8.444	6.63	16.123	50.786	2.453	4.5	11.872	1.185	28.38	1.36
8	80	43	5	8	8	4	10.24	8.04	25.3	101.3	3.15	5.79	16.6	1.27	37.4	1.43
10	100	48	5.3	8.5	8.5	4.25	12.74	10	39.7	198.3	3.95	7.8	25.6	1.41	54.9	1.52
12.6	126	53	5.5	9	9	4.5	15.69	12.37	62.137	391.466	4.953	10.242	37.99	1.567	77.09	1.59
14a	140	58	6	9.5	9.5	4.75	18.51	14.53	80.5	563.7	5.52	13.01	53.2	1.7	107.1	1.71
14b	140	60	8	9.5	9.5	4.75	21.31	16.73	87.1	609.4	5.35	14.12	61.1	1.69	120.6	1.67
16a	160	63	6.5	10	10	5	21.95	17.23	108.3	866.2	6.28	16.3	73.3	1.83	144.1	1.8
16b	160	65	8.5	10	10	5	25.15	19.74	116.8	934.5	6.1	17.55	83.4	1.82	160.8	1.75
18a	180	68	7	10.5	10.5	5.25	25.69	20.17	141.4	1 272.7	7.04	20.03	98.6	1.96	189.7	1.88
18b	180	70	9	10.5	10.5	5.25	29.29	22.99	152.2	1 369.9	6.84	21.52	111	1.95	210.1	1.84
20a	200	73	7	11	11	5.5	28.83	22.63	178	1 780.4	7.86	24.2	128	2.11	244	2.01
20b	200	75	9	11	11	5.5	32.83	25.77	191.4	1 913.7	7.64	25.88	143.6	2.09	268.4	1.95

续附表 4

型号	尺寸(mm)						截面面积 (cm^2)	理论质量 (kg/m)	参考数值							
									$x—x$			$y—y$			$y_1—y_1$	
	h	b	d	δ	r	r_1			W_x (cm^3)	I_x (cm^4)	i_x (cm)	W_y (cm^3)	I_y (cm^4)	i_y (cm)	I_{y_1} (cm^4)	z_0(cm)
22a	220	77	7	11.5	11.5	5.75	31.84	24.99	217.6	2 392.9	8.67	28.17	157.8	2.23	298.2	2.1
22b	220	79	9	11.5	11.5	5.75	36.24	28.45	233.8	2 571.4	8.42	30.05	176.4	2.21	326.3	2.03
25a	250	78	7	12	12	6	34.91	27.47	269.597	3 369.62	9.823	30.607	175.529	2.243	322.256	2.065
25b	250	80	9	12	12	6	39.91	31.39	282.402	3 530.04	9.405	32.657	196.421	2.218	353.187	1.982
25c	250	82	11	12	12	6	44.91	35.32	295.236	3 690.45	9.065	35.926	218.415	2.206	384.133	1.921
28a	280	82	7.5	12.5	12.5	6.25	40.02	31.42	340.328	4 764.59	10.91	35.718	217.989	2.333	387.566	2.097
28b	280	84	9.5	12.5	12.5	6.25	45.62	35.81	366.460	5 130.45	10.60	37.929	242.144	2.304	427.589	2.016
28c	280	86	11.5	12.5	12.5	6.25	51.22	40.21	392.594	5 496.32	10.35	40.301	267.602	2.286	426.597	1.951
32a	320	88	8	14	14	7	48.7	38.22	474.879	7 598.06	12.49	46.473	304.787	2.502	552.31	2.242
32b	320	90	10	14	14	7	55.1	43.25	509.012	8 144.20	12.15	49.157	336.332	2.471	592.933	2.158
32c	320	92	12	14	14	7	61.5	48.28	543.145	8 690.33	11.88	52.642	374.175	2.467	643.299	2.092
36a	360	96	9	16	16	8	60.89	47.8	659.7	11 874.2	13.97	63.54	455	2.73	818.4	2.44
36b	360	98	11	16	16	8	68.09	53.45	702.9	12 651.8	13.63	66.85	496.7	2.7	880.4	2.37
36c	360	100	13	16	16	8	75.29	50.1	746.1	13 429.4	13.36	70.02	536.4	2.67	947.9	2.34
40a	400	100	10.5	18	18	9	75.05	58.91	878.9	17 577.9	15.30	78.83	592	2.81	1 067.7	2.49
40b	400	102	12.5	18	18	9	83.05	65.19	932.2	18 644.5	14.98	82.52	640	2.78	1 135.6	2.44
40c	400	104	14.5	18	18	9	91.05	71.47	985.6	19 711.2	14.71	86.19	687.8	2.75	1 220.7	2.42

注：截面图和表中标注的圆弧半径 r、r_1 的数据用于孔型设计，不作为交货条件。

习题参考答案

第二章

2-1 (a)$F_{N1}=50\ kN$, $F_{N2}=10\ kN$, $F_{N3}=-20\ kN$

(b)$F_{N1}=F$, $F_{N2}=0$, $F_{N3}=F$

(c)$F_{N1}=0$, $F_{N2}=4F$, $F_{N3}=3F$

2-2 $F_{N1}=-20\ kN$, $\sigma_1=-100\ MPa$; $F_{N2}=-10\ kN$, $\sigma_2=-33.3\ MPa$; $F_{N3}=10\ kN$, $\sigma_3=25\ MPa$

2-3

截面方位	σ_α(MPa)	τ_α(MPa)
0°	100	0
30°	75	43.3
45°	50	50
60°	25	43.3
90°	0	0

2-4 $\sigma_{max}=67.8\ MPa$

2-5 $\sigma=76.4\ MPa$

2-6 $\sigma=125\ MPa<[\sigma]=170\ MPa$,安全

2-7 螺栓内径 $d\geqslant22.6\ mm$

2-8 $\sigma=37.1\ MPa<[\sigma]=50\ MPa$,安全

2-9 $d_{AB}\geqslant17.2\ mm$, $d_{BC}=d_{BD}\geqslant17.2\ mm$

2-10 $[F]=40.4\ kN$

2-11 AB 杆 2∟100×10,AD 杆 2∟80×6

2-12 AC 杆 2∟80×7,CD 杆 2∟75×6

2-13 $A=397\ mm^2$

2-14 $\Delta l=0.075\ mm$

2-15 (1)轴力图如图(b)所示

(2)AC 段应力:$\sigma_1=\dfrac{-100\times10^3}{200\times200}=-2.5(MPa)$

CB 段应力:$\sigma_2=\dfrac{-260\times10^3}{200\times200}=-6.5(MPa)$

(3) AC 段线应变：$\varepsilon_1 = \frac{\sigma_1}{E} = \frac{-2.5}{10 \times 10^3} = -2.5 \times 10^{-4}$

CB 段线应变：$\varepsilon_2 = \frac{\sigma_2}{E} = \frac{-6.5}{10 \times 10^3} = -6.5 \times 10^{-4}$

(4) 柱的总变形：$\Delta l_{AB} = \Delta l_{AC} + \Delta l_{CB} = \varepsilon_1 l_{AC} + \varepsilon_2 l_{CB} = -2.5 \times 10^{-4} \times 1.5 - 6.5 \times 10^{-4} \times 1.5 = -1.35 \times 10^{-3}$ (m)

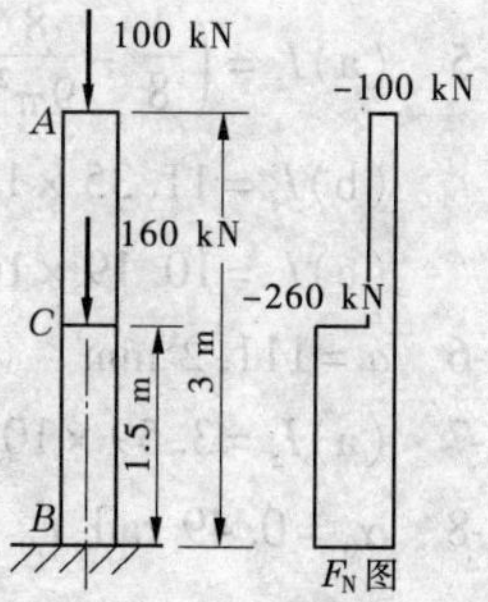

(a) (b)

2-16 $x = \frac{l l_1 E_2 A_2}{l_1 E_2 A_2 + l_2 E_1 A_1}$

2-17 最大拉力 $F_N = \frac{7P}{4}$，最大压力 $F_N = \frac{5P}{4}$

2-18 $F_{N1} = 8.46$ kN，$F_{N2} = 2.68$ kN，$F_{N3} = -11.54$ kN

第三章

3-1 略

3-2 (1) $\tau_A = 71.4$ MPa，$\tau_B = 71.4$ MPa，$\tau_C = 35.7$ MPa；(2) $\varphi = 0.018$ rad

3-3 $\tau_{max} = 120$ MPa

3-4 $\tau_{max} = 24.2$ MPa $< [\tau]$，$\theta_{max} = 0.46°/\text{m} < [\theta]$

3-5 (1) $\tau_A = 25.09$ MPa，$\gamma_A = 0.31 \times 10^{-3}$；(2) $\tau_{max} = 41.8$ MPa，$\tau_{min} = 16.73$ MPa

3-6 (1) $\tau = 97.8$ MPa；(2) $\tau_{max} = 122$ MPa；(3) $\tau_{max} = 239$ MPa

3-7 $\tau = 59.7$ MPa $< [\tau]$，$\sigma_{bs} = 93.8$ MPa $< [\sigma_{bs}]$

3-8 $t = 83$ mm

3-9 $[F] = 1\ 100$ kN

3-10 $\tau = 99.5$ MPa $< [\tau]$，$\sigma_{bs} = 125$ MPa $< [\sigma_{bs}]$，$\sigma = 125$ MPa $< [\sigma_t]$

3-11 $[F] = 140.7$ kN

3-12 (1) $\tau = 94.3$ MPa；(2) $\sigma_{bs} = 222$ MPa；(3) $\sigma_{tmax} = 118$ MPa

第四章

4-1 (a) $\frac{2}{3}R^3$；(b) $3.25 \times 10^6\ \text{mm}^3$；(c) $2.69 \times 10^6\ \text{mm}^3$

4-2 $y_C = 275.13$ mm，$S_z = 199.7 \times 10^5\ \text{mm}^3$

4-3 $I_{z矩} = 3.375 \times 10^8\ \text{mm}^4$，$I_{z工} = 5.873 \times 10^8\ \text{mm}^4$，74.07%

4-4 (a) $I_z = \frac{BH^3 - bh^3}{12}$，$I_y = \frac{B^3H - b^3h}{12}$

(b) $I_z = 105.4 \times 10^5\ \text{mm}^4$，$I_y = 1\ 221 \times 10^5\ \text{mm}^4$

(c) $I_z = 0.052\ 5h^4$，$I_y = 0.014h^4$

4-5 (a)$I_z=\left(\frac{1}{8}-\frac{8}{9\pi^2}\right)\pi R^4, I_y=\frac{\pi R^4}{8}$

(b)$I_z=11.35\times10^7\ \text{mm}^4, I_y=3.54\times10^7\ \text{mm}^4$

(c)$I_z=10.19\times10^7\ \text{mm}^4, I_y=5.36\times10^7\ \text{mm}^4$

4-6 $a=111.2\ \text{mm}$

4-7 (a)$I_z=3.59\times10^6\ \text{mm}^4$;(b)$I_z=58.37\times10^6\ \text{mm}^4$

4-8 $\alpha_0=0.49\ \text{rad}, I_{z0}=5.3\times10^6\ \text{mm}^4, I_{y0}=7.0\times10^5\ \text{mm}^4$

第五章

5-1 (a)1—1 截面:$F_{S1}=-qa, M_1=-\frac{qa^2}{2}$;2—2 截面:$F_{S2}=-qa, M_2=-\frac{qa^2}{2}$;3—3 截面:$F_{S3}=0, M_3=0$

(b)1—1 截面:$F_{S1}=0, M_1=Fa$;2—2 截面:$F_{S2}=-F, M_2=Fa$;3—3 截面:$F_{S3}=0, M_3=0$

(c)1—1 截面: $F_{S1}=0, M_1=-2\ \text{kN}\cdot\text{m}$; 2—2 截面:$F_{S2}=-5\ \text{kN}, M_2=-12\ \text{kN}\cdot\text{m}$

(d)1—1 截面:$F_{S1}=2\ \text{kN}, M_1=6\ \text{kN}\cdot\text{m}$;2—2 截面:$F_{S2}=-3\ \text{kN}, M_2=6\ \text{kN}\cdot\text{m}$

5-2 (a)$|F_S|_{max}=F, |M|_{max}=Fa$

(b)$|F_S|_{max}=\frac{5}{3}F, |M|_{max}=\frac{5}{3}Fa$

(c)$|F_S|_{max}=\frac{3}{8}qa, |M|_{max}=\frac{9}{128}qa^2$

(d)$|F_S|_{max}=\frac{5}{8}qa, |M|_{max}=\frac{1}{8}qa^2$

5-3 略

5-4 (1)在截面的左侧,向上的集中力产生正的剪力,向下的集中力产生负的剪力

(2)在截面的左侧,顺时针转向的集中力偶产生正弯矩,逆时针转向的集中力偶产生负弯矩

5-5 弯矩图略,轴内最大正应力为 63.2 MPa

5-6 $h\geqslant416\ \text{mm}, b\geqslant277\ \text{mm}$

5-7 56.8 kN

5-8 910 kN

5-9 $b=510\ \text{mm}$

5-10 44.3 kN

第六章

6-1 (a)$\theta_C=-\frac{2Ma}{EI}, y_C=-\frac{4Ma^2}{EI}$

(b) $\theta_A = -\dfrac{13qa^3}{6EI}, y_A = \dfrac{71qa^4}{24EI}$

(c) $\theta_A = -\dfrac{Ma}{6EI}, \theta_B = -\dfrac{Ma}{3EI}$

(d) $\theta_C = \dfrac{ql^3}{16EI}, y_C = \dfrac{11ql^4}{384EI}$

(e) $\theta_A = \dfrac{7q_0l^3}{360EI}, \theta_B = -\dfrac{q_0l^3}{45EI}$

(f) $\theta_A = -\dfrac{5ql^3}{48EI}, \theta_B = -\dfrac{ql^3}{24EI}, y_A = \dfrac{ql^4}{24EI}, y_D = -\dfrac{ql^4}{384EI}$

6-2 (a) $\theta_B = \dfrac{5Fa^2}{2EI}, y_B = \dfrac{7Fa^3}{2EI}$

(b) $\theta_A = -\dfrac{7ql^3}{24EI}, y_A = \dfrac{11ql^4}{48EI}$

(c) $\theta_B = \dfrac{13Fl^2}{48EI}, y_B = -\dfrac{Fl^3}{24EI}$

(d) $\theta_C = -\dfrac{5qa^3}{6EI}, y_C = \dfrac{2qa^4}{3EI}$

(e) $\theta_A = \dfrac{5ql^3}{24EI}, y_C = \dfrac{17ql^4}{384EI}$

(f) $\theta_B = \dfrac{3Fa^2}{4EI}, y_D = \dfrac{13Fa^3}{12EI}$

6-3 $\Delta_{CV} = \dfrac{7Fa^3}{3EI} + \dfrac{Fa}{EA}(\downarrow), \Delta_{CH} = \dfrac{Fa^3}{EI}(\rightarrow)$

6-4 $I_z = 101.5 \times 10^6\ \text{mm}^4$，选 32a 号工字钢

6-5 $l = 8.608\ \text{m}$

6-6 $q = 8.655\ \text{kN/m}$

6-7 $q = 15.9\ \text{kN/m}$

6-8 (a) $F_A = F_B = \dfrac{3ql}{8}, F_C = \dfrac{5ql}{4}, M_C = -\dfrac{1}{8}ql^2, M_{\max} = \dfrac{9}{128}ql^2$

(b) $F_A = \dfrac{11}{16}F, M_A = -\dfrac{3}{8}Fa, F_B = \dfrac{5}{16}F, M_C = \dfrac{5}{16}Fa$

(c) $F_A = -\dfrac{9b}{16a}F, M_A = \dfrac{1}{8}Fb, F_B = \dfrac{9b}{16a}F, M_{CA} = -\dfrac{7}{16}Fa, M_{CB} = \dfrac{9}{16}Fa$

(d) $F_A = 6.5\ \text{kN}, M_A = -2.8\ \text{kN}\cdot\text{m}, F_B = 6.5\ \text{kN}, M_B = -1.6\ \text{kN}\cdot\text{m}, M_{\max} = 1.4\ \text{kN}\cdot\text{m}$

第七章

7-1 (a) $\tau_{x'y'} = 0.6\ \text{MPa}, \sigma_{x'} = -3.84\ \text{MPa}$

(b) $\tau_{x'y'} = -1.08\ \text{MPa}, \sigma_{x'} = -0.625\ \text{MPa}$

7-2 $|\tau_{x'y'}| = 1.55$ MPa > 1 MPa，不满足

7-3 （a）$\left.\begin{matrix}\sigma_1\\ \sigma_2\end{matrix}\right. = \begin{cases}(1+\cos\theta)\sigma_0\\(1-\cos\theta)\sigma_0\end{cases}$，$\tau'_{max} = \sigma_0\cos\theta$，$\tau_{max} = \dfrac{1+\cos\theta}{2}\sigma_0$

$\sigma_3 = 0$

（b）$\sigma_1 = \sqrt{3}\tau_0$，$\sigma_2 = 0$，$\sigma_3 = -\sqrt{3}\tau_0$，$|\tau'_{max}| = \sqrt{3}\tau_0$，$|\tau_{max}| = \sqrt{3}\tau_0$

（c）$\left.\begin{matrix}\sigma_1\\ \sigma_3\end{matrix}\right\} = \begin{cases}100\ \text{MPa}\\ 0\ \text{MPa}\end{cases}$ $|\tau'_{max}| = |\tau_{max}| = 50$ MPa

$\sigma_2 = 0$ MPa

7-4 $\sigma_x = \sigma_0\cos^2\alpha$，$\sigma_y = \sigma_0\sin^2\alpha$，$\tau_{xy} = -\dfrac{\sigma_0}{2}\sin 2\alpha$

7-5 $\sigma_x = -33.3$ MPa，$\tau_{yx} = 57.7$ MPa，$\tau_{xy} = -\tau_{yx} = -57.7$ MPa

7-6 $\sigma_x = 37.97$ MPa，$\tau_{xy} = 74.25$ MPa

7-7 $\sigma_1 = 5p$，$\sigma_2 = p$，$\sigma_3 = 0$

7-8 （1）$\sigma_1 = 160$ MPa，$\sigma_3 = -90$ MPa，$\sigma_2 = 140$ MPa

（2）$\tau_{max} = 125$ MPa，$\theta = -36°52'12''$

7-9 （1）$\tau_{xy} = -43.3$ MPa，$\tau_{x'y'} = 43.3$ MPa，$\sigma_{y'} = 50$ MPa

（2）$\sigma_1 = 125$ MPa，$\sigma_2 = 25$ MPa，$\sigma_3 = 0$；$\alpha_0 = 30°$

7-10 （a）$\sigma_1 = 390$ MPa，$\sigma_2 = 90$ MPa，$\sigma_3 = 50$ MPa；$\tau_{max} = 170$ MPa

（b）$\sigma_1 = 290$ MPa，$\sigma_2 = -50$ MPa，$\sigma_3 = -90$ MPa；$\tau_{max} = 190$ MPa

7-11 $|\tau_{xy}| < 120$ MPa

7-12 $-393.8\ \text{MPa} \leqslant \sigma_y \leqslant 113.8$ MPa

7-13 （1）$\sigma_{x'} = -30.09$ MPa，$\tau_{x'y'} = -10.95$ MPa

（2）$\sigma_{x'} = 50.97$ MPa，$\tau_{x'y'} = -14.66$ MPa

（3）（1）、（2）两种情况叠加，$\sigma_{x'} = 20.88$ MPa，$\tau_{x'y'} = -25.61$ MPa

7-14 $p = 1.412$ MPa

7-15 $\sigma_1 = \sigma_{环向} = 40.85$ MPa，$\sigma_3 = 0$，$\tau_{max} = 20.43$ MPa

7-16 （1）$E = 68.7$ MPa

（2）$\gamma_{xy} = 3.1\times10^{-3}$

7-17 （1）当 $\Delta t = 40$ ℃时，$(\Delta l)_x^{\Delta t} = l_x\Delta t\cdot\alpha = 0.768\ \text{mm} < \Delta_x$，$(\Delta l)_y^{\Delta t} = l_y\Delta t\cdot\alpha = 0.576\ \text{mm} < \Delta_y$，所以铝板内无温度应力，$\tau_{max} = 0$

（2）当 $\Delta t = 80$ ℃时，$(\Delta l)_x^{\Delta t} = 1.536\ \text{mm} > \Delta_x$，$(\Delta l)_y^{\Delta t} = 1.152\ \text{mm} > \Delta_y$，$q_x = q_y = 70$ MPa（压）；$\sigma_1 = 0$，$\sigma_2 = \sigma_3 = -70$ MPa；$\tau_{max} = 35$ MPa

7-18 略

7-19 略

7-20 $\Delta d_{内} = 2.65\times10^{-2}$ mm

7-21 略

7-22 略

7-23　$\Delta V = 6.54 \times 10^{-10}\ m^3$

7-24　$\sigma_{r1} = \sigma_1 = 39$ MPa $< [\sigma]$

7-25　$\sigma_{r2} = 36.64$ MPa $< [\sigma]$

7-26　$\sigma_{r3} = 300$ MPa $= [\sigma]$，$\sigma_{r4} = 264$ MPa $< [\sigma]$

第八章

8-1　(1)略；(2)$\sigma_{max} = 9.84$ MPa

8-2　$\sigma_{max} = 94.9$ MPa (压)

8-3　$\sigma_{max} = 148.73$ MPa

8-4　$\sigma_A = 8.5$ MPa，$\sigma_B = 0.16$ MPa，$\sigma_C = -8.5$ MPa，$\sigma_D = -0.16$ MPa；$\sigma_{max} = 8.5$ MPa $< [\sigma] = 10$ MPa，满足强度条件

8-5　(1)$b \geqslant 9.1$ cm，$h \geqslant 18.2$ cm；(2)$d \geqslant 15.6$ cm

8-6　$\sigma_{max} = 150.69$ MPa $< [\sigma] = 160$ MPa，满足强度条件

8-7　$q_{max} \leqslant 1.385$ kN/m

8-8　(1)$\sigma_{max} = 0.65$ MPa，$\sigma_{min} = -6.02$ MPa；(2)$h \geqslant 372$ mm

8-9　最大拉应力 $\sigma_{max} = \dfrac{4F}{a^2}$，最大压应力 $\sigma_{min} = -\dfrac{8F}{a^2}$，8 倍

8-10　$d = 122$ mm

8-11　(1) 最大压应力 0.72 MPa；(2)$D = 4.16$ m

8-12　$\sigma_A = 33.33$ MPa，$\sigma_B = -6.67$ MPa，$\sigma_C = -46.67$ MPa，$\sigma_D = -6.67$ MPa

8-13　$\sigma_{r3} = 112.6$ MPa $< [\sigma]$

8-14　$d \geqslant 47.7$ mm

8-15　$d \geqslant 59.5$ mm

8-16　$P \leqslant 788$ N

第九章

9-1　$F_{cr} = \dfrac{\pi^2 EI}{(0.7l)^2}$

9-2　(1) 92.0；(2)65.8；(3)73.6

9-3　$\theta = 18.4°$，$F_{max} = 1.05F_{NAB} = 3.13F_{NAC}$

9-4　(1)$\dfrac{l}{D} = 65$，$F_{cr} = 46D^2$ MN；(2)$\dfrac{G_{实}}{G_{空}} = 2.35$

9-5　$a_{min} = 200$ mm

9-6　$F_{max} = 59.7$ kN

9-7　压杆可能的失稳形式有三种，分别为：(1)每根压杆两端固定，分别失稳；(2)两杆下端固定、上端自由，以平面内与立柱轴线相垂直的直线为中性轴弯曲失稳；(3)

两杆下端固定、上端自由，以平面内与立柱轴线相平行的直线为中性轴弯曲失稳。

最小的临界荷载为 $F_{cr} = \dfrac{\pi^3 Ed^4}{128l^2}$，发生在第二种失稳形式时

9-8　$F_{cr} = 33\dfrac{EI}{l^2}$

9-9　$q_{max} = 24.2$ kN/m

9-10　(1) $F_{cr} = 14$ kN；(2) $b = 4.32$ cm，$h = 2.14$ m，$F_{cr} = 217$ kN

9-11　$n = 3.5 \in (2 \sim 5)$，挺杆满足稳定性要求

9-12　$n = 6.5 > 5$，压杆 BD 满足稳定性要求

9-13　(1) $F_{cr1} = 916$ kN；(2) $F_{cr2} = 648$ kN

9-14　$F_{max} = 1.22$ kN

参考文献

[1] 梁圣复. 建筑力学 [M]. 北京:机械工业出版社,2007.
[2] 夏锦红. 建筑力学 [M]. 郑州:郑州大学出版社,2007.
[3] 北京科技大学,东北大学. 工程力学 [M]. 北京:高等教育出版社,2008.
[4] 中国机械工业教育协会. 建筑力学 [M]. 北京:机械工业出版社,2003.
[5] 汪菁. 工程力学 [M]. 北京:化学工业出版社,2004.
[6] 薛正庭. 土木工程力学[M]. 北京:机械工业出版社,2003.
[7] 苏炜. 工程力学 [M]. 武汉:武汉工业大学出版社,2000.
[8] 范钦珊. 材料力学 [M]. 北京:高等教育出版社,2000.
[9] 袁海庆. 材料力学 [M]. 武汉:武汉工业大学出版社, 2000.
[10] 李前程,安学敏. 建筑力学 [M]. 北京:中国建筑工业出版社,1998.
[11] 陈殿云. 工程力学[M]. 兰州:兰州大学出版社,2003.
[12] 王义质,李叔涵. 工程力学[M]. 修订版. 重庆:重庆大学出版社,2007.
[13] 周国瑾,施美丽,张景良. 工程力学[M]. 2 版. 上海:同济大学出版社,2009.
[14] 孟凡深. 工程力学[M]. 郑州:黄河水利出版社,2009.
[15] 孙训芳. 材料力学[M]. 3 版 . 北京: 高等教育出版社,2000.
[16] 霍焱. 材料力学[M]. 北京: 高等教育出版社,1997.
[17] 单辉祖. 材料力学(Ⅰ) [M]. 3 版 . 北京: 高等教育出版社,2009.
[18] 刘鸿文. 材料力学(Ⅰ)[M]. 4 版. 北京:高等教育出版社,2008.